职业教育·交通运输大类专业基础课教材
福建省级职业教育在线精品课程配套教材
福建省级职业教育专业教学资源库配套教材

U0649260

土力学与地基基础

盛海洋　主　编

林婵华　李　闽　王景梅　孔德成　李现者　副主编

洪　青　缪林昌　主　审

（第2版）

人民交通出版社

北　京

内 容 提 要

本书为职业教育交通运输大类专业基础课教材、福建省级职业教育在线精品课程配套教材、福建省级职业教育专业教学资源库配套教材。本书将土力学与地基基础项目分解为土的工程性质测试与现场鉴别、土中应力与地基沉降变形计算、土的抗剪强度与地基土承载力的确定、土压力计算与挡土墙设计、基础设计与施工、地基处理等六个学习情境。

本书以习近平新时代中国特色社会主义思想为指导,重点融入党的二十大精神,围绕交通运输大类专业能力结构主线,将人才强国目标、科学精神等融入其中,进一步深入推进"工学结合,校企合作"人才培养模式,大力开展线下与线上精品课程教学,优化、丰富、更新教学数字化资源。

本书可作为职业院校交通运输大类专业基础课教材,也可作为工程技术人员培训和学习参考书。

本书配备教学课件、思考与练习题、微课教学视频、教案、相关工程实例及图片、课程标准、课程讲授计划、在线精品课程等立体化教学资源。任课教师可通过加入"职教轨道教学研讨群(QQ群:129327355)"获取相关资料。

图书在版编目(CIP)数据

土力学与地基基础/盛海洋主编. —2版. —北京:
人民交通出版社股份有限公司,2024.8
ISBN 978-7-114-19415-3

Ⅰ.①土… Ⅱ.①盛… Ⅲ.①土力学—高等职业教育
—教材②地基—基础(工程)—高等职业教育—教材 Ⅳ.
①TU4

中国国家版本馆CIP数据核字(2024)第035547号

职业教育·交通运输大类专业基础课教材
福建省级职业教育在线精品课程配套教材
福建省级职业教育专业教学资源库配套教材
Tulixue yu Diji Jichu

书 名:	土力学与地基基础(第2版)
著 作 者:	盛海洋
责任编辑:	杨 思
责任校对:	赵媛媛 魏佳宁
责任印制:	刘高彤
出版发行:	人民交通出版社
地 址:	(100011)北京市朝阳区安定门外外馆斜街3号
网 址:	http://www.ccpcl.com.cn
销售电话:	(010)59757973
总 经 销:	人民交通出版社发行部
经 销:	各地新华书店
印 刷:	北京虎彩文化传播有限公司
开 本:	787×1092 1/16
印 张:	20
字 数:	456千
版 次:	2015年9月 第1版 2024年8月 第2版
印 次:	2024年8月 第2版 第1次印刷 总第8次印刷
书 号:	ISBN 978-7-114-19415-3
定 价:	56.00元

(有印刷、装订质量问题的图书,由本社负责调换)

第2版 前言

本书以习近平新时代中国特色社会主义思想为指导,将党的二十大精神融入其中,根据职业教育交通运输大类专业近年来"土力学与地基基础"课程改革和课程标准的有关要求,以专业人才培养目标为依据,参考交通运输大类专业简介编写而成。

本书的修订思路是:以培养职业能力为核心,以工作实践为主线,以工作过程(项目)为导向,用任务进行驱动,建立以行动(工作)体系为框架的教材体系,重新序化教材体系内容,实现理论与实践一体化。着重学生创新意识和创新能力的培养,在理论学习、实践目标设计、任务实施过程设计、考核评价设计中融入节能、绿色、环保等理念。进一步深入推进"工学结合,校企合作"人才培养模式,大力开展线下与线上在线精品课程教学,优化、丰富、更新教学数字化资源。

本书将土力学与地基基础项目分解为土的工程性质测试与现场鉴别、土中应力与地基沉降变形计算、土的抗剪强度与地基土承载力的确定、土压力计算与挡土墙设计、基础设计与施工、地基处理等六个学习情境。目的是让学生掌握土力学与地基基础知识并加以应用。每一个学习情境都有关于土力学与地基基础知识的介绍,但不是简单的重复,而是知识的不断深化与拓展。

本书打破了以往学科式教学的模式,主要介绍交通运输等工程建设中有关土力学与地基基础知识。由于土力学与地基基础的内容十分丰富,资料细分类别多,本书只结合交通运输大类专业的需要择其主要的和基本的内容简明扼要地予以介绍,为学生学习专业知识与技能、开展相关问题的科学研究提供必要的帮助。

在本书修订过程中,兼顾职业院校学生能力培养的需要,注重吸收最新的科技成果,将教学与科研、生产紧密结合,以必需、实用、够用为度,强调职业教育特色。全书内容丰富、图文并茂、深入浅出、循序渐进、重点突出,便于自学。同时,工作任务中附有任务描述、任务要求、学习目标、学习重点、学习难点、技能训练工单及练习,供学生检验自身学习效果,从而更好地掌握核心内容。

本书力求体现以下特点。

(1)**贴近科学需求**。以"工学结合、校企合作"为切入点,根据课程标准和教学标准设计教材内容,突出专业教学的针对性。

（2）**内容先进**。重点融入党的二十大精神，用新观点、新思想审视和阐述本书内容，所选定的内容能适应交通运输等工程建设发展需要，反映交通运输(特别是城市轨道交通、铁道交通)工程领域的新知识、新技术、新工艺和新方法。

（3）**知识实用**。以职业能力为本位，以应用为核心，以"必需、实用、够用"为原则，紧密联系生产和生活实际，增强教学的针对性，能与相应的职业资格标准相衔接。

（4）**使用灵活**。体现教学内容弹性化、教学要求层次化、教材结构模块化，有利于按需施教，因材施教。

（5）**资源丰富**。推进教育数字化，进一步优化、丰富、更新教学数字化资源。以主编盛海洋主持结项的福建省级职业教育在线精品课程"土力学与地基基础"为依托，配备全套微课教学视频、教学课件、教案、课程标准、课程授课计划等。还配有大量的动画资源，读者扫描书中二维码即可观看。

二维码

"土力学与地基基础"
在线精品课程

（6）**融合职业素养**。育人元素的融入体现系统化观念，结合书中的内容，巧妙穿插课程思政、想一想、引导问题等模块，介绍我国各地典型土力学与地基基础特点、工程案例等，融入节能、绿色、环保等理念，增强学生民族自信心，激发学习热情，提升严谨、认真、务实的职业素养。

本书由福建船政交通职业学院盛海洋(教授、博士)担任主编并统稿。福建省交通建设工程试验检测有限公司洪青(高级工程师)、东南大学交通学院缪林昌(教授)担任主审。福建船政交通职业学院林婵华、李闻，广东交通职业技术学院王景梅，北京交通职业技术学院孔德成，河北交通职业技术学院李现者担任副主编。参与本书编写工作的还有：福建船政交通职业学院林淦，广东省城市技师学院陈州文、李秀、杨清霞，陕西交通职业技术学院冯超，河北交通职业技术学院王道远、袁金秀，广东省城市技师学院张丽华，天津铁道职业技术学院刘文贤，福建路港(集团)有限公司林万福。

具体编写分工：前言、绪论、任务一、任务四、任务五、任务六，由盛海洋编写；任务三由陈州文编写；任务二由李现者、王道远、袁金秀、李秀编写；任务四部分内容由林万福编写；任务七由杨清霞编写；任务八、任务九由林婵华编写；任务十、任务十一由王景梅编写；任务十二由孔德成编写；任务十三由冯超、刘文贤编写；任务十四由李秀编写；任务十五由张丽华编写；任务十六由李现者、王道远、袁金秀编写；附录由李闻、林淦、孔德成编写。

在编写过程中，编者曾广泛征求有关高职院校及企业单位同行对编写大纲的意见，并得到了有关部门和领导的指导和帮助，向各位表示感谢。同时本书参考了大量文献，在此向文献作者表示诚挚谢意。

由于编者水平有限，书中疏漏及不当之处在所难免，敬请读者批评指正，以便修订时予以改正。

编　者

2024 年 3 月

数字资源索引

资源使用说明:

1. 扫描封面二维码,注意每个码只可激活一次;

2. 长按弹出界面的二维码关注"交通教育出版"微信公众号并自动绑定资源;

3. 公众号弹出"购买成功"通知,点击"查看详情",进入后即可查看资源;

4. 也可进入"交通教育出版"微信公众号,点击下方菜单"用户服务—图书增值",选择已绑定的教材进行观看。

序号	资源名称
1	认识土力学与地基基础
2	土的成因与组成
3	土的结构与构造
4	土的三相组成
5	土中的水
6	土的颗粒级配
7	土的物理性质指标
8	土的含水性
9	土的孔隙性
10	土的物理状态指标
11	土的工程分类与鉴别
12	土方填筑的压实控制
13	土的击实性
14	土的渗透性
15	渗透力
16	土的自重应力
17	基底接触压力
18	基底压力
19	附加应力(一)
20	附加应力(二)
21	角点法计算土的附加应力

序号	资源名称
22	条形基础上作用三角形分布荷载时地基中附加应力
23	土的压缩性(一)
24	土的压缩性(二)
25	载荷试验
26	单一土层一维压缩地基沉降量的计算
27	分层总和法
28	渗透固结
29	抗剪强度的确定及试验方法
30	库仑定律与土的极限平衡条件
31	土的极限平衡条件
32	直接剪切试验
33	土的抗剪强度
34	地基承载力确定
35	地基临塑临界荷载确定
36	土质边坡的稳定性
37	土压力的分类
38	土压力概述
39	静止土压力计算
40	土压力理论(一)
41	土压力理论(二)
42	朗肯土压力理论
43	浅基础类型与埋深选择
44	刚性扩大基础的设计与计算
45	浅基础施工
46	基坑排水
47	桩基础的组成、类型
48	水中桩基础施工
49	挖孔灌注桩施工
50	单桩承载力
51	钻孔灌注桩的施工
52	沉井的类型及构造
53	深井的施工
54	地基常见问题
55	碾压夯实与换土垫层法
56	排水固结法基础处理
57	软弱地基概述
58	湿陷性黄土地基
59	膨胀土、冻土、地震区的基础工程

目录

绪论

||| **学习重点** |||

土力学与地基基础的定义；
土力学与地基基础的研究内容和研究方法。

||| **学习难点** |||

土力学与地基基础的研究内容和研究方法。

一、土力学与地基基础基本概念

1. 土力学

土的形成经历了漫长的地质变化过程。土是地质作用的产物,是一种矿物集合体,是有多种组成的多相分散系统。其主要特征是分散性、复杂性和易变性,极易随外界环境(温度、湿度等)的变化而变化。由于土的形成过程不同,加上自然环境不同,其性质具有极大的差异,而人类工程活动也会促使土的性质发生变化。因此,在工程建设中,必须密切结合土的实际性质进行设计和施工,应准确预测因土的性质的变化而带来的危害,并加以改良,否则会影响工程的安全性和经济合理性。

认识土力学与地基基础

土的作用或用途:一是作为地基支撑建筑物[①]并承受建筑物传递的荷载,二是作为建筑材料,三是作为建筑物周围的介质或环境。

土力学是研究土的学科,目的是解决交通运输等工程领域中有关土的工程技术问题。土力学属于工程力学范畴,是利用力学的基本原理和土工测试技术来研究土的物理性质和土受力后的应力、强度、变形、稳定性、渗透性及其随时间变化规律的一门学科。土力学研究的内容主要包括土的应力与应变的关系、土的强度及土的变形和时间的关系、土在外荷作用下的稳定性等。

由于土力学的研究对象"土"是散粒体,属于三相体系,其力学性质与一般材料不同,土力学很难像其他力学学科一样具备系统的理论和严密的数学公式,故在解决土工问题时,常常要借助工程实践积累的经验、现场试验以及室内土工试验来分析。因此,土力学是一门依赖实践、理论与实践紧密结合的学科。

2. 地基

地球上的所有土木工程,包括桥梁、铁路、地铁、隧道等,都修建在地表上或埋置于地层之中。《铁路桥涵地基和基础设计规范》(TB 10093—2017)规定,地基为承受结构作用的地层。地基基础现场图及示意图如图0-1所示。

按照地基土层性质的不同,地基分为天然地基和人工地基。

(1)天然地基。自然形成未经人工处理的地基。承载能力大小和抗变形能力大小是地层能否作为天然地基的基本要求。承载能力要求是指该地层必须具有足够的强度和稳定性以及相应的安全储备;抗变形能力要求是指该地层承受荷载后不能产生过量的沉降和过大的不均匀沉降。

(2)人工地基。当天然地基无法满足承受全部荷载的承载能力和抗变形能力基本要求时,可对一定深度范围内的天然地基进行加固处理,使其能发挥持力层作用,这部分经过人工改造后的地基称为人工地基。

[①] 参考《城市轨道交通岩土工程勘察规范》(GB 50307—2012),建筑物一般指供人们进行生产、生活或其他活动的房屋或场所。例如,工业建筑、民用建筑、农业建筑和园林建筑等,工程周边环境调查涉及的建筑物主要是房屋建筑和工业厂房。构筑物一般指人们不直接在内进行生产和生活活动的场所。如水塔、烟囱、堤坝、蓄水池、人防工程、化粪池、地下油库、地下暗渠以及各种地下管线隧道等。

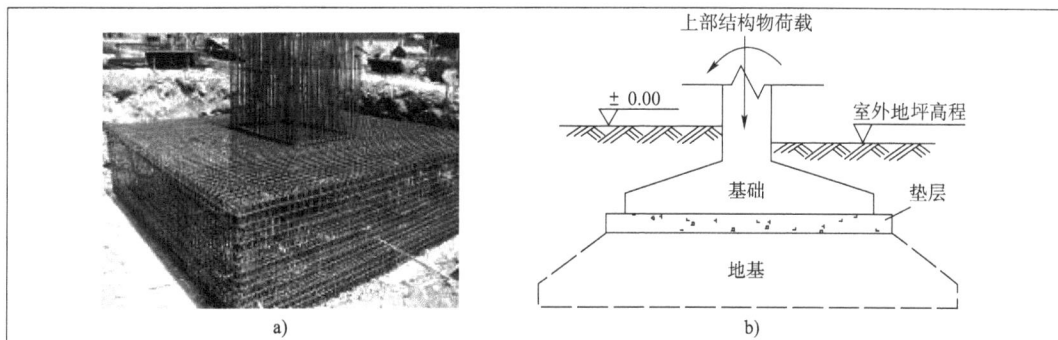

图 0-1 地基基础现场图及示意图

a)现场图;b)示意图

3.基础

参考《铁路桥涵地基和基础设计规范》(TB 10093—2017)规定,基础是将结构所承受的荷载传递至地基上的构造物。

基础是连接上部结构与地基的结构物,基础结构应符合上部结构使用要求,技术上合理且施工方便,可满足地基的承载能力和抗变形能力要求。基础按埋置深度和传力方式可分为浅基础和深基础。

(1)浅基础。相对埋深(基础埋深与基础宽度之比)不大,采用普通方法与设备即可施工的基础称为浅基础,如单独基础、条形基础、板式基础、筏板基础、箱形基础、壳体基础等。

(2)深基础。当上部结构物荷载较大且上层土质较差,采用浅基础无法承受上部结构物荷载时,需通过特殊的施工方法将上部结构物荷载传递到较深土层的基础称为深基础,如桩基础、沉井基础和地下连续墙等。

二、该课程的特点以及学习方法和建议

1.该课程的特点

土力学与地基基础是一门理论性和实践性均较强的课程。该课程具有如下特点:

(1)在规划、勘探、设计、施工及使用阶段,土力学与地基基础问题是一个最基本的、需要分析和解决好的问题。

(2)地基基础属于隐蔽工程,其质量直接影响结构安全,一旦发生质量问题,处理起来相当复杂和困难。

(3)地基土千变万化,场地一旦确定,均要根据该场地的地质条件来设计基础,所以通过地质勘探来了解地质条件是必不可少的工作。

(4)土力学与地基基础涉及的内容十分广泛,要求具有综合性知识。同时,理论知识与实践经验的结合是土力学与地基基础课程的又一大特点。土力学与地基基础和工程力学、工程材料、建筑结构设计、施工技术、工程地质等有着密切的关系,应充分掌握上述课程的基本知识和各课程间的关系,做好地基基础的设计与施工工作。

(5)该课程的知识更新周期较短。随着科技的发展,涌现了大量新的基础形式和地基基础新技术,这就要求不断学习,与时俱进、求真务实。

2. 学习方法和建议

(1)掌握基本理论和方法。学会运用土力学与地基基础的基本原理和知识,结合建筑结构设计方法和施工技术,提高分析问题和解决问题的能力。

(2)采用综合的思维方式学习。了解土力学与地基基础学科与其他学科的关系,特别是建筑结构设计、抗震设计等,这些学科中有许多理论和方法在地基基础设计时必须用到。

(3)理论与实践必须相结合。教学环节要分理论教学和实践教学,必要时可组织现场教学,例如参观施工现场。只有通过理论与实践的结合,才能逐步提高认识、提高地基基础的设计与施工能力。

【榜样力量】

黄熙龄,1927年4月出生,中国工程院院士,我国著名地基基础工程专家。1955年赴苏联莫斯科建筑工程学院留学,获副博士学位。1959年回国后一直在中国建筑科学研究院工作。曾任中国建筑科学研究院地基基础研究所所长。1962年提出软土地基设计施工的"控制长高比组合单元法",解决了软土地区房屋大量开裂的问题。1974年主编《工业与民用建筑地基基础设计规范》,结束了沿用苏联规范的历史。1987年主编《膨胀土地区建筑技术规范》,其系统性、技术性达到国际标准,并解决了国内外膨胀土地区建筑物大量破坏的问题。20世纪80年代起,主持复合地基和整体大面积筏板基础设计方法研究与应用,经济和社会效益显著。编著《地基基础设计与计算》等著作,解决了国内外数十项重大工程地基基础问题。

练习

1. 什么是土? 土有何特征?
2. 什么是土力学? 什么是地基? 什么是基础?
3. 简述土力学与地基基础的研究内容。

学习情境一

土的工程性质测试与现场鉴别

任务一

土的工程性质测试

||| 任务描述 |||

通过本任务相关知识的学习并结合在线课程资源及相关资料，完成××路段土样密度、含水率的测试；完成颗粒分析试验与液、塑限测定试验，并提交检测报告单。通过线上线下学习，完成本任务技能训练工单及练习，遇到困难学习小组互相帮助。

||| 任务要求 |||

（1）根据班级人数分组，一般6~8人/组；

（2）以组为单位，各组员按分工完成任务，组长负责检查并统计各成员的调查结果，做好记录以供集体讨论；

（3）全组共同完成所有任务，组长负责成果的记录与整理，按任务要求上交报告，以供教师批阅。

||| 学习目标 |||

知识目标：

掌握土的形成和特性；

明晰土的三相组成；

了解筛析法等试验方法。

能力目标：

能通过土的筛分试验进行粒组划分和绘制土的颗粒级配曲线，能利用颗粒级配曲线对土的级配进行评价；

知道测定土的物理性质与物理状态指标的各种方法；

完成土的物理性质与物理状态指标的常规实训任务。

||| 学习重点 |||

土的形成及特性；土的结构与构造；土的三相组成；土的粒组和颗粒级配。

||| 学习难点 |||

土的形成及特性；土的粒组和颗粒级配；土的物理性质指标；土的物理状态指标。

一、土的形成与特性

1. 土的形成

地壳是地球固体圈层的最外层,由岩石组成。大陆型地壳平均厚度为35km,大洋型地壳平均厚度为7km。地壳中原来整体坚硬的岩石在阳光、大气、水和生物等因素影响下发生风化作用,出现崩解、破碎,并经流水、风、冰川等的搬运作用,在各种自然环境下沉积,形成固体矿物、水和气体的集合体,称为土(体)。因此,土是岩石风化的产物。

> **引导问题** 在工程建设中,土是修筑路堤的基本材料,同时又是支撑路堤的地基。什么是土?土是怎样形成的?

2. 土的特性

土的形成过程决定了它具有特殊的物理力学性质,与一般的钢材、混凝土等建筑材料相比,土具有以下几个重要特性。

(1)散体性。颗粒之间无黏结或弱黏结,存在大量孔隙,可以透水、透气。由于土是一种松散的集合体,其压缩性远远大于钢筋和混凝土等。

(2)多相性。土往往是由固体颗粒、水和气体组成的三相体系,三相之间质和量的变化直接影响土的工程性质。

(3)成层性。土粒在沉积过程中,不同阶段沉积物成分、颗粒大小及颜色等不同,从而使竖向呈现成层的特征。

(4)变异性。土是在漫长的地质历史时期演化形成的多矿物组合体,性质复杂,成分、结构不均匀,且随时间还在不断变化。

(5)强渗透性。土的渗透性远比其他材料强,特别是粗粒土具有很强的渗透性。

二维码

土的成因与组成

(6)低承载力。土体的承载力实质上取决于土的抗剪强度,土的抗剪强度较低,故土体的承载力较低。

二、土的结构与构造

> **引导问题** 想一想:细微的土放大后会是什么样子?

(一)土的结构

土的结构是指土粒(或团粒)的大小、形状、互相排列及连接的特征。土的结构是在成土的过程中逐渐形成的,它反映了土的成分、成因和年代对土的工程性质的影响。土的结构按其颗粒的排列和连接可分为三种基本类型。

1. 单粒结构

单粒结构是碎石土和砂土的结构特征(图1-1)。其特点是土粒间没有连接存在,或连接非常微弱(点与点的连接),可以忽略不计。疏松状态的单粒结构在荷载作用下,特别是在振动荷载作用下会趋向密实,土粒移向更稳定的位置,同时产生较大的变形;密实状态的单粒结构在剪应力作用下会发生剪胀,即体积膨胀,密度变小。单粒结构的紧密程度取决于矿物成分、颗粒形状、粒度成分及级配的均匀程度。片状矿物颗粒组成的砂土最为疏松;浑圆的颗粒组成的土比带棱角的易趋向密实;土粒的级配越不均匀,结构越密实。

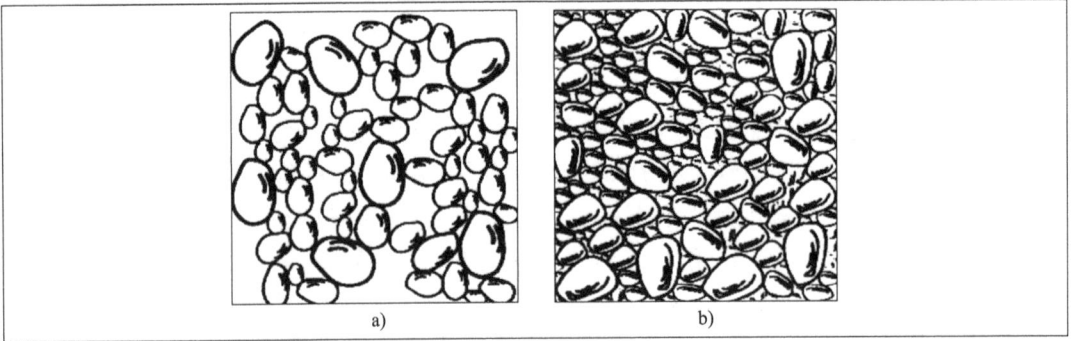

图 1-1　单粒结构

a)疏松状态;b)密实状态

2.蜂窝状结构

蜂窝状结构是以粉粒为主的土的结构特征(图 1-2),当较细的颗粒(粒径为 0.05~0.005mm)在水中因自重作用下沉时,碰上别的正在下沉或已沉积的土粒,由于土粒间的引力大于下沉土粒的自重,此颗粒就停留在最初的接触位置不再下沉,逐渐形成链环状单元,很多这样的链环连接起来,便形成大孔隙的蜂窝状结构。

二维码

土的结构与构造

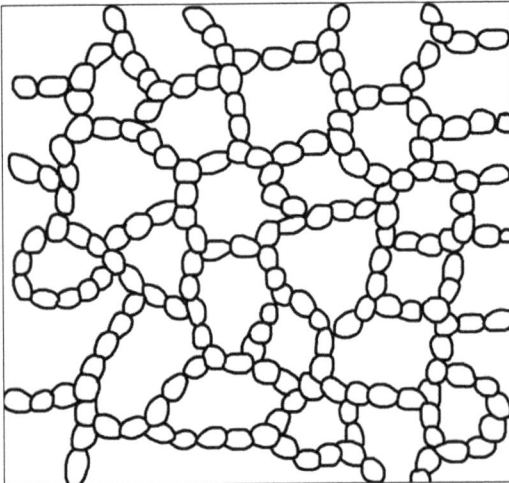

3.絮状结构

絮状结构,又称絮凝结构(图 1-3),是黏土颗粒特有的结构特征。细微的黏粒(粒径小于 0.005mm)大都呈针状或片状,极轻,在水中处于悬浮状态。当悬液介质发生变化(如黏粒被带到电解质浓度较大的海水中)时,土粒表面的弱结合水厚度减小,土粒互相聚合,以边-边、面-边的接触方式形成絮状物下沉,沉积为大孔隙的絮状结构。

图 1-2　蜂窝状结构

图 1-3　絮状结构

具有蜂窝状结构或絮状结构的土,孔隙较多,有较强的压缩性,结构破坏后强度降低幅度很大,是工程性质极差的土。当孔隙比相同时,絮状结构较之蜂窝状结构有较高的强度、较低的压缩性和较大的渗透性。因为当颗粒处于不规则排列状态时,粒间的吸引力大,不容易相互移动;同样的过水断面,絮状结构较之蜂窝状结构流道少而孔隙的直径大。

土的结构形成后,当外界条件变化时,土的结构也会发生变化。例如,土层在上覆土层作用下压密固结时,结构会趋于更紧密排列;卸载时土体的膨胀(如钻探取土时土样的膨胀或基坑开挖时基底的隆起)会使土松动;当土层失水干缩或介质变化时,盐类结晶胶结能加强土粒间的连接;外力作用(如施工时对土的扰动或切应力的长期作用)会弱化土的结构,破坏土粒原来的排列方式和土粒间的连接,使絮状结构变为平行的重塑结构,降低土的强度,增大土的压缩性。因此,在取土试验或施工过程中都必须尽量减少对土的扰动,避免破坏土的原状结构。

(二)土的构造

土的构造是指同一土层中物质成分和颗粒大小等都相近的各部分之间的相互关系的特征,常见的有层理构造、裂隙构造、分散构造、结核状构造等。通常,裂隙构造土裂隙强度低、渗透性大,工程性质差;分散构造土的工程性质最好,结核状构造土的工程性质取决于细粒土部分。

三、土的三相组成

在天然状态下,土是由固体颗粒、水、气体三部分组成的三相体系(图1-4)。固体颗粒即为土粒,由矿物颗粒和有机质组成,构成土的骨架。骨架间有许多孔隙,可为水和气体所填充。

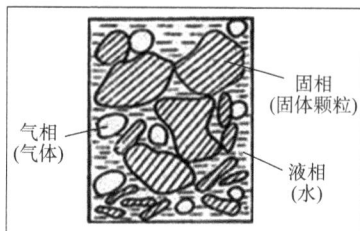

图1-4 土的三相组成示意图

土体三个组成部分本身的性质,以及它们之间的比例关系和相互作用决定着土的物理力学性质。

引导问题 土的组成部分有哪些?什么成分对土的性质起决定性作用?土中的水有哪些类型?它们对土的性质有什么影响?土的结构有哪些类型?它们各有什么特点?土体有哪些构造类型?

(一)土的固体颗粒

土的固体颗粒即土的固相,是土的主要组成部分。土颗粒的大小、形状、矿物成分及颗粒级配,决定了土的物理力学性质。

1. 土的矿物成分

土粒是组成土的最主要部分,土粒的矿物成分是影响土的性质的重要因素。矿物成分按成因可分为两大类:

(1)原生矿物:岩石经物理风化作用破碎但成分没有发生变化的矿物碎屑,如石英、长石、云母等。

(2)次生矿物:原生矿物在一定气候条件下经化学风化作用,进一步分解而形成一些颗粒更细小的新矿物,其颗粒细小,比表面积大,活性强。其中,高岭石、伊利石、蒙脱石这三种复合的铝硅酸盐晶体(图1-5)是最重要的次生矿物,蒙脱石具有很强的亲水性,伊利石次之,高岭石亲水性最小,它们遇水膨胀,失水收缩。

二维码

土的三相组成

由于黏土颗粒表面带电荷,其周围会形成一个电场,水中的阳离子被吸引分布在颗粒四周,发生定向排列。因此,黏土矿物的表面性质直接影响土中水的性质,从而使黏性土具有许多无黏性土所没有的特性。

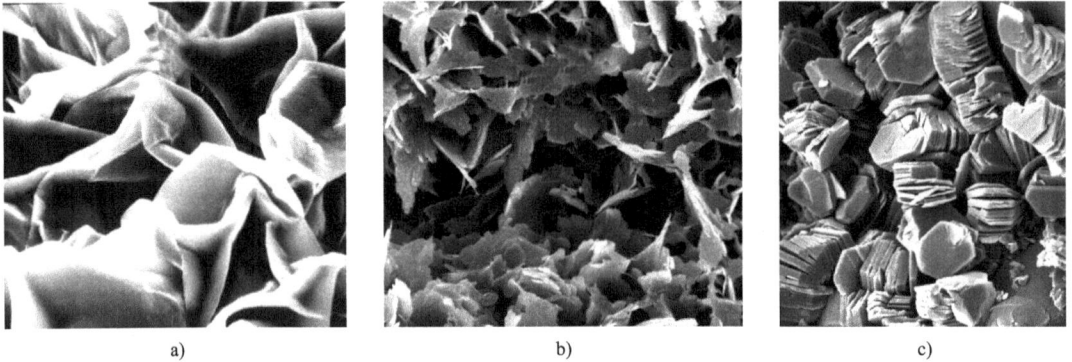

图 1-5　黏土颗粒
a)蒙脱石;b)伊利石;c)高岭石

2.土中的有机质

在岩石风化以及风化产物搬运、沉积过程中,常有动、植物的残骸及其分解物质参与沉积,成为土中的有机质。有机质易于分解变质,故土中有机质含量过多时,土坝坝体或地基将发生集中渗流或不均匀沉降。因此,工程中常限制土料的有机质含量,筑坝土料中有机质含量一般不宜超过5%,灌浆土料应小于2%。

(二)土中的水

土中的水分为结合水和自由水两大类。

1.结合水

结合水是指土粒表面由电分子引力吸附着的土中水。结合水又分为强结合水和弱结合水,如图1-6所示。

二维码

土中的水

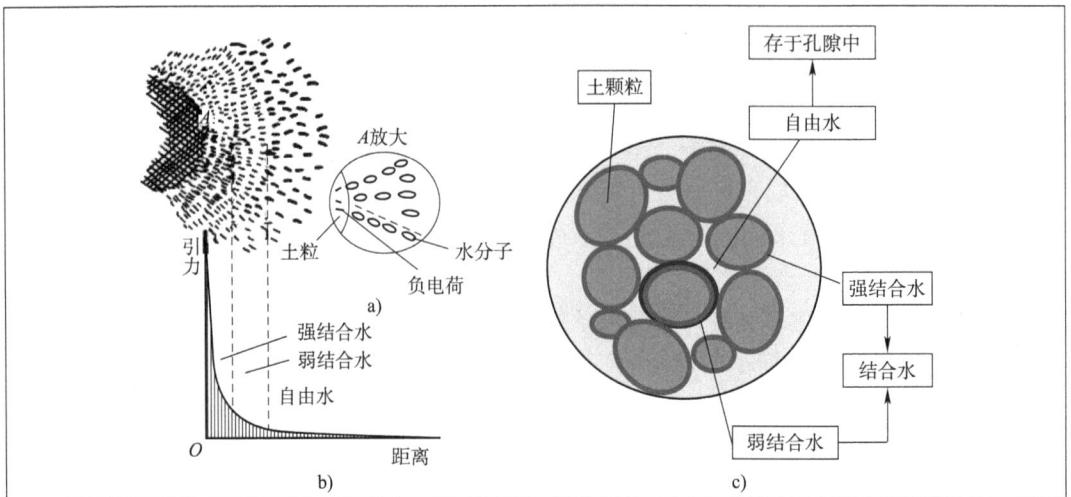

图 1-6　结合水示意图
a)极化了的水分子;b)土粒表面引力分布;c)内部示意图

2. 自由水

自由水是不受颗粒电场引力作用的水。在内、外电层影响以外的水为自由液态水,它主要受重力作用的控制,土粒表面吸引力居次要地位,这部分水称为非结合水(自由水),包括重力水和毛细水。

(三)土中气体

土中气体,即土的气相,存在于土孔隙中未被水占据的部分,可分为与大气连通的非封闭气泡和与大气隔绝的封闭气泡两种。

四、土的粒组和颗粒级配

为了便于研究,工程上通常把工程性质相近的一定尺寸范围的土粒划分为一组,称为粒组。

土中各粒组的相对含量(用粒组质量占干土总质量的百分数表示),称土的颗粒级配。土的颗粒级配可以通过颗粒分析试验确定。

引导问题 想一想:在工程试验中如何用筛析法求各粒组含量?什么是粒组?如何划分粒组?什么是土的颗粒级配?怎么表达颗粒级配?

1. 颗粒分析方法

《铁路工程土工试验规程》(TB 10102—2023)规定,根据土的颗粒粒径大小,可分别采用下列方法:

(1)筛析法:适用于粒径为 0.075 ~ 200mm 的土。

《铁路工程土工试验规程》(TB 10102—2023)规定,采用筛析法时,分析筛粗筛孔径为 200mm、100mm、60mm、40mm、20mm、10mm、5mm、2mm。细筛孔径为 2mm、1mm、0.5mm、0.25mm、0.075mm。

其取样数量应符合表 1-1 的规定。

筛析法的取样数量   表 1-1

最大粒径(mm)	取样数量(g)
<2	100 ~ 300
<10	300 ~ 1000
<20	1000 ~ 2000
<40	2000 ~ 4000
<60	≥5000
<100	≥8000
<200	≥10000

(2)密度计法、移液管法:适用于粒径小于 0.075mm 的土。

《铁路工程土工试验规程》(TB 10102—2023)规定,采用密度计法,分析筛孔径为 2mm、

0.5mm、0.25mm、0.075mm。洗筛孔径为0.075mm。

《铁路工程土工试验规程》(TB 10102—2023)规定,采用移液管法,仪器设备应符合下列规定:

①移液管:容积25mL[相关图片见《铁路工程土工试验规程》(TB 10102—2023)图7.4.1]。

②小烧杯:容积50mL,称量准确至0.001g。

③分析天平:称量200g,分度值0.001g。

④恒温水槽:量程0~100℃,分度值0.5℃。

⑤其他:秒表、锥形瓶(500mL)、研钵(带橡胶头的研杵、钢丝刷)、电导率仪等。

(3)激光粒度仪法:适用于粒径小于2mm的土。

《铁路工程土工试验规程》(TB 10102—2023)规定,采用激光粒度仪法,试验筛孔径为2mm、0.5mm、0.25mm、0.075mm。

2. 土的颗粒级配曲线

以《铁路工程土工试验规程》(TB 10102—2023)第7章颗粒分析试验为例,以小于某粒径的试样质量占试样总质量的百分数为纵坐标,颗粒粒径为横坐标,在半对数坐标上绘制颗粒大小分布曲线,即土的颗粒级配曲线,如图1-7中1号曲线所示。粗筛与细筛或筛析法与密度计法联合分析时,应将分段曲线接绘成一条平滑曲线。当移液管法与筛析法联合分析时,应将试样总质量折算后绘制颗粒大小分布曲线,并将两段曲线连成一条平滑的曲线(图1-7中2号线)。

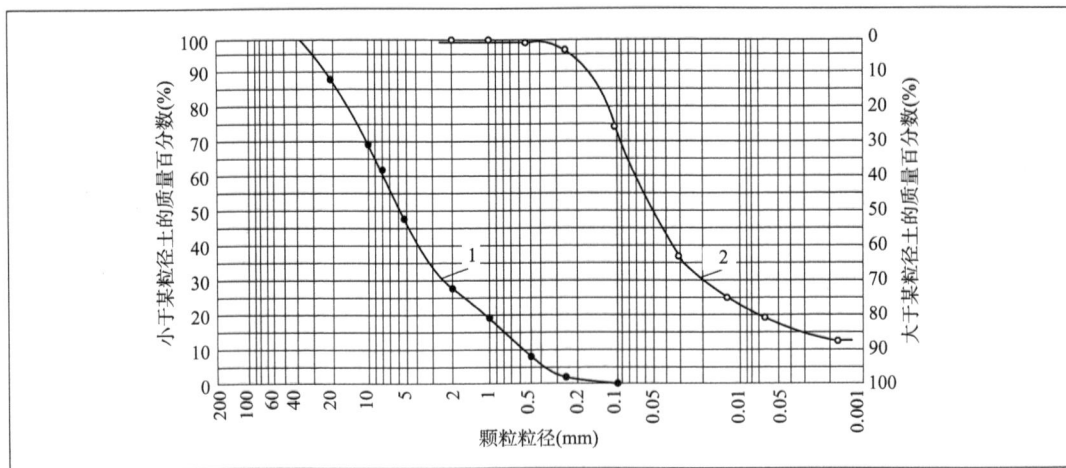

图1-7　颗粒大小分布曲线图

【例题1-1】

按规范求出图1-8颗粒级配曲线①、曲线②所示土中各粒组的百分含量,并分析其颗粒级配情况。

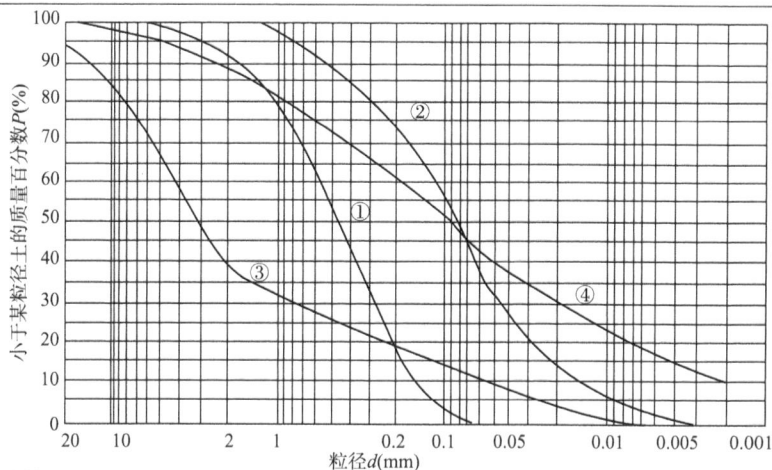

图 1-8 例题 1-1 图

【解】 由图 1-8 查得曲线①和曲线②小于各界限粒径的百分含量如表 1-2 所示。

界限粒径的百分含量   表 1-2

界限粒径 d(mm)		20	5	2	0.5	0.25	0.075	0.002
小于某粒径的百分含量(%)	曲线①	100	99	92	54	25	2	0
	曲线②	0	0	100	90	77	48	15

由表 1-2 计算得到各粒组的百分含量如表 1-3 所示。

各粒组的百分含量   表 1-3

粒组(mm)		5~20	2~5	0.5~2	0.25~0.5	0.075~0.25	0.002~0.075	≤0.002
各粒组的百分含量(%)	曲线①	1	7	38	29	23	2	0
	曲线②	0	0	10	13	29	33	15

3. 颗粒级配指标

常用的判别土的颗粒级配的指标有两个:不均匀系数 C_u 和曲率系数 C_c。

$$C_u = \frac{d_{60}}{d_{10}} \tag{1-1}$$

$$C_c = \frac{d_{30}^2}{d_{60} d_{10}} \tag{1-2}$$

式中: d_{10}、d_{30}、d_{60}——级配曲线纵坐标上小于某粒径的土粒含量为 10%、30%、60% 时所对应
        的粒径。其中, d_{10} 称为有效粒径, d_{60} 称为限制粒径。

不均匀系数 C_u 反映曲线的坡度,表明土粒大小的不均匀程度,其值越大,曲线越平缓,说明土粒越不均匀,即级配良好;其值越小,曲线越陡,说明土粒越均匀,即级配不良。一般认为不均匀系数 $C_u \geq 5$ 的土为级配良好土, $C_u < 5$ 的土为级配不良土。

曲率系数 C_c 反映的是颗粒级配曲线分布的整体形态,表示粒组缺失的情况。C_c 为 1~3,表明土粒大小的连续性较好;C_c 小于 1 或大于 3 时,土的颗粒级配不连续,缺乏中间粒径。

因此,在土的工程分类中,用不均匀系数 C_u 及曲率系数 C_c 两个指标判别颗粒级配的优劣,参考《土的工程分类标准》(GB/T 50145—2007)规定,级配良好的砾必须同时满足两个条件,即 $C_u \geq 5$ 且 $1 \leq C_c \leq 3$;如不能同时满足这两个条件,则为级配不良的砾。

级配良好的土,粗、细颗粒搭配较好,粗颗粒间的孔隙被细颗粒填充,易被压实到较高的密实度,因而,该土的透水性弱,强度高,压缩性低。反之,级配不良的土,其压实密度小,强度低,透水性强而渗透稳定性差。

五、土的物理性质指标

(一)土的三相简图

土的固体颗粒、水和气体是混杂在一起的。为方便说明和计算,将三相体系中分散交错的固体颗粒、水和气体分别集中在一起,按固相、液相和气相的质量和体积表示在土的三相图中(图1-9),图中各符号含义如下:

m——土的总质量;

m_w——土中水的质量;

m_s——土中固体颗粒的质量;

V——土的总体积;

V_v——土的孔隙体积;

V_a——土中气体所占的体积;

V_w——土中水所占的体积;

V_s——土中固体颗粒所占的体积。

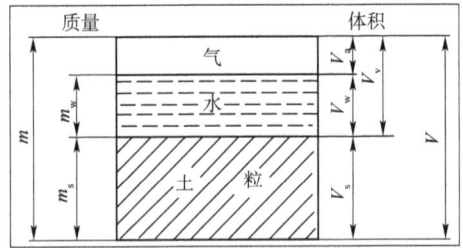

图1-9 土的三相比例示意

$$V_v = V_a + V_w$$
$$V = V_a + V_w + V_s = V_v + V_s$$
$$m = m_w + m_s$$

(二)三项基本物理性质指标试验方法

1. 含水率试验

参考《土工试验方法标准》(GB/T 50123—2019),以烘干法为室内试验的标准方法。在野外当无烘箱设备或要求快速测定含水率时,可用酒精燃烧法测定细粒土含水率。土的有机质含量不宜大于干土质量的5%,当土中有机质含量为5%~10%时,仍允许采用《土工试验方法标准》(GB/T 50123—2019)进行试验,但应注明有机质含量。

烘干法含水率应按式(1-3)计算,计算至0.1%:

$$w = \left(\frac{m_0}{m_d} - 1 \right) \times 100 \tag{1-3}$$

式中:w——含水率,%;

m_d——干土质量,g;

m_0——风干土质量(或天然湿土质量),g。

2. 密度试验

参考《土工试验方法标准》(GB/T 50123—2019),细粒土宜采用环

刀法,试样易碎裂、难以切削时,可用蜡封法。

环刀法试验湿密度及干密度应按下列公式计算,计算至0.01g/cm³。

$$\rho = \frac{m_0}{V} \qquad (1-4)$$

$$\rho_d = \frac{\rho}{1 + 0.01w} \qquad (1-5)$$

式中:ρ——试样的湿密度,g/cm³;

ρ_d——试样的干密度,g/cm³;

V——环刀容积,cm³。

蜡封法试验湿密度及干密度应按下列公式计算:

$$\rho = \frac{m_0}{\dfrac{m_n - m_{nw}}{\rho_{wT}} - \dfrac{m_n - m_0}{\rho_n}} \qquad (1-6)$$

$$\rho_d = \frac{\rho}{1 + 0.01w} \qquad (1-7)$$

式中:m_n——试样加蜡质量,g;

m_{nw}——试样加蜡在水中质量,g;

ρ_{wT}——纯水在T℃时的密度,g/cm³,准确至0.01g/cm³;

ρ_n——蜡的密度,g/cm³,准确至0.01g/cm³。

3. 比重试验

参考《土工试验方法标准》(GB/T 50123—2019),按照土粒粒径可分别用下列方法进行比重测定:

粒径小于5mm的土,用比重瓶法进行;

粒径不小于5mm的土,且其中粒径大于20mm的颗粒含量小于10%时,应用浮称法;粒径大于20mm的颗粒含量不小于10%时,应用虹吸筒法。

(1)比重瓶法测定土粒比重G_s应按下列公式计算:

用纯水测定时:

$$G_s = \frac{m_d}{m_{bw} + m_d - m_{bws}}G_{wT} \qquad (1-8)$$

式中:m_{bw}——比重瓶、水总质量,g;

m_{bws}——比重瓶、水、干土总质量,g;

G_{wT}——T℃时纯水的比重(可查物理手册),准确至0.001。

用中性液体测定时:

$$G_s = \frac{m_d}{m_{bk} + m_d - m_{bks}}G_{kT} \qquad (1-9)$$

式中:m_{bk}——瓶、中性液体总质量,g;

m_{bks}——瓶、中性液体、干土总质量,g;

G_{kT}——T℃时中性液体的比重(实测得),准确至0.001。

（2）浮称法测定土粒比重应按下式计算：

$$G_s = \frac{m_d}{m_d - (m_{ks} - m_k)} G_{wT}$$ (1-10)

式中：m_{ks}——试样加铁丝筐在水中总质量，g；

m_k——铁丝筐在水中质量，g。

干比重 G_s' 应按下式计算：

$$G_s' = \frac{m_d}{m_b - (m_{ks} - m_k)} G_{wT}$$ (1-11)

式中：m_b——饱和面干试样质量，g。

土粒平均比重 G_s 应按下式计算：

$$G_s = \frac{1}{\dfrac{P_5}{G_{s1}} + \dfrac{1 - P_5}{G_{s2}}}$$ (1-12)

式中：P_5——粒径大于5mm的土粒占总质量的含量，以小数计；

G_{s1}——粒径大于5mm的土粒的比重；

G_{s2}——粒径小于5mm的土粒的比重。

（3）虹吸筒法测定比重 G_s 应按下式计算：

$$G_s = \frac{m_d}{(m_{cw} - m_c) - (m_{ad} - m_d)} G_{wT}$$ (1-13)

式中：m_{cw}——量筒加排开水总质量，g；

m_c——量筒质量，g；

m_{ad}——晾干试样质量，g。

> **引导问题** 土的物理状态指标，主要用于反映砂、砾石等无黏性土的松密程度和软硬程度以及黏性土的稠度(软硬程度)状态。想一想：能否通过公式计算出土的相关物理状态指标？

六、土的物理状态指标

（一）无黏性土的密实度

1.孔隙比

孔隙比是判别土的密实度的方法，以粉土为例，参考《城市轨道交通岩土工程勘察规范》（GB 50307—2012），粉土的密实度可根据孔隙比 e 划分为密实、中密和稍密，见表1-4。

粉土密实度分类　　　　　　　　　　　　　表1-4

孔隙比 e	密实度
$e < 0.75$	密实
$0.75 \leq e \leq 0.90$	中密
$e > 0.90$	稍密

2.相对密实度

工程上采用砂土的天然孔隙比 e 与该种土的最疏松状态下孔隙比 e_{max} 和最密实状态下孔隙比 e_{min} 进行对比来判断其密实度，即相对密实度法。这种度量密实度的指标称为相对密实度 D_r，即

$$D_r = \frac{e_{\max} - e}{e_{\max} - e_{\min}}$$

(1-14)

式中：e——砂土在天然状态下或某种控制状态下的孔隙比；

$e_{\max}$——砂土在最疏松状态下的孔隙比，即最大孔隙比；

$e_{\min}$——砂土在最密实状态下的孔隙比，即最小孔隙比。

二维码

土的孔隙性

参考《铁路工程岩土分类标准》（TB 10077—2019），根据 D_r 值可把砂类土的密度程度划分为密实、中密、稍密、松散，见表1-5。

砂类土密实程度的划分   表 1-5

密实程度	相对密度 D_r
密实	$D_r > 0.67$
中密	$0.4 < D_r \leqslant 0.67$
稍密	$0.33 < D_r \leqslant 0.4$
松散	$D_r \leqslant 0.33$

3. 动力触探指标

因为 e、$e_{\max}$ 和 $e_{\min}$ 都难以准确测定，天然砂土的密实度只能通过在现场进行原位标准贯入试验来确定。标准贯入试验是利用一定的锤击动能（锤质量63.5kg，落距76cm），将一定规格的对开管式的贯入器打入土中，贯入器贯入土中30cm的锤击数记为 $N_{63.5}$，称为标准贯入锤击数。

二维码

土的物理状态指标

$N_{63.5}$ 的大小，反映土的贯入阻力的大小，亦即密实度的大小，如《城市轨道交通岩土工程勘察规范》（GB 50307—2012）给出了砂土密实度分类，见表1-6 。

砂土密实度分类   表 1-6

标准贯入锤击数 N	密实度	标准贯入锤击数 N	密实度
$N \leqslant 10$	松散	$15 < N \leqslant 30$	中密
$10 < N \leqslant 15$	稍密	$N > 30$	密实

（二）黏性土的稠度

黏性土由于其含水率不同，分别处于固态、半固态、可塑状态和流动状态。这种描述黏性土的软硬程度的指标称为稠度。

黏性土从一种状态转变为另一种状态的分界含水率称为界限含水率。如图 1-10 所示，土由可塑状态变化到流动状态的界限含水率称为液限（或流限），用 w_L 表示；土由半固态变化到可塑状态的界限含水率称为塑限，用 w_P 表示；土由半固态不断蒸发水分，体积逐渐缩小，直到体积不再缩小时的界限含水率称为缩限，用 w_S 表示。界限含水率首先由瑞典科学家阿特堡（Atterberg）提出，故它们又称为阿特堡界限。

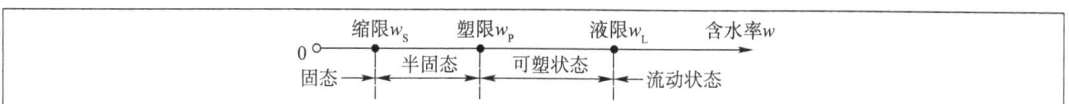

图 1-10　黏性土的界限含水率

液限与塑限的测定参见本书试验手册。

(1)塑性指数 I_P。液限和塑限之差的百分数值(去掉百分号)称塑性指数,用 I_P 表示,取整数,即

$$I_P = w_L - w_P \tag{1-15}$$

塑性指数表示处在可塑状态时土的含水率变化范围。其值越大,土的塑性越高。黏性土的塑性,与黏粒含量有关,一般黏粒含量越高,矿物的亲水性越强,结合水的含量越大,因而土的塑性也就越高。因此,塑性指数是一个全面反映土的组成情况的指标,可作为黏性土的工程分类依据。《城市轨道交通岩土工程勘察规范》(GB 50307—2012)按塑性指数 I_P 将黏性土分为两类,$I_P > 17$ 为黏土,$10 < I_P \leq 17$ 为粉质黏土。

(2)液性指数 I_L。含水率对黏性土的状态有很大的影响,但对于不同的土,即使具有相同的含水率,也未必处于同样的状态。黏性土的状态可用液性指数来判别,定义式为:

$$I_L = \frac{w - w_P}{w_L - w_P} = \frac{w - w_P}{I_P} \tag{1-16}$$

式中:I_L——液性指数,以小数表示;

w——土的天然含水率;

其余符号意义同前。

由式(1-16)可知:当 $w \leq w_P$ 时,$I_L \leq 0$,土处于坚硬状态;

当 $w > w_L$ 时,$I_L > 1$,土处于流动状态;

当 $w_P < w \leq w_L$,即 I_L 在 0 与 1 之间时为可塑状态。

《城市轨道交通岩土工程勘察规范》(GB 50307—2012)规定,黏性土状态应根据液性指数 I_L 划分为坚硬、硬塑、可塑、软塑和流塑,并符合表1-7的规定。

黏性土状态分类　　　　表1-7

液性指数 I_L	状态	液性指数 I_L	状态
$I_L \leq 0$	坚硬	$0.75 < I_L \leq 1.00$	软塑
$0 < I_L \leq 0.25$	硬塑	$I_L > 1.00$	流塑
$0.25 < I_L \leq 0.75$	可塑	—	—

【例题 1-2】

从某地基取原状土样,测得土的液限为 37.4%,塑限为 23.0%,天然含水率为 26.0%,问:地基土处于何种状态?

【解】 已知:$w_L = 37.4\%$,$w_P = 23.0\%$,$w = 26.0\%$

$$I_P = w_L - w_P = 37.4 - 23.0 = 14.4,取 14$$

$$I_L = \frac{w - w_P}{I_P} = \frac{26.0 - 23.0}{14} = 0.21$$

由于 $0 < I_L \leq 0.25$,因此,该地基土处于硬塑状态。

◀ 技能训练工单及练习 ❀ ────

❀ **工作任务单**

一、工作任务

完成××路段土样密度、含水率的测试;完成颗粒分析试验与液、塑限测定试验,并提交检测报告单。

二、检测试验

(1)土的密度、土粒比重、含水率检测试验。

(2)土的颗粒分析试验。

(3)黏土界限含水率测定试验。

三、分组讨论

什么是黏性土的稠度、稠度状态?它们各有何具体的应用?

四、考核评价

评价表参见附录一。

❀ **练习**

1.什么是土?土是怎样形成的?土有什么特征?

2.土中水按性质可以分为哪几类?它们各有什么特点?

3.什么是土的颗粒级配?什么是土的颗粒级配曲线?为什么颗粒级配曲线用半对数坐标?

4.什么是土的物理性质指标?土的各项物理性质指标是如何定义的?

5.黏性土的物理状态指标是什么?何谓黏性土的稠度?

6.什么是液性指数?如何用其来评价土的工程性质?

7.什么是塑性指数?其工程用途是什么?

任务二

土的工程分类与鉴别

▌▌▌任务描述▌▌▌

通过本任务相关知识的学习并结合在线课程资源及相关资料，完成土的现场鉴别，并提交工作任务单。通过线上线下学习，完成本任务技能训练工单及练习，遇到困难学习小组互相帮助。

▌▌▌任务要求▌▌▌

（1）根据班级人数分组，一般6~8人/组；

（2）以组为单位，各组员按分工完成任务，组长负责检查并统计各成员的任务结果，做好记录以供集体讨论；

（3）全组共同完成所有任务，组长负责成果的记录与整理，按任务要求上交报告，以供教师批阅。

▌▌▌学习目标▌▌▌

知识目标：

掌握常用规范关于土的分类的方法；

掌握土的分类和命名；

掌握现场鉴别土的常用方法。

能力目标：

掌握常用的土的分类和命名规范；

掌握现场鉴别土的常用方法。

▌▌▌学习重点▌▌▌

常用规范关于土的分类的方法；土的分类和命名；现场鉴别土的常用方法。

▌▌▌学习难点▌▌▌

表示土类名称的文字符号；土的分类和命名；现场鉴别土的常用方法。

一、土的工程分类

自然界中可作为地基的土的种类很多,为进一步对其性质进行深入研究,为工程设计和工程施工提供依据,需要对工程用土进行分类。地基土的工程分类是指根据土的用途和性质差异将其划分为一定的类别。根据分类名称可以大致判断土的工程特性,评价土作为建筑材料的适宜性,还可以结合其他指标来确定地基的承载力。

《土的工程分类标准》(GB/T 50145—2007)在进行土的分类时,采用了表 2-1 所列的粒组划分。

引导问题 自然界中可作为地基的土的种类具体有哪些呢?如何对工程用土进行分类呢?

如何划分土质?什么是普通分类?什么是专门分类?专门分类跟普通分类有什么区别呢?

粒组划分　　　　　　　　　表 2-1

粒组	颗粒名称		粒径 d 的范围(mm)
巨粒	漂石(块石)		$d > 200$
	卵石(碎石)		$60 < d \leqslant 200$
粗粒	砾粒	粗砾	$20 < d \leqslant 60$
		中砾	$5 < d \leqslant 20$
		细砾	$2 < d \leqslant 5$
	砂粒	粗砂	$0.5 < d \leqslant 2$
		中砂	$0.25 < d \leqslant 0.5$
		细砂	$0.075 < d \leqslant 0.25$
细粒	粉粒		$0.005 < d \leqslant 0.075$
	黏粒		$d \leqslant 0.005$

按不同粒组的相对含量可将土划分为巨粒类土、粗粒类土和细粒类土,并符合以下规定:巨粒类土按粒组划分;粗粒类土按粒组、级配、细粒土含量划分;细粒类土按塑性图、所含粗粒类别以及有机质含量划分。

土的工程分类体系如图 2-1 所示。

巨粒类土、粗粒类土(砾、砂)的分类见表 2-2 ~ 表 2-4。

细粒类土按照其在塑性图(图 2-2)中的位置确定土名,本分类中采用下列液限分区:低液限 $w_L < 50\%$,高液限 $w_L \geqslant 50\%$ 。

二维码

土的工程分类与鉴别

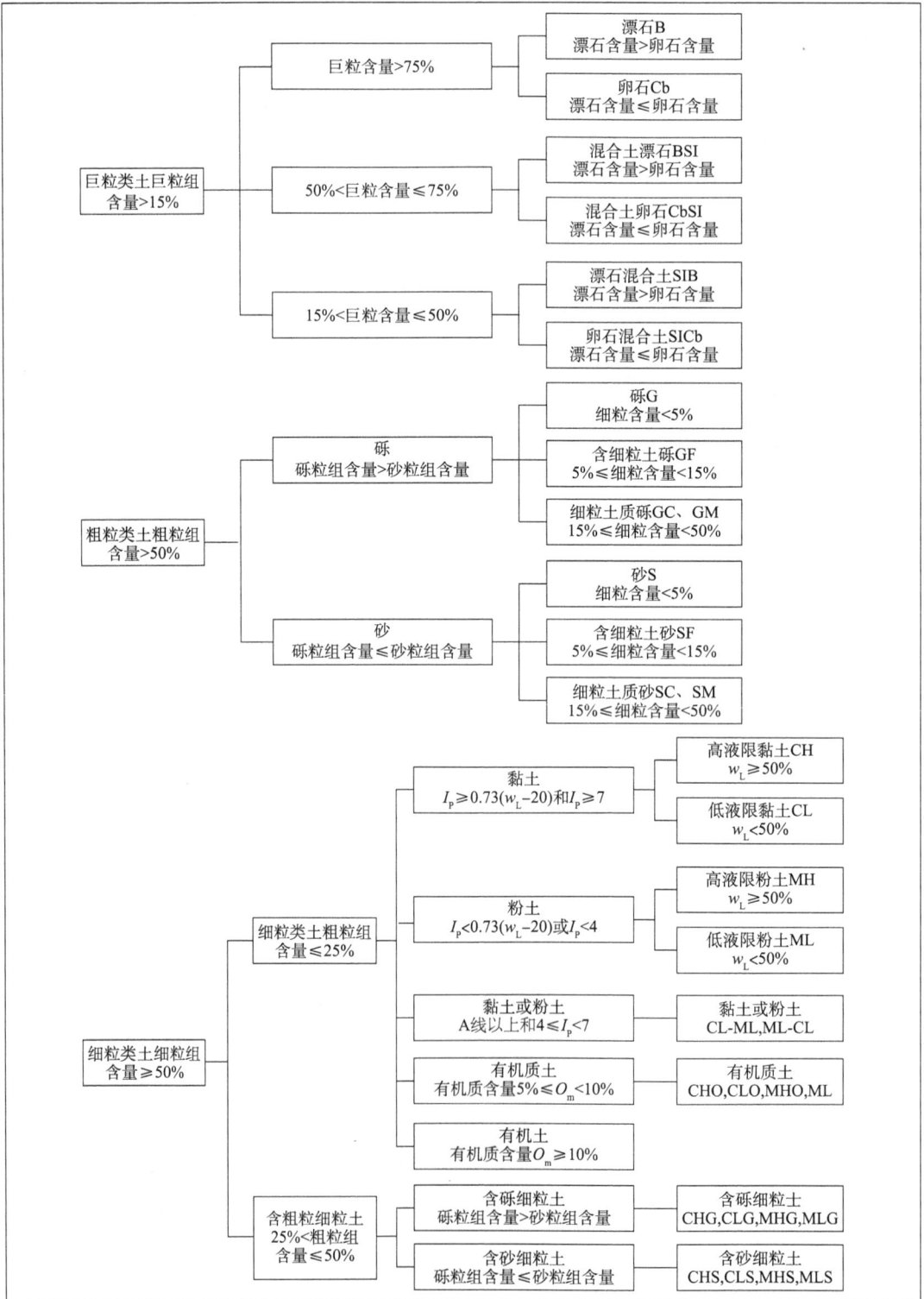

图2-1　土的工程分类体系［摘自《土的工程分类标准》（GB/T 50145—2007）］

巨粒类土的分类　　　　　　　　　　　　　　表 2-2

土类	粒组含量		土类代号	土类名称
巨粒土	巨粒含量 >75%	漂石含量大于卵石含量	B	漂石(块石)
		漂石含量不大于卵石含量	Cb	卵石(碎石)
混合巨粒土	50% <巨粒含量≤75%	漂石含量大于卵石含量	BSl	混合土漂石(块石)
		漂石含量不大于卵石含量	CbSl	混合土卵石(块石)
巨粒混合土	15% <巨粒含量≤50%	漂石含量大于卵石含量	SlB	漂石(块石)混合土
		漂石含量不大于卵石含量	SlCb	卵石(碎石)混合土

砾类土的分类　　　　　　　　　　　　　　表 2-3

土类	粒组含量		土类代号	土类名称
砾	细粒含量 <5%	级配 C_u≥5,1≤C_c≤3	GW	级配良好砾
		级配:不同时满足上述要求	GP	级配不良砾
含细粒土砾	5%≤细粒含量 <15%		GF	含细粒土砾
细粒土质砾	15%≤细粒含量 <50%	细粒组中粉粒含量不大于50%	GC	黏土质砾
		细粒组中粉粒含量大于50%	GM	粉土质砾

砂类土的分类　　　　　　　　　　　　　　表 2-4

土类	粒组含量		土类代号	土类名称
砂	细粒含量 <5%	级配 C_u≥5,1≤C_c≤3	SW	级配良好砂
		级配:不同时满足上述要求	SP	级配不良砂
含细粒土砂	5%≤细粒含量 <15%		SF	含细粒土砂
细粒土质砂	15%≤细粒含量 <50%	细粒组中粉粒含量不大于50%	SC	黏土质砂
		细粒组中粉粒含量大于50%	SM	粉土质砂

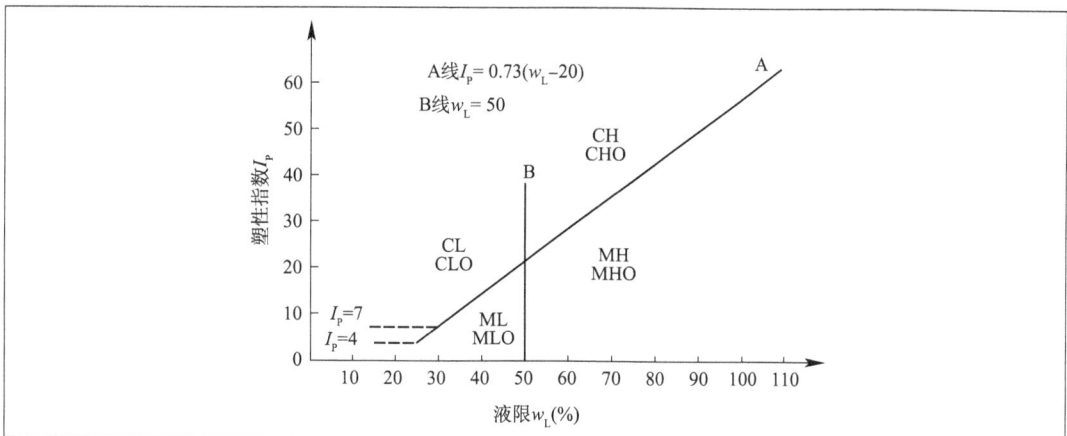

图 2-2　塑性图

（1）当细粒土位于塑性图 A 线以上时，在 B 线或 B 线以右，称为高液限黏土，记为 CH；在 B 线以左，I_P =7 线以上，称为低液限黏土，记为 CL。

（2）当细粒土位于塑性图 A 线以下时，在 B 线或 B 线以右，称为高液限粉土，记为 MH；在 B 线以左，I_P =4 线以下，称为低液限粉土，记为 ML。

（3）粉土～黏土过渡区的土按相邻土层的类别考虑细分。

二、土的简单鉴别

参考《土的工程分类标准》（GB/T 50145—2007），土的简单鉴别如下。

1. 土的简易鉴别方法

（1）目测法鉴别：将研散的风干试样摊成一薄层，估计土中巨、粗、细粒组所占的比例确定土的分类。

（2）干强度试验：将一小块土捏成土团，风干后用手指捏碎、掰断及捻碎，并应根据用力的大小进行下列区分：

①很难或用力才能捏碎或掰断为干强度高。

②稍用力即可捏碎或掰断为干强度中等。

③易于捏碎或捻成粉末者为干强度低。

注：当土中含碳酸盐、氧化铁等成分时会使土的干强度增大，其干强度宜再将湿土作手捻试验，予以校核。

（3）手捻试验：将稍湿或硬塑的小土块在手中捻捏，然后用拇指和食指将土捏成片状，并应根据手感和土片光滑度进行下列区分：

①手滑腻，无砂，捻面光滑为塑性高。

②稍有滑腻，有砂粒，捻面稍有光滑者为塑性中等。

③稍有黏性，砂感强，捻面粗糙为塑性低。

（4）搓条试验：将含水率略大于塑限的湿土块在手中揉捏均匀，再在手掌上搓成土条，并应根据土条不断裂而能达到的最小直径进行下列区分：

①能搓成直径小于 1mm 土条为塑性高。

②能搓成直径为 1～3mm 土条为塑性中等。

③能搓成直径大于 3mm 土条为塑性低。

（5）韧性试验：将含水率略大于塑限的土块在手中揉捏均匀，并在手掌中搓成直径为 3mm 的土条，并应根据再揉成土团和搓条的可能性进行下列区分：

①能揉成土团，再搓成条，揉而不碎者为韧性高。

②可再揉成团，捏而不易碎者为韧性中等。

③勉强或不能再揉成团，稍捏或不捏即碎者为韧性低。

（6）摇震反应试验：将软塑或流动的小土块捏成土球，放在手掌上反复摇晃，并以另一手掌击此手掌。土中自由水将渗出，球面呈现光泽；用两个手指捏土球，放松后水又被吸入，光泽消失。并应根据渗水和吸水反应快慢，进行下列区分：

①立即渗水及吸水者为反应快。

想一想 地基土分为哪几类？它们的划分依据是什么？

引导问题 在勘探过程中取得的土样，为什么需要首先及时用肉眼鉴别？根据哪些信息确定土的名称、颜色、状态、湿度、密度、有机物含量、工程地质特征等？除了以上信息，还有哪些特点可以作为划分土层，进行工程地质分析和评价的依据？

②渗水及吸水中等者为反应中等。

③渗水、吸水慢者为反应慢。

④不渗水、不吸水者为无反应。

2.土的简易分类

（1）巨粒类土和粗粒类土可根据目测结果按《土的工程分类标准》（GB/T 50145—2007）第4.0.1~4.0.6条的分类定名。

（2）细粒类土可根据干强度、手捻、搓条、韧性和摇震反应等试验结果按表2-5分类定名。

> **想一想** 在教室条件受限的情况下,我们是否可以进行土的鉴别? 如果可以,应该如何鉴别?

细粒土的简易分类

表 2-5

干强度	手捻试验	搓条试验		摇震反应	土类代号
		可搓成土条的最小直径(mm)	韧性		
低—中	粉粒为主,有砂感,稍有黏性,捻面较粗糙,无光泽	3~2	低—中	快—中	ML
中—高	含砂粒,有黏性,有滑腻感,捻面较光滑,稍有光泽	2~1	中	慢—无	CL
中—高	粉粒较多,有黏性,稍有滑腻感,捻面较光滑,稍有光泽	2~1	中—高	慢—无	MH
高—很高	无砂感,黏性大,滑腻感强,捻面光滑,有光泽	<1	高	无	CH

注:表中所列各类土凡呈灰色或暗色且有特殊气味的,应在相应土类代号后加代号 O,如 MLO、CLO、MHO、CHO。

（3）土中有机质系未完全分解的动、植物残骸和无定形物质,可采用目测、手摸或嗅感判别,有机质一般呈灰色或暗色,有特殊气味,有弹性和海绵感。

【榜样力量】

岩土泰斗,桃李天下——黄文熙院士

黄文熙,江苏吴江人,岩土工程与水工建筑专家,我国土力学学科奠基人之一,我国水利水电科学研究事业的开拓者之一。在土力学方面做出杰出贡献,提出了砂土振动液化的机理及试验方法、地基沉降三维应力计算方法等。

他深爱祖国,有民族担当;对事业执着追求、永不放弃,坚持学习,始终求索;有高尚品格,工作兢兢业业,脚踏实地,严谨求实,关心关怀下一代成长;诚恳待人,生活质朴,大方豁达,给我们以榜样的力量。

技能训练工单及练习 ▶

工作任务单

一、工作任务

1. 准备三种不同颜色、不同状态的土;

2. 根据现场提供的土体,大致辨别出土的种类,并填写表2-6。

信息表 表2-6

材料	土的颜色	土的状态	是否黏着,黏着程度	手搓效果	敲打效果	土的名称
湿散土						
干散土						
泥土						

二、考核评价

评价表参见附表一。

练习

一、选择题

1. 水稻适合种在( )中。

　A. 砂质土　　B. 黏质土　　C. 壤土　　D. 以上都是

2. 加水能够搓成条且弯折不断的是( )。

　A. 砂质土　　B. 黏性土　　C. 壤土　　D. 以上都是

3. 下列植物适合在土壤中生长的是( )。

　A. 蚕豆　　B. 花生　　C. 荷花　　D. 芦苇

4. 下面( )不是观察土壤的方法。

　A. 用放大镜看　　　　　　B. 用手搓

　C. 用嘴巴尝　　　　　　　D. 用锤子敲

5. 某同学用沾了水的土做了一个泥娃娃,请问:他可能用了什么土?( )。

　A. 砂土　　B. 黏性土　　C. 圆砾　　D. 卵石

二、简答题

1. 土的工程分类的原则是什么?有哪些分类方法?

2. 在野外怎样鉴别砂类土中的砾砂、粗砂、中砂、细砂和粉砂?

3. 有一砂土试验,经筛分后各颗粒粒组含量如表2-7所示,试确定砂土的名称。

砂土各颗粒粒组含量 表2-7

粒组(mm)	<0.075	0.075~0.1	0.1~0.25	0.25~0.5	0.5~1.0	>1.0
含量(%)	8.0	15.0	42.0	24.0	9.0	2.0

任务三

土方填筑的压实控制

任务描述

　　通过本任务相关知识的学习并结合在线课程资源及相关资料，完成土的击实试验，并提交试验报告。通过线上线下学习，完成本任务技能训练工单及练习，遇到困难学习小组互相帮助。

任务要求

　　（1）根据班级人数分组，一般6~8人/组；

　　（2）以组为单位，各组员完成任务，组长负责检查并统计各成员的任务结果，做好记录以供集体讨论；

　　（3）全组共同完成所有任务，组长负责成果的记录与整理，按任务要求上交报告，以供教师批阅。

学习目标

知识目标：

知道影响土的压实效果的主要因素；

学会分析土的击实曲线（土的最佳含水率、最大干密度）；

知道压实特性在现场填土中的应用。

能力目标：

能通过土的击实和土的密度的学习掌握土方填筑的压实控制方法与技能。

学习重点

　　影响土的压实效果的主要因素；土的击实曲线（土的最佳含水率、最大干密度）。

学习难点

　　影响土的压实效果的主要因素；压实特性在现场填土中的应用。

一、土的击实性

(一)土压实的工程意义

在实际工程建设中,经常遇到填土问题,如公路、铁路路基的填筑后等。而在路基施工过程中,通过挖、运、填等工序,土料的天然结构会被破坏,呈现松散状态,使土料之间留下许多孔隙。因此,必须利用机械对土基进行压实,使土颗粒重新排列,并互相靠近、挤紧,使小颗粒土填充于大颗粒土的孔隙中,排出空气,从而达到使土的孔隙减小,形成新的密实体,其内摩擦力和黏聚力增大,土基强度增加,稳定性提高的目的。

> **引导问题** 土是如何被压实的?经压实的土会发生哪些变化?在试验室是如何对土进行压实的?工程施工时如何对土进行压实?

(二)土的击实机理

土是三相体,其中土颗粒为骨架,颗粒之间的孔隙由水分和气体填充,在外力碾压时,土颗粒重新组合、彼此挤紧,孔隙缩小,土体便形成密实的整体。路堤压实是填方路基填筑中最重要的工序,对路基的质量起着决定性的作用。填方路堤施工实践证明,经压实的路堤状态有如下变化:

(1)经压实的土体孔隙变小,强度增加。

(2)压实使土基的塑性变形明显减小。

(3)压实使土的透水性降低,毛细上升高度减小。

二维码
土方填筑的压实控制

二维码
土的击实性

二、影响土压实效果的因素

天然结构的土,经过挖、运、填等工序后变为松散状态,作为路基填料时,必须将路基填土碾压密实,以保证路基获得足够的强度和稳定性。如果路基压实效果不好,基础不稳定,轨道的平顺性会受到影响。对于细粒土填筑的路基,影响压实效果的因素有内因和外因两方面。内因是指土质和湿度,外因是指击实功(如机械性能、压实时间与速度)、土层厚度及压实时的自然因素和人为因素等。概括来说,影响土体压实效果的主要因素有土质及含水率、碾压层厚度、压实机械的类型和功能、碾压次数和地基强度等。

> **引导问题** 影响土压实效果的因素有哪些?

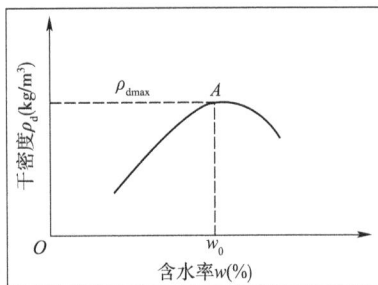

图3-1 干密度与含水率的关系曲线

(一)含水率对压实效果的影响

通过室内击实试验绘制出密实度(干密度)与含水率的关系曲线,如图3-1所示。在一定击实功的作用下,土体只有在适当含水率的情况下,才能达到最大干密度(ρ_{dmax}),此时其对应的含水率为最佳含水率(w_0)。

因而在施工现场,用某种压路机压实含水率过小的土,以达到高的压实度较困难。如含水率超过最佳含水率,要达到高的压实度同样困难,并经常会发生"弹簧"现象而不能压实。

(二)土质对压实效果的影响

由于土是固相、液相和气相的三相体,当采用压实机械对土进行碾压时,土颗粒彼此挤紧,孔隙减小,顺序重新排列,形成新的密实体,粗粒土之间摩擦力和咬合力增强,细粒土之间的分子引力增大,使得土的强度和稳定性都得以提高。在同一击实功作用下,含粗粒越多的土,其最大干密度越大,而最佳含水率越小。

土的性质不同,其干密度和含水率也不相同,室内标准击实试验表明,不同土质的最佳含水率和最大干密度不相同,如图3-2所示。

(三)击实功对压实效果的影响

击实功是除含水率外的另一重要的影响因素。若在一定限度内增加击实功,则可降低含水率,提高最大干密度。对于同一类土,其最佳含水率和最大干密度随击实功而变化,如图3-3所示。

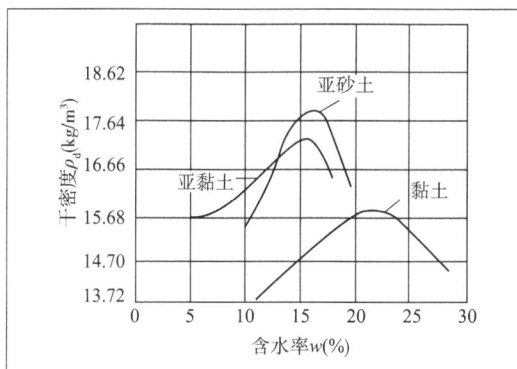

图3-2 不同土质的 ρ_d-w 关系曲线

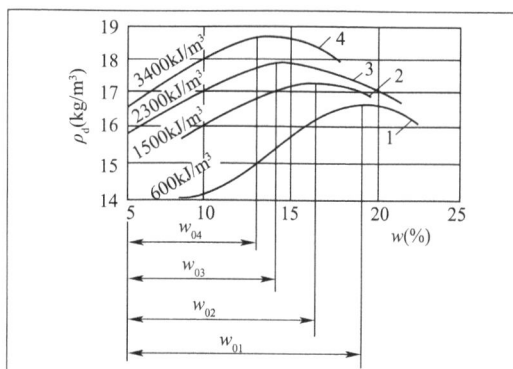

图3-3 不同击实功的 ρ_d-w 关系曲线

图3-3中曲线表明,在不同的击实功下,曲线的形状不变,同一种土的最佳含水率随击实功的增加而减小,最大干密度随击实功的增大而增大,并向左上方移动。此外,在相同含水率情况下,击实功越高,干密度越大。根据这一特性,在施工中,当土中的含水率低于最佳含水率且加水较困难时,可采用增加击实功的方法,即采用重碾或增加碾压次数,提高土的压实度。

(四)碾压时的温度对压实效果的影响

在路基碾压过程中,温度升高可使被压土中水的黏度降低,从而水在土粒间起润滑作用,使土易于压实。但气温过高时,又会由于水分蒸发太快而不利于压实。温度低于0℃时,因部分水结冰,产生的阻力更大,起润滑作用的水更少,因而也得不到理想的压实效果。同一种土的最佳含水率随温度不同而有所变化。

(五)压实土层的厚度对压实效果的影响

压实厚度对压实效果具有明显影响。相同压实条件下(土质、湿度与击实功不变),实测不同深度土层的密实度得知,压实度随深度递减,压实厚度5cm时压实度最高。不同压实工具的有效压实厚度有所差异。根据压实工具类型、土质及土基压实的基本要求,路基分层压实的厚度要求不同。一般情况下,人工夯实不宜超过15cm;8～12t光轮压路机,不宜超过20cm;12～15t光轮压路机,不宜超过25cm;重型振动压路机或夯击机,宜以50cm为限。实际施工时的压实厚度应通过现场试验确定,根据土类及压实厚度不同确定合适的松铺厚度。

(六)地基或下承层强度对压实效果的影响

在填筑路堤时,若地基没有足够的强度,路堤的底层难以达到较高的压实度,即使采用重型压路机或增加碾压次数,也只能是事倍功半,甚至使碾压土层出现"弹簧"现象。因此,对于地基或下承层强度不足的情况,填筑路堤时通常采取以下措施:

(1)填筑路堤之前,应先碾压地基。

(2)若地基有软弱层,则应用砂砾(碎石)层处理地基。

(3)路堑处路槽的碾压,应先铲除30～40cm原状土层并碾压地基后,再分层填筑压实。

(七)压实机械和方法对压实效果的影响

填土的压实方法有碾压法、夯实法和振动压实法。平整场地等大面积填土工程多采用碾压法,对小面积的填土工程则宜采用夯实法和振动压实法。相应的压实机械也分为碾压式、夯击式和振动式三大类型。

根据压实的原理,正确运用压实特性,按照不同的要求,选择适应不同土质的压实机具,确定最佳压实厚度、碾压次数和速度,准确地控制最佳含水率,以指导压实的施工工作。

◁ 技能训练工单及练习

❀ **工作任务单**

1. 进行土的击实试验并整理试验报告（表 3-1、图 3-4）。

击实试验记录表 表 3-1

土样编号		筒号		落高		457mm	
土样来源		筒容积		947.2cm³		每层击数	42（3层）
试验日期		锤质量		4.5kg		大于5mm 颗粒含量	

	试验次数	1	2	3	4	5
干密度	筒+土质量（g）					
	筒质量（g）					
	湿土质量（g）					
	湿密度（g/cm³）					
	干密度（g/cm³）					

	盒号	01	02	03	04	05	06	07	08	09	10
含水率	盒+湿土质量（g）										
	盒+干土质量（g）										
	盒质量（g）										
	水质量（g）										
	干土质量（g）										
	含水率（%）										
	平均含水率（%）										

最佳含水率 = %	最大干密度 = g/cm³

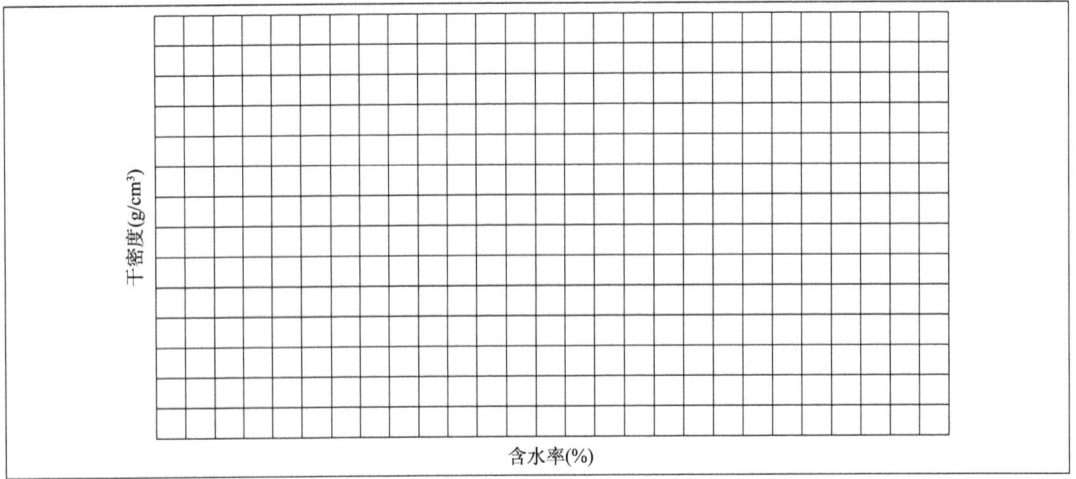

纵轴：干密度 (g/cm³)
横轴：含水率(%)

图3-4　击实曲线图

2.考核评价(评价表参见附录一)。

练习

1.什么是土的击实性？击实后土的性质发生了哪些变化？

2.为什么土基必须压实？影响土基压实效果的因素有哪些？

任务四

土中水及其渗透性

‖‖ 任务描述 ‖‖

通过本任务相关知识的学习并结合在线课程资源及相关资料，完成土的渗透性与渗流工单。通过线上线下学习，完成本任务技能训练工单及练习，遇到困难学习小组互相帮助。

‖‖ 任务要求 ‖‖

（1）根据班级人数分组，一般6~8人/组；

（2）以组为单位，各组员按分工完成任务，组长负责检查并统计各成员的任务结果，做好记录以供集体讨论；

（3）全组共同完成所有任务，组长负责成果的记录与整理，按任务要求上交报告，以供教师批阅。

‖‖ 学习目标 ‖‖

知识目标：

掌握毛细水带的划分及毛细水的运动特性；

掌握达西定律及其应用；

掌握流砂、潜蚀现象。

能力目标：

通过土中水及其渗透性知识的学习，培养分析和解决地下水渗透变形问题的能力和测定计算渗透系数的技能。

‖‖ 学习重点 ‖‖

毛细现象对工程建设的影响；毛细水带的划分及毛细水的运动特性；达西定律及其应用；渗透系数的测定；流砂、潜蚀。

‖‖ 学习难点 ‖‖

土的毛细性；达西定律及其应用；渗透系数的测定；流砂及潜蚀。

一、土的毛细性

毛细水是受到水与空气交界面处表面张力的作用、存在于地下水位以上的透水层中的自由水。土的毛细现象是指土中水在表面张力的作用下,沿着细的孔隙向上及朝其他方向移动的现象。

土体能够产生毛细现象的性质称为土的毛细性。土的毛细性,是路基冻害、地下室过分潮湿的主要原因,在工程中必须引起高度重视。

(一)土层中的毛细水带

土层中毛细现象导致湿润的范围称为毛细水带。根据形成条件和分布状况,毛细水带分为正常毛细水带、毛细网状水带和毛细悬挂水带三种,如图4-1所示。

(二)毛细水上升高度

分布在土粒内部相互贯通的孔隙,可以看成许多形状不一、直径互异、彼此连通的毛细管,如图4-2所示。

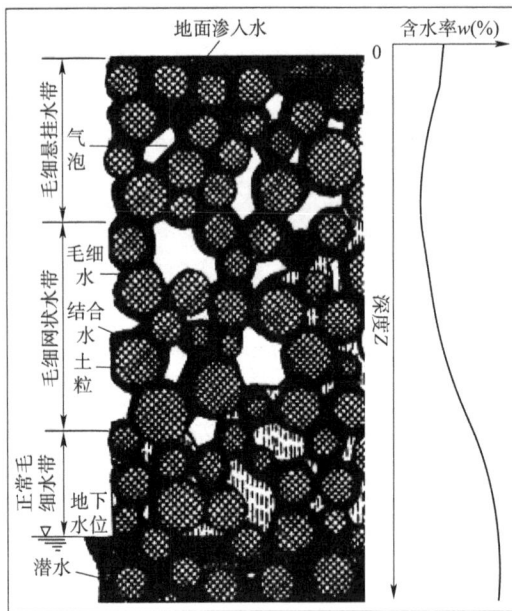

图4-1 土层中的毛细水带

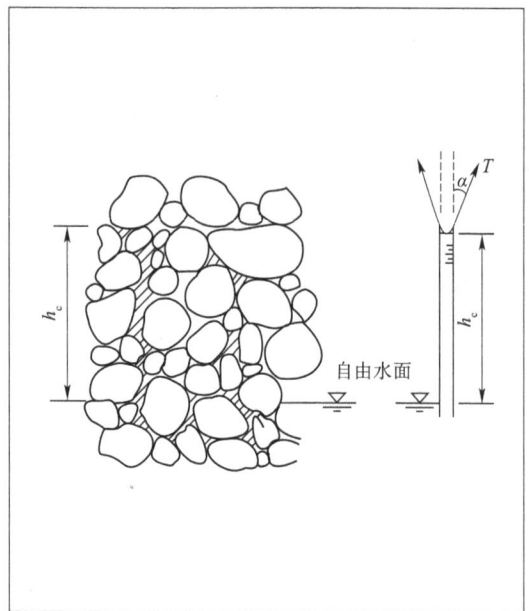

图4-2 土中的毛细水上升高度

根据物理学概念,在毛细管周壁,水膜与空气的分界处存在着表面张力 T。水膜表面张力 T 的作用方向与毛细管壁成夹角 α。T 和 α 取决于液体和毛细管材料。毛细水上升最大高度 h_{max} 与毛细管直径 d(半径 r)成反比。d 越小,h_{max} 越大。

二、土的渗透性

(一)达西定律

流速是表征水等液体运动状态和规律的主要物理量之一,对研究水在土中的流动同样有重要意义。水在土中的流动大多十分缓慢,属于层流。但由于空隙通道断面的形状和大小都极不规则,难以像研究管道层流那样确定其实际流速的分布和大小,只能采用单位时间内流过单位土截面积的水量这一具有平均意义的渗透流速 v 来研究土的渗透性。设单位时间内流过土截面积 A 的水量为 Q,则上述渗透流速为 $v = Q/A$。

1852—1856 年,法国工程师达西(Henri Darcy)通过大量试验发现了地下水运动的线性渗透定律,称为达西定律。其试验装置如图 4-3 所示。在用粒径为 $0.1 \sim 3\text{mm}$ 的砂做了大量试验后,达西获得如下结论:单位时间内通过筒中砂的水流量 Q 与渗透长度 L 成反比,而与筒的过水断面面积 A、上下测压管的水头损失 Δh 成正比。即,当水在土中流动的形态为层流时,水的渗流遵循下述规律:

$$Q = k \frac{\Delta h}{L} A \tag{4-1}$$

式中:Q——渗透流量,m^3/d;

　　A——过水断面面积(圆筒横断面面积),m^2;

　　Δh——水头损失(测压管的水头差),m;

　　k——渗透系数,m/d;

　　L——渗透长度,m。

令比值 $\Delta h/L = i$,称水力坡度,也就是渗透路程中单位长度上的水头损失。又因 $v = Q/A$,则式(4-1)可写为:

$$v = ki \tag{4-2}$$

式(4-2)表明,渗透流速 v 与水力坡度成正比,故达西定律又称线性渗透定律。当 $i = 1$ 时,$v = k$,说明渗透系数值等于单位水头梯度时的渗透流速。

一般中砂、细砂、粉砂等细颗粒土中水的渗透流速满足层流条件,而粗砂、砾石、卵石等粗颗粒土中水的渗透流速较大,是紊流而不是层流,故不能使用达西定律。在黏土中,土颗粒周围存在结合水,渗流受到结合水的黏滞作用产生的阻力的影响,只有克服结合水的抗剪强度后才能开始渗流。

(二)土的渗透系数

由达西定律可知,土的渗透系数 k 反映了土的渗透性能,是土的重要力学性能指标之一。各种土的渗透系数参考值见表 4-1。不同种类的土,k 值差别很大。因此,准确地测定土的渗透系数是一项十分重要的工作。

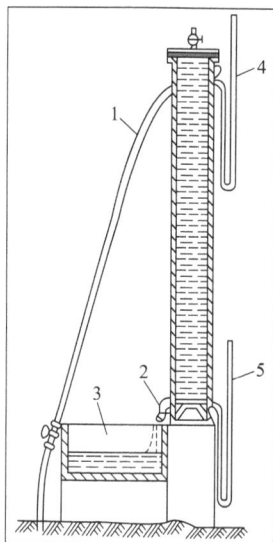

> **引导问题** 由于土是具有连续孔隙的介质,当饱和土中两点存在着能量差,也就是水位差时,水就在土的孔隙中从能量高的点(水位高的点)向能量低的点(水位低的点)渗透流动。想一想:这种现象叫什么?有哪些运动定律?

图 4-3　达西试验装置
1、2-导管;3-量杯;4、5-测压管

二维码

土的渗透性

土的渗透系数参考值　　　　　　表 4-1

土的类别	渗透系数(cm/s)	土的类别	渗透系数(cm/s)
黏土	$<5 \times 10^{-8}$	细砂	$1 \times 10^{-5} \sim 5 \times 10^{-5}$
粉质黏土	$5 \times 10^{-8} \sim 1 \times 10^{-6}$	中砂	$5 \times 10^{-5} \sim 2 \times 10^{-4}$
粉土	$1 \times 10^{-6} \sim 5 \times 10^{-6}$	粗砂	$2 \times 10^{-4} \sim 5 \times 10^{-4}$
黄土	$2.5 \times 10^{-6} \sim 5 \times 10^{-6}$	圆砾	$5 \times 10^{-4} \sim 1 \times 10^{-3}$
粉砂	$5 \times 10^{-6} \sim 1 \times 10^{-5}$	卵石	$1 \times 10^{-3} \sim 5 \times 10^{-3}$

土的渗透系数可通过试验确定,试验可在试验室或现场进行。

1)试验室测定法

室内测定渗透系数有常水头法渗透试验和变水头法渗透试验两种。

(1)常水头法渗透试验。整个试验过程中水头保持不变,适用于透水性大的粗粒土(砂质土)。

【例题 4-1】

某土样的截面面积为 $103cm^2$,厚度为 25cm,作用于土样两端的水位差为 75cm,试验时通过土样流出的水量为 $100cm^3/min$,试求试样的渗透系数。

【解】　由 $Q = kA(\Delta h / L)$,得

$$k = \frac{QL}{\Delta hA} = (100/60) \times 25/(75 \times 103) = 5.39 \times 10^{-3}(cm/s)$$

因此,试样的渗透系数为 $5.39 \times 10^{-3} cm/s$。

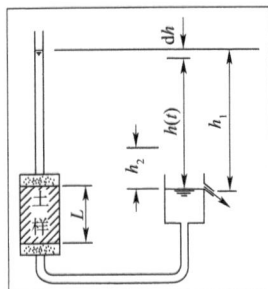

图 4-4　变水头法渗透试验

(2)变水头法渗透试验(图 4-4)。整个试验过程中,水头随时间变化,适用于透水性差、渗透系数小的细粒土(黏质土和粉质土)。

任一时刻 t 的水头差为 h,经时段 dt 后,细玻璃管中水位降落 dh,在时段 dt 内管内减少水量:

$$dQ = -adh$$

在时段 dt 内流经试样的水量:

$$dQ = kiAdt = kAdth/L$$

管内减少水量 = 流经试样水量,即

$$-adh = kAdth/L$$

分离变量,积分得

$$k = 2.3 \frac{aL}{A(t_2 - t_1)} \lg \frac{h_1}{h_2}$$
$$= \frac{aL}{A(t_2 - t_1)} \ln \frac{h_1}{h_2} \tag{4-3}$$

式中:k——渗透系数,cm/s;

A——过水断面面积(圆筒横断面面积),cm^2;

a——测压管的横断面面积，cm^2；

h_1、h_2——测压管的水头，cm；

t_1、t_2——任一时刻，s；

L——渗透长度，cm。

【例题 4-2】

设做变水头法渗透试验的黏土试样的截面面积为 $30cm^2$，厚度为 4cm，渗透仪细玻璃管的内径为 0.4cm，试验开始时的水位差为 160cm，经过 15min 后，观察到水位差为 52cm，试验时的水温为 30℃，试求试样的渗透系数。

【解】 由于试样截面面积 $A = 30cm^2$，渗透长度 $L = 4cm$，细玻璃管的内截面面积

$$a = \frac{\pi d^2}{4} = \frac{3.14 \times 0.4^2}{4} = 0.1256(cm^2)$$

$h_1 = 160cm$，$h_2 = 52cm$，$\Delta t = 900s$。

试样在 30℃时的渗透系数

$$k_{30} = 2.3 \frac{aL}{A(t_2 - t_1)} \lg \frac{h_1}{h_2} = 2.3 \times \frac{0.1256 \times 4}{30 \times 900} \times \lg \frac{160}{52} = 2.09 \times 10^{-5}(cm/s)$$

故试样在 30℃时的渗透系数为 $2.09 \times 10^{-5}cm/s$。

2）现场测定法

在现场研究场地的渗透性，测定渗透系数 k 值时，常用现场井孔抽水试验或井孔注水试验的方法。对于粗颗粒土或成层的土，用现场测定法测出的 k 值要比室内试验准确。现场测定法的优点是可获得较为可靠的平均渗透系数，但费用较高，时间较长。

1863 年，法国水力学家裘布依（J. Dupuit）首先应用线性渗透定律研究了均质含水层在等厚、广泛分布、隔水底板水平、天然的（抽水前）潜水面（亦水平）即地下水处于稳定流的条件下，呈层流运动的缓变流流向完整井的流量方程。

由抽水试验得知，抽水时潜水完整井周围潜水位逐渐下降，形成一个以井孔为中心的漏斗状潜水面，即所谓的降落漏斗（图 4-5）。

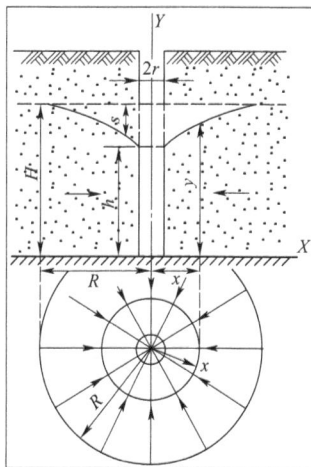

图 4-5 现场井孔抽水试验示意图

潜水向水井的渗流，如图 4-5 所示，从平面上看，流向沿半径指向井轴，呈同心圆状。为此，围绕井轴取一过水断面，该断面至井的距离为 x，该处过水断面的高度为 y，这样，过水断面面积为 $A = 2\pi xy$，平面径向流的水力坡度为 $i = dy/dx$。

当地下水流为层流时，服从线性渗透定律，该断面的渗透流量应为：

$$Q = kAi = k \cdot 2\pi xy(dy/dx)$$

分离变量并积分得

$$Q(\mathrm{d}x/x) = 2\pi k y \mathrm{d}y$$
$$Q = \pi k \left[(H^2 - h^2)/(\ln R - \ln r) \right] \qquad (4\text{-}4)$$

式中:Q——井的出水量,m^3/s;

　　k——渗透系数,$\mathrm{m/s}$;

　　H——含水层厚度,m;

　　h——动水位,m;

　　r——井的半径,m;

　　R——影响半径,m。

式(4-4)即为潜水完整井出水量公式,又称裘布依公式。

当有观测孔时,若观测孔至井轴的距离分别为 r_1、r_2,观测孔内的水头分别为 h_1、h_2,则可求得渗透系数为:

$$k = \frac{q}{\pi} \cdot \frac{\ln \dfrac{r_2}{r_1}}{h_2^2 - h_1^2} \qquad (4\text{-}5)$$

式中:q——抽水井流量,m^3/s。

【例题 4-3】

如图 4-6 所示,在现场进行抽水试验测定砂土层的渗透系数。抽水井管穿过 10m 厚的砂土层进入不透水黏土层,在距井管中心 15m 及 60m 处设置观测孔。已知抽水前土中静止地下水位在地面下 2.35m 处。抽水后待渗透稳定时,从抽水井测得流量 $q = 5.47 \times 10^{-3} \mathrm{m}^3/\mathrm{s}$,同时从两个观测孔测得水位分别下降了 1.93m 和 0.52m,求砂土层的渗透系数。

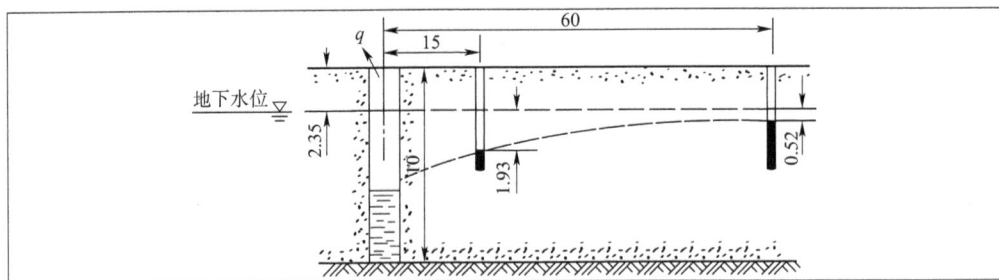

图 4-6　现场井孔抽水试验(尺寸单位:m)

【解】　两个观测孔的水头分别为:

$$r_1 = 15\text{m } 处, h_1 = 10 - 2.35 - 1.93 = 5.72(\mathrm{m})$$
$$r_2 = 60\text{m } 处, h_2 = 10 - 2.35 - 0.52 = 7.13(\mathrm{m})$$

由式(4-5)求得渗透系数:

$$k = \frac{q}{\pi} \frac{\ln \dfrac{r_2}{r_1}}{(h_2^2 - h_1^2)} = \frac{5.47 \times 10^{-3}}{3.14} \times \frac{\ln \dfrac{60}{15}}{7.13^2 - 5.72^2}$$

$$= 1.33 \times 10^{-4}(\mathrm{m/s})$$

三、动水压力及渗流破坏

(一)动水压力

引导问题 地下水在土中流动时会受到哪些力的作用?什么样的作用力能使土体产生渗透变形或破坏?

动水压力 G_D,又称渗透力。水在土中流动时受到土阻力的作用,使水头逐渐损失。同时,水的渗透将对土骨架产生拖曳力,导致土体中的应力变化与土体变形。这种渗透水流作用对土骨架产生的拖曳力,称为渗透力。

二维码

渗透力

动水压力 G_D 与水流受到土骨架的阻力 T 大小相等且方向相反。在土中沿水流的渗透方向取一土柱作为隔离体进行计算。土柱长为 L,横截面面积为 A,如图4-7a)所示。土柱上下两端测压管水头分别为 h_1、h_2,水位差为 Δh。分析土柱所受的各种力,如图4-7b)所示。

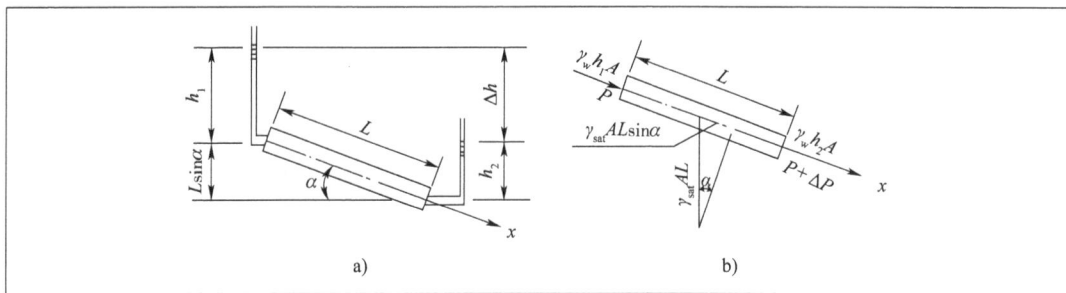

图4-7 饱和土体受力示意图

土柱上端作用力有总静水压力 $\gamma_w h_1 A$ 和法向力 P。

土柱下端作用力有总静水压力 $\gamma_w h_2 A$ 和法向力 $P + \Delta P$。

土柱自重沿 x 方向分力:$\gamma_{sat} AL\sin\alpha$。

根据作用在土柱上各力的平衡条件 $\sum x = 0$,可得

$$\gamma_w h_1 A + P - \gamma_w h_2 A - (P + \Delta P) + \gamma_{sat} AL\sin\alpha = 0$$

式中,$h_2 = h_1 + L\sin\alpha - \Delta h$,代入上式,化简得

$$\Delta P = LA\gamma'\sin\alpha + \Delta h\gamma_w A \tag{4-6}$$

式(4-6)等号右边第一项 $LA\gamma'\sin\alpha$ 为土柱浮重度沿 x 方向的分力,右边第二项 $\Delta h\gamma_w A$ 与动水压力有关,是由渗流引起的作用于土柱下端的力。将此力除以土柱的体积 LA,可得动水压力的计算公式为:

$$G_D = T = \frac{\Delta h\gamma_w A}{LA} = \frac{\Delta h}{L} \cdot \gamma_w = i\gamma_w \tag{4-7}$$

式中:G_D——动水压力,kN/m^3;

γ_w——水的重度,kN/m^3;

i——水力坡度,$i = \dfrac{\Delta h}{L}$。

(二) 渗流破坏

渗流所引起的破坏问题,一般可归结为两类:一类是土体的局部稳定问题,这是渗透水流将土体中的细颗粒冲出带走或使局部土体产生移动,导致土体变形而引起的渗透变形;另一类是整体稳定问题,这是在渗流作用下,整个土体发生滑动或坍塌。

渗透变形主要有三种形式,即流土、管涌与潜蚀。渗透水流将整个土体带走的现象称为流土;在渗流作用下,无黏性土体中的细小颗粒通过土的孔隙发生移动或被水流带出的现象称为管涌。潜蚀是指渗透水流冲刷地基岩土层,并将细粒物质沿孔隙迁移(机械潜蚀)或将土中可溶成分溶解(化学潜蚀)的现象。

1. 流土

1)形成机制

渗流方向与土重力方向相反时,渗透力的作用使土体重力减小,当单位渗透力 j 等于土体的单位有效重力(有效重度)γ' 时,土体处于流土的临界状态。如果水力坡度继续增大,土的单位渗透力将大于土的单位有效重力,此时土体将被冲出而发生流土。据此,可得到发生流土的条件为:

$$j > \gamma' \text{ 或 } \gamma_w \cdot i > \gamma' \tag{4-8}$$

流土的临界状态对应的水力坡度 i_c 可用下式表示:

$$i_c = \frac{\gamma'}{\gamma_w} = \frac{G_s - 1}{1 + e} \tag{4-9}$$

在黏性土中,渗透力的作用往往使渗流逸出处某一范围内的土体表面隆起变形;而在粉砂、细砂及粉土等黏聚性差的细粒土中,水力坡度达到一定值后,渗流逸出处出现表面隆起变形的同时,还可能出现渗透水流夹带泥土向外涌出的砂沸现象,致使地基被破坏,工程上将这种流土现象称为流砂。

工程中将临界水力坡度 i_c 除以安全系数 K 作为容许水力梯度 $[i]$,设计时渗流逸出处的水力坡度 i 应满足如下要求:

$$i \leqslant [i] = \frac{i_c}{K} \tag{4-10}$$

对流土安全性进行评价时,K 一般可取 $2.0 \sim 2.5$。渗流逸出处的水力坡度 i 可以通过相应流网单元的平均水力坡度来计算。

2)原因与防治

流土是土在渗透水流作用下产生的流动现象。这种现象常是由在地下水位以下进行开挖基坑、埋设地下管道、打井等工程活动而引起的,因此流土是一种不良的工程地质现象。该现象易发生在细砂、粉砂、粉质黏土等土中。形成流土的原因:一是水力坡度较大,流速大,冲动细颗粒使之悬浮;二是土粒周围附着亲水胶体颗粒,饱水时胶体颗粒膨胀,在渗透水作用下悬浮流动。

流土在工程施工中能造成大量的土体流动,导致地表塌陷或地基破坏,会给施工带来很大困难,或直接影响工程建筑的稳定,因此必须防治。

在可能发生流土的地区,若上覆有一定厚度的土层,应尽量利用上覆土层做天然地基,或者用桩基穿过易发生流土的地层。应尽可能避免开挖,如果必须开挖,可以从以下几个方面处理流土:

(1)减小或消除水头差,如采取基坑外的井点降水法降低地下水位或进行水下挖掘;

(2)增长渗流路径,如打板桩;

(3)在向上渗流出口处地表用透水材料覆盖压重或设反滤层以平衡渗流力;

(4)对土层加固处理,减小土的渗透系数,如采用冻结法、注浆法等。

2. 管涌

1)管涌现象

管涌的形成主要取决于土本身的性质,某些土即使在很大的水力坡度下也不会出现管涌,而另一些土(如缺乏中间粒径的砂砾料)在不大的水力坡度下就会发生管涌。

管涌破坏,一般有个时间发育过程,是一种渐进性的破坏。按发展的过程,发生管涌的土可分为两种:一种土,一旦发生渗透变形就不能承受较大的水力坡度,这种土称为危险性管涌土;另一种土,在出现渗透变形后,仍能承受较大的水力坡度,最后试样表面出现许多大泉眼,渗透量不断增大,或者发生流土,这种土称为非危险性管涌土。一般来说,黏性土只有流土而无管涌。

无黏性土渗透变形的形式主要取决于颗粒级配曲线的形状,其次是土的密度。

2)管涌型土的临界水力坡度

发生管涌的临界水力坡度,目前尚无合适的公式可循,主要根据试验时肉眼观察细颗粒的移动现象和借助水力坡度与流速之间的变化来判断管涌是否出现。

临界水力坡度的试验表明,临界水力坡度与不均匀系数关系密切,可按不均匀系数把土划分为流土型、过渡型和管涌型三类,土的不均匀系数越大,临界水力坡度越小。当土的级配不连续时,土的渗透变形性主要取决于细料的含量,或者说取决于细料充填粗料孔隙的程度。当细料填不满粗料的孔隙时,细料容易被渗透水流带走,这种土属于管涌型土。无黏性土的渗透性与渗透变形特性有着直接的关系。对于不均匀土,如果透水性强,渗透系数就大,抵抗渗透变形的能力弱;如果透水性弱,渗透系数就小,抵抗渗透变形的能力则强。

一般来说,渗透系数越大,临界水力坡度越小。无黏性土的水力坡度与土类的关系可参见表4-2。

水力坡度与土类的关系   表4-2

水力坡度	土类				
	流土型土		过渡型土	管涌型土	
	$C_u \leq 5$	$C_u > 5$		级配连续	级配不连续
临界水力坡度	0.8~1.0	1.0~1.5	0.4~0.8	0.2~0.4	0.10~0.30
容许水力坡度	0.4~0.5	0.5~0.8	0.25~0.40	0.15~0.25	0.10~0.20

3. 潜蚀

潜蚀通常分为机械潜蚀和化学潜蚀。这两种作用一般是同时进行的。在地基土层内,如具有地下水的潜蚀作用,地基土的强度将会遭到破坏,形成空洞,产生地表塌陷,影响工程的稳定。对潜蚀的处理,可以采取堵截地表水流入土层、阻止地下水在土层中流动、设置反滤层、改造土的性质、减小地下水流速及水力坡度等措施。这些措施应根据当地地质条件单独或综合采取。

◀ **技能训练工单及练习** ✤

❀ **工作任务单**

一、工作任务

1. 准备达西试验仪器及砂土；

2. 根据试验室达西试验记录填写表4-3。

信息表　　　　　　　　　　　　　　表4-3

影响因素	土的颜色	土的松散状态	渗透流量	（粗砂、中砂、细砂）渗透系数
孔隙水水头差				
渗透截面面积				
渗透路径及长度				

二、考核评价

评价表参见附录一。

❀ **练习**

1. 何谓毛细水？毛细水上升的原因是什么？在哪些土中毛细现象最显著？

2. 简述毛细现象对工程建设的影响。

3. 简述毛细水带的划分，并说明各带的特点。

4. 何谓渗透？如何测定渗透系数？

5. 何谓渗透变形？

6. 试述流砂现象和潜蚀、管涌现象的异同。

7. 如何防治渗透变形？防治的基本原理是什么？

土力学与地基基础(第2版)

学习情境二

土中应力与地基沉降变形计算

任务五

土中应力计算

‖‖‖ 任务描述 ‖‖‖

通过本任务相关知识的学习并结合在线课程资源及相关资料，完成土中应力计算工单。通过线上线下学习，完成本任务技能训练工单及练习，遇到困难学习小组互相帮助。

‖‖‖ 任务要求 ‖‖‖

（1）根据班级人数分组，一般6~8人/组；

（2）以组为单位，各组员接分工完成任务，组长负责检查并统计各成员的任务结果，做好记录以供集体讨论；

（3）全组共同完成所有任务，组长负责成果的记录与整理，按任务要求上交报告，以供教师批阅。

‖‖‖ 学习目标 ‖‖‖

知识目标：

了解土中的应力构成和应力状态；

掌握自重应力、基底压力、基底附加压力的计算方法；

掌握各种荷载条件下的地基中附加应力的计算方法。

能力目标：

通过学习，掌握各种荷载条件下地基中附加应力计算的方法和技能。

‖‖‖ 学习重点 ‖‖‖

自重应力;基底压力;基底附加压力;各种荷载条件下地基中附加应力的计算方法。

‖‖‖ 学习难点 ‖‖‖

基底附加压力;地基中附加应力;角点法的应用;有效应力原理。

一、概述

(一)土中应力计算的原因及方法

在土工结构和天然地基中,当土体受外力作用时,往往需要估算土体的强度和变形程度,以确保土工结构或上部结构物的安全。为此,必须研究土中各点的应力状态,即应力分布,从而计算地基变形和土体稳定问题。

上部结构物、车辆等的荷载,要通过基础或路基传递给土体。在这些荷载及其他作用力(如渗透力、地震力)等的作用下,土中会产生应力。土中应力的增加会引起土的变形,使上部结构物发生下沉、倾斜以及水平位移;土的变形过大,往往会影响上部结构物的安全和正常使用。此外,土中应力过大,也会引起土体的剪切破坏,使土体发生剪切滑动而失去稳定。

为了使所设计的上部结构物既安全可靠又经济合理,就必须研究土体的变形、强度、地基承载力、稳定性等问题。而不论研究上述何种问题,都必须首先了解土中的应力分布状况。只有掌握了土中应力的计算方法和土中应力的分布规律,才能正确运用土力学的基本原理和方法解决地基变形、土体稳定等问题。

因此,研究土中应力分布及计算方法是土力学的重要内容之一。

目前,计算土中应力主要采用弹性理论,也就是将地基土视为均质的、连续的、各向同性的半无限空间线弹性体。事实上,土体是一种非均质的、各向异性的多相分散体,是非理想弹性体,采用弹性理论计算土体中应力必然带来计算误差,对于一般工程,其误差是工程所允许的。但对于许多复杂条件下的应力计算,弹性理论是远远不够的,应采用其他更加符合实际的计算方法,如非线性力学理论、数值计算方法等。

(二)土中一点的应力状态

在土体中某点 M 的应力状态,可以用一个正六面单元体上的应力来表示。若半无限土体所采用的直角坐标系如图 5-1 所示,则作用在单元体上的 3 个法向应力(正应力)分量分别为 σ_x、σ_y、σ_z,6 个剪应力分量分别为 $\tau_{xy} = \tau_{yx}$、$\tau_{yz} = \tau_{zy}$、$\tau_{zx} = \tau_{xz}$,共有 9 个应力分量,作为独立应力分量的有 6 个。剪应力的脚标的第一个字母表示剪应力作用面的法线方向,第二个字母表示剪应力的作用方向。

应特别注意的是,在土力学中,对应力的正负号有着特殊规定,由于土基本上承受不了拉力,故往往取压应力为正,拉应力为负,这与一般固体力学中的符号规定有所不同。剪应力的正负号规定是,若剪应力作用面上的外法线方向与坐标轴的正方向一致,则剪应力的方向与坐标轴正方向相反时为正,反之为负;若剪应力作用面上的外法线方向与坐标轴正方向相反,则剪应力的方向与坐标轴正方向相同时为正,反之为负。图 5-1 中所示的法向应力及剪应力均为正值。

在空间直角坐标系中,体积元方向是可以任意选择的,总可以找到这样一个方向,使三个正交面上共 6 个剪应力均为零,因而只剩下 3 个法向应力 σ_1、σ_2 和 σ_3,这三个相互垂直的方向应力称为主应力($\sigma_1 > \sigma_2 > \sigma_3$)。假定其分别被称为大、中、小三个主应力,所作用的面称为主应力面。

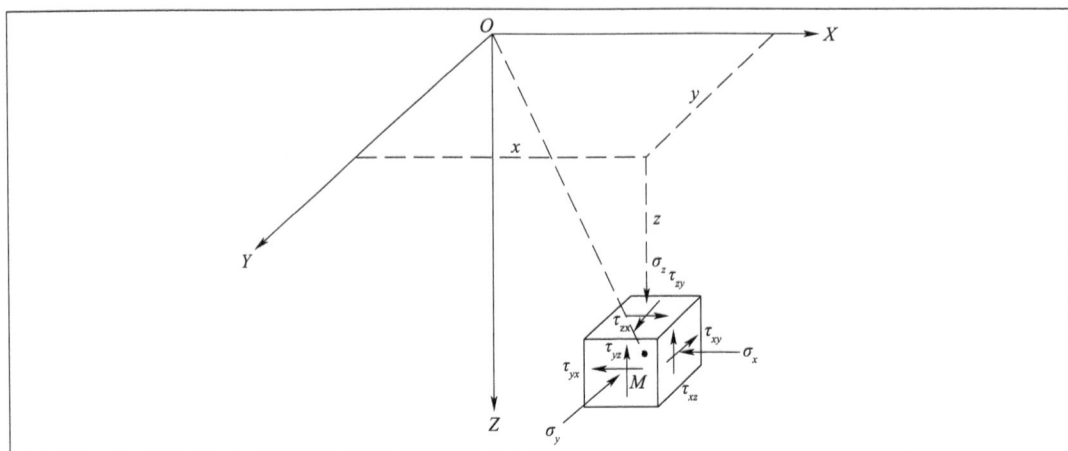

图5-1　土中一点的应力状态

(三)土中应力的种类

土中应力按产生的原因分为两种,即自重应力和附加应力,二者之和称为总应力。

(1)自重应力。由上覆土体自重引起的应力称为自重应力。自重应力一般自土形成之日起就在土中产生,因此也将它称为常驻应力。对于形成地质年代比较久远的土,由于在自重应力作用下,其变形已经稳定,因此自重应力不再引起地基的变形(新沉积土或近期人工冲填土除外)。

(2)附加应力。在外荷载(如上部结构物荷载、车辆荷载、土中水的渗透力、地震力等)的作用下,在土中产生的应力增量,称为附加应力。附加应力是地基中新增加的应力,会引起地基的变形,所以附加应力是引起地基变形和破坏的主要原因。

> 引导问题　什么是自重应力?在地基中,自重应力是怎样产生的?土体在自重应力作用下能否变形?如何计算自重应力?

二、自重应力

研究自重应力的目的是确定土体的初始应力状态。在计算自重应力时,一般将土体作为半无限弹性体来考虑。由半无限弹性体的边界条件可知,其内部任一与地面平行或垂直的平面上,仅作用着竖向应力 σ_{cz} 和水平向应力 $\sigma_{cx} = \sigma_{cy}$,而剪应力 $\tau = 0$。

(一)竖向自重应力

假定土体中所有竖直面和水平面上均无剪应力存在,那么地基中任意深度 z 处的竖向自重应力就等于单位面积上的土柱重力。如果地面下土质均匀,天然重度为 γ,则在天然地面下 z 处的竖向自重应力 σ_{cz} 应为

二维码

土的自重应力

$$\sigma_{cz}F = W = \gamma z F \qquad (5-1)$$

故

$$\sigma_{cz} = \gamma z$$

式中：σ_{cz}——天然地面下 z 深度处竖向自重应力，kN/m^2 或 kPa；

　　　W——面积 F 上高为 z 的土柱重力，kN；

　　　F——土柱底面积，m^2。

式(5-1)就是竖向自重应力计算公式，由此可知，竖向自重应力随深度呈线性增加，并呈三角形分布(图5-2)。

1. 当土体成层时

设各土层厚度及重度分别为 h_i 和 γ_i($i=1,2,\cdots,n$)，类似于式(5-1)的推导，这时土柱体总重力为 n 段小土柱体之和，则在第 n 层土的底面，竖向自重应力计算公式为：

$$\sigma_{cz} = \gamma_1 h_1 + \gamma_2 h_2 + \cdots + \gamma_n h_n = \sum_{i=1}^{n} \gamma_i h_i \quad (5\text{-}2)$$

式中：n——地基中的土层数；

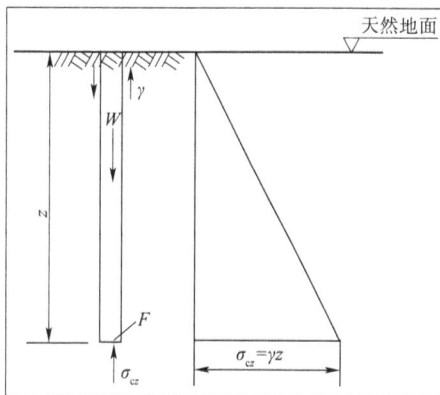

图5-2　均匀土的竖向自重应力分布

　　　γ_i——第 i 层土的重度，地下水位以上用天然重度 γ，地下水位以下则用浮重度 γ'，kN/m^3；

　　　h_i——第 i 层土的厚度，m。

2. 当土层中有地下水时

计算地下水位以下竖向自重应力时，应根据土的性质确定是否需考虑水的浮力作用。通常认为砂性土是应该考虑浮力作用的。若地下水位以下的土受到水的浮力作用，则水下部分土的重度应按浮重度 γ'(有效重度)计算，其计算方法同成层土的情况。

在地下水位以下，如埋藏有不透水层(例如岩层或只含结合水的坚硬黏土层)，由于不透水层中不存在水的浮力，因此层面及层面以下的自重应力应按上覆土层的水土总重计算。

(二)水平向自重应力

在半无限弹性体内，由侧限条件可知(图5-3)，土不可能发生侧向变形($\varepsilon_x = \varepsilon_y = 0$)，因此，该单元体上两个水平向应力相等并按下式计算：

$$\sigma_{cx} = \sigma_{cy} = \frac{\nu}{1-\nu}\sigma_{cz}$$

令 $K_0 = \dfrac{\nu}{1-\nu}$，则

$$\sigma_{cx} = \sigma_{cy} = K_0 \sigma_{cz} = K_0 \gamma z \quad (5\text{-}3)$$

式中：K_0——土的侧压力系数，它是侧限条件下土中水平向有效应力与竖向有效应力之比；

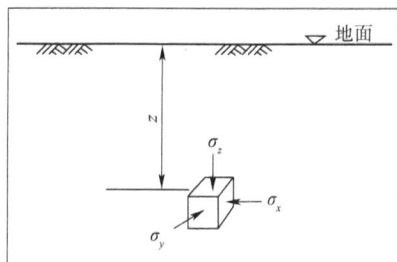

图5-3　侧限应力状态

　　　ν——土的泊松比。

K_0 和 ν 依土的种类、密度不同而异。K_0 可由试验测定，其值见表5-1。

K_0 的经验值

表 5-1

土的种类和状态		K_0	土的种类和状态		K_0
碎石土		0.18 ~ 0.25		坚硬状态	0.33
砂土		0.25 ~ 0.33	黏土	可塑状态	0.53
粉土		0.33		软塑及流塑状态	0.72
粉质黏土	坚硬状态	1.33			
	可塑状态	0.43			
	软塑及流塑状态	0.53			

【例题 5-1】

某地基的地质柱状图和土的有关指标列于图 5-4 中。试计算水位面及地面下深度为 5m 和 7m 处竖向自重应力,并绘出分布图。

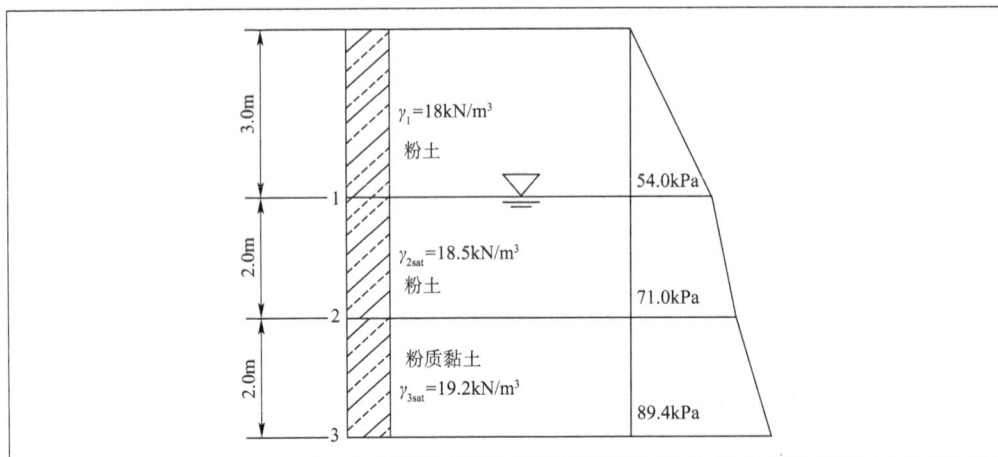

图 5-4 例题 5-1 图

【解】 地下水位面以下粉土和粉质黏土的浮重度分别为:

$$\gamma_2' = \gamma_{2sat} - \gamma_w = 18.5 - 10 = 8.5 (\text{kN/m}^3)$$

$$\gamma_3' = \gamma_{3sat} - \gamma_w = 19.2 - 10 = 9.2 (\text{kN/m}^3)$$

地下水位面处:

$$\sigma_{cz1} = \gamma_1 h_1 = 18 \times 3.0 = 54 (\text{kPa})$$

粉土层底面处($z = 5\text{m}$):

$$\sigma_{cz2} = \gamma_1 h_1 + \gamma_2' h_2 = 54 + 8.5 \times 2.0 = 71 (\text{kPa})$$

粉质黏土层底面处($z = 7\text{m}$):

$$\sigma_{cz3} = \gamma_1 h_1 + \gamma_2' h_2 + \gamma_3' h_3 = 71 + 9.2 \times 2.0 = 89.4 (\text{kPa})$$

【例题5-2】

某工程地基土的物理性质指标如图5-5所示,试计算竖向自重应力并绘出竖向自重应力分布曲线。

【解】 填土层底：$\sigma_{cz1} = \gamma_1 h_1 = 15.7 \times 1.0 = 15.7(\text{kPa})$

地下水位处：$\sigma_{cz2-1} = \gamma_1 h_1 + \gamma_2 h_{2-1} = 15.7 + 17.5 \times 2.0 = 50.7(\text{kPa})$

粉质黏土层底：$\sigma_{cz2-2} = \gamma_1 h_1 + \gamma_2 h_{2-1} + \gamma_2' h_{2-2} = 50.7 + (18.5 - 9.8) \times 2.0 = 68.1(\text{kPa})$

粉砂层底：$\sigma_{cz3} = \gamma_1 h_1 + \gamma_2 h_{2-1} + \gamma_2' h_{2-2} + \gamma_3' h_3 = 68.1 + (20.5 - 9.8) \times 5.0 = 121.6$ (kPa)

不透水层面：$\sigma_{cz4} = \sigma_{cz3} + \gamma_w (h_{2-2} + h_3) = 121.6 + 9.8 \times (2 + 5) = 190.2(\text{kPa})$

不透水层底：$\sigma_{cz4'} = \sigma_{cz4} + \gamma_4 h_4 = 190.2 + 19.2 \times 3.0 = 247.8(\text{kPa})$

竖向自重应力 σ_{cz} 沿深度的分布曲线如图5-5所示。

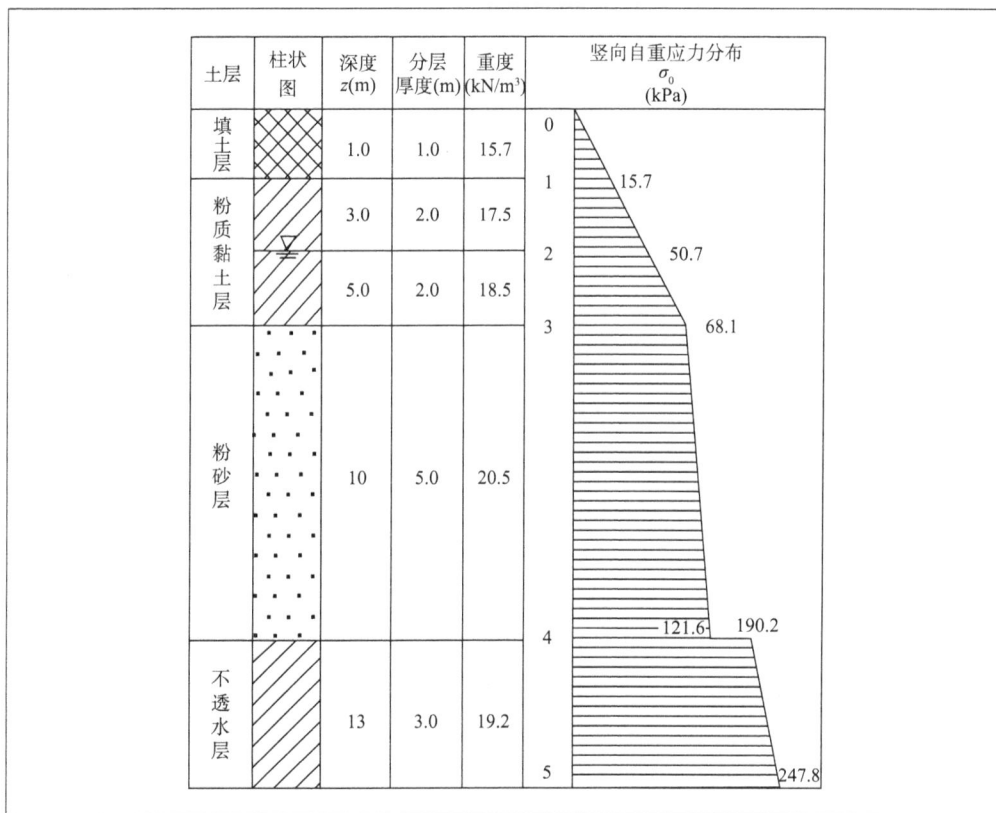

土层	柱状图	深度 z(m)	分层厚度(m)	重度(kN/m³)	竖向自重应力分布 σ_0 (kPa)
填土层		1.0	1.0	15.7	0 ... 15.7
粉质黏土层		3.0	2.0	17.5	50.7
粉质黏土层		5.0	2.0	18.5	68.1
粉砂层		10	5.0	20.5	121.6 / 190.2
不透水层		13	3.0	19.2	247.8

图5-5 例题5-2图

三、基底压力及基底附加压力

引导问题 基础底面会有哪些力的作用? 什么样的力是基底压力? 它与基底附加压力有什么区别与联系?

基底压力是指上部结构荷载和基础自重通过基础传递,在基础底面处施加于地基上的单位面积压力。由于基底压力作用于基础与地基的接触面上,故也称为基底接触压力。因为上部结构物的荷载是通过基础传给地基的,为了计算上部结构物荷载在地基土层中引起的附加应力,必须首先研究基础底面接触面上的压力大小与分布情况。

二维码

基底接触压力

(一)基底压力的分布规律及影响因素

精确地确定基底压力的数值与分布是一个很复杂的问题,它涉及上部结构物、基础和地基三者之间的共同作用,与三者的变形特性(如基础的刚度、地基土的压缩性等)有关,影响因素很多。这里仅对其分布规律及主要影响因素作定性的讨论。为将问题简化,暂不考虑上部结构物的影响。

二维码

基底压力

1. 基础的基底压力分布

(1)柔性基础:指能承受一定弯曲变形的基础。如土坝、路基等一类基础,本身刚度很小,在竖向荷载作用下几乎没有抵抗弯曲变形的能力,基础随着地基同步变形。因此,基底压力的分布与作用在基础上的荷载分布完全一致。当荷载均匀分布时,基底压力也是均匀分布的,如图 5-6 所示。

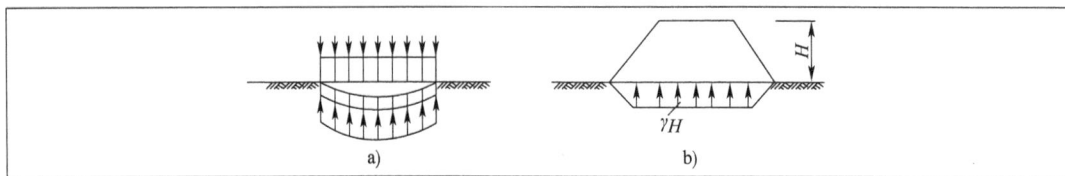

图 5-6 柔性基础下的基底压力分布

a)理想柔性基础;b)路堤下地基反力分布

(2)刚性基础:指刚度较大,基底压力分布随上部荷载的大小、基础的埋置深度及土的性质而异的基础。在均布荷载作用下,基础只能保持平面下沉而不能弯曲。但是对地基而言,均布的基底压力将产生不均匀沉降,如图 5-7a)中的虚线所示,其结果是基础变形与地基变形不相协调,基底中部将与地面脱开,出现应力架桥作用。为使基础与地基的变形保持相容[图 5-7c)],必然要重新调整基底压力的分布形式,使两端应力增大,中间应力减小,从而使地面保持均匀下沉,以适应刚性基础的变形。如果地基是完全弹性体,根据弹性理论解得的基底压力分布如图 5-7b)中实线所示,基础边缘处的压力将会无穷大。

通过以上分析可知,对于刚性基础来说,基底压力的分布形式与作用在其上面的荷载分布形式不一致。

2. 荷载的影响因素

对于刚性基础(如墩台基础、块式整体基础、箱形基础等),其刚度很大,远远超过地基土的刚度。而地基与基础的变形必须协调一致,也就是在中心荷载作用下地基表面各点的竖向变形值相同,由此决定了基底压力分布是不均匀的。理论和实践证明,在中心荷载作用下,基底压力通常呈马鞍形分布,如图5-8a)所示;当作用的荷载加大时,基底边缘由于应力集中,土将会产生塑性变形,边缘应力不再增加,而中央部分继续增大,基底压力呈现抛物线分布,如图5-8b)所示;若作用的荷载继续增大,并接近地基的破坏荷载,基底压力分布由抛物线形转变为中部突出的钟形,如图5-8c)所示。所以,刚性基础的基底压力分布规律与荷载大小有关。另外,试验研究可知,它还与基础埋置深度、土的性质等有关。

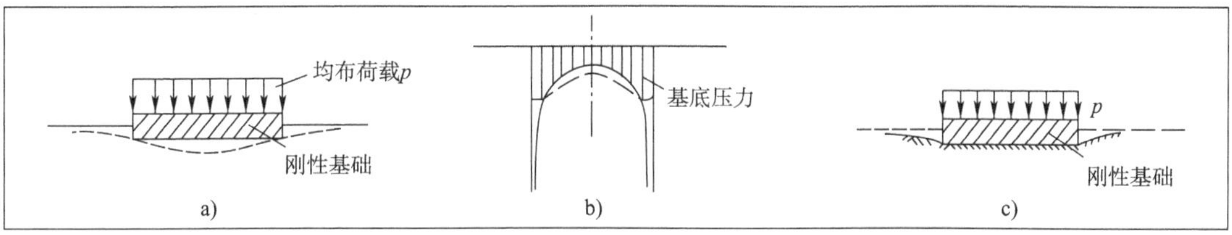

图5-7 刚性基础的基底压力分布

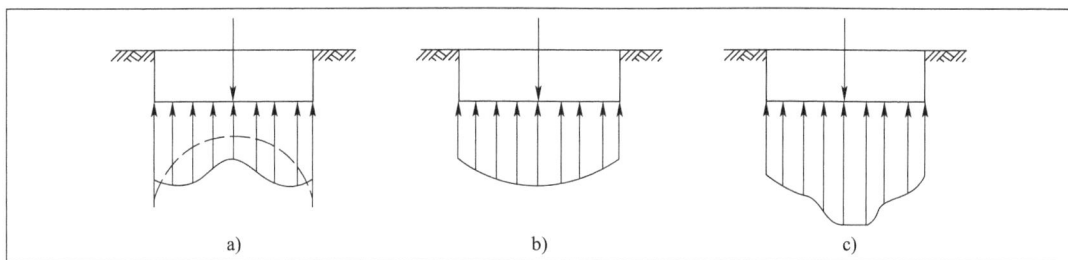

图5-8 刚性基础下的基底压力分布
a) 马鞍形;b) 抛物线形;c) 钟形

鉴于目前还没有精确、简便的基底压力计算方法,实践中可采用下列两种方法之一来确定基底压力的大小与分布:

(1)对于大多数情况,可采用下述简化方法计算基底压力。虽然该法不够精确,但这种误差也是工程所允许的。

(2)在比较复杂的情况下(如十字交叉条形基础、筏形基础、箱形基础等),可采用弹性地基上梁板理论来计算基底压力。

(二)刚性基础基底压力简化算法

基底压力受多种因素的影响,确定基底压力的大小与分布是一个比较复杂的工程问题。刚性基础基底压力可采用简化计算方法,一般采用文克勒(Winkler)的地基弹簧模型,假定作用于柱上的侧向压力等于土的侧向地基系数与挠度(或位移)的乘积。根据这个假定,可进行如下中心荷载和偏心荷载作用下刚性基础基底压力分布计算。

(1)中心荷载作用下的基底压力。对于中心荷载作用下的矩形基础,如图5-9a)、b)所示,此时基底压力均匀分布,其数值可按下式计算,即

$$p = \frac{F + G}{A} \tag{5-4}$$

式中:p——基底平均压力,kPa;

F——上部结构传至基础顶面的垂直荷载,kN;

G——基础自重与其台阶上的土重之和,一般取 $\gamma_G = 20\text{kN/m}^3$ 计算,kN;

A——基础底面积,$A = lb$,m^2。

b、l——基础底面的宽度和长度,m。

对于条形基础($l \geqslant 10b$),则沿长度方向取 1m 来计算。此时式(5-4)中的 F、G 代表每延米内的相应值,如图5-9c)所示。

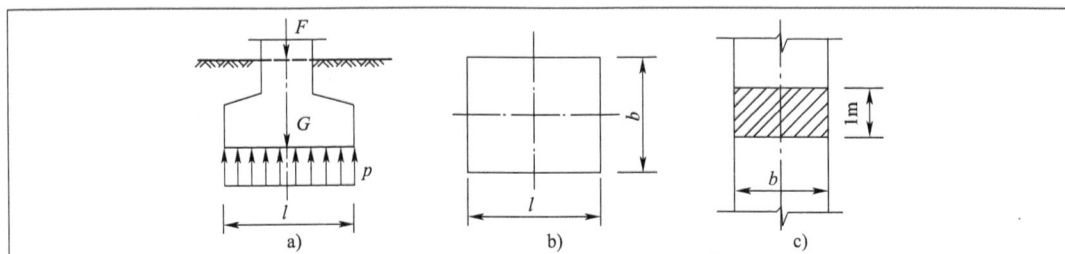

图5-9 中心荷载作用下基底压力的计算

(2)偏心荷载时(图5-10),基底压力按偏心受压公式计算:

$$\begin{matrix} p_{max} \\ p_{min} \end{matrix} = \frac{F+G}{A} \pm \frac{M}{W} = \frac{F+G}{A}\left(1 \pm \frac{6e}{l}\right) \tag{5-5}$$

式中:M——作用在基础底面中心的竖直荷载及弯矩,$M = Ne$,$\text{kN} \cdot \text{m}$;

e——荷载偏心距,m;

W——基础底面的抵抗矩,对矩形基础,$W = \dfrac{bl^2}{6}$,m^3;

其他符号意义同前。

从式(5-5)可知,按荷载偏心距 e 的大小,基底压力的分布可能出现下述三种情况:

①当 $e < \dfrac{l}{6}$ 时,由式(5-5)知,$p_{min} > 0$,基底压力呈梯形分布;

②当 $e = \dfrac{l}{6}$ 时,$p_{min} = 0$,基底压力呈三角形分布;

③当 $e > \dfrac{l}{6}$ 时,$p_{min} < 0$,即产生拉应力,但基底与土之间是不能承受拉应力的,这时产生拉应力部分的基底将与土脱开,而不能传递荷载,基底压力将重新分布,如图5-10c)所示。重新分布后的基底最大压应力 p'_{max} 可以根据平衡条件求得:

$$p'_{max} = \frac{2(F+G)}{3\left(\dfrac{l}{2} - e\right)b} \tag{5-6}$$

为了减少因地基应力不均匀而引起过大的不均匀沉降,通常要求:$\dfrac{p_{max}}{p_{min}} \leqslant 1.5 \sim 3.0$;对压缩性大的黏性土,应采取小值;对压缩性小的无黏性土,可用大值。

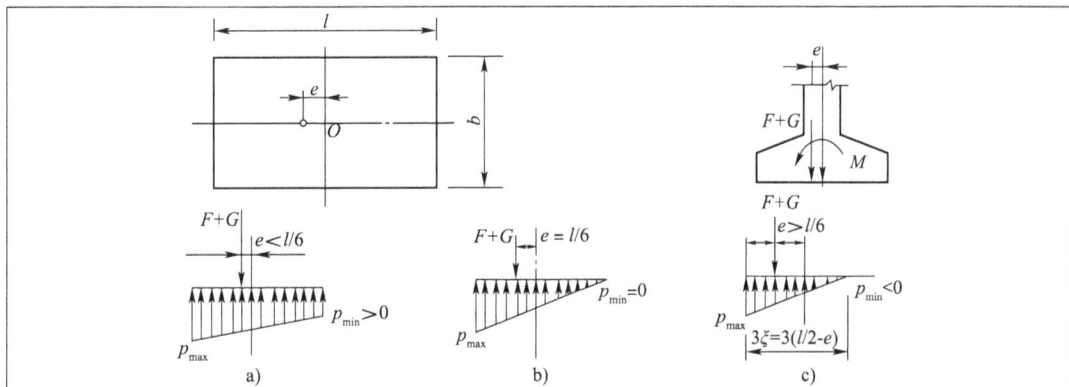

图 5-10 单向偏心荷载作用下的矩形基础基底压力分布

a)荷载偏心距 $e < l/6$ 时;b)荷载偏心距 $e = l/6$ 时;c)荷载偏心距 $e > l/6$ 时

【例题 5-3】

某基础底面尺寸 $l = 3\text{m}$,$b = 2\text{m}$,基础顶面作用轴心力 $F_k = 450\text{kN}$,弯矩 $M = 150\text{kN} \cdot \text{m}$,基础埋置深度 $d = 1.2\text{m}$,试计算基底压力并绘出分布图。

【解】 基础自重及基础上回填土重

$$G_k = \gamma_G A d = 20 \times 3 \times 2 \times 1.2 = 144(\text{kN})$$

$$e = \frac{M_k}{F_k + G_k} = \frac{150}{450 + 144} = 0.253(\text{m})$$

基底压力

$$\frac{p_{max}}{p_{min}} = \frac{F_k + G_k}{bl}\left(1 \pm \frac{6e}{l}\right) = \frac{450 + 144}{2 \times 3} \times \left(1 \pm \frac{6 \times 0.253}{3}\right) = \frac{149.1}{48.9}(\text{kPa})$$

基底压力及分布图,见图 5-11。

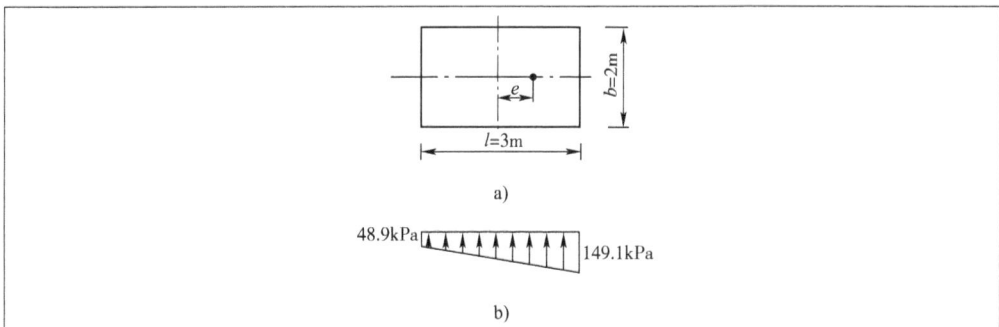

图 5-11 基底压力及分布图

(三) 基底附加压力

基底附加压力为基底压力减去基底处竖向自重应力。

（1）基础位于地面上。设基础建在地面上，则基础底面的附加压力，即基础底面接触压力：$p_0 = p$。

（2）基础位于地面下。通常基础建在地面以下，该处原有的自重应力因开挖基坑而卸除。因此，由上部结构物建造后的基底压力扣除基底高程处原有的自重应力，才是基底处新增加给地基的附加压力，也称基底净压力。

当基础埋置深度为 d 时，基底处竖向自重应力为 $\sigma_c = \gamma_0 d$，则基底附加压力为：

$$p_0 = p - \sigma_c = p - \gamma_0 d \qquad (5\text{-}7)$$

式中：p_0——基底附加压力，kPa；

$\quad p$——基底压力，kPa；

$\quad \sigma_c$——基底处竖向自重应力，kPa；

$\quad d$——基础埋置深度，m；

$\quad \gamma_0$——基础埋置深度范围内土的加权平均重度，$\gamma_0 = \dfrac{\sum \gamma_i h_i}{d}$，kN/m³。

在地基与基础工程设计中，基底附加压力的概念是十分重要的。在上部结构物基础工程施工前，土中已存在自重应力，但自重应力引起的变形早已完成。基坑的开挖使基底处的自重应力完全解除，当修建上部结构物时，若上部结构物的荷载引起的竖向基底压力恰好等于原有竖向自重应力，则不会在地基中引起附加应力，地基也不会发生变形。只有上部结构物的荷载引起的基底压力大于基底处竖向自重应力时，才会在地基中引起附加应力和变形。因此，要计算地基中的附加应力和变形，应以基底附加压力为依据。

> **引导问题** 前面已经描述过建筑物基础底面在上部荷载作用下会产生基底压力和基底附加压力。想一想：它们与地基中的附加应力有哪些区别与联系呢？

从式(5-7)可以看出，若基底压力 p 不变，埋置深度越大，则附加应力越小。利用这一特点，当工程上遇到地基承载力较低时，为减少上部结构物的沉降，采取的措施之一便是加大基础埋置深度，使附加应力减小。

四、地基中的附加应力

对一般天然土层来说，自重应力引起的压缩变形在地质历史上早已完成，不会再引起地基的沉降，附加应力则是修建上部结构物以后在地基内新增加的应力，因此它是使地基发生变形、引起上部结构物沉降的主要原因。

二维码
附加应力（一）

地基中的附加应力计算比较复杂，目前采用的计算方法，是根据弹性理论推导出来的。需对地基作下列假设：①地基土是半无限空间弹性体；②是连续均匀的；③具有各向同性。严格地说，地基并不是连续均匀、各向同性的弹性体。实际上，地基土通常是分层的，例如，一层砂土、一层黏土、一层卵石，并不均匀，而且各层之间性质差别很大（如黏土与卵石之间）。

二维码
附加应力（二）

地基中附加应力扩散：为了说明这个问题，假设地基土粒为无数直径相同、水平放置的刚性光滑小圆柱，则可按平面问题考虑。设地表受一个竖向集中力 F 作用，由图 5-12 可见，地表的竖向集中力传递越深,受力的小圆柱就越多,每个小圆柱所受的力也就越小。需要说明的是,如果小圆柱的表面不是光滑的,圆柱之间将有摩擦作用。为了清楚地表达地基中附加应力的分布规律,将底层小圆柱的受力大小按比例画出,如图 5-12 的底部曲线所示。

地基中附加应力的分布具有下列规律:

(1)在荷载轴线上,离荷载越远,附加应力越小;

(2)在地基中任一深度处的水平面上,沿荷载轴线上的附加应力最大,向两边逐渐减小。

(一)竖向集中力作用下地基中的附加应力

将地基视为一个半无限空间弹性体,设此地基表面作用有一个竖向集中力 F(图 5-13),地基中引起的附加应力如何计算呢?

法国学者布辛尼斯克(J. V. Boussinesq)用弹性力学方法求解出半无限空间弹性体内任意点 $M(x,y,z)$ 的全部应力和全部位移。其中,地基中任意点 M 处的竖向应力的表达式为:

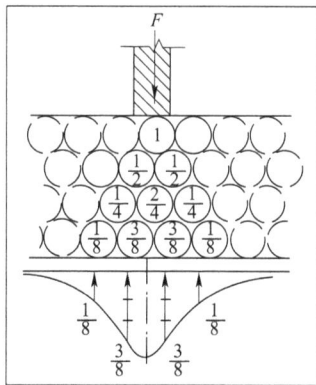

图 5-12　地基中附加应力扩散示意图

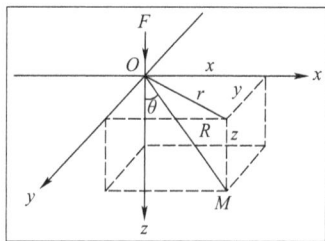

图 5-13　竖向集中力作用下地基中附加应力

$$\sigma_z = \frac{3Fz^3}{2\pi R^5} = \frac{3F}{2\pi z^2}\frac{1}{\left[1+\left(\frac{r}{z}\right)^2\right]^{5/2}} = \alpha\frac{F}{z^2} \qquad (5\text{-}8)$$

式中:$R = \sqrt{x^2+y^2+z^2}$;

　　　r——应力计算点与集中力作用点的水平距离;

　　　z——应力计算点的深度;

　　　α——应力系数,$\alpha = \dfrac{3}{2\pi\left[1+\left(\frac{r}{z}\right)^2\right]^{5/2}}$,它是 $\dfrac{r}{z}$ 的函数,其值可查表 5-2 得到。

竖向集中力作用下应力系数 α 值　　　　　　　　　　表 5-2

r/z	α	r/z	α	r/z	α	r/z	α	r/z	α
0.00	0.4775	0.20	0.4329	0.40	0.3294	0.60	0.2214	0.80	0.1386
0.02	0.4770	0.22	0.4242	0.42	0.3181	0.62	0.2117	0.82	0.1320
0.04	0.4756	0.24	0.4151	0.44	0.3068	0.64	0.2024	0.84	0.1257
0.06	0.4732	0.26	0.4054	0.46	0.2955	0.66	0.1934	0.86	0.1196
0.08	0.4699	0.28	0.3954	0.48	0.2843	0.68	0.1846	0.88	0.1138
0.10	0.4657	0.30	0.3849	0.50	0.2733	0.70	0.1762	0.90	0.1083
0.12	0.4607	0.32	0.3742	0.52	0.2625	0.72	0.1681	0.92	0.1031
0.14	0.4548	0.34	0.3632	0.54	0.2518	0.74	0.1603	0.94	0.0981
0.16	0.4482	0.36	0.3521	0.56	0.2414	0.76	0.1527	0.96	0.9330
0.18	0.4409	0.38	0.3408	0.58	0.2313	0.78	0.1455	0.98	0.8870

续上表

r/z	α	r/z	α	r/z	α	r/z	α	r/z	α
1.00	0.0844	1.20	0.0513	1.40	0.0317	1.68	0.0167	2.00	0.0085
1.02	0.0803	1.22	0.0489	1.42	0.0302	1.70	0.0160	2.10	0.0070
1.04	0.0764	1.24	0.0466	1.44	0.0288	1.74	0.0147	2.20	0.0058
1.06	0.0727	1.26	0.0443	1.46	0.0275	1.78	0.0135	2.40	0.0040
1.08	0.0691	1.28	0.0422	1.48	0.0263	1.80	0.0129	2.60	0.0029
1.10	0.0658	1.30	0.0402	1.50	0.0251	1.84	0.0119	2.80	0.0021
1.12	0.0626	1.32	0.0384	1.54	0.0229	1.88	0.0109	3.00	0.0015
1.14	0.0595	1.34	0.0365	1.58	0.0209	1.90	0.0105	3.50	0.0007
1.16	0.0567	1.36	0.0348	1.60	0.0200	1.94	0.0097	4.00	0.0004
1.18	0.0539	1.38	0.0332	1.64	0.0183	1.98	0.0089	4.50	0.0002
								5.00	0.0001

利用式(5-8)可求出地基中任意一点的附加应力值。

【例题 5-4】

在地基上作用一集中力 $F = 200kN$,要求确定:

(1)$z = 2m$ 深度处的水平面上附加应力分布;

(2)在 $r = 0$ 的荷载作用线上附加应力的分布。

【解】 附加应力的计算结果,见表5-3和表5-4。附加应力沿水平面的分布,见图5-14。附加应力沿深度的分布见图5-15。

$z = 2m$ 表5-3

$z(m)$	$r(m)$	r/z	F/z^2	α	$\sigma_z(kPa)$
2	0	0	50	0.4775	23.9
	1	0.5		0.2733	13.7
	2	1.0		0.0844	4.2
	3	1.5		0.0251	1.3
	4	2.0		0.0085	0.4

$r = 0m$ 表5-4

$z(m)$	$r(m)$	r/z	F/z^2	α	$\sigma_z(kPa)$
0	0	0	∞	0.4775	∞
1			200		95.5
2			50		23.9
3			22.2		10.6
4			12.5		6.0

图 5-14　附加应力沿水平面的分布图

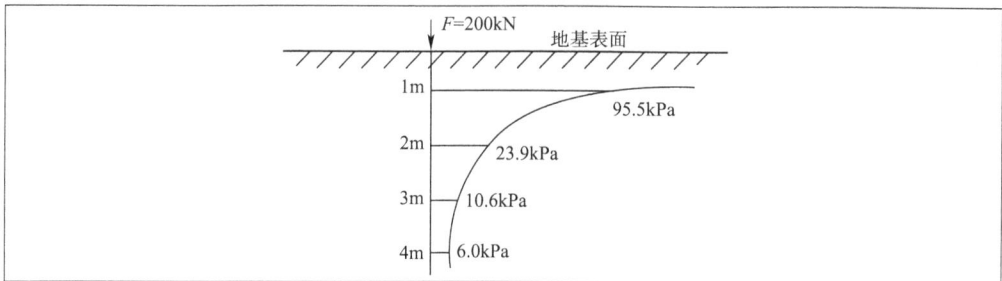

图 5-15　附加应力沿深度的分布图

（二）矩形面积均布荷载作用下地基中的附加应力

1. 矩形面积均布荷载中点下地基中附加应力计算

图 5-16 表示在地基表面作用一分布于矩形面积（$l \times b$）上的均布荷载 p，计算矩形面积中点下深度 z 处 M 点的竖向应力 σ_z 值：

$$\sigma_z = \frac{3z^3}{2\pi} p \int_{-\frac{l}{2}}^{\frac{l}{2}} \int_{-\frac{b}{2}}^{\frac{b}{2}} \frac{\mathrm{d}\eta\mathrm{d}\xi}{(\xi^2 + \eta^2 + z^2) \times 5} = \alpha_0 p \quad (5\text{-}9)$$

式中，应力系数 α_0 是 $n = l/b$ 和 $m = z/b$ 的函数，α_0 也可由表 5-5 查得。

$$\alpha_0 = \frac{2}{\pi}\left[\frac{2mn(1 + n^2 + 8m^2)}{\sqrt{1 + n^2 + 4m^2}(1 + 4m^2)(n^2 + 4m^2)} + \right.$$

$$\left. \arctan \frac{n}{2m\sqrt{1 + n^2 + 4m^2}} \right]$$

图 5-16　矩形面积均布荷载作用下的地基中应力计算

矩形面积均布荷载中点下应力系数 α_0 值　　　　表 5-5

深宽比 $m = \dfrac{z}{b}$	矩形面积长宽比 $n = \dfrac{l}{b}$									
	1.0	1.2	1.4	1.6	1.8	2.0	3.0	4.0	5.0	≥10
0	1.000	1.000	1.000	1.000	1.000	1.000	1.000	1.000	1.000	1.000
0.2	0.960	0.968	0.972	0.974	0.975	0.976	0.977	0.977	0.977	0.977

续上表

深宽比 $m=\dfrac{z}{b}$	矩形面积长宽比 $n=\dfrac{l}{b}$									
	1.0	1.2	1.4	1.6	1.8	2.0	3.0	4.0	5.0	≥10
0.4	0.800	0.830	0.848	0.859	0.866	0.870	0.879	0.880	0.881	0.881
0.6	0.606	0.651	0.682	0.703	0.717	0.727	0.748	0.753	0.754	0.755
0.8	0.449	0.496	0.532	0.558	0.579	0.593	0.627	0.636	0.639	0.642
1.0	0.334	0.378	0.414	0.441	0.463	0.481	0.524	0.540	0.545	0.550
1.2	0.257	0.294	0.325	0.352	0.374	0.392	0.442	0.462	0.470	0.477
1.4	0.201	0.232	0.260	0.284	0.304	0.321	0.376	0.400	0.410	0.420
1.6	0.160	0.187	0.210	0.232	0.251	0.267	0.322	0.348	0.360	0.374
1.8	0.130	0.153	0.173	0.192	0.209	0.224	0.278	0.305	0.320	0.337
2.0	0.108	0.127	0.145	0.161	0.176	0.189	0.237	0.270	0.285	0.304
2.5	0.072	0.085	0.097	0.109	0.210	0.131	0.174	0.202	0.219	0.249
3.0	0.051	0.060	0.070	0.078	0.087	0.095	0.130	0.155	0.172	0.208
3.5	0.038	0.045	0.052	0.059	0.066	0.072	0.100	0.123	0.139	0.180
4.0	0.029	0.035	0.040	0.046	0.051	0.056	0.080	0.095	0.113	0.158
5.0	0.019	0.022	0.026	0.030	0.033	0.037	0.053	0.067	0.079	0.128

2. 矩形面积均布荷载角点下地基中附加应力计算

在图 5-16 所示均布荷载 p 作用下,计算矩形面积角点 c 下某深度处 N 点的竖向应力 σ_z 时,同样可以由公式解得:

$$\sigma_z = \iint_F \mathrm{d}\sigma_z = \frac{3z^3}{2\pi}p \int_{-\frac{l}{2}}^{\frac{l}{2}} \int_{-\frac{b}{2}}^{\frac{b}{2}} \frac{\mathrm{d}\xi\mathrm{d}\eta}{\left[\left(\frac{b}{2}-\xi\right)^2 + \left(\frac{l}{2}-\eta\right)^2 + z^2\right]^{5/2}}$$

$$= 2\frac{p}{\pi}\left[\frac{mn(1+n^2+2m^2)}{\sqrt{1+m^2+n^2}(m^2+n^2)(1+m^2)} + \arctan\frac{n}{m\sqrt{1+n^2+m^2}}\right]$$

$$= \alpha_a p \tag{5-10}$$

式中:α_a——应力系数,$\alpha_a = \dfrac{2}{\pi}\left[\dfrac{mn(1+n^2+2m^2)}{\sqrt{1+m^2+n^2}(m^2+n^2)(1+m^2)}\right] + \arctan\dfrac{n}{m\sqrt{1+n^2+m^2}}$,

α_a 是 $n=l/b$ 和 $m=z/b$ 的函数,可由表 5-6 查得。注意:l 恒为基础长边,b 恒为短边。

矩形面积均布荷载角点下应力系数 α_a 值 表 5-6

$m=z/b$	$n=l/b$										
	1.0	1.2	1.4	1.6	1.8	2.0	3.0	4.0	5.0	6.0	10.0
0.0	0.2500	0.2500	0.2500	0.2500	0.2500	0.2500	0.2500	0.2500	0.2500	0.2500	0.2500
0.2	0.2486	0.2489	0.2490	0.2491	0.2491	0.2491	0.2492	0.2492	0.2492	0.2492	0.2492
0.4	0.2401	0.2420	0.2429	0.2434	0.2437	0.2439	0.2442	0.2443	0.2443	0.2443	0.2443
0.6	0.2229	0.2275	0.2300	0.2315	0.2324	0.2329	0.2339	0.2341	0.2342	0.234	0.2342
0.8	0.1999	0.2075	0.2120	0.2147	0.2165	0.2176	0.2196	0.2200	0.2202	0.2202	0.2202

$m = z/b$	$n = l/b$										
	1.0	1.2	1.4	1.6	1.8	2.0	3.0	4.0	5.0	6.0	10.0
1.0	0.1752	0.1851	0.1911	0.1955	0.1981	0.1999	0.2034	0.2042	0.2044	0.2045	0.2046
1.2	0.1516	0.1626	0.1705	0.1758	0.1793	0.1818	0.1870	0.1882	0.1885	0.1887	0.1888
1.4	0.1308	0.1423	0.1508	0.1569	0.1613	0.1644	0.1712	0.1730	0.1735	0.1738	0.1740
1.6	0.1123	0.1241	0.1329	0.1396	0.1445	0.1482	0.1567	0.1590	0.1598	0.1601	0.1604
1.8	0.0969	0.1083	0.1172	0.1241	0.1294	0.1334	0.1434	0.1463	0.1474	0.1478	0.1482
2.0	0.0840	0.0947	0.1034	0.1103	0.1158	0.1202	0.1314	0.1350	0.1363	0.1368	0.1374
2.2	0.0732	0.0832	0.0917	0.0984	0.1039	0.1084	0.1205	0.1248	0.1264	0.1271	0.1277
2.4	0.0642	0.0734	0.0813	0.0879	0.0934	0.0979	0.1108	0.1156	0.1175	0.1184	0.1192
2.6	0.0566	0.0651	0.0725	0.0788	0.0842	0.0887	0.1020	0.1073	0.1095	0.1106	0.1116
2.8	0.0502	0.0580	0.0649	0.0709	0.0761	0.0805	0.0942	0.0999	0.1024	0.1036	0.1048
3.0	0.0447	0.0519	0.0583	0.0640	0.0690	0.0732	0.0870	0.0931	0.0959	0.0973	0.0987
3.2	0.0401	0.0467	0.0526	0.0580	0.0627	0.0668	0.0806	0.0870	0.0900	0.0916	0.0933
3.4	0.0361	0.0421	0.0477	0.0527	0.0571	0.0611	0.0747	0.0814	0.0847	0.0864	0.0882
3.6	0.0326	0.0382	0.0433	0.0480	0.0523	0.0561	0.0694	0.0763	0.0799	0.0816	0.0837
3.8	0.0296	0.0348	0.0395	0.0439	0.0479	0.0516	0.0646	0.0717	0.0753	0.0773	0.0796
4.0	0.0270	0.0318	0.0362	0.0403	0.0441	0.0474	0.0603	0.0674	0.0712	0.0733	0.0758
4.2	0.0247	0.0291	0.0333	0.0371	0.0407	0.0439	0.0563	0.0634	0.0674	0.0696	0.0724
4.4	0.0227	0.0268	0.0306	0.0343	0.0376	0.0407	0.0527	0.0597	0.0639	0.0662	0.0692
4.6	0.0209	0.0247	0.0283	0.0317	0.0348	0.0378	0.0493	0.0564	0.0606	0.0630	0.0663
4.8	0.0193	0.0229	0.0262	0.0294	0.0324	0.0352	0.0463	0.0533	0.0576	0.0601	0.0635
5.0	0.0179	0.0212	0.0243	0.0274	0.0302	0.0328	0.0435	0.0504	0.0547	0.0573	0.0610
6.0	0.0127	0.0151	0.0174	0.0196	0.0218	0.0238	0.0325	0.0388	0.0431	0.0460	0.0506
7.0	0.0094	0.0112	0.0130	0.0147	0.0164	0.0180	0.0251	0.0306	0.0346	0.0376	0.0428
8.0	0.0073	0.0087	0.0101	0.0114	0.0127	0.0140	0.0198	0.0246	0.0283	0.0311	0.0367
9.0	0.0058	0.0069	0.008.	0.0091	0.0102	0.0112	0.0161	0.0202	0.0235	0.0262	0.0319
10.0	0.0047	0.0056	0.0065	0.0074	0.0083	0.0092	0.0132	0.0167	0.0198	0.0222	0.0280

3. 矩形面积均布荷载非角点下地基中附加应力计算

如图 5-17 所示，在矩形 $abcd$ 上作用均布荷载 p，要求计算任意点 O 的竖向应力 σ_z，O 点既不在矩形面积中点的下面，也不在角点的下面，而是任意点。O 点的竖直投影点可以在矩形 $abcd$ 范围之内，也可以在范围之外。这时可以用式(5-10)按下述叠加方法进行计算，这种计算方法一般称为角点法。

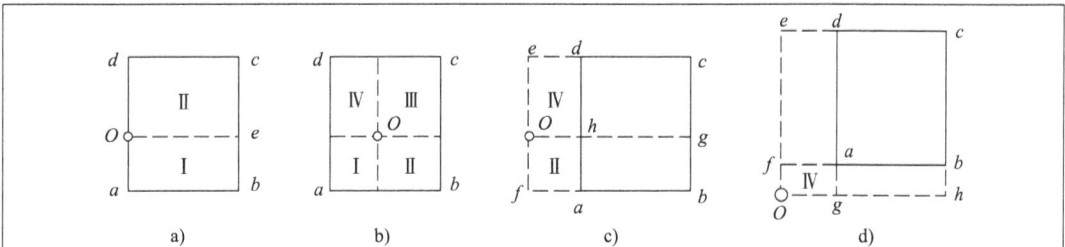

图 5-17 应用角点法计算 O 点下的附加应力

（1）点在基底边缘［图5-17a］：
$$\sigma_z = \sigma_{z(I)} + \sigma_{z(II)} = (\alpha_{cI} + \alpha_{cII})p_0$$

（2）点在基础底面内［图5-17b］：
$$\sigma_z = \sigma_{z(I)} + \sigma_{z(II)} + \sigma_{z(III)} + \sigma_{z(IV)} = (\alpha_{cI} + \alpha_{cII} + \alpha_{cIII} + \alpha_{cIV})p_0$$

（3）点在基础底面边缘以外［图5-17c］：
$$\sigma_z = \sigma_{z(I)} - \sigma_{z(II)} + \sigma_{z(III)} - \sigma_{z(IV)} = (\alpha_{cI} - \alpha_{cII} + \alpha_{cIII} - \alpha_{cIV})p_0$$

式中，α_{cI} 和 α_{cIII} 分别为矩形 $Ofbg$ 和 $Ogce$ 的角点应力系数。

（4）点在基底角点外侧［图5-17d］：
$$\sigma_z = \sigma_{z(I)} - \sigma_{z(II)} - \sigma_{z(III)} + \sigma_{z(IV)} = (\alpha_{cI} - \alpha_{cII} - \alpha_{cIII} + \alpha_{cIV})p_0$$

式中，α_{cI}、α_{cII}、α_{cIII} 分别为矩形 $Ohce$、$Ogde$、$Ohbf$ 的角点应力系数。

应用角点法计算地基中附加应力时要注意几个问题：荷载面只能划分为矩形，而不能是梯形、圆形或条形等；所计算的荷载的点只能在矩形的角点上，而不能是矩形的中心点或其他边缘点；矩形基底竖直均布荷载时，l 始终为基底的长边，b 为短边。

【例题5-5】

有均布荷载 $p_0 = 100\text{kN/m}^2$，基底面积为 $2\text{m} \times 1\text{m}$，如图5-18所示，求基底上角点 A、边点 E、中心点 O 及基底外 F 点和 G 点等各点下 $z = 1\text{m}$ 深度处的附加应力，并利用计算结果说明附加应力的扩散规律。

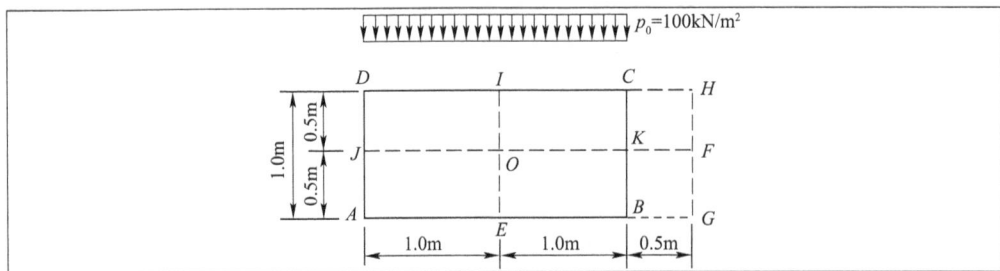

图5-18　例题5-5图（一）

【解】 （1）A 点下的应力

A 点是矩形 $ABCD$ 的角点，$l/b = 2/1 = 2$，$z/b = 1/1 = 1$，查表5-6得 $\alpha_a = 0.1999$，故
$$\sigma_{zA} = \alpha_a p_0 = 0.1999 \times 100 = 19.99 (\text{kN/m}^2)$$

（2）E 点下的应力

通过 E 点将矩形荷载面积分为两个相等的矩形 $EADI$ 和 $EBCI$。求 $EADI$ 的角点应力系数 α_a，$l/b = 1/1 = 1$，$z/b = 1/1 = 1$，查表5-6得 $\alpha_a = 0.1752$，故
$$\sigma_{zE} = 2\alpha_a p_0 = 2 \times 0.1752 \times 100 = 35.04 (\text{kN/m}^2)$$

（3）O 点下的应力

通过 O 点将矩形荷载面积分为4个相等矩形 $OEAJ$、$OJDI$、$OICK$ 和 $OKBE$。求 $OEAJ$

的角点应力系数 α_a，$l/b = 1/0.5 = 2$，$z/b = 1/0.5 = 2$，查表 5-6 得 $\alpha_a = 0.1202$，故

$$\sigma_{zO} = 4\alpha_a p_0 = 4 \times 0.1202 \times 100 = 48.08 (\text{kN/m}^2)$$

（4）F 点下的应力

过 F 点作矩形 $FGAJ$、$FJDH$、$FGBK$ 和 $FKCH$。设 α_{a1} 为 $FGAJ$ 和 $FJDH$ 的角点应力系数，α_{a2} 为 $FGBK$ 和 $FKCH$ 的角点应力系数。

求 α_{a1}：$l/b = 2.5/0.5 = 5$，$z/b = 1/0.5 = 2$，查表 5-6 得 $\alpha_{a1} = 0.1363$；

求 α_{a2}：$l/b = 0.5/0.5 = 1$，$z/b = 1/0.5 = 2$，查表 5-6 得 $\alpha_{a2} = 0.0840$；

故 $\sigma_{zF} = 2 \times (\alpha_{a1} - \alpha_{a2}) p_0 = 2 \times (0.1363 - 0.0840) \times 100 = 10.46 (\text{kN/m}^2)$

（5）G 点下的应力

过 G 点作矩形 $GADH$ 和 $GBCH$，分别求出它们的角点应力系数 α_{a1} 和 α_{a2}。

求 α_{a1}：$l/b = 2.5/1 = 2.5$，$z/b = 1/1 = 1$，由表 5-6 利用插值法得 $\alpha_{a1} = 0.2016$；

求 α_{a2}：$l/b = 1/0.5 = 2$，$z/b = 1/0.5 = 2$，查表 5-6 得 $\alpha_{a2} = 0.1202$；

故 $\sigma_{zG} = (\alpha_{a1} - \alpha_{a2}) p_0 = (0.2016 - 0.1202) \times 100 = 8.14 (\text{kN/m}^2)$

将计算结果绘成图 5-19，可看出当矩形面积受均布荷载作用时，不仅在受荷面积垂直下方的范围内产生附加应力，而且在荷载面积以外的土中（F、G 点下方）也产生附加应力。另外，在地基中同一深度处（例如 $z = 1\text{m}$），离受荷面积中线越远的点，其 σ_z 值越小，矩形面积中点处 σ_{zO} 最大。将中点 O 下和 F 点下不同深度的 σ_z 求出并绘成曲线，如图 5-19b)所示，可知本例题的计算结果证实了上文所述的附加应力的扩散规律。

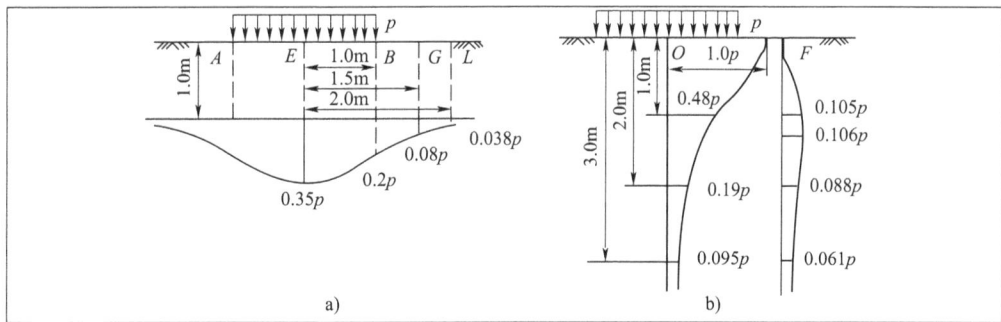

图 5-19　例题 5-5 图（二）

（三）矩形面积上作用三角形分布荷载时地基中的附加应力

当矩形面积（$l \times b$）上作用三角形分布荷载时，为计算荷载为零的角点下的竖向应力值 σ_{z1}，可将坐标原点取在荷载为零的角点上，相应的竖向应力值 σ_{z1} 可用下式计算：

$$\sigma_{z1} = \alpha_t p \tag{5-11}$$

式中，应力系数 α_t 是 $n = l/b$ 和 $m = z/b$ 的函数，即

$$\alpha_t = \frac{mn}{2\pi} \left[\frac{1}{\sqrt{m^2 + n^2}} - \frac{m^2}{(1 + m^2)\sqrt{1 + n^2 + m^2}} \right]$$

其值也可从表5-7查得。应注意上述 b 值不是指基础的宽度,而是指三角形荷载分布方向的基础边长,如图5-20所示。

矩形面积上作用三角形分布荷载,压力为零的角点下的附加应力系数 α_t 值　　表5-7

$m=\dfrac{z}{b}$	$n=\dfrac{l}{b}$							
	0.2	0.6	1.0	1.4	1.8	3.0	8.0	10.0
0	0.0000	0.0000	0.0000	0.0000	0.0000	0.0000	0.0000	0.0000
0.2	0.0233	0.0296	0.0304	0.0305	0.0306	0.0306	0.0306	0.0306
0.4	0.0269	0.0487	0.0531	0.0543	0.0546	0.0548	0.0549	0.0549
0.6	0.0259	0.0560	0.0654	0.0684	0.0694	0.0701	0.0702	0.0702
0.8	0.0232	0.0553	0.0688	0.0739	0.0759	0.0773	0.0776	0.0776
1.0	0.0201	0.0508	0.0566	0.0735	0.0766	0.0790	0.0796	0.0796
1.2	0.0171	0.0450	0.0615	0.0698	0.0733	0.0774	0.0783	0.0783
1.4	0.0145	0.0392	0.0554	0.0644	0.0692	0.0739	0.0752	0.0753
1.6	0.0123	0.0339	0.0492	0.0586	0.0639	0.0697	0.0715	0.0715
1.8	0.0105	0.0294	0.0453	0.0528	0.0585	0.0652	0.0675	0.0675
2.0	0.0090	0.0255	0.0384	0.0474	0.0533	0.0607	0.0636	0.0636
2.5	0.0063	0.0183	0.0284	0.0362	0.0419	0.0514	0.0547	0.0548
3.0	0.0046	0.0135	0.0214	0.0230	0.0331	0.0419	0.0474	0.0476
5.0	0.0018	0.0054	0.0088	0.0120	0.0148	0.0214	0.0296	0.0301
7.0	0.0009	0.0028	0.0047	0.0064	0.0081	0.0124	0.0204	0.0212
10.0	0.0005	0.0014	0.0024	0.0033	0.0041	0.0066	0.0128	0.0139

注:b 为三角形荷载分布方向的基础边长,l 为另一方向的全长。

(四)平面应变问题

1. 竖向均布线荷载作用下的地基附加应力

如图5-21所示,在地基表面作用无限长竖向均布线荷载 $\bar{p}$,求在地基中任意点 M 处的竖向附加应力。在均布线荷载上取微分长度 $\mathrm{d}y$,作用在上面的荷载 $\bar{p}\mathrm{d}y$ 可以看成集中力,则在地基内 M 点引起的竖向附加应力为:

$$\mathrm{d}\sigma_z = \frac{3\bar{p}z^3}{2\pi R^5}\mathrm{d}y$$

$$\sigma_z = \int_{-\infty}^{+\infty} \frac{3\bar{p}z\mathrm{d}y}{2\pi(x^2+y^2+z^2)^{5/2}} = \frac{2\bar{p}z^3}{\pi(x^2+z^2)^2}\mathrm{d}y$$

式中:$\bar{p}$——线荷载密度;

　　x——附加应力计算点到线荷载作用线的水平距离,m;

　　z——附加应力计算点到线荷载作用面(即水平面)的距离,m。

2. 条形均布荷载作用下地基中的附加应力

在土体表面作用条形均布荷载 p,其分布宽度为 b,如图5-22所示,计算土中任一点 $M(x,z)$ 的附加应力 σ_z 时,可以在荷载分布宽度 b 范围内积分求得:

$$\sigma_z = \int_{-\frac{b}{2}}^{\frac{b}{2}} \frac{2z^3 p \, \mathrm{d}\xi}{\pi \left[(x-\xi)^2 + z^2 \right]^2}$$

$$= \frac{p}{\pi} \left[\arctan \frac{1-2n'}{2m} + \arctan \frac{1+2n'}{2m} - \frac{4m(4n'^2 - 4m^2 - 1)}{(4n'^2 + 4m^2 - 1) + 16m^2} \right]$$

$$= \alpha_u p \tag{5-12}$$

式中：α_u——应力系数，它是 $n' = x/b$ 及 $m = z/b$ 的函数，可查表5-8得到。

图5-20　矩形面积三角形荷载作用下地基中附加应力计算

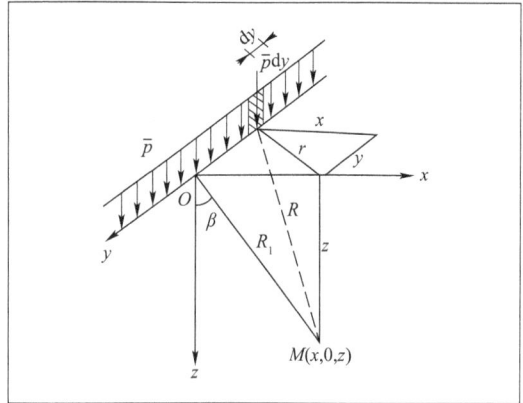

图5-21　均布线荷载作用下地基中附加应力 σ_z 计算

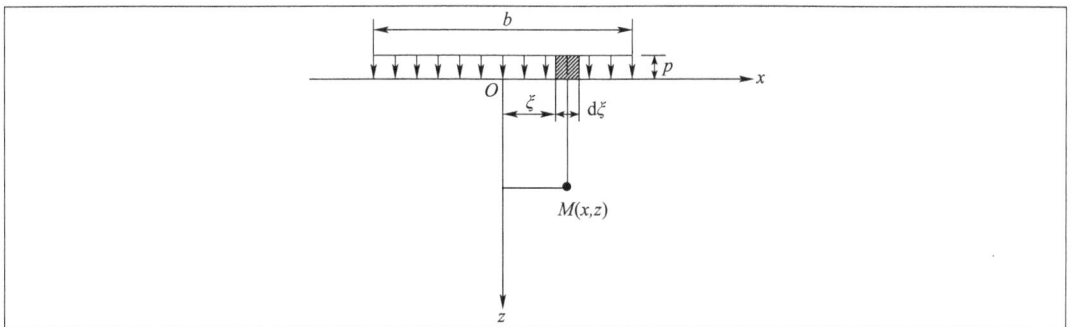

图5-22　条形均布荷载作用下地基附加应力 σ_z 计算

条形基础受均布荷载作用时角点下应力系数 α_u 值　　　　　　　　表5-8

$m = z/b$	$n' = x/b$												
	0.00	0.10	0.25	0.35	0.50	0.75	1.00	1.50	2.00	2.50	3.00	4.00	5.00
0.00	1.000	1.000	1.000	1.000	0.500	0.000	0.000	0.000	0.000	0.000	0.000	0.000	0.000
0.05	1.000	1.000	0.995	0.970	0.500	0.002	0.000	0.000	0.000	0.000	0.000	0.000	0.000
0.10	0.997	0.996	0.986	0.965	0.499	0.010	0.005	0.000	0.000	0.000	0.000	0.000	0.000
0.15	0.993	0.987	0.968	0.910	0.498	0.033	0.008	0.001	0.000	0.000	0.000	0.000	0.000
0.25	0.960	0.954	0.905	0.805	0.496	0.088	0.019	0.002	0.001	0.000	0.000	0.000	0.000
0.35	0.907	0.900	0.832	0.732	0.492	0.148	0.039	0.006	0.003	0.001	0.000	0.000	0.000
0.50	0.820	0.812	0.735	0.651	0.481	0.218	0.082	0.017	0.005	0.002	0.001	0.000	0.000
0.75	0.668	0.658	0.610	0.552	0.450	0.263	0.146	0.040	0.017	0.005	0.005	0.001	0.000

$m = z/b$	$n' = x/b$												
	0.00	0.10	0.25	0.35	0.50	0.75	1.00	1.50	2.00	2.50	3.00	4.00	5.00
1.00	0.552	0.541	0.513	0.475	0.410	0.288	0.185	0.071	0.029	0.013	0.007	0.002	0.001
1.50	0.396	0.395	0.379	0.353	0.330	0.273	0.211	0.114	0.055	0.030	0.018	0.006	0.003
2.00	0.306	0.304	0.290	0.288	0.275	0.242	0.205	0.134	0.083	0.051	0.028	0.013	0.006
2.50	0.245	0.244	0.239	0.237	0.231	0.215	0.188	0.139	0.098	0.065	0.034	0.021	0.010
3.00	0.208	0.208	0.206	0.202	0.180	0.185	0.171	0.136	0.103	0.075	0.053	0.028	0.015
4.00	0.160	0.160	0.150	0.156	0.153	0.147	0.140	0.122	0.102	0.081	0.066	0.040	0.025
5.00	0.126	0.126	0.125	0.125	0.124	0.121	0.117	0.107	0.095	0.082	0.069	0.046	0.034

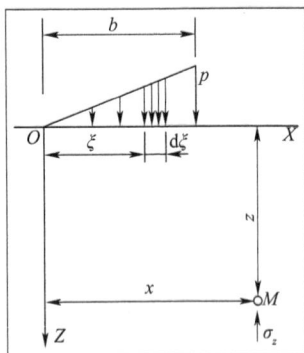

图 5-23 条形基础作用竖向三角形分布荷载时地基中附加应力

3. 条形基础上作用三角形分布荷载时地基中附加应力

在条形基础上作用竖向三角形分布荷载下(图5-23),荷载最大值为 p,计算土中点 $M(x,z)$ 的附加应力 σ_z 时,可按式(5-12)在宽度范围 b 内积分。即得:

$$\mathrm{d}p = \frac{\xi}{b}p\,\mathrm{d}\xi$$

$$\sigma_z = \frac{2z^3 p}{\pi b^2}\int_0^b \frac{\xi\,\mathrm{d}\xi}{\left[(x-\xi)^2 + z^2\right]^2}$$

$$= \frac{p}{\pi}\left[n'\left(\arctan\frac{n'}{m} - \arctan\frac{n'-1}{m}\right) - \frac{m(n'-1)}{(n'-1)^2 + m^2}\right]$$

$$= \alpha_s p \tag{5-13}$$

条形基础上作用三角形分布荷载时地基中附加应力

式中:α_s——应力系数,它是 $n' = x/b$ 及 $m = z/b$ 的函数,可由表5-9中查得。

坐标轴原点在三角形荷载的零点处。

条形基础在竖向三角形分布荷载作用下附加应力系数 α_s 值 表 5-9

$m = \dfrac{z}{b}$	$n' = \dfrac{x}{b}$										
	-1.5	-1.0	-0.5	0.0	0.25	0.50	0.75	1.0	1.5	2.0	2.5
0.00	0.000	0.000	0.000	0.000	0.250	0.500	0.750	0.500	0.000	0.000	0.000
0.25	0.000	0.000	0.001	0.075	0.256	0.480	0.643	0.424	0.017	0.003	0.000
0.50	0.002	0.003	0.023	0.127	0.263	0.410	0.477	0.353	0.056	0.017	0.003
0.75	0.006	0.016	0.042	0.153	0.248	0.335	0.361	0.293	0.108	0.024	0.009
1.00	0.014	0.025	0.061	0.159	0.223	0.275	0.279	0.241	0.129	0.045	0.013
1.50	0.020	0.048	0.096	0.145	0.178	0.200	0.202	0.185	0.124	0.062	0.041
2.00	0.033	0.061	0.092	0.127	0.146	0.155	0.163	0.153	0.108	0.069	0.050
3.00	0.050	0.064	0.080	0.096	0.103	0.104	0.108	0.104	0.090	0.071	0.050

$m = \dfrac{z}{b}$	$n' = \dfrac{x}{b}$										
	−1.5	−1.0	−0.5	0.0	0.25	0.50	0.75	1.0	1.5	2.0	2.5
4.00	0.051	0.060	0.067	0.075	0.078	0.085	0.082	0.075	0.073	0.060	0.049
5.00	0.047	0.052	0.057	0.059	0.062	0.063	0.063	0.065	0.061	0.051	0.047
6.00	0.041	0.041	0.050	0.051	0.052	0.053	0.053	0.053	0.050	0.050	0.045

五、有效应力

如图 5-24 所示,在土中某点截取一水平截面,其面积为 F,则截面上作用的应力 σ,就是由上面土体的重力、静水压力及外荷载 p 所产生的应力,称为总应力。该应力一部分由土颗粒间的接触面承担,称为有效应力;另一部分由土体孔隙内的水及气体承担,称为孔隙应力(也称孔隙压力)。

> **引导问题** 地基中的饱和土体在外力的作用下,其中的固体土颗粒、水、气体会产生什么样的变化现象?有效应力是怎样产生的呢?

考虑图 5-24b) 所示的土体平衡条件,沿 $a—a$ 截面取脱离体,$a—a$ 截面是沿着土颗粒间接触面截取的曲线形状截面,在此截面上土颗粒间接触面上作用法向应力 σ_s,各土颗粒间接触面积之和为 F_s。孔隙内的水压力为 u_w,气体压力为 u_a,其相应的面积为 F_w 及 F_a,由此可建立平衡条件:

$$\sigma F = \sigma_s F_s + u_w F_w + u_a F_a \tag{5-14}$$

对于饱和土,式(5-14)中的 u_a、F_a 均等于零,则式(5-14)可写成:

$$\sigma F = \sigma_s F_s + u_w F_w = \sigma_s F_s + u_w (F - F_s)$$

或

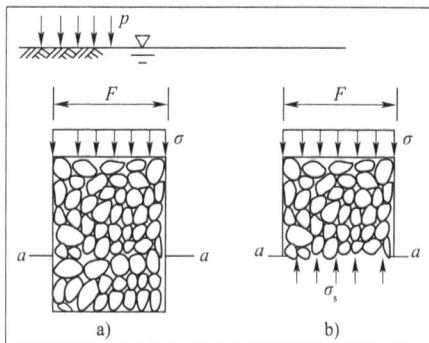

图 5-24 有效应力

$$\sigma = \frac{\sigma_s F_s}{F} + u_w \left(1 - \frac{F_s}{F}\right) \tag{5-15}$$

由于土颗粒间的接触面积 F_s 是很小的,毕肖普及伊尔定根据粒状土的试验工作认为 F_s/F 一般小于 0.03,有可能小于 0.01。因此,式(5-15)第二项中的 F_s/F 可略去不计,但第一项中因为土粒间的接触应力 σ_s 很大,故不能略去。此时,式(5-15)可写为:

$$\sigma = \frac{\sigma_s F_s}{F} + u_w \tag{5-16}$$

式中,$\sigma_s F_s/F$ 实际上是土颗粒间的接触应力在截面积 F 上的平均应力,称为土的有效应力,通常用 σ' 表示,并将孔隙水压力 u_w 用 u 表示。于是,式(5-16)可写成:

$$\sigma = \sigma' + u \tag{5-17}$$

这个关系式在土力学中很重要,称为有效应力公式。

土中任意点的孔隙水压力 u 对各个方向作用是相等的,因此它只能使土颗粒产生压缩

(土颗粒本身的压缩量是很微小的,在土力学中均不考虑),而不能使土颗粒产生位移。土颗粒间的有效应力作用,则会引起土颗粒的位移,使孔隙体积改变,土体发生压缩变形,同时有效应力的大小也影响土的抗剪强度。由此,得到土力学中很重要的有效应力原理,它包含下述两点:

(1)土的有效应力 σ' 等于总应力 σ 减去孔隙水压力 u;

(2)土的有效应力控制了土的变形及强度性能。

对于部分饱和土,可得:

$$
\begin{aligned}
\sigma &= \frac{\sigma_s F_s}{F} + u_w \frac{F_w}{F} + u_a \frac{F - F_w - F_a}{F} \\
&= \sigma' + u_a - \frac{F_w}{F}(u_a - u_w) - u_a \frac{F_a}{F}
\end{aligned}
\tag{5-18}
$$

略去 $u_a \dfrac{F_a}{F}$ 一项,这样可得部分饱和土的有效应力公式为:

$$
\sigma' = \sigma - u_a + \chi(u_a - u_w) \tag{5-19}
$$

这个公式是由毕肖普等提出的,式中 $\chi = F_w/F$ 是由试验确定的参数,取决于土的类型及饱和度。一般认为有效应力原理能正确地用于饱和土,对部分饱和土则尚存在一些问题需进一步研究。

◀ 技能训练工单及练习 ❀

❀ **工作任务单**

一、工作任务

1. 预习土中应力计算相关内容;

2. 根据以下练习内容,归纳总结土中应力计算相关知识,填写表5-10(空白处没有内容的填无)。

信息表 表5-10

应力类型	地基中应力分布特点	在应力作用下土体变形特点	地下水对土中应力分布的影响	计算公式	基础下剖面各点的竖向应力分布曲线
自重应力					
基底压力					
基底附加压力					
地基中附加应力					
有效应力					

二、考核评价

评价表参见附录一。

❀ **练习**

1. 何谓自重应力与附加应力?

2. 地基中自重应力的分布有什么特点?

3. 为什么在自重应力作用下土体只产生竖向变形?

4. 地下水位升降对自重应力的分布有何影响?对工程实践有何影响?

5. 在基底总压力不变的前提下,增大基础埋置深度对土中应力分布有什么影响?

6. 试述基底压力、基底附加压力的含义及它们之间的关系。

7. 影响基底压力分布的因素有哪些?

8. 为什么自重应力和附加应力的计算方法不同?

9. 目前根据什么假设计算地基中的附加应力?这些假设是否合理可行?

10. 试述集中荷载作用下地基中附加应力的分布规律。

11. 有两个宽度不同的基础,其基底总压力相同,请问:在同一深度处,哪一个基础下产生的附加应力大?为什么?

12. 在填方地段,如基础砌置在填土中,填土的重力引起的应力在什么条件下应当作为附加应力考虑?

13. 地下水位的升降对土中应力分布有何影响?

14. 矩形面积均布荷载中点下与角点下的应力之间有什么关系?

15. 计算图5-25所示地基中的自重应力并绘出其分布图。已知土的性质:细砂(水上)有 $\gamma = 17.5 kN/m^3$,$\gamma_s = 26.5 kN/m^3$,$w = 20\%$;黏土有 $\gamma = 18 kN/m^3$,$\gamma_s = 27.2 kN/m^3$,$w = 22\%$,$w_L = 48\%$,$w_P = 24\%$。

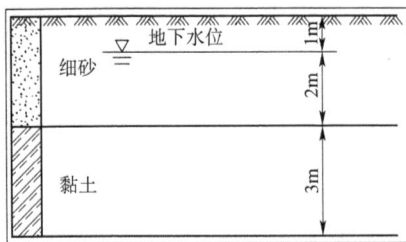

图5-25 练习15图

16. 某场地的地质剖面如图5-26所示,试计算: (1)各土层界面及地下水位面的自重应力,并绘制自重应力曲线。(2)若图5-26中中砂层以下为坚硬的整体岩石,绘制其自重应力曲线。

17. 已知矩形基础底面尺寸 $b=4m$, $l=10m$,作用在基础底面中心的荷载 $N=400kN$, $M=240kN \cdot m$(偏心方向在短边上),求基底压力最大值与最小值。

18. 已知矩形基础底面尺寸 $b=4m$, $l=10m$,作用在基础底面中心的荷载 $N=400kN$, $M=320kN \cdot m$(偏心方向在短边上),求基底压力分布。

19. 图5-27所示矩形($ABCD$)上作用均布荷载 $p=150kPa$,试用角点法计算 G 点下深度 6m 处 M 点的竖向应力 σ_z 值。

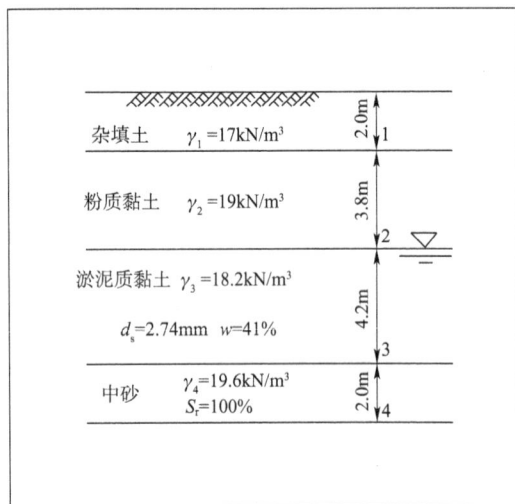

图5-26 练习16图

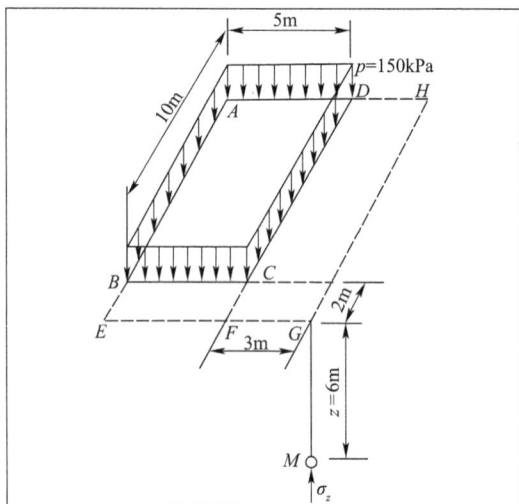

图5-27 练习19图

20. 某基础平面图形呈 T 形截面(图5-28),作用在基底的附加应力 $p_0=150kN/m^2$,试求 A 点下 10m 深处的附加压力。

21. 某条形基础如图5-29所示,作用在基础上的荷载为 $250kN/m^2$,基础深度范围内土的重度 $\gamma=17.5kN/m^3$,试计算0—3、4—7及5—10剖面各点的竖向附加应力,并绘制曲线。

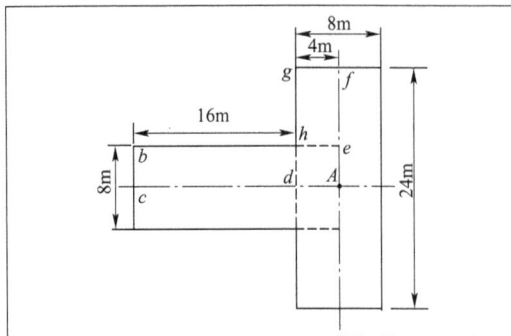

图5-28 练习20图

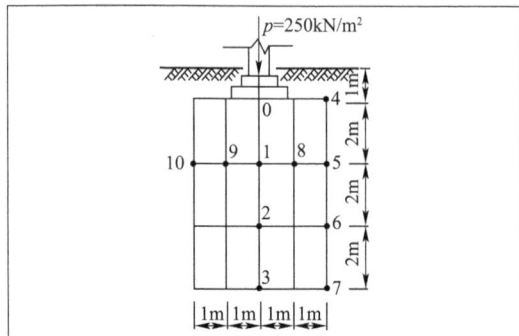

图5-29 练习21图

任务六

地基的沉降变形计算

||| 任务描述 |||

通过本任务相关知识的学习并结合在线课程资源及相关资料，完成地基的沉降变形计算工单。通过线上线下学习，完成本任务技能训练工单及练习，遇到困难学习小组互相帮助。

||| 任务要求 |||

（1）根据班级人数分组，一般6~8人/组；

（2）以组为单位，各组员按分工完成任务，组长负责检查并统计各成员的任务结果，做好记录以供集体讨论；

（3）全组共同完成所有任务，组长负责成果的记录与整理，按任务要求上交报告，以供教师批阅。

||| 学习目标 |||

知识目标：

了解土的压缩与饱和土体渗透固结的概念；

掌握土的压缩性指标的测定方法；

掌握采用分层总和法计算地基沉降量的步骤；

了解沉降与时间的关系。

能力目标：

通过地基的沉降变形计算知识点学习，完成某建筑地基土压缩性指标的测试，并掌握计算该建筑的沉降总量的方法和技能。

||| 学习重点 |||

土的固结与压缩的概念；土的压缩性和压缩性指标的测定方法；采用分层总和法计算地基沉降总量的步骤；一维固结理论的具体应用；饱和土地基沉降与时间的关系；固结度计算。

||| 学习难点 |||

地基土压缩性指标的测试；分层总和法和规范法计算地基沉降变形的具体应用；土的固结理论。

一、概述

建筑物通过它的基础将荷载传给地基以后,地基土中会产生附加应力和变形,从而引起建筑物基础的下沉,工程上将荷载引起的基础下沉称为基础的沉降。

如果基础的沉降量过大或产生过量的不均匀沉降,不但建筑物的使用价值会降低,而且墙体会开裂、门窗会歪斜,严重时建筑物会倾斜甚至倒塌。因此,为了保证建筑物的安全和正常使用,必须预先对建筑物基础可能产生的最大沉降量和沉降差进行估算。

土体受力后引起的变形可分为体积变形和形状变形,地基土变形通常表现为土体积的缩小。在外力作用下,土体积缩小的特性称为土的压缩性。

引导问题 回想一下,什么是地基?什么是基础?建筑物通过它的基础将荷载传给地基以后,地基土中会发生什么情况?会引起建筑物基础什么现象?怎样计算建筑物基础产生的最大沉降量和沉降差?

为进行地基的变形(或沉降量)的计算,求解地基土的沉降与时间的关系问题,必须首先取得土的压缩系数、压缩模量及变形模量等压缩性指标。土的压缩性指标需要通过室内试验或原位测试来测定,为了使计算值接近实测值,应使试验条件与土的天然应力状态及其在外荷作用下的实际应力条件相适应。

土的压缩原因包括外因和内因。

(1)外因:建筑物荷载作用,这是普遍存在的因素;地下水位大幅度下降,相当于施加大面积荷载;施工影响,基槽持力层土的结构扰动,振动影响,产生振沉;温度变化影响,如冬季冰冻、春季融化;浸水下沉,如黄土湿陷、填土下沉。

(2)内因:固相矿物本身的压缩,极小,在物理学上有意义,对建筑工程来说是没有意义的;土中液相水的压缩,在一般建筑工程荷载100~600kPa作用下,很小,可不计;土中孔隙的压缩,土中水与气体受压后从孔隙中被挤出,与此同时,土颗粒相应地发生移动,重新排列,靠拢挤紧,从而使土孔隙体积减小。

上述诸多因素中,建筑物荷载作用是主要的外因,通过土中孔隙的压缩这一内因产生实际效果。

土的压缩变形主要是孔隙比减小,可以用压力与孔隙比的变化来说明土的压缩性,并用来计算地基沉降量。土的压缩性以及压缩性随时间的变化规律,可通过压缩试验或现场荷载试验确定。

二、压缩试验与土的压缩性指标

(一)压缩试验

土的压缩性,常用压缩性指标定量表示。压缩性指标,通常由工程地质勘查取天然结构的原状土样,进行室内压缩试验测定。

引导问题 土体压缩变形的原因前面已经学过。想一想:压缩性指标有哪些?如何分析和计算这些指标?

既然土体的压缩是孔隙体积减小的结果,由孔隙比的定义公式 $e = V_v / V_s$ 可知,当土粒体积保持不变时,孔隙体积 V_v 的变化完全可用

孔隙比 e 的变化来表示。因此,可以将土的压缩变形过程视为土的孔隙比 e 随着压力 p 的增加而逐渐减小的过程。而孔隙比 e 与压力 p 之间的关系曲线可由侧限压缩试验确定。

图 6-1 所示是侧限压缩试验所需压缩仪(也称固结仪)示意图,侧限压缩试验一般在试验室进行。其试验方法是:先用环刀切取原状土,原状土连同环刀放入容器中,土样上下两面均有透水板,便于孔隙水在土样受压缩时自由排出。另有加压装置,通过传压板给土样施加压力。土样的变形可通过百分表读取。在加压过程中,受金属环刀及护环的限制,土样在压力作用下只能发生竖向压缩,而不能产生侧向变形(膨胀),故称为侧限条件下的压缩试验。试验的目的是测定在各级压力(p 为 50kPa、100kPa、200kPa、300kPa、400kPa)作用下,每次土样压缩稳定后的相应变形量 S,从而算出相应的孔隙比($e_1,e_2,\cdots$)和压缩性指标。

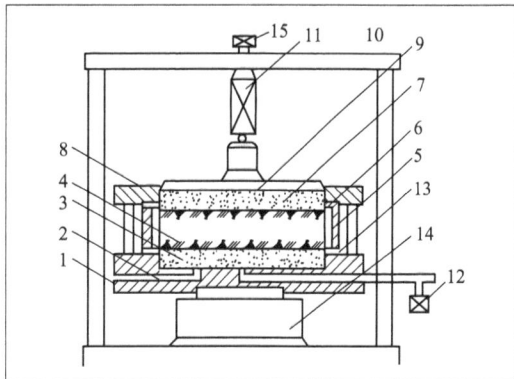

图 6-1 固结仪[图片摘自《土工试验方法标准》(GB/T 50123—2019)]

1-底座;2-排气孔;3-下透水板;4-试样;5-护环;6-环刀;7-上透水板;8-上盖;9-加荷盖板;10-加荷架;11-负荷传感器;12-孔压传感器;13-密封圈;14-加压机座;15-位移传感器

设原状土样受压前的初始高度为 H_0,土粒体积 $V_s=1$,孔隙体积 $V_v=e_0$,受压后的土样高度为 $H_1=H_0-\Delta S_i$,土粒体积 $V_s=1$ 不变,孔隙体积 $V_v=e_1$(图6-2),由于试验过程中土粒体积 V_s 不变且在侧限条件下试验土样的横截面面积 A 也不变,所以有:

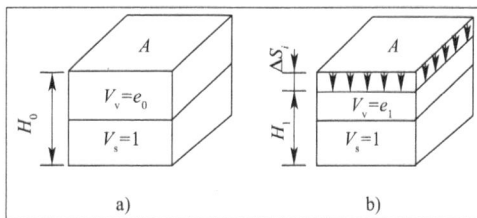

图 6-2 侧限压缩土样孔隙比变化
a)受压前;b)受压后

受压前土样体积为 $\qquad 1+e_0=H_0A$

受压后土样体积为 $\qquad 1+e_1=H_1A$

由于受压前后土样横截面面积 A 相等,所以

$$\frac{1+e_0}{H_0}=\frac{1+e_1}{H_1} \qquad (6-1)$$

将 $H_1=H_0-\Delta S_i$ 代入式(6-1)得到:

$$e_1 = e_0 - \frac{\Delta S_i}{H_0}(1 + e_0) \quad\quad\quad (6-2)$$

其中
$$e_0 = \frac{G_s \rho_w (1 + w_0)}{\rho_0} - 1 \quad\quad\quad (6-3)$$

式中:e_0——土样初始孔隙比;

G_s——土粒比重;

ρ_w——水的密度,g/cm^3;

ρ_0——土样的初始密度,g/cm^3;

w_0——土样的初始含水率,以小数计算;

H_0——试样初始高度,cm;

ΔS_i——某级压力下试样高度变化量,cm。

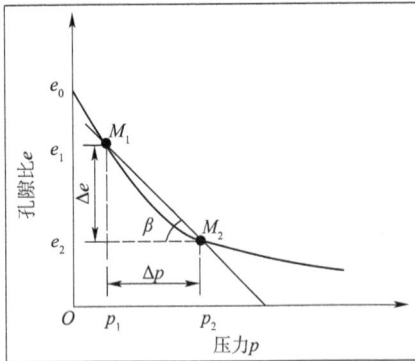

图6-3 土的 e-p 曲线

利用式(6-2)算出各级压力作用下相应的孔隙比 e,然后以孔隙比 e 为纵坐标,以压力 p 为横坐标,根据试验结果绘出土的 e-p 曲线,如图6-3所示。

(二)压缩性指标

1.压缩系数 a

e-p 曲线可反映土的压缩性,e-p 曲线越陡,说明随着压力的增加,土的孔隙比减小越多,则土的压缩性越高;若曲线越平缓,则土的压缩性越低。在工程上,当压力 p 的变化范围不大时,如图6-3中从 p_1 到 p_2,e-p 曲线上相应的 $M_1 M_2$ 段可近似地看成直线,即用割线 $M_1 M_2$ 代替曲线,土在此段的压缩性可用该割线的斜率来反映,则直线 $M_1 M_2$ 的斜率称为土体在该段的压缩系数,即

$$a = \frac{e_1 - e_2}{p_1 - p_2} \quad\quad\quad (6-4)$$

式中:a——土的压缩系数,kPa^{-1}或 MPa^{-1};

p_1——起始压力,kPa;

p_2——增压后的压力,kPa;

e_1、e_2——增压前、后土体在 p_1 和 p_2 作用下压缩稳定后的孔隙比。

由式(6-4)可知,a 越大,e-p 曲线越陡,表明土的压缩性越高;a 越小,则曲线越平缓,表明土的压缩性越低。但必须注意,由于 e-p 曲线并非直线,故同一种土的压缩系数并非常数,它取决于压力间隔($p_1 - p_2$)及起始压力 p_1 的大小。从对土评价的一致性出发,工程实践上常取压力 $p_1 = 100kPa$、$p_2 = 200kPa$ 对应的压缩系数 a_{1-2} 作为判别土压缩性的标准。按照 a_{1-2} 的大小将土的压缩性划分如下:

当 $a_{1-2} < 0.1MPa^{-1}$时,为低压缩性土;

当 $0.1MPa^{-1} \leq a_{1-2} < 0.5MPa^{-1}$时,为中压缩性土;

当 $a_{1-2} \geq 0.5MPa^{-1}$时,为高压缩性土。

2. 压缩指数 C_c

当采用 e-$\lg p$ 曲线时,如图 6-4 所示,可以看到,当压力较大时,e-$\lg p$ 曲线接近直线。其斜率 C_c 为:

$$C_c = \frac{e_1 - e_2}{\lg p_1 - \lg p_2} = \Delta e / \lg(p_1/p_2) = a(p_1 - p_2)/(\lg p_1 - \lg p_2)$$

式中:C_c——压缩指数,无量纲数,其值越大,说明土的压缩性越高。

一般认为:$C_c < 0.2$,为低压缩性土;C_c 为 $0.2 \sim 0.4$,为中压缩性土;$C_c > 0.4$,为高压缩性土。

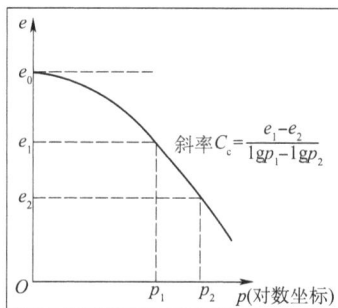

图 6-4　土的 e-$\lg p$ 曲线

3. 压缩模量 E_s

根据 e-p 曲线可求出另一个压缩性指标,即压缩模量。它是指土在侧限压缩的条件下,竖向压力增量 $\Delta p = p_2 - p_1$ 与相应的应变增量 $\Delta \varepsilon$ 的比值,其单位为 kPa 或 MPa,表达式为:

$$E_s = \frac{\Delta p}{\Delta \varepsilon} = \frac{\Delta p}{\Delta s / H_1} = \frac{p_2 - p_1}{(e_1 - e_2)/(1 + e_1)} = \frac{1 + e_1}{a} \tag{6-5}$$

E_s 越大,表示土的压缩性越低;E_s 越小,表示土的压缩性越高。一般情况下,按照 E_s 的大小将土的压缩性划分如下:

$E_s < 4\text{MPa}$,为高压缩性土;

E_s 为 $4 \sim 15\text{MPa}$,为中压缩性土;

$E_s > 15\text{MPa}$,为低压缩性土。

(三)现场载荷试验

土的侧限压缩试验操作简单,是目前测定地基土压缩性的常用方法。但遇到地基土为粉土、细砂、软土,取原状土样困难;国家一级工程、规模大或建筑物对沉降有严格要求的工程;土层不均匀,土试样尺寸小、代表性差等情况时,侧限压缩试验就不适用了,应采用荷载试验、旁压试验、静力触探试验等压缩性原位测试方法。

二维码

载荷试验

载荷试验通常在基础底面高程处或需要进行试验的土层高程处进行,当试验土层顶面具有一定埋深时,需要挖试坑,试验装置示意图如图 6-5 所示。试坑尺寸以能设置试验装置,便于操作为宜,当试坑深度较大时,确定试坑宽度时还应考虑避免坑外土体对试验结果产生影响,相关具体规定可参考《城市轨道交通岩土工程勘察规范》(GB 50307—2012)第 15.6 节。

安装承压板前,应注意保持试验土层的原状结构和天然湿度,宜在拟试压表面用不超过 20mm 厚的粗、中砂找平试坑。

试验采用慢速维持载荷法,其加荷标准如下:

(1)第一级荷载(包括设备重力)应接近所卸除的自重应力,其相应的沉降不计;

(2)其后每级荷载增量对较软的土采用 $10 \sim 25\text{kPa}$,对较密实的土采用 $50 \sim 100\text{kPa}$;

(3)加载等级不应小于 8 级;

（4）最后一级荷载是判定承载力的关键,应细分两级加载,以提高成果的精确度,最大加载量不应小于荷载设计值的两倍;

（5）载荷试验所施加的总荷载,应尽量接近地基极限荷载。

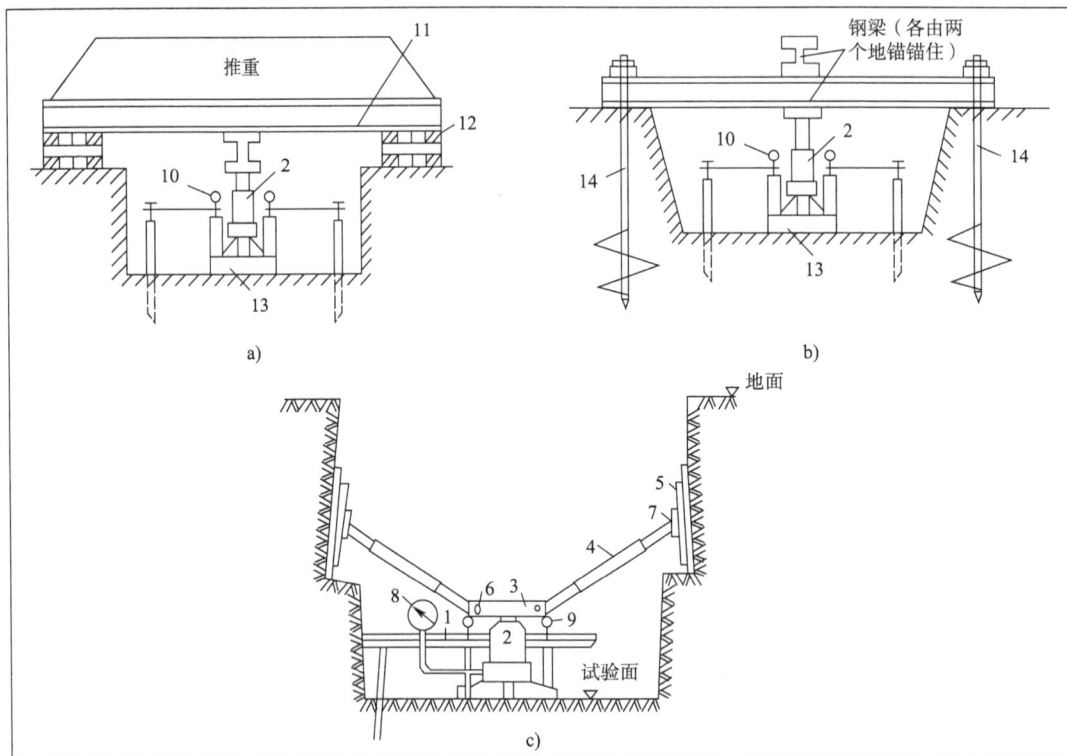

图6-5 载荷试验装置示意图

a) 堆载;b) 地锚堆载;c) 基槽承载

1-承压板;2-千斤顶;3-主承板;4-斜撑杆;5-斜撑板;6、7-销钉;8-压力表;9-千分表;10-百分表;11-排钢等;12-木垛;13-荷载板;14-地锚

测记承压板沉降量。第一级荷载施加后,相应的承压板沉降量不计;此后在每级加载后,应按间隔10min、10min、10min、15min、15min及以后每隔30min读一次百分表的读数(沉降量)。每级加载后,当连续两次测记承压板沉降量$s_i < 0.1\text{mm/h}$时,则认为沉降已趋稳定,可加下一级荷载。

当出现下列情况之一时,即可终止加载:

（1）沉降急骤增大,荷载-沉降$(p\text{-}s)$曲线出现陡降段(图6-6),且沉降量超过$0.04d$(d为承压板宽度或直径)。

（2）在某一级荷载下,24h内沉降速率不能达到稳定标准。

（3）本级沉降量大于前一级沉降量的5倍。

（4）持力层土层坚硬,沉降量很小时,最大加载量不小于设计要求的2倍。

（5）承压板周围的土有明显的侧向挤出(砂土)现象或发生裂纹(黏性土或粉土)。

满足终止加荷标准三种情况之一时,其对应的前一级荷载定为极限荷载p_u。

根据沉降观测记录并对仪器表变形读数进行修正后(即$p\text{-}s$曲线的直线段应通过坐标原

点),可以绘制荷载与相应沉降量的关系曲线以及每一级荷载下沉降量与时间的关系曲线(*s-t* 曲线,见图6-7)。从同一荷载下沉降量与时间的关系来看,不同的土在变形过程中所反映的特征也是不一样的,砂土的沉降很快就达到稳定,而饱和黏土却很慢。

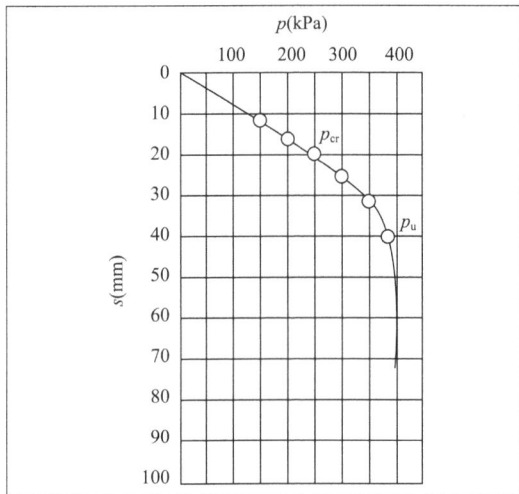

图 6-6 载荷试验沉降曲线

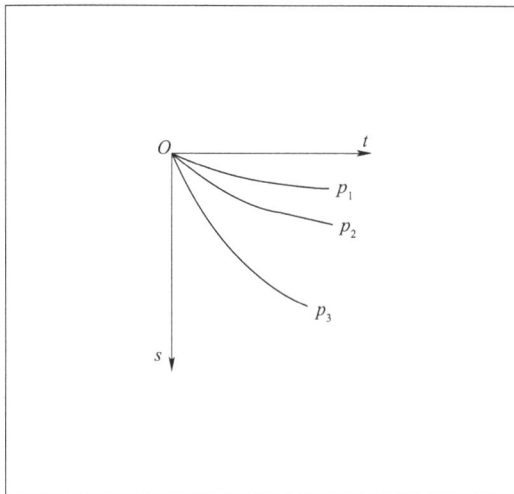

图 6-7 载荷试验 *s-t* 曲线

应该注意:由于试验时承压板的面积有限,压力的影响深度只限于承压板下不厚的一层土,影响深度为$(1.5 \sim 2)b$,不能完全反映压缩层土的性质,因此,在利用载荷试验资料研究地基的压缩性特别是在确定土的承载力时,应采取分析的态度。必要时应在地基主要压缩层范围内的不同深度进行载荷试验。

三、应力历史对地基沉降的影响

1. 土的固结状态

天然沉积的原状土,在漫长的地质历史年代中,一般来说,沉积时间较长的土层相对埋藏深,承受上覆压力大,经历固结时间长,故土层比较密实,压缩性较低;沉积时间较短的土层一般埋藏浅,承受上覆压力较小,经历固结时间较短,故土层比较疏松,压缩性较高。这种土层在地质历史过程中受到的最大固结压力(包括自重和外荷载)称为先期固结压力,以 p_c 表示。设现有的土的自重应力为 p_1,则

(1)$p_c = p_1$,称正常固结土,表征某一深度的土层在地质历史上所受的最大压力 p_c 与现有的自重应力相等,土层处于正常固结状态(图6-8)。

(2)$p_c > p_1$,称超固结土,表征土层曾经受过的最大压力比现有的自重应力要大,处于超固结状态。

(3)$p_c < p_1$,称欠固结土,表征土层的固结程度尚未达到现有自重应力条件下的最终固结状态,处于欠固结状态。

先期固结压力是反映土层原始应力状态的一个指标。在工程实践中,通常用超固结比的概念来定量地表征土的天然固结状态,即将天然土层在历史上所承受过的最大固结压力与现在所承受的自重应力相比较,并将两者之比定义为超固结比 OCR。

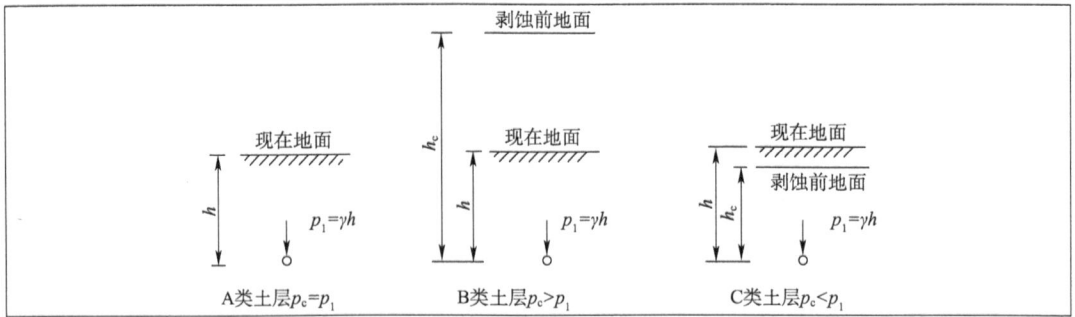

图6-8 天然土层的三种固结状态

$$OCR = \frac{p_c}{p_1} \qquad (6-6)$$

式中:OCR——土的超固结比。

若 OCR = 1,为正常固结土;若 OCR > 1,为超固结土;若 OCR < 1,为欠固结土。

2. 土的回弹曲线和再压缩曲线

在室内压缩试验过程中,若加压到某一值 p_i 后,相应于图 6-9a) 中的 e-p 曲线上的 b 点,不再加压,反而逐级卸压,则可观察到土样的回弹。当测得其逐级卸载回弹稳定后的孔隙比时,可给出相应的孔隙比与压力的关系曲线,如图 6-9a) 中的 bc 曲线,称为回弹曲线。从图中可看到,土样在 p_i 作用下的压缩变形在卸压完毕后并不能完全恢复到初始的 a 点,说明土的压缩变形是由弹性变形和残余变形两部分组成的,而且以后者为主。如果重新加压,则可测得每级荷载下再压缩稳定后的孔隙比,绘出再压缩曲线,如图 6-9a) 中 cdf 曲线,其中 df 段像是 ab 段的延续,犹如其间没有经过卸压和再压过程一样。这种现象在 e-$\lg p$ 曲线中同样也可以看到,如图 6-9b) 所示。

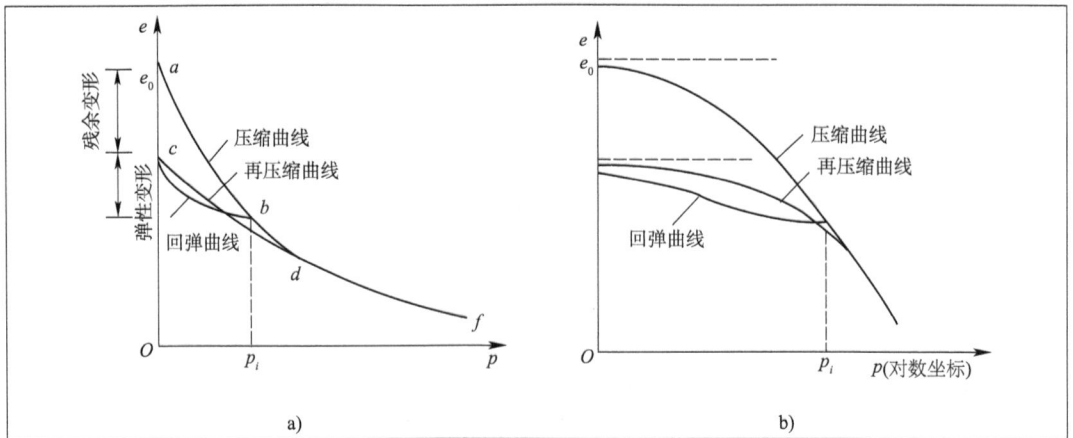

图6-9 土的回弹曲线和再压缩曲线

a) e-p 曲线;b) e-$\lg p$ 曲线

目前,在工程中常见到许多基础,其基底面积和埋深都较大,开挖基坑后地基受到较大的减压(应力解除)过程,造成坑底回弹,建筑物施工时又发生地基土再压缩,在估算基础沉降时,应适当考虑这种影响。

四、土体沉降量计算

土体在外荷载作用下会产生压缩变形,正常情况下,随着时间的推移沉降会趋于稳定。地基土层在建筑物荷载作用下,不断地被压缩,压缩稳定后地基土总的压缩值为地基最终沉降量。计算最终沉降量可以帮助我们预知该建筑物建成后将使地基土产生的总变形量,然后判断其是否超出允许的范围,以便在建筑物设计、施工时,为采取相应的工程措施提供科学依据,保证建筑物的安全。

引导问题 土体压缩性指标前面已经介绍过。想一想:怎样使用这些压缩性指标计算土体沉降量?

国内外关于地基沉降量的计算方法很多,精度都不是很高,主要分为四类,即弹性理论法、分层总和法、应力面积法和原位压缩曲线法。这里只介绍(单向)分层总和法。

分层总和法是把地基土视为直线变形体,在外荷载作用下变形只发生在有限厚度的范围内,是将地基土这一厚度范围划分成若干薄层,先求得各个薄层的压缩量,再将各个薄层的压缩量累加起来,即为总的压缩量,也就是基础的沉降量。但在计算沉降量时,由于采用了一系列计算假定,还需将所求总的压缩量依据经验进行修正。

(一)分层总和法计算基础的沉降量

1. 计算假定

(1)假定地基土为均质、连续、各向同性的半无限空间弹性体。在建筑物荷载作用下,地基中划分的各薄层均在无侧向膨胀情况下产生竖向压缩变形。这样计算基础沉降量时,就可以使用室内压缩试验的成果,如压缩模量、e-p 曲线。

二维码

单一土层一维压缩地基沉降量的计算

(2)实际上基础底面边缘或中部各点的附加应力不同,中心点下的附加应力为最大值。当基础倾斜时,要分别以倾斜方向基础两端点下的附加应力进行计算,一般还是假定基础沉降量按基础底面中心垂线上的附加应力进行计算。

二维码

分层总和法

(3)对于每一薄层来说,从层顶到层底的应力是变化的,计算时均近似地取层顶和层底应力的平均值。划分的土层越薄,由这种简化所产生的误差就越小。

(4)沉降计算的深度,理论上应计算至无限大,但工程上因应力扩散作用附加应力随深度增加而减小,自重应力则相反,因此到一定深度后,地基土的应力变化值已不大,相应的压缩变形也就很小,计算基础沉降时可将其忽略不计。这样,从基础底面到该深度之间的土层,就被称为"压缩层"。压缩层的厚度称为压缩层的计算深度。若主要压缩层以下尚有软弱土层,则应计算至软弱土层底部。

2. 计算所需的基本资料

(1)基础(即荷载面积)的形状、尺寸大小以及埋置深度。

(2)荷载:来自上部结构传给基础以至地基的荷载,包括静载和活载,但沉降计算只考虑全部静载不考虑活载对地基沉降的影响。

(3)地基土层剖面(包括地下水位)和各土层的物理力学指标以及压缩曲线。

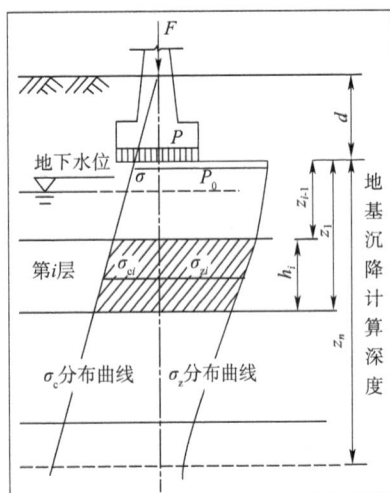

图6-10 分层总和法计算地基沉降量

3. 计算公式

1) 各薄层压缩量计算公式

在地基沉降量计算深度范围内取一薄层土,并定为第 i 层,其厚度为 h_i(图6-10),在附加应力作用下,该土层被压缩了 Δs_i,其应变为 $\Delta \varepsilon = \Delta s_i / h_i$。若假定土层不发生侧向膨胀,则与室内压缩试验情况接近,可以根据式(6-5)列出下列等式:

$$\Delta \varepsilon = \frac{\Delta s_i}{h_i} = \frac{e_{1i} - e_{2i}}{1 + e_{1i}}$$

故薄层土沉降量:

$$\Delta s_i = \frac{e_{1i} - e_{2i}}{1 + e_{1i}} h_i \tag{6-7}$$

或引入式(6-5)压缩模量 E_s,则可写成

$$\Delta s_i = \frac{p_{2i} - p_{1i}}{E_{si}} h_i = \frac{\overline{\sigma}_{zi}}{E_{si}} h_i \tag{6-8}$$

式中:Δs_i——第 i 层土的压缩量,mm;

$\overline{\sigma}_{zi}$——第 i 层土平均的附加应力,kPa;

e_{1i}——第 i 层土对应于 p_{1i} 作用下的孔隙比;

e_{2i}——第 i 层土对应于 p_{2i} 作用下的孔隙比;

p_{1i}——第 i 层土的自重应力平均值,$p_{1i} = \overline{\sigma}_{ci}$,kPa;

p_{2i}——第 i 层土的自重应力和附加应力共同作用下的平均值,$p_{2i} = \overline{\sigma}_{ci} + \overline{\sigma}_{zi}$,kPa;

E_{si}——第 i 层土的压缩模量,kPa;

h_i——第 i 层土的厚度,m。

计算地基沉降量时,分层厚度 h_i 越小,计算值越精确,故取土的分层厚度为 $0.4b$(b 为基础宽度)。

2) 各薄层压缩量求和公式

如前所述,基础的总沉降量 s_n 就是在压缩层范围内各薄层压缩量的总和,即

$$s_n = \sum_{i=1}^{n} \Delta s_i \tag{6-9}$$

3) 基础总沉降量的规范公式

由于采用了一系列计算假定,按式(6-9)求出的总压缩量与工程实际有一定出入,故现行规范用经验系数 m_s 进行修正。规范中的沉降计算公式为:

$$s = m_s \sum_{i=1}^{n} \frac{e_{1i} - e_{2i}}{1 + e_{1i}} h_i \tag{6-10}$$

或

$$s = m_s \sum_{i=1}^{n} \frac{\overline{\sigma}_{zi}}{E_{si}} h_i \tag{6-11}$$

式中:n——压缩层内划分的薄土层的层数;

e_{1i}——第 i 薄层对应于平均自重应力 $p_{1i} = \overline{\sigma}_{ci}$ 作用下的孔隙比;

e_{2i}——第 i 薄层对应于平均总应力 $p_{2i} = \overline{\sigma}_{ci} + \overline{\sigma}_{zi}$ 作用下的孔隙比;

$\overline{\sigma}_{ci}$——第 i 薄层土的平均自重应力,kPa;

$\overline{\sigma}_{zi}$——第 i 薄层土的平均附加应力,kPa;

h_i——第 i 薄层的土层厚度,cm;

E_{si}——第 i 薄层土的压缩模量(对应于 $p_{1i} \sim p_{2i}$ 范围),kPa;

m_s——沉降计算经验系数,按地区经验确定,如缺乏资料可参考表6-1选用。

沉降计算经验系数 m_s　　　　　　　　表6-1

E_s(MPa)	$1 \sim 4$	$4 \sim 7$	$7 \sim 15$	$15 \sim 20$	>20
m_s	$1.8 \sim 1.1$	$1.1 \sim 0.8$	$0.8 \sim 0.4$	$0.4 \sim 0.2$	0.2

注:1. E_s 为地基压缩层范围内土的压缩模量,当压缩层由多层土组成时,E_s 可按厚度的加权平均值采用;

2. 表中已给出的区间值,应对应 E_s 取值。

4. 计算步骤

(1)计算基底的自重应力 γh 及基底处附加应力 $p_0 = p - \gamma h$。其中,h 是基础的埋置深度,从地面或河底算起。

(2)先划分薄层,再计算基础底面中心垂线上各薄层上下面处的自重应力和附加应力,最后绘出应力分布线。薄层厚度通常取 $0.4b$(b 为基础宽度)。但必须将不同土层的界面或潜水位面划分为薄层的分界面。

(3)计算各分层分界面处的自重应力 σ_{ci} 和附加应力 σ_{zi},并绘制应力分布曲线。

(4)计算各分层的平均自重应力 $\overline{\sigma}_{ci}$ 和平均附加应力 $\overline{\sigma}_{zi}$。平均应力取上、下分层分界面处应力的算术平均值,即 $\overline{\sigma}_{ci} = \dfrac{\sigma_{ci-1} + \sigma_{ci}}{2}$,$\overline{\sigma}_{zi} = \dfrac{\sigma_{zi-1} + \sigma_{zi}}{2}$。

(5)在 e-p 曲线上由 $p_{1i} = \overline{\sigma}_{ci}$ 和 $p_{2i} = \overline{\sigma}_{ci} + \overline{\sigma}_{zi}$ 查出相应的孔隙比 e_{1i} 和 e_{2i}。

(6)用式(6-7)或式(6-8)计算各薄层的压缩量 Δs_i。

(7)用式(6-9)计算各薄层压缩量的总和 s_n。

(8)确定压缩层的计算深度 z_n。此时应符合下式要求:

$$\Delta s_n' \leqslant 0.025 s_n \tag{6-12}$$

式中:$\Delta s_n'$——在计算深度 z_n 处,向上取1m厚的薄层压缩量,cm;

s_n——在计算深度 z_n 范围内,各薄层压缩量的总和,cm。

计算深度 z_n 一般要经过试算才能得到,可先取 $\sigma_z = 0.2\sigma_c$ 处为试算点。如已确定的计算深度下有较软土层,应继续计算,直到软弱土层中1m厚的压缩量满足式(6-12)要求为止。

(9)用式(6-10)或式(6-11)计算基础的总沉降量。

此法优缺点:

①优点:适用于各种成层土和各种荷载的沉降量计算;压缩性指标 a、E_s 等易确定。

②缺点:作了许多假设,与实际情况不符,侧限条件下,基底压力计算有一定误差;室内试验指标也有一定误差;计算工作量大;对坚实地基,其计算结果偏大,对软弱地基,其计算结果偏小。

5. 典型例题讲解

【例题 6-1】

某水中基础如图 6-11 所示,基底尺寸为 $6m \times 12m$,作用于基底的中心荷载 $N = 17490kN$(只考虑恒载作用,其中包括基础重力及水的浮力),基础埋置深度 $d = 3.5m$,地基土上层为透水的亚砂土,$\gamma' = 19.3kN/m^3$,下层为硬塑黏土,$\gamma = 18.6kN/m^3$,水深 $1.5m$,求基础的沉降量。已知地基中两层土的 $e\text{-}p$ 曲线如图 6-12 所示。

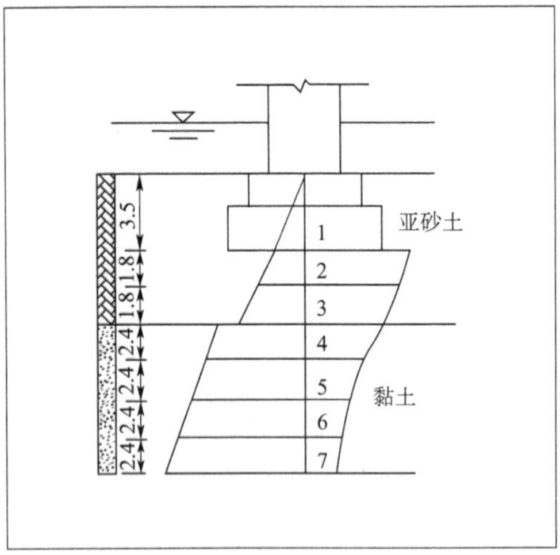

图 6-11 例题 6-1 图(尺寸单位:m)

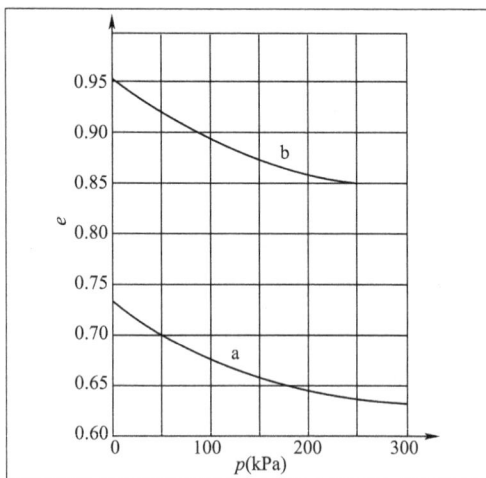

图 6-12 土的 $e\text{-}p$ 曲线
a-亚砂土;b-黏土

【解】 (1)基础尺寸 $b = 6m, l = 12m$,埋置深度 $d = 3.5m$。

(2)作用在基础底面上的应力计算。

基底压力:$p = \dfrac{N}{A} = \dfrac{17490}{6 \times 12} = 242.9(kPa)$

自重应力:$\gamma = \gamma' - \gamma_水 = 19.3 - 10 = 9.3(kN/m^3)$,$\sigma_{cz} = \gamma d = 9.3 \times 3.5 = 32.55$ (kPa)

基底附加应力:$p_0 = p - \sigma_{cz} = 242.9 - 32.55 = 210.35(kPa)$

(3)分层。

分层厚度 $h_i \leqslant 0.4b = 0.4 \times 6 = 2.4(m)$;而基底下亚砂土层厚为 3.6m,宜分两层,每层 1.8m;以下黏土层每薄层均取 2.4m,如图 6-11 所示。

(4)计算各薄层界面处自重应力,并根据表 6-2 绘制分布图。

各薄层界面处自重应力   表 6-2

计算点	1	2	3	3′	4	5	6	7
$\sigma_{cz}(kPa)$	32.6	49.3	66.0	150.3	195	239.6	284.8	328.9

（5）计算各薄层界面处附加应力（表6-3），绘制分布图。

各薄层界面处附加应力　　　　　　　表6-3

计算点	$\dfrac{l}{b}$	z（m）	$\dfrac{z}{b}$	α_a	$\sigma_z = 4\alpha_a p_0$（kPa）	计算点	$\dfrac{l}{b}$	z（m）	$\dfrac{z}{b}$	α_a	$\sigma_z = 4\alpha_a p_0$（kPa）
1	2	0	0	0.250	210.3	5	2	8.4	2.8	0.800	67.7
2	2	1.8	0.6	0.232	195.9	6	2	10.8	3.6	0.056	47.1
3	2	3.6	1.2	0.182	153.0	7	2	13.2	4.4	0.041	34.2
4	2	6.0	2.0	0.120	101.1						

（6）计算各薄层自重应力的平均值、附加应力的平均值和总应力的平均值，见表6-4。

（7）计算各薄层的压缩量：e_{1i}和e_{2i}由各薄层的自重应力平均值和总应力平均值从图6-12中相应的压缩曲线中查得。计算结果列于表6-4中。

分层总和法计算基础的沉降量　　　　　　　表6-4

土名	点号	自重应力（kPa）	附加应力（kPa）	各层平均值 σ_{czi}（kPa）	各层平均值 σ_{zi}（kPa）	各层平均值 $\sigma_{czi} + \sigma_{zi}$（kPa）	e_{1i}	e_{2i}	$\dfrac{e_{1i} - e_{2i}}{1 + e_{1i}}$	h_i（cm）	Δs_i（cm）	E_{si}（MPa）
1	2	3	4	5	6	7 = 5 + 6	8	9	11	12	13 = 11 × 12	$14 = \dfrac{6}{11} \times 10^{-3}$
亚砂土	1	32.6	210.3	40.9	203.1	244.0	0.71	0.63	0.0468	180	8.42	4.34
	2	49.3	195.9	99.8	174.4	274.2	0.68	0.62	0.0357	180	6.43	4.89
	3′	150.3	153.0	172.7	127.0	299.7	0.86	0.85	0.0053	240	1.27	23.96
黏土	4	195	101.1	217.3	84.4	301.7	0.86	0.85	0.0053	240	1.27	15.92
	5	239.6	67.7	262.2	57.4	319.6	0.86	0.85	0.0053	240	1.27	10.83
	6	284.8	47.1	306.9	40.6	347.5	—	—	—			
	7	328.9	34.2									

（8）确定压缩层的计算深度 z_n。

由于点6处 $\dfrac{\sigma_z}{\sigma_{cz}} = \dfrac{47.1}{284.8} = 0.165 < 0.2$，故可以假设为压缩层下限，即压缩层的计算深度

$$z_n = 1.8 \times 2 + 2.4 \times 3 = 10.8\,(\text{m})$$

（9）确定沉降计算经验系数 m_s，计算基础的总沉降量。

整个压缩层的压缩模量按厚度的加权平均值计算，得到：

$$E_s = \frac{\sum\limits_{i=1}^{n} E_{si} h_i}{z_n} = \frac{(4.34 + 4.89) \times 1.8 + (23.96 + 15.92 + 10.83) \times 2.4}{10.8} = 12.81\,(\text{MPa})$$

由算得的 E_s 值并参照表 6-1 经内插得 $m_s = 0.48$,所以基础总沉降量为:

$$s = m_s \sum_{i=1}^{n} \frac{e_{1i} - e_{2i}}{1 + e_{1i}} h_i = 0.48 \times 18.66 = 8.96 (\text{cm})$$

(二)规范法

由于不同类型的建筑物有其自身的特殊性,因而各行业对其建筑物的沉降要求有所不同。计算方法虽都采用分层总和法,但往往采用不同表达形式和经验修正系数以计算总沉降量。现仅就《铁路桥涵地基和基础设计规范》(TB 10093—2017)对地基沉降计算的规定进行简要介绍。

基础由于其底面以下受压土层 z_n 压缩产生的总沉降量 S 可按式(6-13)计算。

$$S = m_s \sum_{i=1}^{n} \Delta S_i = m_s \sum_{i=1}^{n} \frac{\sigma_{z(0)}}{E_{si}} (z_i C_i - z_{i-1} C_{i-1}) \tag{6-13}$$

式中:S——基础的总沉降量,m;

n——基底以下地基沉降计算深度范围内按压缩模量划分的土层分层数目;

$\sigma_{z(0)}$——基础底面处的附加压应力,$\sigma_{z(0)} = \sigma_h - \gamma h$,kPa;

σ_h——基底压应力,kPa:当 $z/b > 1$ 时,σ_h 采用基底平均压应力;当 $z/b \leq 1$ 时,σ_h 采用基底压应力图形中距最大应力点 $b/4 \sim b/3$ 处的压应力;

b——基础的宽度,m;

γ——土的容重,kN/m³;

h——基底埋置深度,m:当基础受水流冲刷时,由一般冲刷线算起;当不受水流冲刷时,由天然地面算起,如位于挖方内,则由开挖后地面算起;

z——基底至计算土层顶面的距离,m;

$z_i、z_{i-1}$——基底至第 i 和第 $i-1$ 层底面的距离,m,地基沉降计算总深度 z_n 的确定应符合下列要求:$\Delta S_n \leq 0.025 \sum_{i=1}^{n} \Delta S_i$,当计算土层下部仍有较软土层时,应继续计算;

ΔS_i——计算深度范围内第 i 层土的沉降量;

ΔS_n——深度 z_n 处向上取厚度为 Δz(见表 6-5)的土层沉降值;

E_{si}——基础底面以下受压土层内第 i 层的压缩模量,kPa,根据压缩曲线按实际应力范围取值;

$C_i、C_{i-1}$——基础底面至第 i 层底面范围内和至第 $i-1$ 层底面范围内的平均附加应力系数(计算图如图 6-13 所示),可按《铁路桥涵地基和基础设计规范》(TB 10093—2017)附录 B 查得;

m_s——沉降经验修正系数,根据地区沉降观测资料及经验确定,无地区经验时按表 6-6 采用,对于软土地基,m_s 不应小于 1.3。

Δz 取值
表 6-5

基底宽度 b(m)	$b \leq 2$	$2 < b \leq 4$	$4 < b \leq 8$	$b > 8$
Δz(m)	0.3	0.6	0.8	1.0

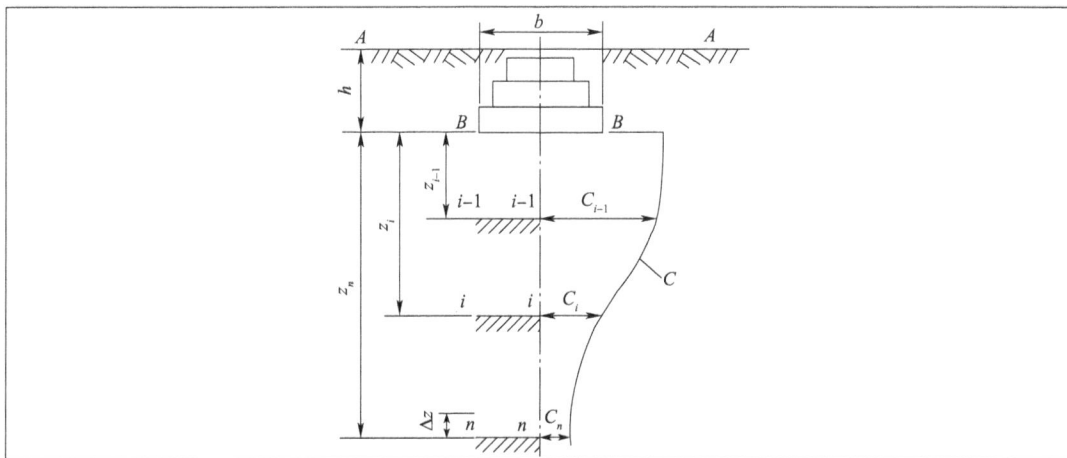

图 6-13 基础沉降计算图

A—A-天然地面；*i—i*-第 *i* 层底面；*B—B*-基础底面；*n—n*-第 *n* 层底面；(*i* − 1)—(*i* − 1)-第 *i* − 1 层底面；*C*-平均附加应力系数曲线

沉降经验正系数 m_s 表 6-6

基础底面处附加压应力 $\sigma_{z(0)}$ (kPa)	地基压缩模量当量值 $\overline{E}_s$ (kPa)				
	2500	4000	7000	15000	20000
$\sigma_{z(0)} \geq \sigma_0$	1.4	1.3	1.0	0.4	0.2
$\sigma_{z(0)} \leq 0.75\sigma_0$	1.1	1.0	0.7	0.4	0.2

注：1. $\overline{E}_s$ 为沉降计算总深度 z_n 内地基压缩模量的当量值，可按下式确定：

$$\overline{E}_s = \frac{\sum A_i}{\sum \dfrac{A_i}{E_{si}}}$$

式中：A_i——第 *i* 层土平均附加应力系数沿该土层厚度的积分值，即第 *i* 层土的平均附加应力系数面积。

2. $\sigma_{z(0)}$ 为基础底面处的附加压应力，$\sigma_{z(0)} = \sigma_h - \gamma h$，$\sigma_h$ 为基底压力，近似地取基底应力图形中距最大压应力为 $b/4 \sim b/3$ 处的压应力。

3. σ_0 为基底处地基基本承载力。

五、饱和土体的渗透固结

土的压缩量随时间增长的过程，称为土的固结。对于饱和土，在荷载作用下，土粒互相挤紧，孔隙水逐渐排出，引起孔隙体积减小，直到压缩稳定需要一定的时间，这一过程的快慢，取决于土的渗透性强弱，故称饱和土体的固结为渗透固结。地基的固结，也就是地基沉降的过程。无黏性土地基，由于渗透性强，压缩性差，地基沉降的时间短，一般在施工完成时，地基沉降可基本完成。而黏性土地基，特别是饱和黏性土地基，由于渗透性弱，压缩性强，地基沉降的时间长，地基沉降往往延续至完工后数年甚至数十年才能达到稳定。因此，对于建造在黏性土地基上的重要建筑物，常常需要了解地基沉降与时间的关系，以便考虑建筑

> **引导问题** 在外部力的作用下，地基中饱和土体里的固体土颗粒、水、气体会产生什么样的变化？有效应力是怎样产生的呢？怎样分析和计算饱和土体的渗透固结时间与固结度？

物有关部分的净空、连接方式、施工顺序和速度。

地基沉降与时间的关系常以饱和土体单向渗透固结理论为基础。下面就介绍饱和土体单向渗透固结理论,根据此理论分析地基沉降与时间关系的计算方法及应用。

(一)饱和土体的单向渗透固结模型

对于饱和土体来说,如果在荷载作用下,孔隙水只能沿着竖直方向渗流,土体的压缩也只能在竖直方向产生,那么,这种压缩过程就称为单向渗透固结。

饱和土体是由土粒构成的土骨架和充满于孔隙中的孔隙水两部分组成的。显然,外荷载在土中引起的附加应力 σ_z 是由孔隙水和土骨架来承担的,由孔隙水承担的压力,即附加应力作用在孔隙水中引起的应力称为孔隙水压力,用 u 表示,它高于原来承受的静水压力,故又称超静水压力。孔隙水压力和静水压力一样,是各个方向都相等的中性压力,不会使土骨架发生变形。由土骨架承担的压力,即附加应力作用在土骨架上引起的应力称为有效应力,用 σ' 表示,它能使土粒彼此挤紧,从而引起土的变形。在固结过程中,这两部分应力的比例不断变化,而这一过程中的任一时刻 t,根据平衡条件,有效应力 σ' 和孔隙水压力 u 之和总是等于作用在土中的外荷载引起的附加应力 σ_z,即 $\sigma_z = u + \sigma'$。

为了说明饱和土体的单向渗透固结过程,可用图 6-14 所示的弹簧-活塞模型。该模型是将饱和土体表示为一个有弹簧、活塞的充满水的容器。弹簧代表土骨架,容器内的水表示土中孔隙水,由容器中水承担的压力相当于孔隙水压力 u,由弹簧承担的压力相当于有效应力 σ'。在刚施加荷载的瞬间($t = 0$),孔隙水来不及排出,此时 $u = \sigma_z$,$\sigma' = 0$。其后($0 < t < \infty$)水从活塞小孔逐渐排出,u 逐渐降低并转化为 σ',此时,$\sigma_z = u + \sigma'$。最后($t = \infty$),由于水不再排出,孔隙水压力 $u = 0$,附加压力 σ_z 全部转移给弹簧即 $\sigma_z = \sigma'$,渗透固结完成。

由此可见,饱和土体的固结就是孔隙水压力 u 消散和有效应力 σ' 相应增长的过程。

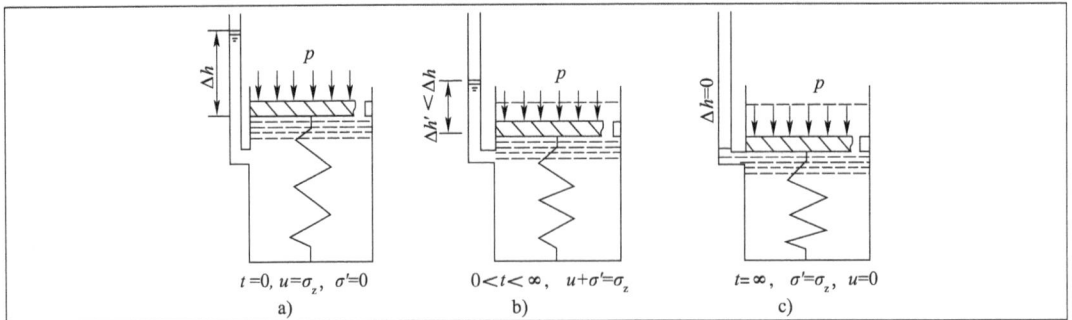

图 6-14 饱和土体的单向渗透固结模型

(二)饱和土体的单向渗透固结理论

1. 基本假设

饱和土体单向渗透固结理论的基本假设如下:

(1)地基土为均质、各向同性和完全饱和的。

(2)土的压缩完全由孔隙体积的减小引起,土粒和孔隙水均不可压缩。

(3)土的压缩与排水仅在竖直方向发生,侧向既不变形,也不排水。

（4）土中水的渗透符合达西定律，土的固结快慢取决于渗透系数的大小。

（5）在整个固结过程中，假定压缩系数 a 和渗透系数 k 为常数。

（6）荷载是连续均布的，并且是一次瞬时施加的。

2. 计算公式

饱和土体的固结过程就是孔隙水压力向有效应力转化的过程。图6-15表示一厚度为 H 的饱和黏性土层，顶面透水，底面不透水，孔隙水只能由下向上单向单面排出，土层顶面作用连续均布荷载 p，属于单向渗透固结情况。

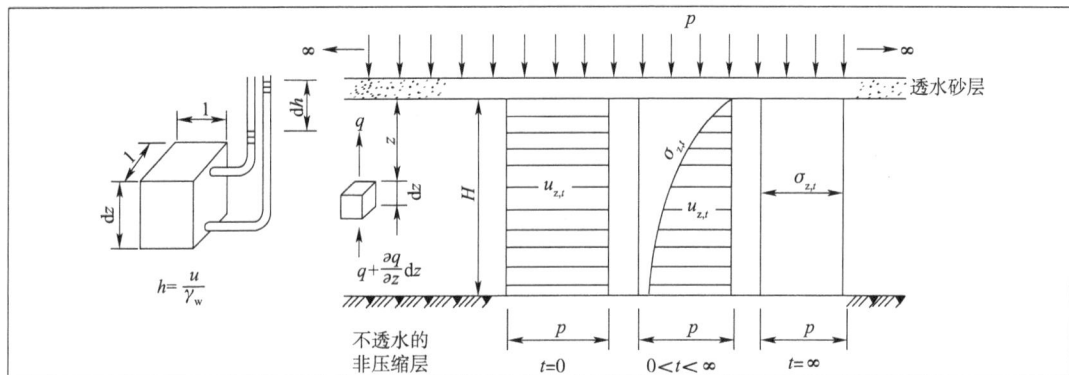

图6-15　饱和土体的固结过程

由于荷载 p 是连续均布的，土层中的附加应力 σ_z 将沿深度 H 均匀分布，且 $\sigma_z = p$。

根据公式推导（过程省略）可得到某一时刻 t，深度 z 处的孔隙水压力表达式如下：

$$u = \frac{4}{\pi}\sigma_z \sum_{m=1}^{\infty} \frac{1}{m}\sin\frac{m\pi z}{2H'}\mathrm{e}^{\frac{-m^2\pi^2}{4}T_v} \tag{6-14}$$

式中：m——正整数奇数（$1,3,5,\cdots$）；

　　　e——自然对数的底；

　　　H'——土层最大排水距离，单面排水为土层厚度 H，双面排水取 $H/2$；

　　　T_v——时间因数，$T_v = \dfrac{C_v t}{H'^2}$；

　　　C_v——固结系数，$C_v = \dfrac{k(1+e_1)}{a\gamma_w}$，$\mathrm{m^2/a}$；

　　　k——土的渗透系数，$\mathrm{m/a}$；

　　　a——土的压缩系数，$\mathrm{MPa^{-1}}$；

　　　e_1——土层固结前的初始孔隙比；

　　　γ_w——水的重度，取 $9.8\mathrm{kN/m^3}$。

3. 地基变形与时间的关系

根据式（6-14）所示的孔隙水压力 u 随时间 t 和深度 z 变化的函数解，即可求得地基在任一时间的固结度。地基在固结过程中任一时刻 t 的固结沉降量 s_t 与其最终沉降量 s 之比，称为地基在 t 时的固结度，用 U_t 表示，即

$$U_t = \frac{s_t}{s} \tag{6-15}$$

由于土体的压缩变形是由有效应力 σ' 引起的,因此,地基中任一深度 z 处,历时 t 后的固结度亦可表达为:

$$U_t = \frac{\sigma'}{\sigma_z} = \frac{\sigma_z - u}{\sigma_z} = 1 - \frac{u}{\sigma_z} \tag{6-16}$$

因为地基中各点应力不等,所以各点的固结度也不同,实践中用平均固结度 $\overline{U}_t$ 表示,即

$$\overline{U}_t = 1 - \frac{\int_0^H u\,\mathrm{d}z}{\int_0^H \sigma_z\,\mathrm{d}z} \tag{6-17}$$

对于图 6-15 所示的单面排水、附加应力均布的情况,地基的平均固结度经过推导可得

$$\overline{U}_t = 1 - \frac{8}{\pi^2}\left(\mathrm{e}^{-\frac{\pi^2}{4}T_v} + \frac{1}{9}\mathrm{e}^{-\frac{9\pi^2}{4}T_v} + \cdots\right) \tag{6-18}$$

式(6-18)括号内的级数收敛很快,实践中取第一项,即

$$\overline{U}_t = 1 - \frac{8}{\pi^2}\mathrm{e}^{-\frac{\pi^2}{4}T_v} \tag{6-19}$$

由式(6-19)可知,平均固结度 $\overline{U}_t$ 是时间因数 T_v 的函数,它与土中的附加应力分布情况有关,式(6-18)适用于附加应力均匀分布的情况,也适用于双面排水情况。对于地基为单面排水,且上、下附加应力不相等的情况,可由 $\alpha = \sigma_z'/\sigma_z''$($\sigma_z'$ 为透水面处的附加应力,σ_z'' 为不透水面处的附加应力,对于双面排水 $\alpha = 1$),查图 6-16 相应的曲线,得出固结度 U_t。

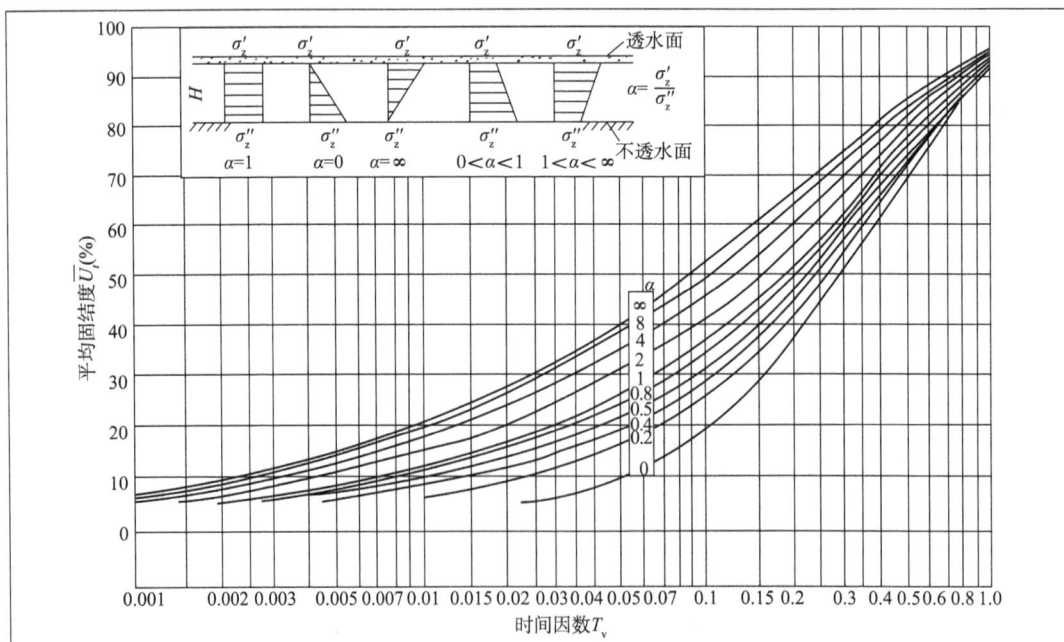

图 6-16 平均固结度 $\overline{U}_t$ 与时间因数 T_v 的关系曲线图

由时间因数 T_v 与平均固结度 $\overline{U}_t$ 的关系曲线(图 6-16)可解决以下两个问题:

（1）计算加荷后历时 t 的地基沉降量 s_t。对于此类问题，可先求出地基的最终沉降量 s，然后根据已知条件计算出土层的固结系数 C_v 和时间因数 T_v，由 $\alpha = \sigma'_z / \sigma''_z$ 及 T_v 查出固结度 U_t，最后用式（6-15）求出 s_t。

（2）计算地基沉降量达 s_t 时所需的时间 t。对于此类问题，也可先求出地基的最终沉降量 s，再由式（6-15）求出固结度 U_t，最后由 $\alpha = \sigma'_z / \sigma''_z$ 及 U_t 查出时间因数 T_v，并求出所需时间 t。

【例题 6-2】

如图 6-17 所示，某地基的饱和黏土层厚度为 8m，其顶部为薄砂层，底部为不透水的基岩层。基础中点 O 下的附加应力：在基底处为 240kPa，基岩顶面为 160kPa。黏土地基的初始孔隙比 $e_1 = 0.88$，最终孔隙比 $e_2 = 0.83$。渗透系数 $k = 0.6 \times 10^{-8}$ m/s。试求地基沉降量与时间的关系曲线。

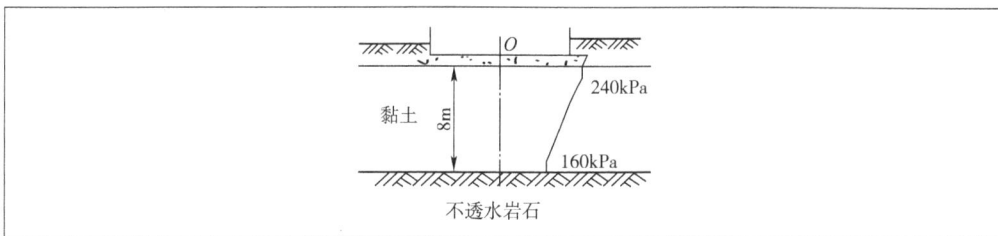

图 6-17 例题 6-2 图

【解】 （1）地基总沉降量估算：

$$s = \frac{e_1 - e_2}{1 + e_1} h = \frac{0.88 - 0.83}{1 + 0.88} \times 800 = 21.3 (\text{cm})$$

（2）计算附加应力比值 α：

$$\alpha = \frac{\sigma_1}{\sigma_2} = \frac{240}{160} = 1.50$$

（3）假定地基平均固结度 $\overline{U}_t$ 为 25%、50%、75%、90%。

（4）计算时间因数 T_v。

查图 6-16 平均固结度 $\overline{U}_t$ 与时间因数 T_v 的关系可得：T_v 为 0.04、0.175、0.45、0.84。

（5）计算相应的时间 t。

①地基土的压缩系数 a。

$$a = \frac{\Delta e}{\Delta \sigma} = \frac{e_1 - e_2}{\dfrac{0.24 + 0.16}{2}} = \frac{0.88 - 0.83}{0.20} = \frac{0.05}{0.20} = 0.25 (\text{MPa}^{-1})$$

②渗透系数换算：$k = 0.6 \times 10^{-8} \times 3.15 \times 10^7 = 0.19 (\text{cm/a})$。

③计算固结系数（式中引入量纲换算系数 0.1）：

$$C_v = \frac{k(1+\bar{e})}{0.1a\gamma_w} = \frac{0.19 \times \left(1 + \frac{0.88+0.83}{2}\right)}{0.1 \times 0.25 \times 0.001} = 14100(\text{cm}^2/\text{a})$$

④计算时间因数:

$$T_v = \frac{C_v t}{H^2} = \frac{14100t}{800^2} \Rightarrow t = \frac{640000}{14100}T_v = 45.4T_v$$

时间计算表见表6-7,地基沉降量与时间的关系曲线见图6-18。

时间计算表　　　　　　　　　　　　　　表6-7

平均固结度 $\bar{U}_t$(%)	附加应力比 α	时间因数 T_v	时间 t(a)	沉降量 $s_t = U_t s$(cm)
25	1.5	0.04	1.82	5.32
50	1.5	0.175	8.0	10.64
75	1.5	0.45	20.4	15.96
90	1.5	0.84	38.2	19.17

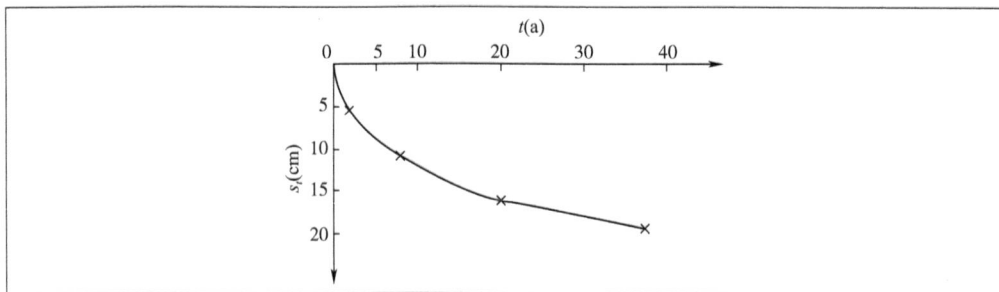

图6-18　地基沉降量与时间的关系曲线图

【例题6-3】

如图6-19所示,设饱和黏土层的厚度为10m,上、下均排水,地面上作用无限均布荷载 $p = 200$kPa,若土层的初始孔隙比 $e_1 = 0.8$,压缩系数 $a = 2.5 \times 10^{-4}$kPa^{-1},渗透系数 $k = 2.0$cm/a。

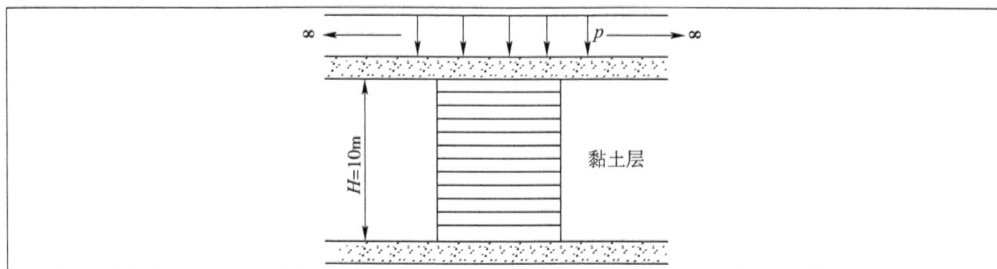

图6-19　例题6-3图

试求：

(1)加荷一年后，基础中心点的沉降量为多少？

(2)基础的沉降量达到20cm需要多长时间？

【解】 (1)地基最终沉降量估算。

$$s = \frac{a}{1 + e_1}\sigma_z H = \frac{2.5}{1 + 0.8} \times 10^{-4} \times 200 \times 1000 = 27.8(\text{cm})$$

(2)土层的固结系数。

$$C_v = \frac{k(1 + e)}{a\gamma_w} = \frac{2.0 \times (1 + 0.8)}{0.00025 \times 0.098} = 1.47 \times 10^5(\text{cm}^2/\text{a})$$

(3)加荷一年后基础中心点的沉降量。

时间因数： $$T_v = \frac{C_v t}{(H/2)^2} = \frac{1.47 \times 10^5}{500^2} = 0.588$$

根据T_v，查表6-8，得土层的平均固结度$\overline{U}_t = 0.81$，则加荷一年后的沉降量为：

$$s_t = \overline{U}_t \cdot s = 0.81 \times 27.8 = 22.5(\text{cm})$$

地基中附加应力上下均布时固结度U_t与相应的时间因数T_v 表6-8

固结度 U_t	0	0.1	0.2	0.3	0.4	0.5	0.6	0.7	0.8	0.9	1.0
时间因数 T_v	0	0.008	0.031	0.071	0.126	0.197	0.286	0.403	0.567	0.848	∞

(4)沉降20cm所需时间。

已知基础沉降量为$s_t = 20$cm，最终沉降量$s = 27.8$cm，则土层的平均固结度为：

$$\overline{U}_t = \frac{s_t}{s} = \frac{20}{27.8} = 0.72$$

根据U_t，查表6-8，得时间因数$T_v = 0.44$，则沉降量达到20cm所需的时间为：

$$t = \frac{T_v(H/2)^2}{C_v} = \frac{0.44 \times 500^2}{1.47 \times 10^5} = 0.75(\text{a})$$

技能训练工单及练习

工作任务单

一、工作任务

1.预习地基的沉降变形计算相关内容;

2.根据以下练习内容,归纳总结地基的沉降变形计算相关知识,填写表6-9(空白处没有内容的填无)。

信息表 表6-9

地基沉降确定方法	原理	优缺点	计算公式	沉降与时间的关系
分层总和法				
规范法				
现场载荷试验				

二、考核评价

评价表参见附录一。

练习

1.土的压缩变形过程为什么可视为土的孔隙比随压应力增加而逐渐减小的过程?

2.侧限压缩试验的成果可用哪两种形式的曲线来表示? 可以得到哪些压缩性指标?

3.什么是土的压缩系数? 它怎样反映土的压缩性? 一种土的压缩系数是否为常数? 压缩系数大小还与什么条件有关?

4.载荷试验有何优点? 在什么情况下应该做载荷试验?

5.试述饱和黏土地基沉降的3个阶段及其特点。

6.分层总和法计算地基沉降量的原理是什么? 为什么计算地基的厚度要规定 $h \leqslant 0.4b$? 试评价分层总和法计算地基沉降的优缺点。

7.何谓"超固结比"? 如何区分土体的固结状态?

8.在饱和土体的单向渗透固结过程中,土的有效应力和孔隙水压力是如何变化的?

9.简述地基沉降与时间关系计算方法、步骤。

10.某土样高2cm,面积100cm²,压缩试验结果如表6-10所示,试求荷载为100~200kPa 时的压缩系数和压缩指数。

压缩试验结果 表6-10

$p(kPa)$	0	50	100	200	300	400
e	1.406	1.250	1.120	0.990	0.910	0.850

11.某钻孔土样的压缩试验记录如表6-11所示,试绘制压缩曲线并计算各土层的 α_{1-2} 及相应的压缩模量 E_s,评定各土层的压缩性。

土样的压缩试验记录   表6-11

压应力 p(kPa)		0	50	100	200	300	400
孔隙比 e	1号土样	0.982	0.964	0.952	0.936	0.924	0.919
	2号土样	1.190	1.065	0.995	0.905	0.850	0.810

12. 一饱和黏土试样在压缩仪中进行压缩试验,该土样原始高度为 20mm,面积为 30cm², 土样与环刀总重为 1.756N, 环刀重 0.586N。当荷载由 $p_1 = 100$kPa 增加至 $p_2 = 200$kPa 时,在 24h 内土样的高度由 19.31mm 减少至 18.76mm。试验结束后烘干土样,称得干土重为0.910N。求土样的初始孔隙比 e_0。

13. 某土样的比重 $G_s = 2.8$, 天然重度 $\gamma = 19.8$kN/m³, 含水率 $w = 20\%$, 取该土样进行固结试验,环刀的高度 $h_0 = 2.0$cm。当施加压力 $p_1 = 100$kPa 时,测得其稳定的压缩量 $\Delta s_1 = 0.80$mm; $p_2 = 200$kPa 时, $\Delta s_2 = 0.95$mm。试求其相应的孔隙比 e_0、e_1、e_2 和压缩系数 a_{1-2} 及压缩模量 E_{s1-2}, 并评价该土的压缩性。

14. 某柱基底面尺寸为 4.0m×4.0m, 基础埋置深度 $d = 2.0$m。上部结构传至基础顶面中心荷载 $N = 4720$kN。地基分层情况如下:表层为细砂, $\gamma_1 = 17.5$kN/m³, $E_{s1} = 8.0$MPa, 厚度 $h_1 = 6.00$m; 第二层为粉质黏土, $E_{s2} = 3.33$MPa, 厚度 $h_2 = 3.00$m; 第三层为碎石, 厚度 $h_3 = 4.50$m, $E_{s3} = 22$MPa。用分层总和法计算粉质黏土层的沉降量。

15. 某工程采用箱形基础,基础底面尺寸 $b \times l = 10.0$m×10.0m, 基础高度 $h = d = 6.0$m, 基础顶面与地面平齐,地下水位深 2.0m, 基础顶面中心荷载 $N = 8000$kN, 基础自重 $G = 3600$kN, 其他条件如图 6-20 所示,估算此基础的沉降量。

16. 设厚度为 10m 的黏土层的边界条件如图 6-21 所示,上下层面处均为排水砂层,地面上作用着无限均布荷载 $p = 196.2$kPa, 已知黏土层的孔隙比 $e = 0.9$, 渗透系数 $k = 6.3 \times 10^{-8}$cm/s, 压缩系数 $a = 0.025 \times 10^{-2}$kPa⁻¹。(1) 荷载加上一年后,地基沉降量是多少厘米?(2) 加荷后历时多久,黏土层的固结度达到 90%?

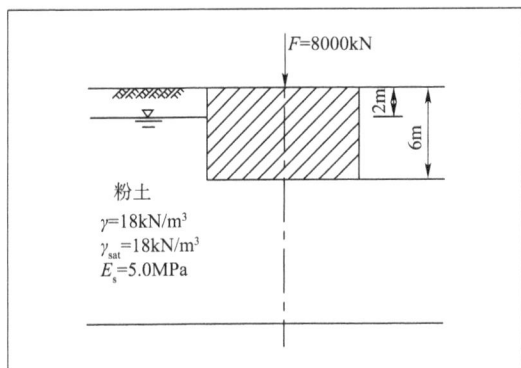

图6-20 练习15图

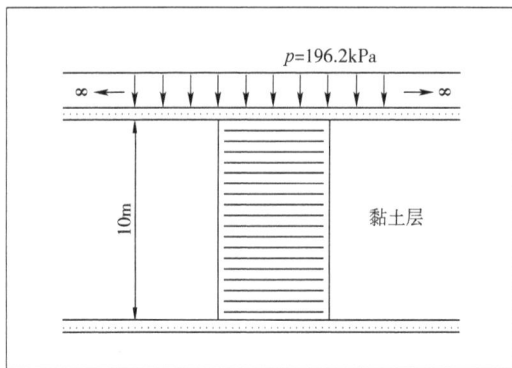

图6-21 练习16图

17. 若有一黏性土层,厚为 10m, 上、下两面均可排水。现从黏土层中心取样后切取一厚 2cm 的试样,放入固结仪做试验(上、下均有透水面), 在某一级固结压力作用下,测得其固结度达到80%时所需的时间为10min,问:该黏土层在同样固结压力作用下达到同一固结度所需的时间为多少?若黏性土层改为单面排水,所需时间又为多少?

18.厚度为8m的黏土层,上下层面均为排水砂层,已知黏土层孔隙比 $e_0 = 0.8$,压缩系数 $a = 0.25 \text{MPa}^{-1}$,渗透系数 $k = 6.3 \times 10^{-8} \text{cm/s}$,地表瞬时施加一无限均布荷载 $p = 180 \text{kPa}$。分别求出加荷半年后地基的沉降量和黏土层达到50%固结度所需的时间。

学习情境三

土的抗剪强度与地基土承载力的确定

任务七

土的抗剪强度与测定方法

▌▌ 任务描述 ▌▌

　　通过本任务相关知识的学习并结合在线课程资源及相关资料，完成土的直接剪切试验，并学会对试验结果进行处理。通过线上线下学习，完成本任务技能训练工单及练习，遇到困难学习小组互相帮助。

▌▌ 任务要求 ▌▌

　　（1）根据班级人数分组，一般6~8人/组；

　　（2）以组为单位，各组员按分工完成任务，组长负责检查并统计各成员任务结果，做好记录以供集体讨论；

　　（3）全组共同完成所有任务，组长负责成果的记录与整理，按任务要求上交报告，以供老师批阅。

▌▌ 学习目标 ▌▌

知识目标：

理解抗剪强度的定义、影响抗剪强度的因素；

能够描述土的剪切变形特点、土的强度理论及强度指标，三种直接剪切试验方法；

能分析判断土中应力的极限平衡条件,解释三轴压缩试验原理；掌握莫尔–库仑破坏理论和土的强度指标的测定方法。

能力目标：

熟练应用直剪仪测定土的抗剪强度指标c、φ,并能根据建筑物的施工速度和地基土的工程特性正确选择试验排水方式。

▌▌ 学习重点 ▌▌

土的剪切变形特点;土的强度理论及强度指标;三种直接剪切试验方法;土中应力的极限平衡条件;直接剪切试验及整理试验结果。

▌▌ 学习难点 ▌▌

极限平衡条件判断土体的平衡状态;直接剪切试验数据的处理;三轴压缩试验原理。

一、抗剪强度与莫尔-库仑破坏理论

(一)抗剪强度

土的抗剪强度是指土体抵抗剪切破坏的极限能力,其大小等于剪切破坏时滑动面上的剪应力。土的抗剪强度又称为土的强度,它是土的主要力学性质之一。土体在外荷载作用下,不仅会产生压缩变形,还会产生剪切变形。剪切变形的不断发展,会使土体塑性变形区扩展成一个连续的滑动面,土体之间产生相对滑动,使得建筑物整体失去稳定,即土体产生破坏。土体达到剪切破坏状态,首先取决于其自身的基本性质,即土的组成、土的状态和土的结构,而这些性质不仅与土的形成环境和应力历史等因素有关,还与所受的应力组合密切相关。考虑破坏时不同的应力组合关系,就构成不同的破坏准则。土的破坏准则是一个十分复杂的问题,它是多年来近代土力学研究的重要课题之一,目前尚无十分完满的适用于土的破坏准则。

引导问题 土体在应力的作用下,会有哪些变化?土体的抗剪强度与剪切应力之间的关系如何?抗剪强度与莫尔-库仑破坏理论有何关系?

在实际工程中,与土的抗剪强度有关的工程问题主要有以下三个方面:第一,土坡稳定性的问题,包括土坝、路堤等人工填方土坡和山坡、河岸等天然土坡以及挖方边坡等的稳定性问题,如图7-1a)所示;第二,土压力问题,包括挡土墙、地下结构物等周围的土体对其产生的侧向压力可能导致这些构造物发生滑动或倾覆,如图7-1b)所示;第三,地基的承载力问题,若外荷载很大,基础下地基中的塑性变形区将扩展成一个连续的滑动面,使得建筑物整体丧失稳定性,如图7-1c)所示。

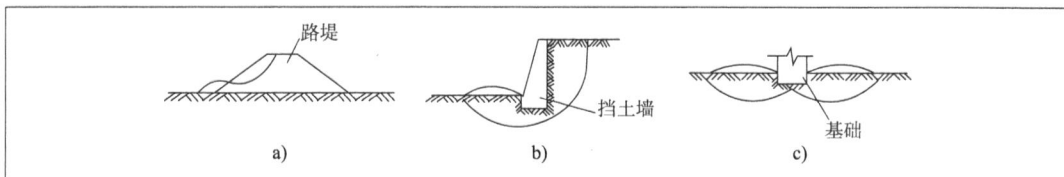

图7-1 与土的抗剪强度有关的工程问题

(二)莫尔-库仑破坏理论

莫尔(Mohr)强度理论认为材料受荷载产生的破坏是剪切破坏,即在破裂面上的剪应力 τ_f 是法向应力 σ 的函数:

$$\tau_f = f(\sigma) \tag{7-1}$$

由此函数关系确定的曲线称为莫尔破坏包络线,如图7-2所示。如果代表土任意点某一个面上的法向应力 σ 和剪应力 τ 的点落在莫尔破坏包络线下面,如图7-2中 A 点,则表明在该法向应力 σ 下,该面上的剪应力 $\tau < \tau_f$,土体不会沿该面发生剪切破坏。假如代表应力状态下的点落在曲线以上的区域,如 C 点,则表明土体已经破坏。而实际上这种应力状态是不会存在的,因为剪应力增加到抗剪强度值时,就不可能再继续增大了。当点正好落在莫尔破坏包络线上时,如 B 点,表明土中通过该点的一个面上的剪应力等于抗剪强度,土中这一点将近于破坏状态,或称为极限平衡状态。

1766 年,法国科学家库仑(Coulomb)提出了土的抗剪强度 τ_f 与作用在该剪切面上的法向应力 σ 的关系为:

$$\tau_f = c + \sigma \cdot \tan\varphi \qquad (7-2)$$

式中:τ_f——剪切破裂面上的剪应力,即土的抗剪强度,kPa;

　　　σ——作用在剪切破裂面上的法向应力,kPa;

　　　c——土的黏聚力,kPa,对于无黏性土,$c=0$;

　　　φ——土的内摩擦角,(°)。

想一想 为什么说土的强度实质就是抗剪强度?

式(7-2)称为莫尔-库仑定律(图7-3),式中 c 和 φ 是反映土体抗剪强度的两个指标,称为抗剪强度指标。对于同一种土,在相同的试验条件下这两个指标为常数,但是若试验方法不同,则会有很大的差异。

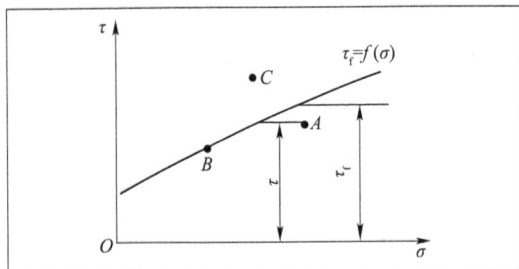

图7-2　莫尔-库仑破坏

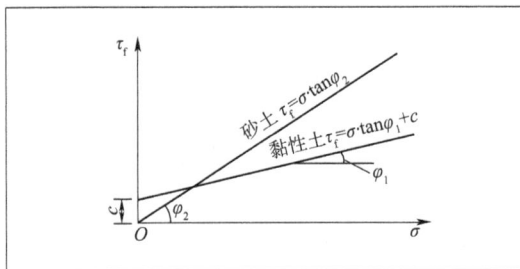

图7-3　莫尔-库仑定律示意图

近代土力学中,人们认识到只有有效应力的作用才能引起抗剪强度的变化,因此将上述莫尔-库仑定律又改写为:

$$\tau_f = c' + \sigma' \cdot \tan\varphi'$$

式中:σ'——剪切破裂面上的有效法向应力,kPa;

　　　c'——土的有效黏聚力,kPa;

　　　φ'——土的有效内摩擦角,(°)。

c' 和 φ' 称为土的有效抗剪强度指标,对于同一种土,其值理论上与试验方法无关,应接近常数。

试验证明,在应力变化范围不是很大的情况下,莫尔破坏包络线可以用莫尔-库仑定律来表示,即土的抗剪强度与法向应力呈线性关系。实际上,莫尔-库仑定律是莫尔强度理论的特例,即

$$\tau_f = f(\sigma) = c + \sigma \cdot \tan\varphi$$

这种以莫尔-库仑定律来表示莫尔破坏包络线的理论被称为莫尔-库仑破坏理论。

二、土的强度理论——极限平衡条件

由材料力学双向应力状态的分析原理可知:物体在外荷载作用下,内部各点任意方向平面上一般都作用有两个应力分量,即正应力 σ 和剪应力 τ,平面方位变化,σ、τ 也随之发生变化,但总能找到两个相互垂直的面,这两个面上的剪应力为零,其正应力称为主应力,分别用 σ_1

引导问题 土体的抗剪强度直线与莫尔应力圆有哪几种关系? 有哪几种结论?

和 σ_3 表示,而这两个面则称为主应力面。若已知土中某点的主应力面位置和主应力大小,如图 7-4 所示,则通过该点任意平面 $m—n$ 上的 σ、τ,可根据静力平衡条件得到。

图 7-4 某点主应力面

$$\sigma = \frac{1}{2}(\sigma_1 + \sigma_3) + \frac{1}{2}(\sigma_1 - \sigma_3)\cos2\alpha$$

$$\tau = \frac{1}{2}(\sigma_1 - \sigma_3)\sin2\alpha \tag{7-3}$$

式中:α——任意平面 $m—n$ 与最大主应力面间的夹角,(°)。

任意点的应力状态可用应力圆表示,如图 7-5 中 M 点的坐标,即代表图 7-4 中斜面上的应力。也就是说,当已知土中某点的主应力值时,可以画出应力圆,而该点任意方向平面上的应力值(包括正应力和剪应力),都可从这个应力圆上找到。

二维码

库仑定律与土的
极限平衡条件

根据土的强度条件,土中某点只要有任何一个方向平面上的剪应力达到土的抗剪强度,即说明该点已处于极限平衡状态。因此,可把土的抗剪强度线与反映土中某点应力状态的应力圆画在同一坐标系下,如图 7-6 和图 7-7 所示。这样某点的应力状态将会出现下述三种情况:

二维码

土的极限平衡条件

(1)抗剪强度线与应力圆相离。这说明该点任意方向平面上的剪应力均小于对应的抗剪强度($\tau < \tau_f$)。因此,该点的强度是足够的,土体中这一点处于弹性平衡状态。

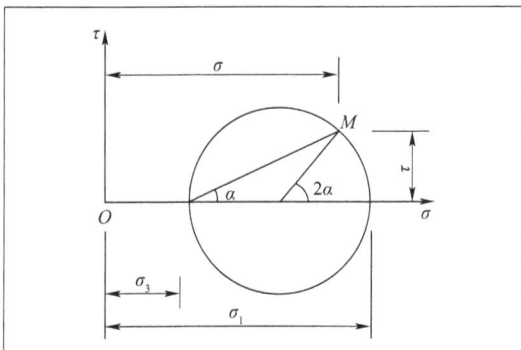

图 7-5 应力圆

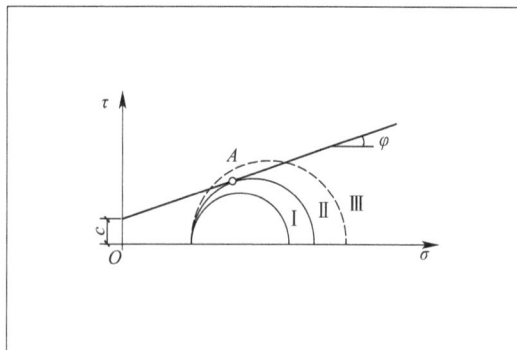

图 7-6 莫尔破坏包络线与应力圆

(2)抗剪强度线与应力圆相割。这表示该点已有一部分平面上的剪应力达到或超过了土的抗剪强度($\tau \geqslant \tau_f$),即土体已经发生破坏(但土中剪应力不可能超过抗剪强度,因为抗剪强度等于土体被剪坏时的极限剪应力值,所以抗剪强度线与应力圆相割的情况实际上不存在)。

(3)抗剪强度线与应力圆相切于 Q 点[图 7-7a)]。这意味着对应于 Q 点的平面 $m—n$[图 7-7b)]上剪应力已等于土的抗剪强度,可见该点应力已处于极限平衡状态,$m—n$ 面是最危险的滑裂面。

由此可以认定:图中某点处于极限平衡状态时,抗剪强度线应与应力圆相切。利用两者相切的几何关系,从图 7-7a)中可以得出以下关系:

$$\sin\varphi = \frac{\overline{aQ}}{\overline{aO'}}$$

$$\overline{aQ} = \frac{\sigma_1 - \sigma_3}{2}$$

$$\overline{aO'} = \frac{c}{\tan\varphi} + \frac{\sigma_1 + \sigma_3}{2}$$

$$\sin\varphi = \frac{\dfrac{\sigma_1 - \sigma_3}{2}}{\dfrac{c}{\tan\varphi} + \dfrac{\sigma_1 + \sigma_3}{2}}$$

$$= \frac{\sigma_1 - \sigma_3}{\sigma_1 + \sigma_3 + \dfrac{2c}{\tan\varphi}}$$

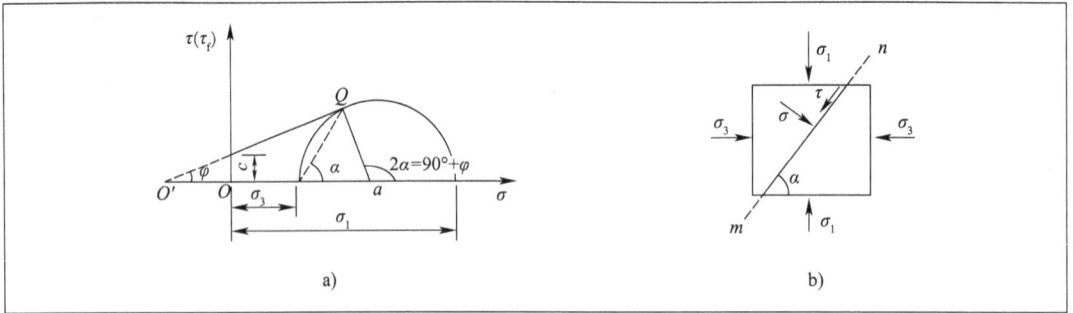

图7-7 莫尔破坏包络线与应力圆相切

对上式进行数学变换后,可得处于极限平衡状态下的主应力与抗剪强度指标间的关系如下:

$$\sigma_1 = \sigma_3 \tan^2\left(45° + \frac{\varphi}{2}\right) + 2c\tan\left(45° + \frac{\varphi}{2}\right) \tag{7-4a}$$

$$\sigma_3 = \sigma_1 \tan^2\left(45° - \frac{\varphi}{2}\right) - 2c\tan\left(45° - \frac{\varphi}{2}\right) \tag{7-4b}$$

也就是说,当土的黏聚力 c 和内摩擦角 φ 已知,而土中某点的主应力符合式(7-4a)或式(7-4b)时,该点必处于极限平衡状态,也即该点必有一个平面上的剪应力等于土的抗剪强度,该平面即最危险剪裂面。最危险剪裂面与最大主应力面的夹角为 α,又从应力圆可知 $2\alpha = 90° + \varphi$,所以

$$\alpha = 45° + \frac{\varphi}{2} \tag{7-5}$$

这两个结论很重要,后面讨论挡土墙土压力时也将用到。

这样,对于地基中的任意点,可以先根据荷载作用情况,求出其应力 σ_z、σ_x 和 τ,再利用材料力学公式求得主应力 σ_1 和 σ_3 及主应力面的位置(具体公式可参见材料力学相关教材)。在已知土的 c、φ 的情况下,根据 σ_1、σ_3 是否符合式(7-4),就能判断该点是否处于极限平衡状态。若按 σ_1 和 σ_3 值绘出应力圆,并画出抗剪强度线,则可以很方便地判断出该点的应力状态。

【例题 7-1】

某土样 $\varphi = 24°$,$c = 20\text{kPa}$,承受大小主应力分别为 $\sigma_1 = 500\text{kPa}$,$\sigma_3 = 200\text{kPa}$,试判断该土样是否达到极限平衡状态。

【解】 已知最小主应力 $\sigma_3 = 200\text{kPa}$,将已知数据代入式(7-4a),得最大主应力的计算值为:

$$\sigma_{1f} = \sigma_3 \tan^2\left(45° + \frac{\varphi}{2}\right) + 2c\tan\left(45° + \frac{\varphi}{2}\right)$$

$$= 200 \times \tan^2 57° + 2 \times 20 \times \tan 57°$$

$$= 474.2 + 61.6 = 535.8 (\text{kPa})$$

σ_{1f} 的计算结果大于已知值,所以该土样处于弹性平衡状态。

上题也可用式(7-4b)计算。

如果用图解法,则会得莫尔应力圆与抗剪强度线相离的结果。

三、土的抗剪强度指标的测定方法

抗剪强度指标 c、φ,是土体的重要力学性质指标,正确测定和选择土的抗剪强度指标是土工计算中十分重要的问题。

土体的抗剪强度指标是通过土工试验确定的。室内试验常用的方法有直接剪切试验、三轴压缩试验;现场原位测试的方法有十字板剪切试验和大型直剪试验。

> **引导问题** 土的强度指标有哪些?在哪几种环境条件下分别使用哪几种测定方法来模拟施工现场环境?

二维码

直接剪切试验

二维码

土的抗剪强度

(一)直接剪切试验

1.试验仪器与基本原理

直接剪切试验所使用的仪器称为直剪仪。按加荷方式的不同,直剪仪可分为应变控制式和应力控制式两种。前者是以等速水平推动试样产生位移并测定相应的剪应力;后者则是对试样分级施加水平剪应力,同时测定相应的位移。目前常用的是应变控制式直剪仪(图 7-8)。

相关试验步骤参见《土工试验方法标准》(GB/T 50123—2019)第 21 章。

将试验结果绘制成剪应力 τ 和剪切位移 Δl 的关系曲线(图 7-9)。一般来说,将曲线的峰值作为该级法向应力下相应的抗剪强度 τ_f。

变换几种法向应力 σ 的大小,测出相应的抗剪强度 τ_f。在 $\sigma\text{-}\tau_f$ 坐标系上,绘制曲线,即为土的抗剪强度曲线,也就是莫尔-库仑破坏包络线,如图 7-10 所示。

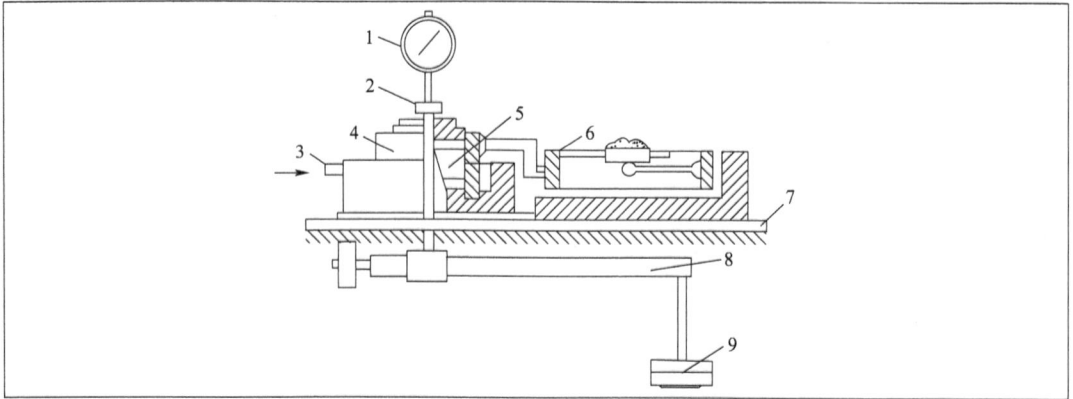

图7-8 应变控制式直剪仪结构示意图[图片摘自《土工试验方法标准》(GB/T 50123—2019)]

1-垂直变形百分表;2-垂直加压框架;3-推动座;4-剪切盒;5-试样;6-测力计;7-台板;8-杠杆;9-砝码

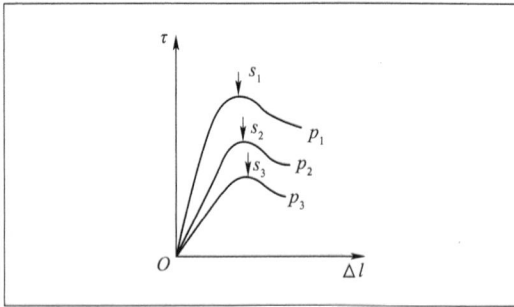

图7-9 剪应力与剪切位移关系曲线

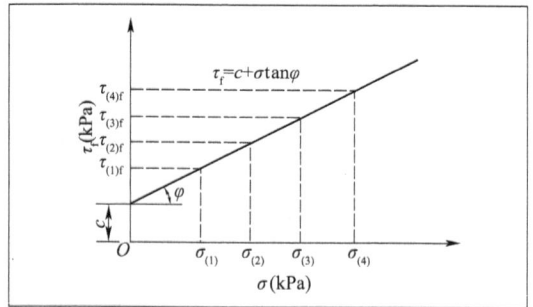

图7-10 抗剪强度与法向应力关系曲线

2.试验方法分类

为了在直接剪切试验中能尽量考虑实际工程中存在的不同固结排水条件,通常采用不同加荷速率的试验方法来近似模拟土体在受剪时的不同排水条件,由此产生了三种不同的直接剪切试验方法,即快剪、固结快剪和慢剪。

(1)快剪。快剪试验是在土样上下两面均贴以蜡纸,在施加法向压力后即施加水平剪力,使土样在 $3 \sim 5min$ 内剪坏,剪切速率较快,得到的抗剪强度指标用 c_q、φ_q 表示。

(2)固结快剪。固结快剪试验是在法向压力作用下使土样完全固结,然后很快施加水平剪力,使土样在剪切过程中来不及排水,得到的抗剪强度指标用 c_{cq}、φ_{cq} 表示。

(3)慢剪。慢剪试验是先让土样在竖向压力下充分固结,再慢慢施加水平剪力,直至土样发生剪切破坏,整个剪切过程中试样一直充分排水和产生体积变形,得到的抗剪强度指标用 c_s、φ_s 表示。

3.试验优缺点和适用范围

直接剪切试验是测定土的抗剪强度指标常用的一种试验方法。

它的优点是仪器设备简单、操作方便等。

它的缺点主要包括:

(1)剪切面限定在上下盒之间的平面,而不是沿土样最薄弱的面;

(2)剪切面上剪应力分布不均匀;

（3）在剪切过程中，土样剪切面逐渐缩小，而在计算抗剪强度时仍按土样的原截面面积计算；

（4）试验时不能严格控制排水条件，并且不能量测孔隙水压力。

直接剪切试验适用于二、三级建筑的可塑状态黏性土与饱和度不大于0.5的粉质土。

（二）三轴压缩试验

1.试验仪器与基本原理

三轴仪（也称三轴压缩仪）如图7-11所示。

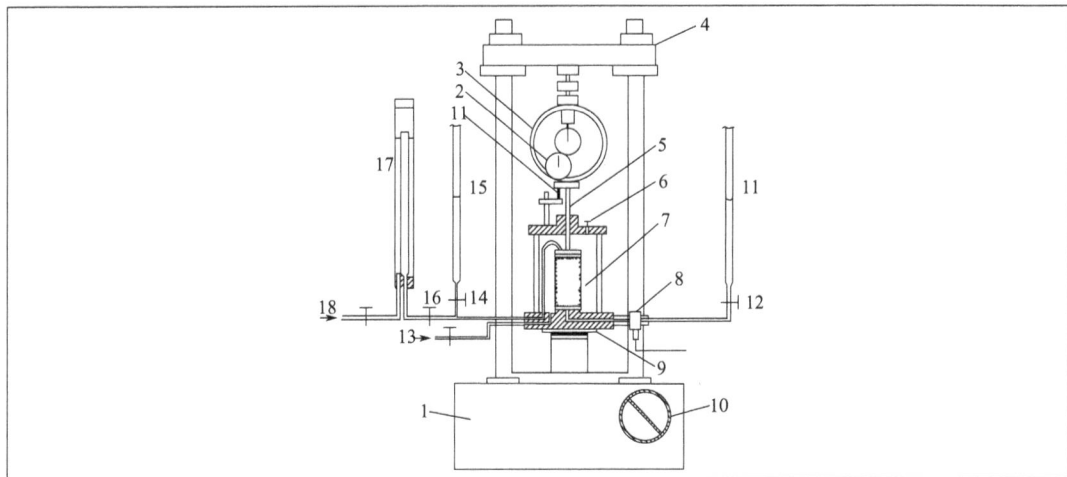

图7-11　三轴仪示意图［图片摘自《土工试验方法标准》（GB/T 50123—2019）］

1-试验机；2-轴向位移计；3-轴向测力计；4-试验机横梁；5-活塞；6-排气孔；7-压力室；8-孔隙压力传感器；9-升降台；10-手轮；11-排水管；12、14-排水管阀；13-周围压力；15-量水管；16-体变管阀；17-体变管；18-反压力

将柱体土样用乳胶膜包裹，固定在压力室内的底座上。先向压力室内注入液体（一般为水），使试样受到周围压力 σ_3 作用，并使 σ_3 在试验过程中保持不变，然后在压力室上端的活塞杆上施加垂直压力直至土样受剪破坏。

设土样破坏时由活塞杆加在土样上的垂直压力为 $\Delta\sigma_3$，则土样上的最大主应力为 $\sigma_{1f} = \sigma_3 + \Delta\sigma_3$，而最小主应力为 σ_{3f}。由 σ_{1f} 和 σ_{3f} 可绘制出一个莫尔应力圆。试验时，用同一种土制成 3~4 个土样，按上述方法进行试验，对每个土样施加不同的周围压力 σ_3，可分别求得剪切破坏时对应的最大主应力 σ_{1f}，将这些结果绘成一组莫尔应力圆。根据土的极限平衡条件可知，通过这些莫尔应力圆的切点的直线就是土的抗剪强度线，由此可得抗剪强度指标 c、φ 值（图7-12）。

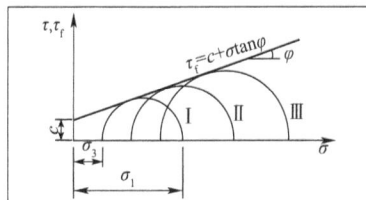

图7-12　三轴压缩试验莫尔破坏包络线

2.试验方法分类

按剪切前的固结程度和剪切过程中的排水条件，三轴压缩试验可分为三种类型：

1）不固结不排水试验（UU）

试验过程由始至终关闭排水阀门，土样在剪切破坏时不能将土中的孔隙水排出。土样在加压和剪切过程中，含水率始终保持不变，得到的抗剪强度指标用 c_u、φ_u 表示。

2）固结不排水试验（CU 或 $\overline{CU}$）

先对土样施加周围压力，开启排水阀门，让土样中的水排入排水管中，直至排水终止，土样完全固结。然后关闭排水阀门，施加竖向压力 σ_3，使土样在不排水条件下发生剪切破坏，得到的抗剪强度指标用 c_{cu}、φ_{cu} 表示。

3）固结排水试验（CD）

在固结过程和 $\Delta\sigma$ 的施加过程中，将排水阀门开启，让土样充分排水，使土样中不产生孔隙水压力，故施加的应力就是作用于土样上的有效应力，得到的抗剪强度指标用 c_{cd}、φ_{cd} 表示。

3.试验优缺点和适用范围

优点：

（1）UU 试验可严格控制排水条件；

（2）CU 试验可量测孔隙水压力；

（3）CD 试验破裂面在最软弱处。

缺点：

试验比较复杂。

三轴压缩试验适用于测定细粒土及砂类土的总抗剪强度参数及有效抗剪强度参数。

（三）无侧限抗压强度试验

无侧限抗压强度试验是周围压力 $\sigma_3=0$（无侧限）的一种特殊三轴压缩试验，又称单轴试验。该试验多在应变控制式无侧限压缩仪上进行，其示意图如图 7-13 所示。

试验时，在不加任何侧向压力的情况下，对圆柱体试样施加轴向压力，直至试样发生受压破坏为止。试样破坏时的轴向压力以 q_u 表示，称为无侧限抗压强度。

对于饱和软黏土，可以认为 $\varphi=0$，此时其抗剪强度线与 σ 轴平行，且有 $c_{cu}=q_u/2$。

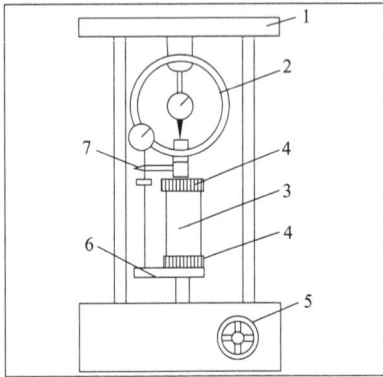

图 7-13 应变控制式无侧限压缩仪示意图
[图片摘自《土工试验方法标准》
（GB/T 50123—2019）]
1-轴向加压架；2-轴向测力计；3-试样；4-传压板；5-手轮或电动转轮；6-升降板；7-轴向位移计

（四）十字板剪切试验

十字板剪切试验是一种土的抗剪强度的原位测试方法，适合在现场测定饱和软黏土的原位不排水抗剪强度。十字板剪切试验采用的试验设备主要是十字板剪力仪。

试验时，先将十字板压入土中至测试的深度，然后由地面上的扭力装置对钻杆施加力矩，使埋在土中的十字板扭转，直至土体发生剪切破坏（破坏面为十字板旋转所形成的圆柱面）。

（五）饱和黏性土剪切试验方法的选择

根据排水条件，室内抗剪强度试验有以下三种方法：

（1）不固结不排水剪（或称快剪），这种试验方法在整个剪切试验过程中都不让土样排水固结。

（2）固结不排水剪（或称固结快剪），即在周围压力（或法向压力）作用下使土样完全固结，而在土样的剪切至破坏的过程中不（或来不及）排水。

（3）固结排水剪（或称慢剪），这种试验方法是使水充分排出，始终保持 $u=0$。

在实际工程中，要根据地基土的实际受力情况和排水条件选用合适的试验方法。如果施工周期短，结构荷载增长速率较快，验算施工结束时的地基短期承载力时，采用固结不排水剪，以保证工程的安全。对于施工周期较长，结构荷载增长速率较慢的工程，宜根据建筑物的荷载及预压荷载作用下地基的固结程度，采用固结不排水剪。

技能训练工单及练习 ▷

工作任务单

一、工作任务

参考以下练习题,根据土工剪切试验提供的土样资料,进行土的直接剪切试验操作,并对试验结果进行处理,确定土样的内摩擦角 φ 和黏聚力 c。

二、考核任务

考核评价(评价表参见附录一)。

练习

1. 与钢材、混凝土等材料相比,土的抗剪强度有何特点?同一种土的抗剪强度值是否为一定值?为什么?

2. 土的抗剪强度的来源有哪些?影响土的抗剪强度的因素有哪些?

3. 什么是土的极限平衡状态?如何表达?土中某点处于极限平衡状态时,其应力圆与抗剪强度线的关系如何?切线面方向如何?

4. 土的抗剪强度指标 c、φ 值是否为常数?与哪些因素有关?剪切试验方法有哪几种?其试验结果有何区别?主要原因是什么?

5. 已知土的 $c=80\text{kPa}$,$\varphi=20°$,土中某斜面上的斜应力 $p=120\text{kPa}$,当 p 的方向与该平面成 $\theta=35°$ 时,该平面是否会产生剪切破坏?

6. 某地基土的内摩擦角 $\varphi=20°$,黏聚力 $c=25\text{kPa}$,土中某点的最大主应力为 250kPa,最小主应力为 100kPa,试判断该点的应力状态。

任务八

地基土承载力的确定

‖‖ 任务描述 ‖‖

通过本任务相关知识的学习并结合在线课程资源及相关资料，完成地基土承载力的确定工单。通过线上线下学习，完成本任务技能训练工单及练习，遇到困难学习小组互相帮助。

‖‖ 任务要求 ‖‖

（1）根据班级人数分组，一般6~8人/组；

（2）以组为单位，各组员按分工完成任务，组长负责检查并统计各成员的调查结果，做好记录以供集体讨论；

（3）全组共同完成所有任务，组长负责成果的记录与整理，按任务要求上交报告，以供教师批阅。

‖‖ 学习目标 ‖‖

知识目标：

掌握地基破坏基本模式和影响因素；

掌握载荷试验和规范法确定地基承载力容许值的方法。

能力目标：

能够应用载荷试验和规范法确定地基承载力容许值。

‖‖ 学习重点 ‖‖

不同地基土的破坏模式；采用载荷试验和规范法确定地基承载力容许值。

‖‖ 学习难点 ‖‖

应用载荷试验确定地基承载力容许值；应用规范法确定地基承载力容许值。

一、地基的破坏模式

1.整体剪切破坏

整体剪切破坏的特征是,当基础上荷载较小时,基础下形成一个三角形压密区Ⅰ[图8-1a)],随同基础压入土中,这时土体发生弹性变形。随着荷载增加,压密区Ⅰ向两侧挤压,土中出现塑性区,塑性区一般先在基础边缘产生,然后逐渐扩大形成图8-1a)中的Ⅱ、Ⅲ塑性区。在荷载达到最大值后,土中形成连续滑动面,并延伸到地面,土从基础两侧挤出并隆起,基础沉降量急剧增加,整个地基失稳破坏,破坏明显。

引导问题 回想一下:什么是地基?在荷载作用下,建筑物地基承载力不足会产生什么现象?地基的破坏模式有哪几种?

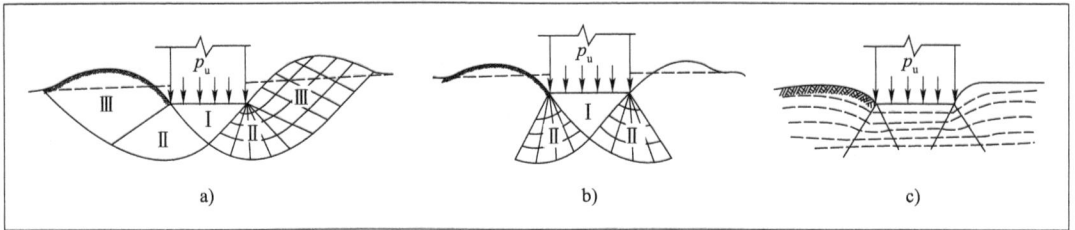

图8-1 地基破坏模式

a)整体剪切破坏;b)局部剪切破坏;c)刺入剪切破坏

整体剪切破坏常发生在浅基础下的密砂或硬黏土等坚实地基中。

2.局部剪切破坏

局部剪切破坏的特征是,随着荷载的增加,基础下地基土也先后产生压密区Ⅰ和塑性区Ⅱ,见图8-1b),但塑性区仅仅发展到地基某一范围内,土中滑动面并不延伸到地面,基础两侧地面微隆起,没有出现裂缝,基础一般不会发生倒塌或倾斜破坏。

局部剪切破坏常发生在中等密实砂土中。

3.刺入剪切破坏

刺入剪切破坏的特征是,随着荷载的增加,基础下土层发生压缩变形,基础随之下沉;荷载继续增加,基础四周土体发生竖向剪切破坏,使基础刺入土中。如图8-1c)所示,刺入剪切破坏时,地基没有出现连续滑动面,基础四周地面没有隆起,而是随基础刺入微微下沉。地基土有较大沉降。

刺入剪切破坏常发生在松砂及软土中。

地基的破坏模式除了与地基土的性质有关外,还与基础埋置深度、加荷速度等因素有关。例如:在密实地基中一般会出现整体剪切破坏,但当基础埋置深度大时,密砂在很大荷载作用下会出现刺入剪切破坏。在软黏土中,当加荷速度较慢时,一般出现刺入剪切破坏;当加荷速度较快时,由于土体不能产生压实变形,可能出现整体剪切破坏。

二、地基变形阶段

根据载荷试验结果得到荷载-变形的$p\text{-}s$曲线,典型的$p\text{-}s$曲线可以反映地基破坏的3个阶段,见图8-2。

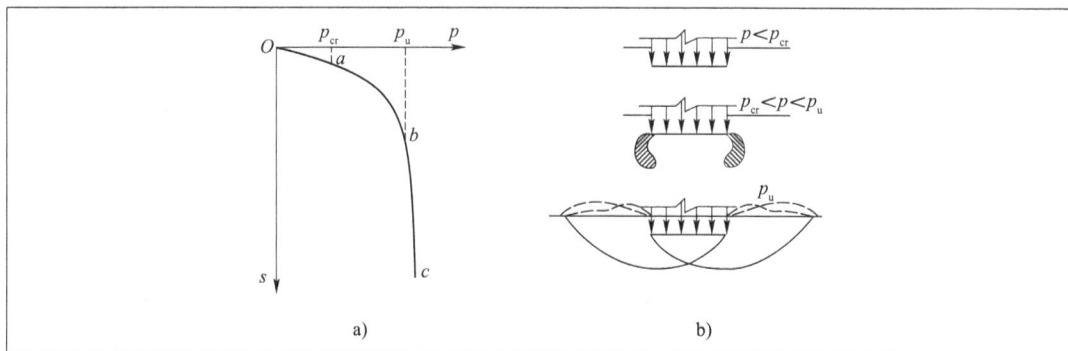

图 8-2　地基载荷试验 *p-s* 曲线

1. 压密阶段

对应 *p-s* 曲线上的 *Oa* 段,在这个阶段,*p-s* 曲线接近直线,土中各点受到的剪应力均小于土的抗剪强度,土体处于弹性平衡状态。荷载板沉降的主要原因是土颗粒相互挤紧,孔隙减小,土体产生压缩变形。

2. 局部剪切阶段

对应于 *p-s* 曲线上的 *ab* 段,为一曲线段。在此阶段,变形的增长率随荷载的增大而增大。地基土中局部范围内的剪应力达到了土的抗剪强度,土体产生剪切破坏,形成了塑性区,且随着荷载的继续增大,塑性区范围越来越大。

3. 破坏阶段

对应于 *p-s* 曲线上的 *bc* 段。在荷载超过极限荷载后,荷载板急剧下沉,即使不增加荷载,沉降也不能稳定,因此,曲线陡直下降。在这一阶段,土中塑性区不断扩展,最后在土中形成连续滑动面,土从荷载板四周挤出隆起,地基土失稳而破坏。

p-s 曲线中,*a* 点和 *b* 点是变形由一个阶段过渡到另一个阶段的两个特征分界点。*a* 点对应的荷载 p_{cr} 是地基即将出现塑性区的荷载,称为临塑荷载(亦称比例界限);*b* 点对应的荷载 p_u 是地基将要发生整体剪切破坏的荷载,称为极限荷载。以 p_u 作为地基的承载力容许值极不安全,而将临塑荷载 p_{cr} 作为地基的承载力容许值有时又偏于保守。只要保证塑性区最大深度不超过某一界限,地基就不会形成连通的滑动面,也就不会形成整体剪切破坏。实践表明,地基土中塑性区的最大深度 z_{max} 达到基础宽度的 1/4 ~ 1/3 时,地基仍是安全的。与塑性区最大深度 z_{max} 相对应的荷载强度称为临界荷载。

岩土地基承载力分为容许承载力 $[\sigma]$、基本承载力 σ_0 和极限承载力 p_u。地基承载力值一般可通过以下三种途径确定:(1)利用理论公式;(2)利用现场原位测试试验成果;(3)按规范法计算。

三、按理论公式计算地基承载力容许值

引导问题 如何运用土的抗剪强度指标按理论公式来计算地基承载力容许值?

地基承载力容许值是指在建筑物荷载作用下,能保证地基既不发生失稳破坏,也不产生建筑物所不容许的沉降量时的最大地基压力。

在实践中,可以根据建筑物的不同要求,用临塑荷载或临界荷载作

为地基承载力容许值。下面介绍临塑荷载及临界荷载的理论计算公式，以及极限荷载公式。

1. 临塑荷载

临塑荷载是指地基土中将要出现但尚未出现塑性区时的基底压力。临塑荷载计算公式是根据土中应力计算的弹性理论和土体极限平衡条件推得的。均布条形荷载作用下地基的临塑荷载计算公式见式(8-1)。

$$p_{cr} = \gamma d N_q + c N_c \qquad (8-1)$$

$$N_q = \frac{\cot\varphi + \varphi + \dfrac{2}{\pi}}{\cot\varphi + \varphi - \dfrac{2}{\pi}} \qquad N_c = \frac{\pi\cot\varphi}{\cot\varphi + \varphi - \dfrac{2}{\pi}}$$

式中：γ——基础范围内土的重度，kN/m^3；

d——基础的埋置深度，m；

c——基础底面以下土的黏聚力，kPa；

φ——基础底面以下土的内摩擦角，(°)；

N_q、N_c——承载力系数，它们只与土的内摩擦角有关，可从表8-1查用。

临塑荷载 p_{cr} 及临界荷载 $p_{\frac{1}{4}}$ 的承载力系数 N_r、N_q、N_c 值 　　　　　　　表 8-1

$\varphi(°)$	N_r	N_q	N_c	$\varphi(°)$	N_r	N_q	N_c
0	0	1.00	3.14	22	0.61	3.44	6.04
2	0.03	1.12	3.32	24	0.72	3.87	6.45
4	0.06	1.25	3.51	26	0.84	4.37	6.90
6	0.10	1.39	3.71	28	0.98	4.93	7.40
8	0.14	1.55	3.93	30	1.15	5.59	7.95
10	0.18	1.73	4.17	32	1.34	6.35	8.55
12	0.23	1.94	4.42	34	1.55	7.21	9.22
14	0.29	2.17	4.69	36	1.81	8.25	9.97
16	0.36	2.43	5.00	38	2.11	9.44	10.80
18	0.43	2.72	5.31	40	2.46	10.84	11.73
20	0.51	3.06	5.66	45	3.66	15.64	14.64

2. 临界荷载

工程实践表明，即使地基中存在塑性区的发展，只要塑性区范围不超过某一限度，一般不会影响建筑物的安全和正常使用。若地基中允许塑性区开展的深度 $z_{max} = b/4$（b 为基础宽度），则将与之对应的荷载称为临界荷载。临界荷载 $p_{\frac{1}{4}}$ 计算公式见式(8-2)：

$$p_{\frac{1}{4}} = \frac{1}{2}\gamma b N_r + \gamma d N_q + c N_c \qquad (8-2)$$

$$N_r = \frac{\pi}{4\left(\cot\varphi + \varphi - \dfrac{\pi}{2}\right)}$$

式中：N_r、N_q、N_c——承载力系数，它们只与土的内摩擦角有关，可从表8-1查用；

其余符号意义同前。

上述公式是在均质地基情况下求得的。如果基底上下为不同的土层，则式(8-2)中重度采用基底以下土的重度。另外，地下水以上均采用土的天然重度，而地下水以下则用浮重度。

上述临塑荷载和临界荷载计算公式都是在均布条形荷载条件下推得的，应用于矩形基础或圆形基础，其结果偏安全。另外，公式的推导采用弹性理论计算土中应力，对于已出现塑性区的塑性变形阶段，其用于临界荷载 $p_{\frac{1}{4}}$ 的推导是不够严格的。

3. 极限荷载

地基的极限荷载是地基内部整体达到极限平衡时的荷载。计算极限荷载的方法很多，基本上分成两种类型：一种是按照极限平衡理论求解，另一种是按照假定滑动面方法求解。

按极限平衡理论计算极限荷载时，常无法求得其解析解，而只能用数值计算方法来求解，这使得计算量很大，在实际应用中很不方便。而按照假定滑动面法得到的极限荷载公式在应用上比较方便，实践中多用此方法。这类极限荷载计算公式很多，目前还没有得到公认的公式。对这些公式的评价，不仅要看它所假定的滑动面与实际是否相符，同时还涉及土的强度指标的选用。本节仅介绍太沙基公式。

太沙基假定基础为条形基础，均布荷载，基础底面是粗糙的。当地基发生滑动时，滑动面的形状是两端为直线，中间为曲线，左右对称（图8-3），其将滑动土体分为三个区：Ⅰ区——由于土体与基础粗糙的底面之间存在很大的摩擦阻力，此区的土体不发生剪切位移，处于弹性压密状态。Ⅱ区——对称位于Ⅰ区左右下方，滑动面为对数螺旋线。Ⅰ区正中底部的 b 点处对数螺旋线的切线为竖向，c 点处对数螺旋线的切线方向与水平线夹角为 $45° - \varphi/2$，滑动面与基础底面的夹角为土的内摩擦角 φ。Ⅲ区——对称位于Ⅱ区左右，呈等腰三角形，滑动面为斜向平面，该斜面与水平面的夹角也为 $45° - \varphi/2$。

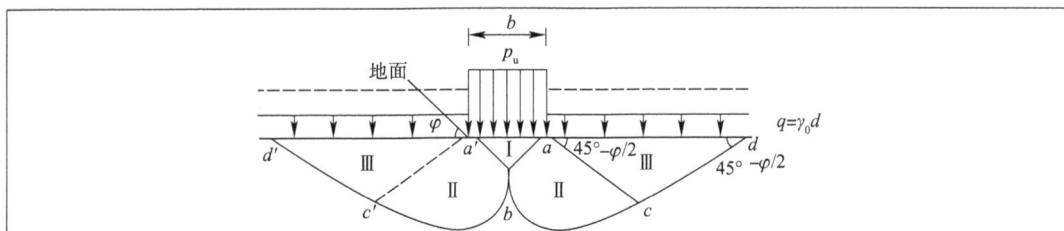

图8-3　太沙基公式的滑动面形式

太沙基不考虑基底以上基础两侧土体抗剪强度的影响，以均布超载 $q = \gamma_0 d$ 来代替埋置深度内的土体自重。根据在均匀分布的极限荷载作用下，作用于Ⅰ区各力在竖直方向的静力平衡条件，可求得太沙基极限荷载公式为：

$$p_u = \frac{1}{2}\gamma b N_r + c N_c + \gamma d N_q \tag{8-3}$$

式中:N_r、N_c、N_q——承载力系数,仅与地基土的内摩擦角 φ 有关,可查表8-2确定;

其余符号意义同前。

太沙基承载力系数 　　　　　　　表 8-2

$\varphi(°)$	N_r	N_q	N_c	$\varphi(°)$	N_r	N_q	N_c
0	0	1.00	5.7	22	6.50	9.17	20.2
2	0.23	1.22	6.5	24	8.6	11.4	23.4
4	0.39	1.48	7.0	26	1.15	14.2	27.0
6	0.63	1.81	7.7	28	15.0	17.8	31.6
8	0.86	2.20	8.5	30	20.0	22.4	37.0
10	1.20	2.68	9.5	32	28.0	28.7	44.4
12	1.66	3.32	10.9	34	36.0	36.6	52.8
14	2.20	4.00	12.0	36	50.0	47.2	63.6
16	3.00	4.91	13.0	38	90.0	61.2	77.0
18	3.90	6.04	15.5	40	130.0	80.5	94.8
20	5.00	7.42	17.6	45	326.0	173.0	172.0

式(8-3)只适用于条形基础,对于圆形或者方形基础,太沙基提出了半经验的极限荷载公式:

圆形基础:

$$p_u = 0.6\gamma R N_r + \gamma d N_q + 1.2 N_c \tag{8-4}$$

式中:R——圆形基础的半径;

其余符号意义同前。

方形基础:

$$p_u = 0.4\gamma b N_r + \gamma d N_q + 1.2 c N_c \tag{8-5}$$

上述公式只适用于地基土是整体剪切破坏的情形,对于局部剪切破坏,由于沉降较大,其极限荷载较小,太沙基建议把土的强度指标按下列方法进行折减后再代入上述各式计算。即令

$$c' = \frac{2}{3}c$$

$$\tan\varphi' = \frac{2}{3}\tan\varphi, 即\ \varphi' = \arctan\left(\frac{2}{3}\tan\varphi\right)$$

通过上述公式计算出的极限承载力,除以安全系数 K,即可得到地基承载力特征值,K 一般取 $2 \sim 3$。

【例题 8-1】

已知某条形基础,基础宽度 $b = 4\text{m}$,基础埋置深度 $d = 2\text{m}$,土的天然重度为 19kN/m^3,

土的快剪强度指标 $c = 15\mathrm{kPa}, \varphi = 14°$。试求其临塑荷载 p_{cr}、临界荷载 $p_{\frac{1}{4}}$ 和极限荷载 p_u（按太沙基公式）。

【解】 已知土的内摩擦角 $\varphi = 14°$，由表 8-1 查得承载力系数 $N_r = 0.29, N_q = 2.17, N_c = 4.69$。由式（8-1）得临塑荷载为：

$$p_{cr} = \gamma d N_q + c N_c = 19 \times 2 \times 2.17 + 15 \times 4.69 = 152.81(\mathrm{kPa})$$

由式（8-2）得临界荷载 $p_{\frac{1}{4}}$ 为：

$$p_{\frac{1}{4}} = \frac{1}{2}\gamma b N_r + \gamma d N_q + c N_c = \frac{1}{2} \times 19 \times 4 \times 0.29 +$$
$$19 \times 2 \times 2.17 + 15 \times 4.69 = 163.83(\mathrm{kPa})$$

由表 8-2 查得，当土的内摩擦角 $\varphi = 14°$ 时，太沙基承载力系数 $N_r = 2.20, N_q = 4.00, N_c = 12.0$。由式（8-3）得极限荷载 p_u 为：

$$p_u = \frac{1}{2}\gamma b N_r + c N_c + \gamma d N_q = \frac{1}{2} \times 19 \times 4 \times 2.20 +$$
$$15 \times 12.0 + 19 \times 2 \times 4.00 = 415.60(\mathrm{kPa})$$

四、现场原位测试确定地基承载力容许值

1. 载荷试验确定地基承载力

载荷试验是确定岩土承载力的主要方法。载荷试验确定地基容许承载力是利用载荷试验所得的 p-s 曲线来确定的。

对于密实砂土、一般硬黏土等低压缩性土，其 p-s 曲线中，通常能找到明显的临塑荷载和极限荷载，见图 8-2a）中的曲线，一般比对临塑荷载 p_{cr} 和极限荷载 p_u（取 $K = 2$）选定地基承载力容许值。

对于稍松的砂土、新填土、可塑性黏土等中高压缩性土，其 p-s 曲线没有明显的直线段和转折点，一般采用压缩变形量为 $0.01b \sim 0.015b$（b 为荷载板边长或直径）所对应的荷载作为地基的承载力容许值。

对于少数硬黏土，临塑荷载接近极限荷载，可以取 p_u/K（K 取 $2 \sim 3$）作为地基的承载力容许值。

载荷试验成果资料整理与计算相关规定，可参考《城市轨道交通岩土工程勘察规范》（GB 50307—2012）第 15.6.8 条。

2. 其他

采用静力触探、动力触探、标准贯入试验等原位测试法确定地基承载力，在我国已有成熟经验，但应用时应有地区经验，即当地的对比资料，同时还应注意结合室内试验成果进行综合分析，不宜单独应用。

五、规范法确定地基承载力

参考《铁路工程地质勘察规范》（TB 10012—2019），根据大量的工程建设经验和原位测

> **引导问题** 确定地基承载力容许值的方法有哪几种？前面学过按理论公式来计算地基承载力容许值，利用现场原位测试如何确定地基承载力容许值？现场原位测试包括哪几种方法？

试试验资料,综合理论和试验研究成果,通过统计分析,得到了可供采用的地基承载力。因篇幅关系,以下仅介绍规范中的基本承载力。

岩土体"基本承载力"是指岩土体在比例界限以内,以弹性变形为主,地基稳定且满足沉降要求,并且基础埋置深度不大于3m、基础短边宽度不大于2m时的地基容许承载力。

1. 岩石地基的基本承载力

岩石地基的基本承载力见表8-3。

岩石地基的基本承载力 σ_0（单位:kPa）　　表8-3

岩石类别	节理间距（cm）		
	节理不发育或较发育	节理发育	节理很发育
	>40	20~40	2~20
硬质岩	>3000	2000~3000	1500~2000
较软岩	1500~3000	1000~1500	800~1000
软岩	900~1200	700~1000	500~800
极软岩	400~500	300~400	200~300

注:1.对溶洞、断层、软弱夹层、易溶岩的岩石等,应分别研究确定;
　2.裂隙张开或有泥质充填时,应取低值。

2. 碎石类土地基的基本承载力

碎石类土地基的基本承载力见表8-4。

碎石类土地基的基本承载力 σ_0（单位:kPa）　　表8-4

土名	密实度			
	密实	中密	稍密	松散
卵石土、粗圆砾土	1000~1200	650~1000	500~650	300~500
碎石土、粗角砾土	800~1000	550~800	400~550	200~400
细圆砾土	600~850	400~600	300~400	200~300
细角砾土	500~700	400~500	300~400	200~300

注:1.半胶结的碎石类土,可按密实类的同类土的表值提高10%~30%;
　2.由硬质岩块组成,填充砂类土者取高值;由软质岩块组成,填充黏性土者取低值;
　3.自然界中很少见松散的碎石类土,定为松散应慎重;
　4.漂石土、块石土的基本承载力值,可参照卵石土、碎石土适当提高。

3. 砂类土地基的基本承载力

砂类土地基的基本承载力见表8-5。

砂类土地基的基本承载力 σ_0（单位:kPa）　　表8-5

砂土名称	密实度			
	密实	中密	稍密	松散
砾砂、粗砂	550	430	370	200
中砂	450	370	330	150

续上表

砂土名称		密实度			
		密实	中密	稍密	松散
细砂	稍湿或潮湿	350	270	230	100
	饱和	300	210	190	—
粉砂	稍湿或潮湿	300	210	190	—
	饱和	200	110	90	—

4. 粉土地基的基本承载力

粉土地基的基本承载力见表 8-6。

粉土地基的基本承载力 σ_0（单位：kPa）　　　　　　表 8-6

e	$w(\%)$						
	10	15	20	25	30	35	40
0.5	400	380	(355)	—	—	—	—
0.6	300	290	280	(270)	—	—	—
0.7	250	235	225	215	(205)	—	—
0.8	200	190	180	170	(165)	—	—
0.9	160	150	145	140	130	(125)	—
1.0	130	125	120	115	110	105	(100)

注：1. e 为天然孔隙比，w 为天然含水率；

　　2. 在湖、塘、沟、谷与河漫滩地段及新近沉积的粉土，应根据当地经验取值；

　　3. 括号表示参考数字。

5. Q_4 冲、洪积黏性土地基的基本承载力

Q_4 冲、洪积黏性土地基的基本承载力见表 8-7。

Q_4 冲、洪积黏性土地基的基本承载力 σ_0（单位：kPa）　　　　表 8-7

孔隙比 e	液性指数 I_L												
	0	0.1	0.2	0.3	0.4	0.5	0.6	0.7	0.8	0.9	1.0	1.1	1.2
0.5	450	440	430	420	400	380	350	310	270	240	220	—	—
0.6	420	410	400	380	360	340	310	280	250	220	200	180	—
0.7	400	370	350	330	310	290	270	240	220	190	170	160	150
0.8	380	330	300	280	260	240	230	210	180	160	150	140	130
0.9	320	280	260	240	220	210	190	180	160	140	130	120	100
1.0	250	230	220	210	190	170	160	150	140	120	110	—	—
1.1	—	—	160	150	140	130	120	110	100	90	—	—	—

注：土中含粒径大于 2mm 的颗粒，按质量计占全部质量的 30% 以上时，σ_0 可酌情提高。

6. Q_3 及其以前冲、洪积黏性土地基的基本承载力

Q_3 及其以前冲、洪积黏性土地基的基本承载力见表 8-8。

Q_3 及其以前冲、洪积黏性土地基的基本承载力 σ_0 表 8-8

压缩模量 E_s(MPa)	10	15	20	25	30	35	40
σ_0(kPa)	380	430	470	510	550	580	620

注:1. 压缩模量为对应于 0.1~0.2MPa 压力段的压缩模量;

2. 当压缩模量小于 10MPa 时,其基本承载力可按表 8-7 确定。

7. 残积黏性土地基的基本承载力

残积黏性土地基的基本承载力见表 8-9。

残积黏性土地基的基本承载力 σ_0 表 8-9

压缩模量 E_s(MPa)	4	6	8	10	12	14	16	18	20
σ_0(kPa)	190	220	250	270	290	310	320	330	340

注:本表适用于我国西南地区碳酸盐类岩层的残积红土,其他地区可参照使用。

8. 软土地基的承载力

(1)容许承载力 $[\sigma]$ 可按下式计算:

$$[\sigma] = \frac{1}{K}5.14CU + \gamma h \tag{8-6}$$

式中:h——基础底面的埋置深度,m,受水流冲刷的,由一般冲刷线算起;不受水流冲刷者,由天然地面算起;

γ——基底以上土的天然重度平均值,kN/m³。如持力层在水面以下,且为透水层时,水中部分土层应取浮重度;如为不透水层,不论基底以上土的透水性如何,一律取饱和重度;

CU——不排水抗剪强度,kPa;

K——安全系数,可视软土的灵敏度及建筑物对变形的要求等因素选用 1.5~2.5。

(2)对于一般建筑物基础,其基本承载力也可按表 8-10 确定。

软土地基的基本承载力 σ_0 表 8-10

天然含水率 w(%)	36	40	45	50	55	65	75
基本承载力(kPa)	100	90	80	70	60	50	40

9. 黄土地基的基本承载力

黄土地基的基本承载力见表 8-11、表 8-12。

新黄土(Q_3、Q_4)地基的基本承载力 σ_0(单位:kPa) 表 8-11

液限 w_L	孔隙比 e	w(%)						
		5	10	15	20	25	30	35
24	0.7		230	190	150	110	—	—
	0.9	240	200	160	125	85	(50)	—
	1.1	210	170	130	100	60	(20)	—
	1.3	180	140	100	70	40	—	—

续上表

液限 w_L	孔隙比 e	$w(\%)$						
		5	10	15	20	25	30	35
28	0.7	280	260	230	190	150	110	—
	0.9	260	240	200	160	125	85	—
	1.1	240	210	170	140	100	60	—
	1.3	220	180	140	110	70	40	—
32	0.7	—	280	260	230	180	150	—
	0.9	—	260	240	200	150	125	—
	1.1	—	240	210	170	130	100	60
	1.3	—	220	180	140	100	70	40

注:1. 非饱和 Q_3 新黄土,当 $0.85 < e < 0.95$ 时,σ_0 值可提高 10% ;

2. 本表不适用于坡积、崩积和人工堆积等黄土;

3. 括号内表值供内插用;

4. 液限含水率试验采用圆锥仪法,圆锥仪总质量 76g,入土深度 10mm。

老黄土(Q_1、Q_2)地基的基本承载力 σ_0(单位:kPa)　　　　表 8-12

w/w_L	e			
	<0.7	0.7 ~ 0.8	0.8 ~ 0.9	>0.9
<0.6	700	600	500	400
0.6 ~ 0.8	500	400	300	250
>0.8	400	300	250	200

注:1. 老黄土黏聚力小于 50kPa,内摩擦角小于 25° 时,表中数值应适当降低 20% 左右;

2. w 为天然含水率,w_L 为液限,e 为天然孔隙比;

3. 液限含水率试验采用圆锥仪法,圆锥仪总质量 76g,入土深度 10mm。

10. 多年冻土地基的基本承载力

多年冻土地基的基本承载力见表 8-13。

多年冻土地基的基本承载力 σ_0(单位:kPa)　　　　表 8-13

序号	土名	基础底面的月平均最高土温(℃)					
		−0.5	−1.0	−1.5	−2.0	−2.5	−3.5
1	块石土、卵石土、碎石土、粗圆砾土、粗角砾土	800	950	1100	1250	1380	1650
2	细圆砾土、细角砾土、砾砂、粗砂、中砂	600	750	900	1050	1180	1450
3	细砂、粉砂	450	550	650	750	830	1000
4	粉土	400	450	550	650	710	850
5	粉质黏土、黏土	350	400	450	500	560	700
6	饱冰冻土	250	300	350	400	450	550

注:1. 表列数值不适用于含盐量和泥炭化程度分别超过表 8-14 和表 8-15 中数值的多年冻土;

2. 本表序号 1~5 类地基承载力适合少冰冻土、多冰冻土,当序号 1~5 类的地基为富冰冻土时,表列数值应降低 20%;

3. 含土冰层的承载力应实测确定;

4. 基础置于饱冰冻土的土层时,基础底面应敷设厚度不小于 0.20 ~ 0.30m 的砂垫层。

盐渍化冻土的盐渍程度界限值　　　　　　　　　表 8-14

土类	碎石类土、砂类土	粉土	粉质黏土	黏土
盐渍程度（%）	≥0.10	≥0.15	≥0.20	≥0.25

泥炭化冻土的泥炭化程度界限值　　　　　　　　　表 8-15

土类	碎石类土、砂类土	粉土、黏性土
泥炭化程度（%）	≥3	≥5

参考《铁路工程地质勘察规范》（TB 10012—2019），当有类似工程经验或用原位测试方法确定时，可不受上述各表限制。对于重要工程，应采用载荷试验、理论公式计算、室内试验及其他原位测试等方法综合确定。同时，对于客运专线铁路和时速 200km 客货运共线铁路，因其对沉降有特殊要求，其地基的承载力应慎重研究确定，一般应采用多种勘察手段，参考工程实例，并结合工程实际情况确定。

参考《铁路桥涵地基和基础设计规范》（TB 10093—2017）地基容许承载力可按式(8-7)确定。

$$[\sigma] = \sigma_0 + k_1 \gamma_1 (b-2) + k_2 \gamma_2 (h-3) \tag{8-7}$$

式中　$[\sigma]$——地基容许承载力，kPa；

　　　σ_0——地基基本承载力，kPa；

　　　b——基础底面的最小边宽度，m；当 b 小于 2m 时，b 取 2.0m；当 b 大于 10m 时，b 取 10 m；圆形或正多边形基础为 $\sqrt{F}$，F 为基础的底面积；

　　　h——基础底面的埋置深度，m，自天然地面起算，有水流冲刷时自一般冲刷线起算；位于挖方内，由开挖后地面算起；h 小于 3m 时取 h 等于 3m，h/b 大于 4 时 h 取 $4b$；

　　　γ_1——基底持力层土的天然容重，kN/m³，若持力层在水面以下且透水时应采用浮重；

　　　γ_2——基底以上土层的加权平均容重，kN/m³，换算时若持力层在水面以下且不透水时，不论基底以上土的透水性如何，均取饱和容重；透水时水中部分土层应取浮重；

　　　k_1、k_2——宽度、深度修正系数，根据基底持力层土的类别按表8-16确定。

宽度、深度修正系数　　　　　　　　　表 8-16

修正系数	黏性土				粉土	黄土		砂类土							碎石类土			
	Q_4 的冲、洪积土		Q_3 及其以前的冲、洪积土	残积土		新黄土	老黄土	粉砂		细砂		中砂		砾砂粗砂		碎石圆砾角砾		卵石	
	$I_L<0.5$	$I_L≥0.5$						稍、中密	密实	稍、中密	密实	稍、中密	密实	稍、中密	密实	稍、中密	密实	稍、中密	密实
k_1	0	0	0	0	0	0	0	1	1.2	1.5	2	2	3	3	4	3	4	3	4
k_2	2.5	1.5	2.5	1.5	1.5	1.5	1.5	2	2.5	3	4	4	5.5	4	6	5	6	6	10

注：1. 节理不发育或较发育的岩石不作宽深修正；节理发育或很发育的岩石，k_1、k_2 可采用碎类石土的系数；对已风化成砂、土状的岩石，则按砂类土、黏性土的系数。

　　2. 稍松状态的砂类土和松散状态的碎石类土，k_1、k_2 值可采用表列稍、中密值的 50%。

　　3. 冻土的 k_1、k_2 均取 0。

软土地基的基础应满足稳定和变形的要求,修正后地基的容许承载力应符合下列规定:

(1)修正后地基承载力可按式(8-8)确定。

$$[\sigma] = 5.14 C_u \frac{1}{m'} + \gamma_2 h \tag{8-8}$$

(2)对于小桥和涵洞基础,也可按式(8-9)确定。

$$[\sigma] = \sigma_0 + \gamma_2(h-3) \tag{8-9}$$

式中 $[\sigma]$——地基容许承载力,kPa;

m'——安全系数,可根据软土灵敏度及建筑物对变形的要求等因素选 $1.5 \sim 2.5$;

C_u——不排水剪切强度,kPa;

σ_0——地基基本承载力,kPa,按表 8-17 确定。

软土地基的基本承载力 σ_0　　　　　　　　　　　　　　表 8-17

天然含水率 $w(\%)$	36	40	45	50	55	65	75
$\sigma_0(\text{kPa})$	100	90	80	70	60	50	40

技能训练工单及练习 ▷

工作任务单

一、工作任务

1. 预习地基土承载力确定的相关内容;

2. 根据以下练习内容,归纳总结地基土承载力确定的相关知识,填写表8-18(空白处没有内容的填无)。

信息表   表8-18

地基土承载力确定方法	原理	优缺点	计算公式
按理论公式计算			
按规范法计算			
利用现场原位测试			

二、考核评价

评价表参见附录一。

练习

1. 地基的破坏模式有哪几种? 它们分别与哪些因素有关?

2. 地基破坏的阶段有哪些?

3. 简述临塑荷载、临界荷载、极限荷载的意义。

4. 某条形基础,基础宽 $b=3\mathrm{m}$,基础埋置深度 $d=2\mathrm{m}$,土的天然重度为 $18\mathrm{kN/m^3}$,土的快剪强度指标 $c=16\mathrm{kPa}$,$\varphi=18°$。试求其临塑荷载 p_{cr}、临界荷载 $p_{\frac{1}{4}}$ 和极限荷载 p_u(按太沙基公式)。

5. 如图8-4所示,某基础底面为 $4.0\mathrm{m}\times10.0\mathrm{m}$ 的矩形,基础埋置深度为2.5m,基础持力层为中密细砂,由载荷试验得知其地基土承载力特征值为150kPa,土体饱和重度为 $19.8\mathrm{kN/m^3}$;下卧层为黏土,由载荷试验得知其地基土承载力特征值为350kPa,试求持力层及下卧层地基承载力值。

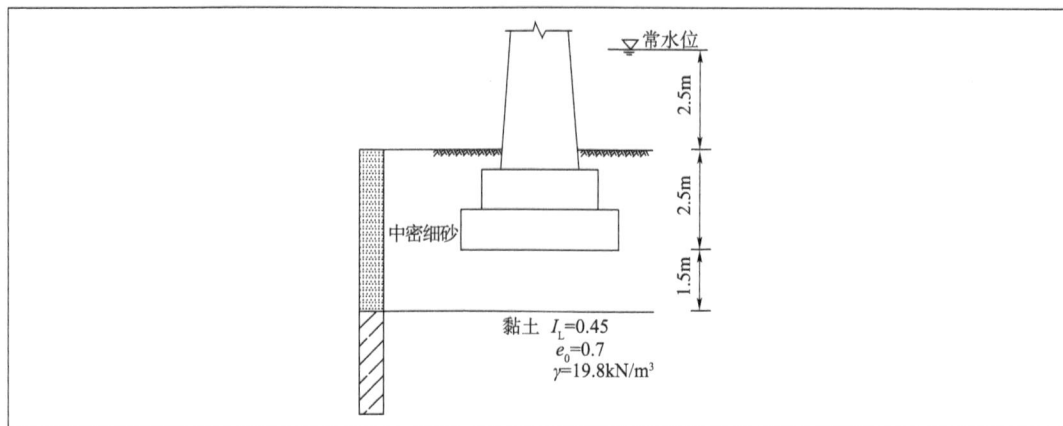

图8-4 练习5图

任务九

土质边坡的稳定性评价

任务描述

通过本任务相关知识的学习并结合在线课程资源及相关资料，完成土质边坡稳定性评价工单。通过线上线下学习，完成本任务技能训练工单及练习，遇到困难学习小组互相帮助。

任务要求

（1）根据班级人数分组，一般6~8人/组；

（2）以组为单位，各组员按分工完成任务，组长负责检查并统计各成员的调查结果，做好记录以供集体讨论；

（3）全组共同完成所有任务，组长负责成果的记录与整理，按任务要求上交报告，以供教师批阅。

学习目标

知识目标：

掌握影响土质边坡稳定的因素；

掌握土质边坡开挖规定；

掌握简单土质边坡稳定性分析的方法。

能力目标：

能通过土质边坡的稳定性知识点的学习，掌握土质边坡稳定性分析方法和技能。

学习重点

规范对土质边坡开挖的规定;影响土质边坡稳定的因素;土质边坡稳定性分析的方法。

学习难点

影响土质边坡稳定的因素;黏性土土质边坡的稳定性分析。

一、概述

土质边坡就是具有倾斜坡面的土体。工程中常遇到的土质边坡有天然土质边坡和人工土质边坡两种。天然土质边坡是因地质作用而自然形成的土质边坡,如山坡、江河的岸坡等。人工土质边坡是经过人工开挖、填筑的土工建筑物,如基坑、土坝、路堤、路堑等边坡。土质边坡稳定是土坡工程施工安全的基本保证。

引导问题 什么是土质边坡?工程中常遇到的土质边坡有哪几种?如何确定土质边坡的稳定性?

在工程中常常会遇到土质边坡因失稳而滑动的现象。土质边坡的滑动,一般是指土质边坡在一定范围内整体沿某一滑动面向下和向外移动而丧失其稳定性(图9-1)。

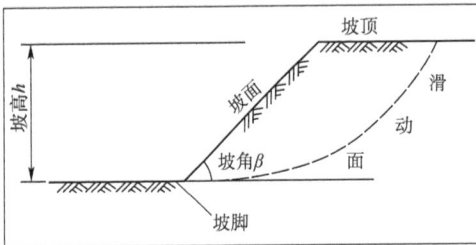

图9-1 土质边坡滑动图

土质边坡滑动失稳的原因一般有以下两个方面。

(1)外力的作用破坏了土体原来的应力平衡状态,常见的有:

①作用于土质边坡上的外力发生变化,如人工开挖、路堤填筑、土坡面上堆载重物、地震等。

②静水力的作用,如雨水或者地表水渗入土坡的裂缝,对土质边坡产生侧向压力,促使土坡滑动。

③土质边坡中渗流作用。当边坡中有水渗流时,对潜在的滑动面除有动水力和浮托力作用外,渗流还有可能产生潜蚀,并逐渐扩大成管涌。

(2)外界因素降低了土的抗剪强度,使土质边坡失稳破坏。

雨水或地表水浸入,使土中含水率增大或孔隙水压力变大,导致土的抗剪强度降低;土质边坡附近因施工引起震动以及地震力,引起土的液化或触变;外界气候等自然条件的改变,使土体时干时湿、冻结、融化,从而使土变松,强度降低。

二维码
土质边坡的稳定性

二、无黏性土土质边坡的稳定性

工程实践中,分析土质边坡稳定性的目的是检验所设计的土质边坡是否安全与合理,边坡过陡可能发生坍滑,过缓则使土方量增加。本书主要介绍土质边坡的坡度不变,顶面和底面都是水平面,并且土质均匀,没有地下水的简单土质边坡的稳定性分析。

引导问题 如何运用土的强度指标按公式来计算和评价无黏性土土质边坡的稳定性?

分析无黏性土的土质边坡稳定性时,根据实际观测,同时为了计算简便,一般均假定滑动面是平面。

图9-2是一坡度为直线的无黏性土的土质边坡。由于无黏性土颗粒间无黏聚力存在,因此只要位于坡面上的各土粒能保持稳定状态不下滑,则该土质边坡就是稳定的。

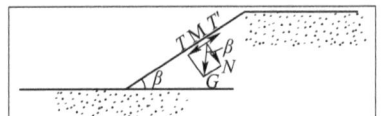

图9-2 无黏性土土质边坡稳定性分析图

设土质边坡面上的某土颗粒M所受的重力为G,砂土的内摩擦角为φ,土坡的坡角为β。

土粒重力沿坡面的切向分力 T 使土颗粒向下滑动,而法向分力 N 在坡面上引起的摩擦力 T' 将阻止土粒下滑。抗滑力和滑动力的比值即为土质边坡的稳定安全系数,用 K 表示。

$$K = \frac{T'}{T} = \frac{G\cos\beta\tan\varphi}{G\sin\beta} = \frac{\tan\varphi}{\tan\beta} \tag{9-1}$$

由式(9-1)可知,当 $\beta = \varphi$ 时,$K = 1$,即抗滑力等于滑动力,此时土坡处于极限平衡状态。由此可知,砂土土坡的极限坡角等于砂土的内摩擦角 φ,此坡角称为自然休止角。从式(9-1)可以看出,无黏性土土质边坡的稳定性与坡高无关,而仅与坡角 β 有关。只要 $\beta < \varphi$,土坡就是稳定的。

> **引导问题** 黏性土均匀,土质边坡失去稳定时,沿着曲面滑动,通常滑动曲面接近圆弧面,在理论分析时,将如何进行圆弧面计算?

三、黏性土土质边坡的稳定性

黏性土土质边坡稳定性分析方法有许多种,以下介绍费伦纽斯提出的方法。

瑞典工程师费伦纽斯假定最危险圆弧面通过坡脚,并忽略作用在土条两侧的侧向力,提出了广泛用于黏性土土质边坡稳定性分析的条分法。该方法的基本原理是:将圆弧滑动体分为若干土条;计算各土条上的力系对弧心的滑动力矩和抗滑力矩;选择多个滑动圆心,通过计算多个相应的稳定安全系数判断其稳定性。

如图9-3所示,具体分析计算步骤如下:

(1)按比例绘制土质边坡剖面图,假设圆弧滑动面通过坡脚 A 点,分析时垂直纸面取单位长度。

(2)任选一点 O 为圆心,以 OA 为半径作圆弧 AC,AC 即为圆弧滑动面。

(3)将滑动土体 ABC 竖直分为若干等宽(或不等宽)土条,并对土条编号。

编号一般从圆心 O 的铅垂线开始,向右依次为 $1,2,3,\cdots$,向左依次为 $-1,-2,-3,\cdots$。为了计算方便,可取分条宽度为滑动圆弧半径的 $1/10$,即 $b = 0.1R$,则此时 $\sin\beta_1 = 0.1$,$\sin\beta_2 = 0.2,\cdots,\sin\beta_i = 0.1i$,$\sin\beta_{-i} = -0.1i$,这样可减少大量三角函数计算。

(4)取第 i 条作为隔离体进行分析,计算该土条自重 $G_i = \gamma h_i b_i$(b_i、h_i、γ 分别为计算土条的宽度、平均高度和土的重度),分解 G_i 为滑动面 ab(简化为直线段)上的法向分力 N_i 和切线分力 T_i。

$$N_i = G_i\cos\beta_i$$
$$T_i = G_i\sin\beta_i$$

分析时不计土条两侧面 ad、bc 上的法向力 P_i、P_{i+1} 和剪切力 D_i、D_{i+1} 的影响。

(5)以圆心 O 为转动中心,滑动面 AC 上的滑动力矩等于各土条对弧心的滑动力矩之和,即

$$M_s = \sum T_i R = R\sum G_i\sin\beta_i$$

(6)圆弧滑动面对圆心 O 的抗滑力矩,来自法向分力 N_i 引起的摩擦阻力和黏聚力 c 产生的抗滑力两部分。第 i 土条的抗滑阻力 T_i' 可能的最大值等于土条底面上土的抗剪强度与滑弧长度 l_i 的乘积,即

$$T_i' = \tau_{fi}l_i = (\sigma_i\tan\varphi + c)l_i = N_i\tan\varphi + cl_i = G_i\cos\beta_i\tan\varphi + cl_i$$

其抗滑力矩 M_{ri} 为：

$$M_{ri} = T_i'R = RG_i\cos\beta_i\tan\varphi + Rcl_i$$

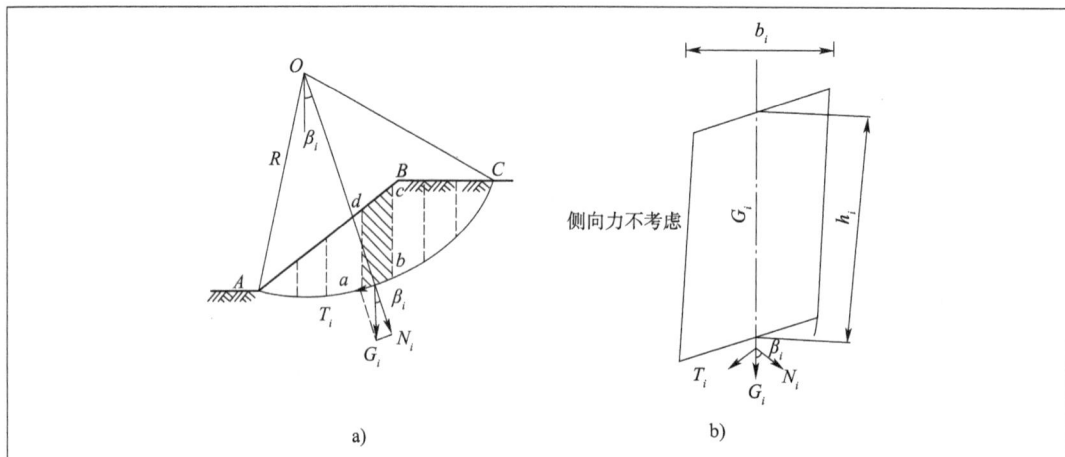

图9-3　黏性土土质边坡稳定条分法分析图

则整个滑动面 AC 上的抗滑力矩为：

$$M_r = \sum M_{ri} = R\tan\varphi \sum G_i\cos\beta_i + Rcl_{AC}$$

（7）计算稳定安全系数。

$$K = \frac{M_r}{M_s} = \frac{\tan\varphi \sum G_i\cos\beta_i + cl_{AC}}{\sum G_i\sin\beta_i} \tag{9-2}$$

若取各土条宽度相等，式（9-2）可简化为：

$$K = \frac{\gamma b\tan\varphi \sum h_i\cos\beta_i + cl_{AC}}{\gamma b \sum h_i\sin\beta_i} \tag{9-3}$$

式中：φ——土的内摩擦角，（°）；

　　c——土的黏聚力，kPa；

　　β_i——第 i 土条 ab 滑动面与水平面的夹角，（°）；

　　l_{AC}——圆弧面 AC 的弧长，m。

（8）由于滑动圆弧的圆心是任意选的，故上述计算结果不一定是最危险的。因此，选择几个可能的滑动面（即不同的圆心位置），分别按上述过程计算相应的 K 值，其中 K_{min} 所对应的滑动面就是最危险滑动面。

评价一个土质边坡的稳定性时，这个最小的安全系数值不应小于有关规范要求的数值。根据工程性质，规范要求最小的安全系数 K_{min} 为1.2～1.35。试算工作量很大，可采用计算机求解。

◀ **技能训练工单及练习** ❀

❀ **工作任务单**

一、工作任务

1.预习土质边坡的稳定性评价相关内容；

2.根据以下练习内容,归纳总结土质边坡的稳定性评价相关知识,填写表9-1(空白处没有内容的填无)。

信息表   表9-1

土质边坡稳定性分析方法	原理	影响因素	优缺点	计算公式
无黏性土土质边坡的稳定性计算				
黏性土土质边坡的稳定性计算				

二、考核评价

评价表参见附录一。

❀ **练习**

1.影响土质边坡稳定的因素有哪些？

2.无黏性土土质边坡稳定安全系数与什么有关？什么是砂土的自然休止角？

3.土质边坡开挖应符合哪些规定？

4.简述黏性土土质边坡稳定性分析方法、步骤。

土力学与地基基础(第2版)

土压力计算与挡土墙设计

任务十

土压力计算

||| 任务描述 |||

通过本任务相关知识的学习并结合在线课程资源及相关资料，完成土压力计算工单。通过线上线下学习，完成本任务技能训练工单及练习，遇到困难学习小组互相帮助。

||| 任务要求 |||

（1）根据班级人数分组，一般6~8人/组；

（2）以组为单位，各组员按分工完成任务，组长负责检查并统计各成员的调查结果，做好记录以供集体讨论；

（3）全组共同完成所有任务，组长负责成果的记录与整理，按任务要求上交报告，以供教师批阅。

||| 学习目标 |||

知识目标：

明确土压力的概念,掌握主动土压力、静止土压力、被动土压力的含义及区别；

掌握静止土压力的计算方法;掌握朗肯土压力理论的原理与计算方法；

掌握库仑土压力理论的原理和计算方法;了解挡土墙后填土面上有连续均布荷载、分层填土、地下水时的土压力计算方法；

了解朗肯土压力理论和库仑土压力理论的区别。

能力目标：

能通过土压力知识点学习，掌握土压力理论的原理和计算方法，并得到一定的技能训练。

||| 学习重点 |||

土压力的概念;主动、静止、被动这三种土压力的含义及区别;静止土压力的计算方法;朗肯土压力理论、库仑土压力理论的原理与计算方法。

||| 学习难点 |||

朗肯土压力理论、库仑土压力理论的原理与计算方法；挡土墙后填土面上有连续均布荷载、分层填土、地下水时的土压力计算方法。

一、概述

(一)土压力的概念

土压力是指挡土墙后填土因自重或在外荷载作用下对墙背产生的侧向压力。由于土压力是挡土墙的主要外荷载,因此,设计挡土墙时,首先要确定土压力的性质、大小、方向和作用点。土压力的计算是一个十分复杂的问题,它涉及填料、墙身以及地基三者之间的共同作用。土压力的性质和大小不仅与墙身的位移、墙体高度、墙后填土的性质有关,还与墙和地基的刚度以及填土施工方法有关。

一般挡土墙的长度远大于其自身高度和宽度,且其断面在相当长的范围内不变,因此土压力的计算是取 1 延米的挡土墙进行分析的,即将土压力计算当作平面问题来处理。

(二)土压力类型

挡土墙土压力的大小及分布规律与墙体可能移动的大小和方向有很大关系。根据墙的移动情况和墙后土体所处的应力状态,作用在挡土墙墙背上的土压力可分为以下三种。

土压力的分类

1. 静止土压力 E_0

若挡土墙静止不动,墙后土体处于弹性平衡状态,此时土对墙的压力称为静止土压力,应力用 σ_0 表示,合力用 E_0 表示,见图 10-1a)。静止土压力可能存在于某些建筑物支撑着的土层中,如地下室外墙、地下水池侧壁、涵洞侧墙、船闸边墙以及其他不产生位移的挡土构筑物均可近似视为受静止土压力作用。

2. 主动土压力 E_a

若挡土墙受墙后填土作用朝离开土体方向偏移至土体达到极限平衡状态,此时作用在墙背上的土压力称为主动土压力,应力用 σ_a 表示,合力用 E_a 表示,见图 10-1b)。土体内相应的应力状态称为主动极限平衡状态。

土压力概述

3. 被动土压力 E_p

若挡土墙受外力作用使墙身发生朝土体方向的偏移至土体达到极限平衡状态,此时作用在挡土墙上的土压力称为被动土压力,应力用 σ_p 表示,合力用 E_p 表示,见图 10-1c)。土体内相应的应力状态称为被动极限平衡状态。例如,拱桥桥台在荷载作用下挤压土体并产生一定量的位移,此时作用在台背的侧压力属于被动土压力。

静止土压力计算

挡土墙所受土压力大小并不是一个常数,随着挡土墙位移量的变化,墙后土体的应力应变状态不同,土压力也在变化,土压力的大小在两个极限值之间变化,其方向随位移方向变化。

静止土压力可按直线变形体无侧向变形理论求出。主动土压力和被动土压力的计算理论主要有朗肯(Rankine)土压力理论和库仑(Coulomb)土压力理论。

引导问题 什么是挡土墙?工程中挡土墙受到的主要力系有哪些?挡土墙与墙后填土之间的力的作用关系是怎样的?是墙体在挤压土体,还是土体在挤压墙体?

引导问题 什么是静止土压力?它与主动土压力和被动土压力的区别在哪里?

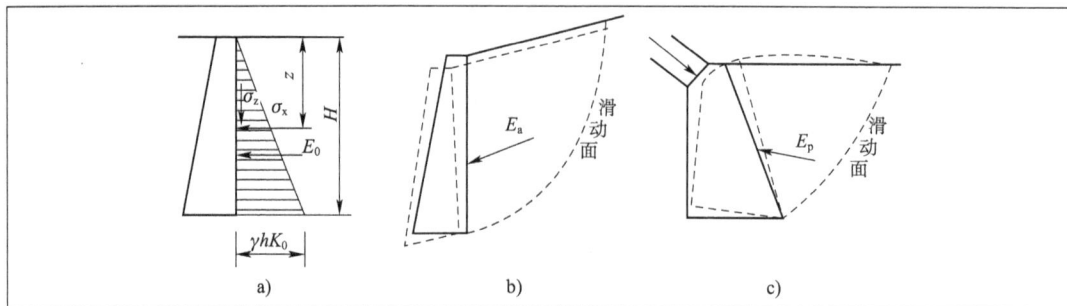

图 10-1　挡土墙土压力的类型

a) 静止土压力；b) 主动土压力；c) 被动土压力

（三）土压力与挡土墙位移的关系

挡土墙位移决定着墙后土体的应力状态和土压力的性质,墙后土体将要出现而未出现滑动面时挡土墙位移的临界值称为界限位移。显然,这个界限位移值对于确定墙后土体的应力状态、确定土压力分布及进行土压力计算都非常重要。根据大量的试验观测和研究,主动极限平衡状态和被动极限平衡状态的界限位移大小不同,后者比前者大得多。

图 10-2 给出了三种土压力与挡土墙位移的关系。由图可见,产生被动土压力所需的位移量 $\Delta\delta_p$（即被动极限平衡状态的界限位移）比产生主动土压力所需的位移量 $\Delta\delta_a$（即主动极限平衡状态的界限位移）要大得多。经验表明,一般 $\Delta\delta_a$ 为 $(0.001\sim0.005)H$（H 为挡土墙高度）,而 $\Delta\delta_p$ 为 $(0.01\sim0.1)H$。在相同条件下,主动土压力最小,被动土压力最大,静止土压力则介于两者之间,即

$$E_a < E_0 < E_p$$

二维码

土压力理论（一）

二维码

土压力理论（二）

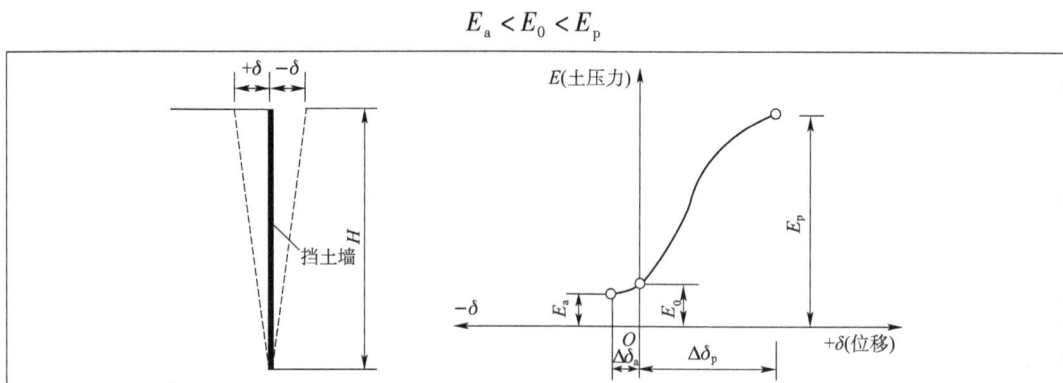

图 10-2　土压力与挡土墙位移的关系

二、静止土压力计算

静止土压力是墙静止不动,墙后土体处于弹性平衡状态时作用于墙背的侧向压力。在土的自重作用下墙体没有出现侧向位移,这时墙体受到的水平侧向压力即为静止土压力。因此,根据弹性半无限体的应力和变形理论,z 深度处的静止土压力（图 10-3）为：

> **引导问题**　如何表达土体的抗剪强度公式？土的强度指标有哪些？如何运用土的强度指标来计算静止土压力？

$$\sigma_0 = \sigma_x = K_0 \sigma_z = K_0 \gamma z \qquad (10\text{-}1)$$

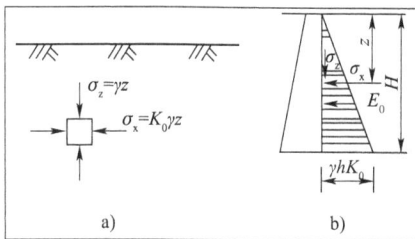

式中：σ_x——z 深度处土单元的水平应力；

σ_z——z 深度处土单元的竖向应力；

K_0——静止土压力系数；

γ——墙后填土重度，kN/m^3；

z——计算土压力点的深度，m。

图 10-3　静止土压力计算示意图

土体的静止土压力系数 K_0 可按照下式计算：

$$K_0 = \frac{\mu}{1-\mu} \qquad (10\text{-}2)$$

式中：μ——土的泊松比。

一般土的泊松比值，砂土可取 $0.2 \sim 0.25$，黏性土可取 $0.25 \sim 0.4$，其相应的 K_0 值在 $0.25 \sim 0.67$ 范围内。对于理想刚体，$\mu = 0$，$K_0 = 0$；对于液体，$\mu = 0.5$，$K_0 = 1$。

由于 K_0 与土的性质、密实程度、应力历史等因素有关，而且土体的泊松比不易确定，故在实际应用中，K_0 可以通过室内试验及原位测试得到，当缺乏试验资料时，K_0 可近似地用下列经验公式计算。

砂土

$$K_0 = 1 - \sin\varphi' \qquad (10\text{-}3)$$

黏性土

$$K_0 = 0.95 - \sin\varphi' \qquad (10\text{-}4)$$

超固结黏性土

$$K_0 = \sqrt{OCR}\,(1 - \sin\varphi') \qquad (10\text{-}5)$$

式中：φ'——土的有效内摩擦角，(°)；

OCR——土的超固结比。

由式(10-1)可知，在均质土中，静止土压力与计算深度呈三角形分布关系，对于高度为 H 的竖立挡土墙而言，取单位墙长，则作用在墙上的静止土压力的合力 E_0 为

$$E_0 = \frac{1}{2}\gamma H^2 K_0 \qquad (10\text{-}6)$$

合力 E_0 的方向为水平，作用点在距墙底 $H/3$ 高度处。

三、朗肯土压力理论

(一)基本假定与原理

采用朗肯土压力理论分析时需满足以下基本假定：

(1)挡土墙墙背竖直；

(2)墙背光滑，不考虑墙背与填土之间的摩擦力；

(3)墙后填土面水平。

根据朗肯土压力理论基本假定，墙背与填土间无摩擦力，即土体的

引导问题　朗肯土压力理论是土压力计算中两个最有名的经典理论之一，又被称为极限应力法。朗肯土压力理论是根据半空间体内的应力状态和土的极限平衡条件而得出的土压力计算方法。由于其概念清楚，公式简单，便于记忆，因此目前在工程中仍被广泛应用。想一想：该理论有无前提及假定？

竖直面和水平面没有剪应力,则墙背为主应力面,竖直方向和水平方向的应力分别为大、小主应力,而竖直方向的应力即为土的竖向自重应力。

朗肯土压力理论

如果挡土墙无位移,墙后土体处于弹性状态,则作用在墙背上的应力状态与弹性半空间土体应力状态相同。如图 10-4a)所示,在距离填土面深度 z 处,该单元水平截面上的应力等于该处土的自重应力,即 $\sigma_z = \sigma_1 = \gamma z$;竖直截面上的法向应力就是该处土的静止土压力,即 $\sigma_x = \sigma_3 = K_0 \gamma z$。该点的应力状态可由图 10-4d)中的应力圆 I 表示,该点未达到极限平衡状态,因而应力圆 I 在抗剪强度线以下。如图 10-4b)所示,当挡土墙离开土体向左移动时,墙后土体有向外移动趋势,土体在水平方向主动伸展。此时,土体中的竖向应力 σ_z 不变,而水平向的应力 σ_x 减小,σ_z 和 σ_x 仍为大、小主应力。随着挡土墙的位移增大,σ_x 逐渐减小使土体达到极限平衡状态时,即 σ_x 达到最小值 σ_a,此时 σ_z 和 $\sigma_x = \sigma_a$ 的应力圆与抗剪强度线相切[图 10-4d)中的应力圆 II]。土体形成一系列滑裂面,各点都处于极限平衡状态,此种状态称为主动朗肯状态。此时墙背上的法向应力 σ_x 为小主应力 σ_a,即朗肯主动土压力。滑动面与大主应力作用面(即水平面)的夹角为 $\alpha = 45° + \varphi/2$。如图 10-4c)所示,若挡土墙在外力作用下挤压土体,土体在水平方向被动压缩。σ_z 仍保持不变,而 σ_x 随着挡土墙位移增加而逐渐增大,应力圆逐渐减小;当 $\sigma_x = \sigma_z$ 时,应力圆变成一个点;当 σ_x 继续增大超过 σ_z 时,σ_x 变成大主应力,而 σ_z 则是小主应力;当 σ_x 超过 σ_z 逐渐增大,则应力圆逐渐增大。当挡土墙移动挤压土体使 σ_x 增大到土体达极限平衡状态时,σ_x 达到最大值 σ_p,此时 σ_z 和 $\sigma_x = \sigma_p$ 的应力圆与抗剪强度线相切[图 10-4d)中的应力圆 III]。土体形成一系列滑裂面,各点都处于极限平衡状态,此种状态称为被动朗肯状态。此时,墙背上的法向应力 σ_x 为大主应力 σ_p,即朗肯被动土压力。滑动面与小主应力作用面(即水平面)的夹角为 $\alpha' = 45° - \varphi/2$。

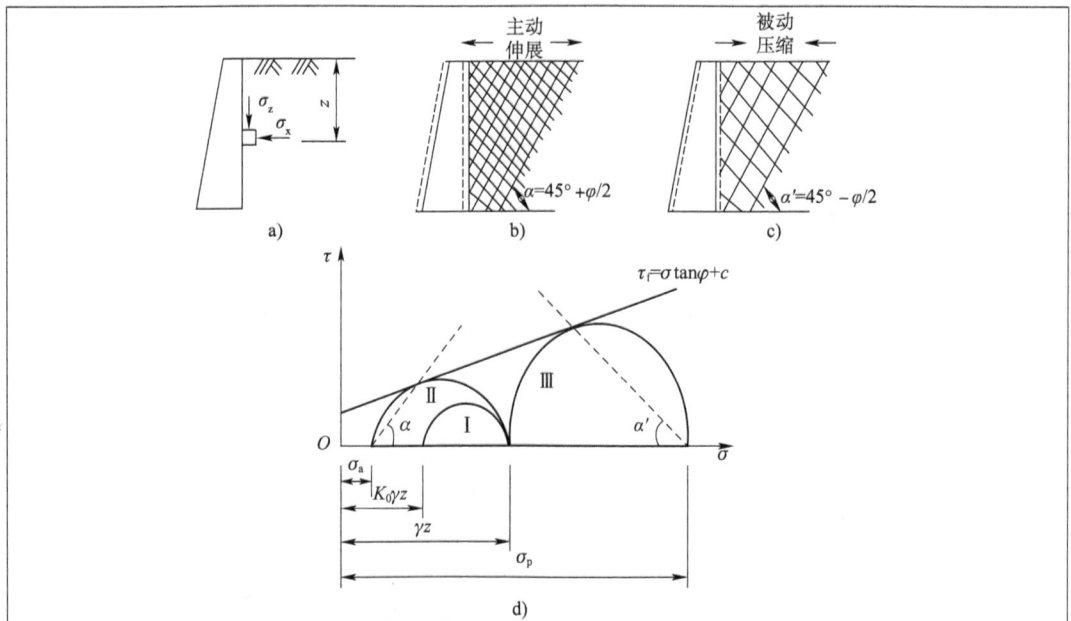

图 10-4 半空间体的极限平衡状态

a) z 深度处单元体的应力状态;b) 主动朗肯状态;c) 被动朗肯状态;d) 应力圆表示朗肯状态

（二）主动土压力计算

根据前述分析,当墙后填土达到主动极限平衡状态时,作用于任意 z 深度处土单元的竖直应力 $\sigma_z = \gamma z$ 应是大主应力 σ_1,而作用于墙背的水平向土压力 σ_a 应是小主应力 σ_3。由土的强度理论可知,当土体中某点处于极限平衡状态时,大主应力 σ_1 和小主应力 σ_3 应满足以下关系式:

黏性土

$$\sigma_3 = \sigma_1 \tan^2\left(45° - \frac{\varphi}{2}\right) - 2c\tan\left(45° - \frac{\varphi}{2}\right) \tag{10-7}$$

无黏性土

$$\sigma_3 = \sigma_1 \tan^2\left(45° - \frac{\varphi}{2}\right) \tag{10-8}$$

将 $\sigma_3 = \sigma_a$,$\sigma_1 = \gamma z$ 代入式(10-7)和式(10-8),即得朗肯主动土压力计算公式为:

黏性土

$$\sigma_a = \gamma z \tan^2\left(45° - \frac{\varphi}{2}\right) - 2c\tan\left(45° - \frac{\varphi}{2}\right) = \gamma z K_a - 2c\sqrt{K_a} \tag{10-9}$$

无黏性土

$$\sigma_a = \gamma z \tan^2\left(45° - \frac{\varphi}{2}\right) = \gamma z K_a \tag{10-10}$$

式中:K_a——主动土压力系数,$K_a = \tan^2\left(45° - \frac{\varphi}{2}\right)$;

  γ——墙后填土的重度,kN/m^3,地下水位以下取有效重度;

  c——填土的黏聚力,kPa;

  φ——填土的内摩擦角,$(°)$;

  z——计算点距填土面的深度,m。

由式(10-10)可知,无黏性土的主动土压力强度与深度 z 成正比,沿墙高土压力分布为三角形,如图 10-5b)所示,作用在墙背上的主动土压力的合力 E_a 为 σ_a 分布图形的面积,其作用点位置在分布图形的形心处,土压力作用方向为水平方向,即

$$E_a = \frac{1}{2}\gamma H^2 \tan^2\left(45° - \frac{\varphi}{2}\right) = \frac{1}{2}\gamma H^2 K_a \tag{10-11}$$

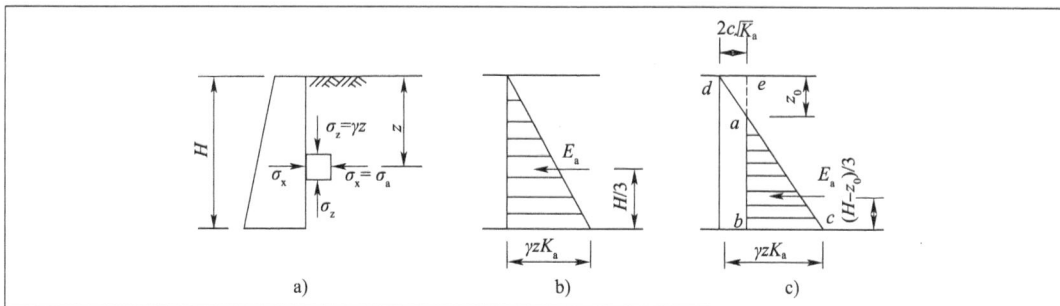

图 10-5　朗肯主动土压力计算示意图

a)墙后土单元应力状态;b)无黏性土;c)黏性土

由式(10-9)可知,黏性土的朗肯主动土压力强度包括两部分:一部分是由土自重引起的土压力 $\gamma z K_a$,另一部分是由黏聚力 c 引起的负侧向压力 $2c\sqrt{K_a}$,这两部分压力叠加的结果如图 10-5c)所示,其中 ade 部分是负侧向压力,对墙背是拉应力,但实际上墙与土在很小的拉力作用下就会分离,因此在计算土压力时,这部分拉力应略去不计,黏性土的土压力分布仅为 abc 阴影部分。

a 点至填土面的距离 z_0 常称为临界深度,可在式(10-9)中令 $\sigma_a = 0$ 求得,即令 $\gamma z_0 K_a - 2c\sqrt{K_a} = 0$,求得

$$z_0 = \frac{2c}{\gamma\sqrt{K_a}} \tag{10-12}$$

则黏性土主动土压力合力 E_a 为

$$E_a = \frac{1}{2}(H - z_0)\left(\gamma H K_a - 2c\sqrt{K_a}\right) = \frac{1}{2}\gamma H^2 K_a - 2cH\sqrt{K_a} + \frac{2c^2}{\gamma} \tag{10-13}$$

主动土压力合力 E_a 通过三角形压力分布图 abc 的形心,即作用在离墙底 $(H - z_0)/3$ 处,方向为水平。

(三)被动土压力计算

当墙在外力作用下挤压土体时,如图 10-6a)所示,填土中任一点的竖向应力 $\sigma_z = \gamma z$ 仍不变,而水平向应力 σ_x 却由小到大逐渐增大,直至出现被动朗肯状态。此时,作用在墙面上的水平向应力达到最大限值 σ_p,即大主应力 σ_1;而竖向应力 σ_z 为小主应力 σ_3。利用式(10-7)和式(10-8),可得被动土压力强度计算公式:

黏性土

$$\sigma_p = \gamma z K_p + 2c\sqrt{K_p} \tag{10-14}$$

无黏性土

$$\sigma_p = \gamma z K_p \tag{10-15}$$

式中:K_p——被动土压力系数,$K_p = \tan^2\left(45° + \frac{\varphi}{2}\right)$;

其余符号意义同前。

由式(10-14)和式(10-15)可知,无黏性土的被动土压力随墙高呈三角形分布,如图 10-6b)所示;黏性土的被动土压力随墙高呈上小下大的梯形分布,如图 10-6c)所示。

单位墙长被动土压力合力为:

黏性土

$$E_p = \frac{1}{2}\gamma H^2 K_p + 2cH\sqrt{K_p} \tag{10-16}$$

无黏性土

$$E_p = \frac{1}{2}\gamma H^2 K_p \tag{10-17}$$

被动土压力合力 E_p 的作用点通过梯形压力分布图或三角形压力分布图的形心,方向为水平。

图 10-6 朗肯被动土压力计算示意图

a)墙后土单元应力状态;b)无黏性土;c)黏性土

【例题 10-1】

有一挡土墙(图 10-7),高 5m,墙背直立、光滑,填土面水平,填土的物理学性质指标如下:$\varphi = 20°$, $c = 10\text{kPa}$, $\gamma = 18\text{kN/m}^3$。试求挡土墙的主动土压力合力 E_a 及其作用点位置,并绘出主动土压力分布图。

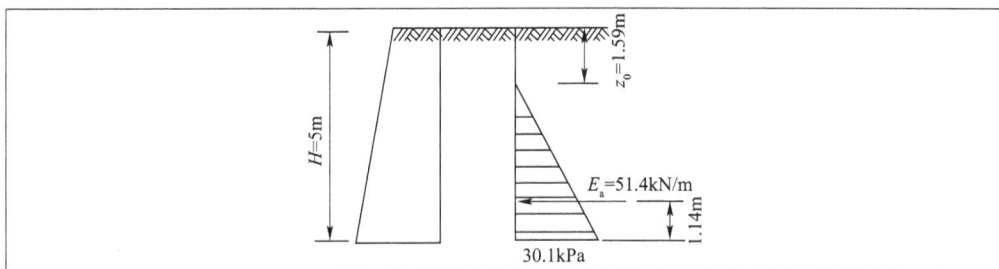

图 10-7 例题 10-1 图

【解】 在墙底处的主动土压力强度为:

$$\sigma_a = \gamma z K_a - 2c\sqrt{K_a} = \gamma z \tan^2\left(45° - \frac{\varphi}{2}\right) - 2c\tan\left(45° - \frac{\varphi}{2}\right)$$

$$= 18 \times 5 \times \tan^2\left(45° - \frac{20°}{2}\right) - 2 \times 10 \times \tan\left(45° - \frac{20°}{2}\right)$$

$$= 30.1(\text{kPa})$$

主动土压力合力

$$E_a = \frac{1}{2}\gamma H^2 K_a - 2cH\sqrt{K_a} + \frac{2c^2}{\gamma} = \frac{1}{2}\gamma H^2 \tan^2\left(45° - \frac{\varphi}{2}\right) -$$

$$2cH\tan\left(45° - \frac{\varphi}{2}\right) + \frac{2c^2}{\gamma} = \frac{1}{2} \times 18 \times 5^2 \times \tan^2\left(45° - \frac{20°}{2}\right) -$$

$$2 \times 10 \times 5 \times \tan\left(45° - \frac{20°}{2}\right) + \frac{2 \times 10^2}{18} = 51.4(\text{kN/m})$$

临界深度为：

$$z_0 = \frac{2c}{\gamma\sqrt{K_a}} = \frac{2 \times 10}{18 \times \tan\left(45° - \frac{20°}{2}\right)} = 1.59(\text{m})$$

主动土压力合力 E_a 至墙底的距离 x 为：

$$x = (H - z_0)/3 = (5 - 1.59)/3 = 1.14(\text{m})$$

(四)几种常见情况下的朗肯土压力计算

工程中经常遇到填土面有连续均布荷载、分层填土、填土中有地下水的情况,当挡土墙满足朗肯土压力简单界面条件时,仍可根据朗肯土压力理论按如下方法分别计算其土压力。

1.填土面有连续均布荷载

当挡土墙后填土面有连续均布荷载 q 作用时,通常是将均布荷载换算成作用在地面上的当量土重(其重度 γ 与填土相同),即设想成一厚度为 h 的土层作用在填土面上,然后计算填土面处和墙底处的土压力。

$$h = q/\gamma \tag{10-18}$$

在深度为 z 处的主动土压力强度为：

无黏性土

$$\sigma_a = \gamma(z + h)K_a = \gamma\left(z + \frac{q}{\gamma}\right)K_a = (\gamma z + q)K_a \tag{10-19}$$

黏性土

$$\sigma_a = \gamma(z + h)K_a - 2c\sqrt{K_a} = \gamma\left(z + \frac{q}{\gamma}\right)K_a - 2c\sqrt{K_a}$$

$$= (\gamma z + q)K_a - 2c\sqrt{K_a} \tag{10-20}$$

墙后填土的主动土压力合力 E_a 为：

无黏性土

$$E_a = \left(\frac{1}{2}\gamma H^2 + qH\right)K_a \tag{10-21}$$

黏性土

$$E_a = \left(\frac{1}{2}\gamma H^2 + qH\right)K_a - 2c\sqrt{K_a}H \tag{10-22}$$

以黏性土为例,其主动土压力分布图如图10-8所示,主动土压力合力的作用点位置通过梯形分布图的形心,方向为水平。

2.分层填土

填土由不同性质的土分层填筑(图10-9)时,对上层土,按均匀的土质指标计算土压力。计算第二层土的土压力时,将上层土视为作用在第二层土上的均布荷载,换算成第二层土的性质指标的当量土层(当量土层厚度 $h = h_1\gamma_1/\gamma_2$),然后按第二层土的指标计算土压力,但只在第二层土层厚度范围内有效。因此,在土层的分界面上,计算出的土压力有两个数值,会产生突变。其中,一个值代表第一层底面的压力,而另一个值则代表第二层顶面的压力。由于两层土性质不同,土压力系数 K 也不同,计算第一、第二层土的土压力时,应按各自土层的性质指标 c、φ 分别计算其土压力系数 K,从而计算出各层土的土压力。计算多层土时方法相同。

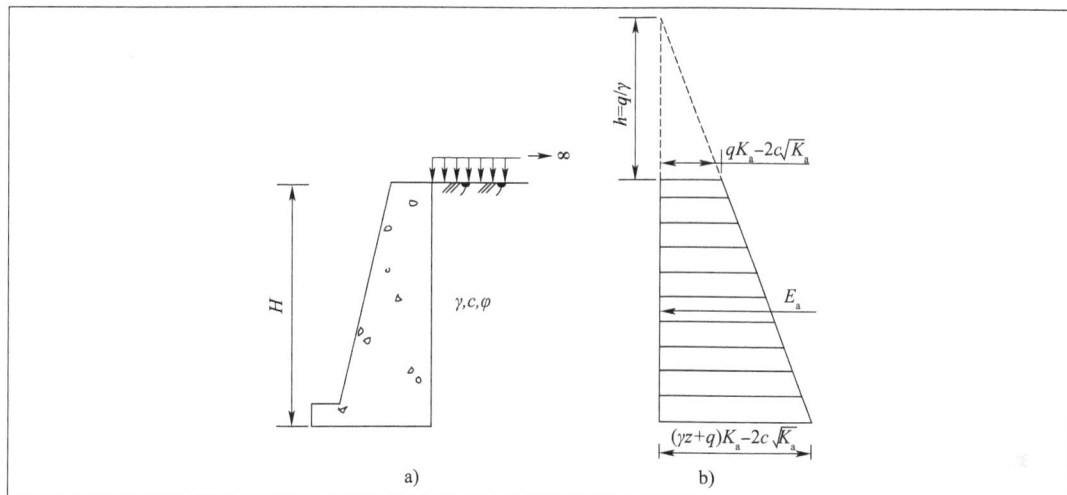

图 10-8　填土表面有连续均布荷载(墙后填土为黏性土)时主动主压力分布图

如图 10-9 所示,以黏性土为例,某挡土墙墙后有两层黏性土,墙后各点的主动土压力强度分别为

A 点处(属第 1 层土)

$$\sigma_{a-A} = -2c_1\sqrt{K_{a1}} \qquad (10\text{-}23)$$

B 点处上方(属第 1 层土)

$$\sigma_{a-B}^{\perp} = \gamma_1 h_1 K_{a1} - 2c_1\sqrt{K_{a1}} \qquad (10\text{-}24)$$

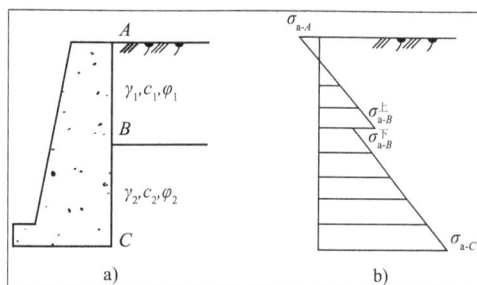

图 10-9　分层填土

B 点处下方(属第 2 层土)

$$\sigma_{a-B}^{\top} = \gamma_2 \frac{\gamma_1 h_1}{\gamma_2} K_{a2} - 2c_2\sqrt{K_{a2}} = \gamma_1 h_1 K_{a2} - 2c_2\sqrt{K_{a2}} \qquad (10\text{-}25)$$

C 点处(属第 2 层土)

$$\sigma_{a-C} = \gamma_2\left(\frac{\gamma_1 h_1}{\gamma_2} + h_2\right)K_{a2} - 2c_2\sqrt{K_{a2}} = (\gamma_1 h_1 + \gamma_2 h_2)K_{a2} - 2c_2\sqrt{K_{a2}} \qquad (10\text{-}26)$$

式中:K_{a1}——第 1 层土的主动土压力系数,$K_{a1} = \tan^2\left(45° - \dfrac{\varphi_1}{2}\right)$;

K_{a2}——第 2 层土的主动土压力系数,$K_{a2} = \tan^2\left(45° - \dfrac{\varphi_2}{2}\right)$。

主动土压力合力 E_a 为土压力强度分布图形的面积,作用点位于其形心处。

【例题 10-2】

有一重力式挡土墙,高 5m,墙背垂直光滑,墙后填土表面水平,其上作用着均布荷载

$q=20\text{kPa}$。填土分两层,上层填土厚2m,$\gamma_1=18\text{kN/m}^3$,强度指标为$c_1=18\text{kPa}$,$\varphi_1=16°$;下层填土厚3m,$\gamma_2=20\text{kN/m}^3$,强度指标为$c_2=0$,$\varphi_2=30°$,具体如图10-10所示。试求作用于墙背的主动土压力强度σ_a分布及单位长度上主动土压力合力E_a大小及作用点。

【解】 各土层的主动土压力系数为:

$$K_{a1}=\tan^2\left(45°-\frac{\varphi_1}{2}\right)=\tan^2\left(45°-\frac{16°}{2}\right)=0.5678 \quad \sqrt{K_{a1}}=0.7536$$

$$K_{a2}=\tan^2\left(45°-\frac{\varphi_2}{2}\right)=\tan^2\left(45°-\frac{30°}{2}\right)=0.3333 \quad \sqrt{K_{a2}}=0.5774$$

挡土墙背A、B、C各点的主动土压力强度为:

$$\sigma_{a-A}=qK_{a1}-2c_1\sqrt{K_{a1}}=(20\times0.5678-2\times18\times0.7536)=-15.77(\text{kPa})$$

$$\sigma_{a-B}^{\perp}=(\gamma_1h_1+q)K_{a1}-2c_1\sqrt{K_{a1}}=[(18\times2+20)\times0.5678-2\times18\times0.7536]$$
$$=4.67(\text{kPa})$$

$$\sigma_{a-B}^{\top}=(\gamma_1h_1+q)K_{a2}-2c_2\sqrt{K_{a2}}=[(18\times2+20)\times0.3333-2\times0\times0.5774]$$
$$=18.67(\text{kPa})$$

$$\sigma_{a-C}=(\gamma_1h_1+\gamma_2h_2+q)K_{a2}-2c_2\sqrt{K_{a2}}=[(18\times2+20\times3+20)\times0.3333-2\times0\times0.5774]$$
$$=38.67(\text{kPa})$$

求临界深度z_0,即

$$(\gamma_1z_0+q)K_{a1}-2c\sqrt{K_{a1}}=0$$

解得$z_0=1.54\text{m}$。

主动土压力强度σ_a分布如图10-10b)所示。

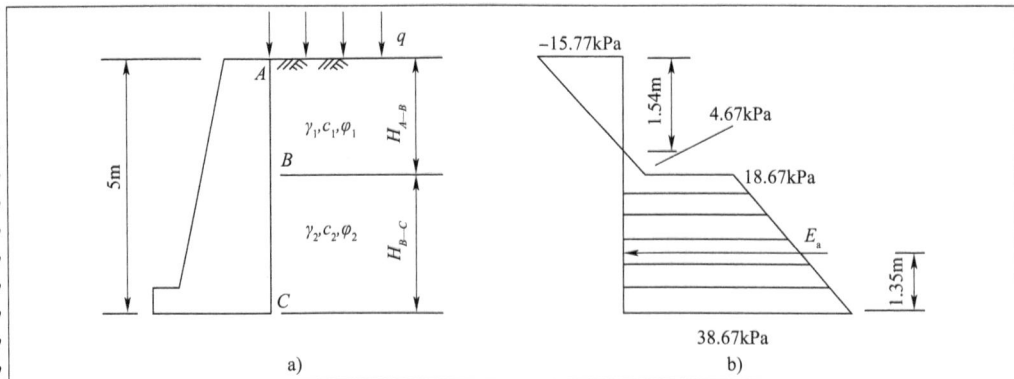

图10-10 例题10-2 图

墙背单位长度上的主动土压力合力E_a为:

$$E_a=\frac{1}{2}\times4.67\times(2-1.54)+\frac{1}{2}\times(18.67+38.67)\times3=87.1(\text{kN/m})$$

E_a作用点位置(土压力分布图的形心处)为:

$$h_a=\frac{\frac{1}{2}\times4.67\times(2-1.54)\times[3+(2-1.54)/3]}{87.1}+\frac{18.67\times3\times1.5+\frac{1}{2}\times(38.67-18.67)\times3\times1}{87.1}$$
$$=1.35(\text{m})$$

3. 填土中有地下水

墙后填土常会部分或全部处于地下水位以下,由于渗水或排水不畅,墙后填土含水率增加。水对砂土的抗剪强度指标的影响较小,一般可以忽略。但对黏性土,随着含水率的增加,抗剪强度指标明显降低,从而使墙背土压力增大。因此,挡土墙应具有良好的排水措施,对于重要工程,计算时还应考虑适当降低抗剪强度指标 c 和 φ。

地下水位以下土的重度应取浮重度,并应计入地下水对挡土墙产生的静水压力 $\gamma_w h$。因此,作用在墙背上的侧向压力为土压力和水压力之和。图 10-11 中 $abdec$ 为土压力分布图,而 cef 为水压力分布图。

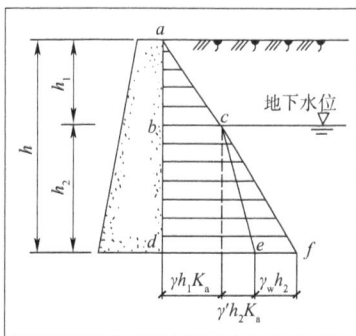

图 10-11 墙后填土中有地下水

【例题 10-3】

已知某挡土墙高度 $H = 8.0\text{m}$,墙背竖直、光滑,填土表面水平,地下水位在填土表面下 4m。墙后填土为砂土,地下水位以上:重度 $\gamma = 18\text{kN/m}^3$,黏聚力 $c = 0$,内摩擦角 $\varphi = 32°$;地下水位以下:饱和重度 $\gamma_{sat} = 20\text{kN/m}^3$,黏聚力 $c' = 0$,内摩擦角 $\varphi' = 32°$,如图 10-12 所示。试求作用在挡土墙上的主动土压力及水压力分布及合力。

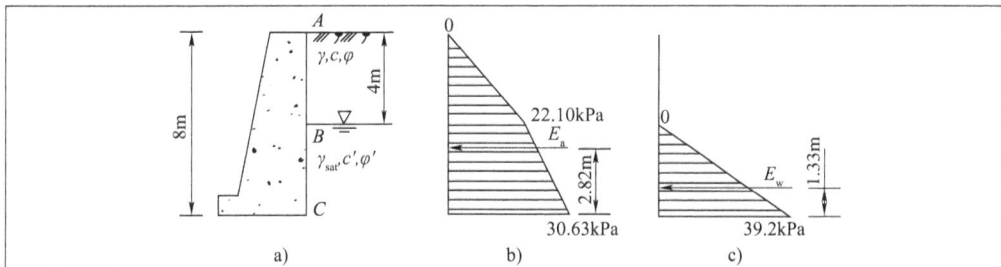

图 10-12 例题 10-3 图
a)计算图示;b)土压力分布;c)水压力分布

【解】 (1)主动土压力

由于本例中在地下水位上、下,土的内摩擦角相等,故主动土压力系数

$$K_{a1} = K_{a2} = \tan^2\left(45° - \frac{\varphi}{2}\right) = \tan^2\left(45° - \frac{32°}{2}\right) = 0.307$$

挡土墙墙背上各点主动土压力强度为:

$\sigma_{a-A} = 0\text{kPa}$

$\sigma_{a-B}^{\pm} = \gamma h_1 K_{a1} = 18 \times 4 \times 0.307 = 22.10(\text{kPa})$

$\sigma_{a-B}^{\mp} = \gamma h_1 K_{a2} = 18 \times 4 \times 0.307 = 22.10(\text{kPa})$

$\sigma_{a-C} = (\gamma h_1 + \gamma' h_2)K_{a2} = [18 \times 4 + (20 - 9.8) \times 4] \times 0.307$
$\qquad = 30.63(\text{kPa})$

主动土压力强度分布如图10-12b)所示。

单位长度挡土墙承受的主动土压力合力 E_a 为:

$$E_a = \frac{1}{2}\sigma_{a-B}^{\pm}h_1 + \frac{1}{2}(\sigma_{a-B}^{\top} + \sigma_{a-C})h_2 = \frac{22.10 \times 4}{2} + \frac{(22.10+34.63)\times 4}{2}$$

$$= 157.8(\text{kN/m})$$

E_a 作用点位置距挡土墙底面高度 h_a 为:

$$h_a = \frac{\frac{1}{2}\sigma_{a-B}^{\pm}h_1\left(h_2+\frac{h_1}{3}\right)+\sigma_{a-B}^{\top}h_2\frac{h_2}{2}+\frac{1}{2}(\sigma_{a-C}-\sigma_{a-B}^{\top})h_2\frac{h_2}{3}}{E_a} = 2.82(\text{m})$$

其方向为水平,垂直于墙背。

(2)水压力

墙背各点水压力强度

$$\sigma_{w-B} = 0$$

$$\sigma_{w-C} = \gamma_w h_2 = 9.8 \times 4 = 39.2(\text{kPa})$$

水压力分布如图10-12c)所示。

单位长度挡土墙承受的总水压力为:

$$E_w = \frac{1}{2}\sigma_{w-C}h_2 = 78.4(\text{kN/m})$$

E_w 作用点位置距挡土墙底面高度 $h_w = h_2/3 = 1.33(\text{m})$,其方向为水平,垂直于墙背。

四、库仑土压力理论

(一)基本假定

库仑土压力理论是根据墙后所形成的滑动楔体的静力平衡条件建立的土压力计算方法。该理论假定:

(1)挡土墙是刚性的;

(2)墙后填土为无黏性土($c=0$);

(3)墙后滑动楔体沿着墙背和一个通过墙踵的平面发生滑动;

(4)滑动楔体可视为刚体,不考虑楔体内的应力变化。

应用库仑土压力理论可以计算无黏性土($c=0$)在各种情况下如墙背倾斜、填土面倾斜、墙面粗糙等的土压力。

(二)主动土压力计算

如图10-13所示,当墙向前移动或转动而使墙后土体沿某一破裂面 AC 破坏时,土楔 ABC 将沿着墙背 AB 和通过墙踵 A 点的滑动面 AC 向下向前滑动,在破坏的瞬间,滑动楔体 ABC 处于主动极限平衡状态。取 ABC 为隔离体,作用在其上的力有三个。

(1)土楔体自重 G。只要破裂面 AC 的位置确定,G 的大小就已知

想一想 库仑土压力理论是库仑在18世纪70年代提出的计算土压力的一种经典理论。该理论计算简便,能适用于各种复杂情况且计算结果比较接近实际,因而至今仍得到广泛应用。我国规范大多规定,挡土墙、桥梁墩台所受的土压力,应按库仑土压力理论计算。你还知道除此之外的其他计算土压力的理论吗?查一查相关资料并分享。

(等于土楔体△ABC的面积乘土的重度),其方向竖直向下。

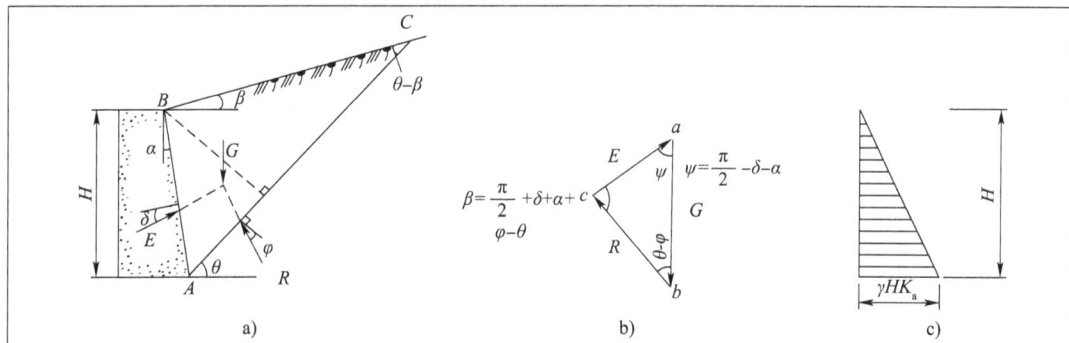

图 10-13　库仑主动土压力计算图

（2）墙背对土楔体的反力 E。该力是墙背对土楔体的切向摩擦力和法向反力的合力。与该力大小相等、方向相反的力就是土楔体作用在墙背上的土压力。E 大小未知,但方向为已知,它与墙背的法线方向成 δ 角,位于法线下侧;δ 角为墙背与填土之间的摩擦角(即外摩擦角)。

（3）破裂面 AC 上的反力 R。该力是土楔体滑动时,破裂面上的切向摩擦力和法向反力的合力,其大小未知,但其方向是已知的。反力 R 与破裂面 AC 的法线之间的夹角等于土的内摩擦角 φ,并位于该法线的下侧。

土楔体在以上三力作用下处于静力平衡状态,因此必构成一闭合的力矢三角形,如图 10-13b)所示,按正弦定理可得:

$$\frac{E}{G} = \frac{\sin(\theta - \varphi)}{\sin[180° - (\theta - \varphi + \psi)]} = \frac{\sin(\theta - \varphi)}{\sin(\theta - \varphi + \psi)} \tag{10-27}$$

即

$$E = G\frac{\sin(\theta - \varphi)}{\sin(\theta - \varphi + \psi)} \tag{10-28}$$

式中,$\psi = 90° - \alpha - \delta$。

上式中滑动面 AC 的倾斜角 θ 是未知的,按不同的 θ 值可绘出不同的滑动面,得出不同的 G 和 E 值。产生最大 E 值的滑动面才是产生库仑主动土压力的滑动面,按微分学求极值的方法,可由式(10-28)按 $\mathrm{d}E/\mathrm{d}\theta = 0$ 的条件求得 E 为最大值(即主动土压力合力 E_a)时的 θ 角,确定了 θ 值即确定了最危险滑动面的位置。将 θ 值代入式(10-28),可得主动土压力合力 E_a 为:

$$E_a = \frac{1}{2}\gamma H^2 K_a \tag{10-29}$$

其中

$$K_a = \frac{\cos^2(\varphi - \alpha)}{\cos^2\alpha\cos(\delta + \alpha)\left[1 + \sqrt{\dfrac{\sin(\varphi + \delta)\sin(\varphi - \beta)}{\cos(\alpha + \delta)\cos(\alpha - \beta)}}\right]^2} \tag{10-30}$$

式中:K_a——库仑主动土压力系数,K_a 与 α、β、δ、φ 有关,而与 γ、H 无关;

γ、φ——填土的重度和内摩擦角,(°);

α——墙背与竖直线之间的夹角,(°),以竖直线为准,逆时针方向为正(俯斜),顺时

针方向为负(仰斜);

β——填土表面与水平面之间的夹角,(°),水平面以上为正,水平面以下为负;

δ——墙背与填土之间的摩擦角,(°),其值可由试验确定,无试验资料时,一般取为

$(1/3 \sim 2/3)\varphi$。

由式(10-29)可知,主动土压力合力与墙高的二次方成正比,离墙顶深度为 z 处的主动土压力强度 σ_{a} 为:

$$\sigma_{\mathrm{a}} = \mathrm{d}E_{\mathrm{a}}/\mathrm{d}z = \mathrm{d}\left(\frac{1}{2}\gamma z^2 K_{\mathrm{a}}\right)\bigg/\mathrm{d}z = \gamma z K_{\mathrm{a}} \qquad (10\text{-}31)$$

由式(10-31)可知,主动土压力强度沿墙高呈三角形分布。主动土压力的作用点在离墙底 $H/3$ 处,方向与墙背法线的夹角为 δ 且在法线上侧。

当墙背直立($\alpha = 0$)、光滑($\delta = 0$)、填土面水平($\beta = 0$)时,式(10-29)可化简成

$$E_{\mathrm{a}} = \frac{1}{2}\gamma H^2 \tan^2\left(45° - \frac{\varphi}{2}\right) \qquad (10\text{-}32)$$

此时,库仑土压力公式与朗肯土压力公式完全相同,说明朗肯土压力是库仑土压力的一个特例。在特定条件下,两种土压力理论所得结果一致。

(三)被动土压力计算

如图 10-14 所示,当墙在外力作用下向后推挤填土,直至土体沿某一破裂面 AC 破坏时,土楔体 ABC 沿墙背 AB 和滑动面 AC 向上滑动,在破坏的瞬间,滑动土楔体 ABC 处于被动极限平衡状态。取 ABC 为隔离体,考虑其上作用的力和静力平衡,按前述库仑主动土压力公式推导思路,采用类似方法可得库仑被动土压力公式。但要注意的是,作用在土楔体上的反力 E_{p} 和 R 的方向与求主动土压力时相反,都应位于法线的另一侧(即上侧)。另外,被动土压力与主动土压力的不同之处是相应于土压力值为最小值时的滑动面才是真正的滑动面,因为这时土楔体所受阻力最小,最容易被向上推出。

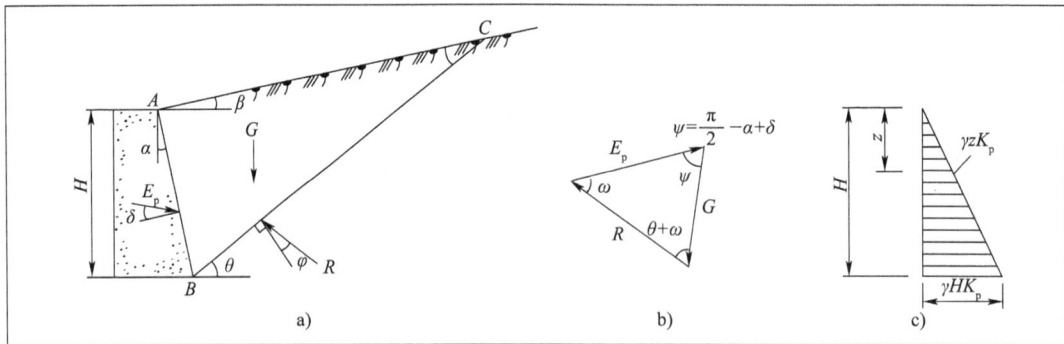

图 10-14 库仑被动土压力计算图

库仑被动土压力的计算公式为:

$$E_{\mathrm{p}} = \frac{1}{2}\gamma H^2 K_{\mathrm{p}} \qquad (10\text{-}33)$$

其中

$$K_{\mathrm{p}} = \frac{\cos^2(\varphi + \alpha)}{\cos^2\alpha\cos(\alpha - \delta)\left[1 - \sqrt{\dfrac{\sin(\varphi + \delta)\sin(\varphi + \beta)}{\cos(\alpha - \delta)\cos(\alpha - \beta)}}\right]} \qquad (10\text{-}34)$$

式中:K_p——库仑被动土压力系数;

其余符号意义同前。

显然,K_p 也与 α、β、δ、φ 有关。

被动土压力强度 σ_p 可按下式计算:

$$\sigma_p = dE_p/dz = d\left(\frac{1}{2}\gamma z^2 K_p\right)\bigg/dz = \gamma z K_p \tag{10-35}$$

被动土压力强度沿墙高也呈三角形分布,如图 10-14 所示,其方向与墙背的法线成 δ 角且在下侧,土压力合力作用点在距墙底 $H/3$ 处。

在墙背直立、光滑、填土面水平情况下,库仑被动土压力公式与朗肯被动土压力公式相同。这说明朗肯土压力是库仑土压力的一个特例。在特定条件下,两种土压力理论所得结果一致。

【例题 10-4】

某挡土墙墙高 5m,墙背俯斜角 $\alpha = 10°$,填土面坡角 $\beta = 25°$,填土重度 $\gamma = 17\text{kN/m}^3$,内摩擦角 $\varphi = 30°$,黏聚力 $c = 0$,填土与墙背的摩擦角 $\delta = 10°$。试求库仑主动土压力的大小、分布及作用点位置。

【解】 根据 $\alpha = 10°$,$\beta = 25°$,$\gamma = 17\text{kN/m}^3$,$\varphi = 30°$,$\delta = 10°$,由式(10-30)得库仑主动土压力系数 $K_a = 0.622$。

由式(10-31)得主动土压力强度值

在墙顶 $\sigma_a = \gamma z K_a = 0$

在墙底 $\sigma_a = \gamma z K_a = 17 \times 5 \times 0.622 = 52.87(\text{kPa})$

土压力的合力为强度分布图面积,也可按式(10-29)直接求出。

$$E_a = \frac{1}{2}\gamma H^2 K_a = \frac{1}{2} \times 17 \times 5^2 \times 0.622 = 132.18(\text{kN/m})$$

土压力合力作用点位置距墙底为 $H/3 = 5/3 = 1.67(\text{m})$,与墙背法线成 10° 上倾角。土压力强度分布如图 10-15 所示。注意,该强度分布图只表示大小,不表示作用方向。

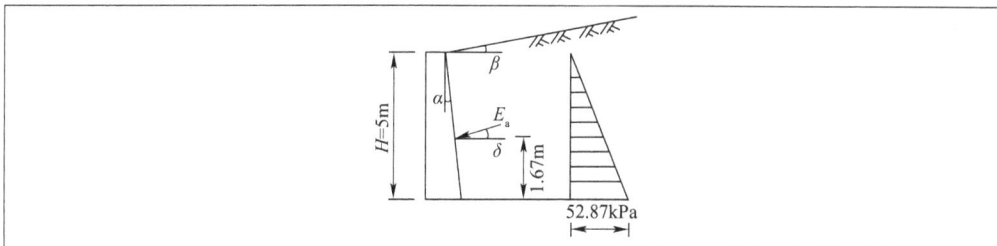

图 10-15 例题 10-4 图

(四)黏性土的库仑土压力计算

库仑土压力理论只讨论了墙后填土为无黏聚力的砂性土($c = 0$)的土压力计算问题,当墙后土体为黏性土时,不能直接应用库仑土压力理论。但在实际工程中,挡土墙后的填料一般都就地取材,且大部分是黏性土。因此,要计算黏性土压力,必须将库仑土压力理论加以推广。为此,提出等效内摩擦角方法。所谓等效内摩擦角方法,就是先根据一定的等效原则,将黏性土等效为具有摩擦角 φ_d 的砂土,然后按照砂土的方法计算库仑土压力。

五、朗肯土压力理论与库仑土压力理论的讨论

朗肯土压力理论从半无限体中一点的应力状态和极限平衡的角度出发,推导出土压力计算公式。其概念清楚,公式简单,便于记忆,计算公式对黏性土或无黏性土均适用,在工程中得到了广泛应用。但为了使挡土墙后填土的应力状态符合半无限体的应力状态,必须假设墙背是光滑、直立的,因而它的应用范围受到了很大限制。此外,朗肯土压力理论忽略了实际墙背并非光滑、存在摩擦力的事实,使计算得到的主动土压力偏大,而被动土压力偏小。

库仑土压力计算公式是根据挡土墙后滑动土楔体的静力平衡条件推导出的。在推导时考虑了实际墙背与土之间的摩擦力,对墙背倾斜、填土面倾斜情况没有像朗肯土压力计算公式那样限制,因而库仑土压力计算公式应用更广泛。但库仑土压力计算公式事先曾假设墙后填料为无黏性土,因而对于黏性填土挡土墙,不能直接采用库仑土压力公式进行计算,必须将库仑土压力计算公式加以推广使用。

◀ 技能训练工单及练习 ❀

❀ 工作任务单

一、工作任务

1.预习土压力计算相关内容;

2.根据以下练习内容,归纳总结土压力计算相关知识,填写表10-1(空白处没有内容的填无)。

信息表 　　　　　　　　　　　　　　表10-1

土压力计算方法	原理	影响因素	优缺点	计算公式
主动土压力计算				
静止土压力计算				
被动土压力计算				
朗肯土压力计算				
库仑土压力计算				

二、考核评价

评价表参见附录一。

❀ 练习

1.按位移不同土压力有哪几种?

2.什么是静止土压力、主动土压力和被动土压力?三者的大小关系以及与挡土墙位移大小和方向的关系怎样?

3.比较朗肯土压力理论和库仑土压力理论的基本假定。

4.比较朗肯土压力理论和库仑土压力理论的推导原理。

5.朗肯土压力理论和库仑土压力理论的适用性怎样?存在哪些问题?

6.计算如图10-16所示的地下室外墙上的土压力分布、合力大小及作用点位置。

7.某挡土墙高6m,墙背竖直光滑,填土面水平,$\gamma = 18.6\text{kN/m}^3$、$\varphi = 20°$、$c = 18\text{kPa}$。试计算挡土墙主动土压力分布、合力大小及作用点位置。

8.某挡土墙高6m,墙背竖直、光滑,填土面水平,土面上作用有连续均布荷载 $q = 30\text{kPa}$,墙后填土为两层性质不同的土层,其他物理力学指标如图10-17所示。试计算作用于该挡土墙上的被动土压力及其分布。

9.如图10-18所示,某挡土墙墙后填土与墙背的外摩擦角 $\delta = 15°$,使用库仑土压力理论计算主动土压力的大小、作用点的位置和方向,以及主动土压力沿墙高的分布。

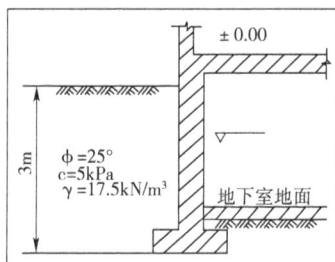

图10-16　练习6图

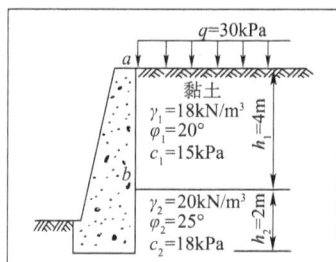

图10-17　练习8图

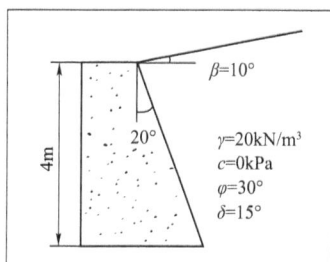

图10-18　练习9图

任务十一

挡土墙设计

||| 任务描述 |||

　　通过本任务相关知识的学习并结合在线课程资源及相关资料，完成挡土墙设计工单。通过线上线下学习，完成本任务技能训练工单及练习，遇到困难学习小组互相帮助。

||| 任务要求 |||

　　（1）根据班级人数分组，一般6~8人/组；

　　（2）以组为单位，各组员按分工完成任务，组长负责检查并记录各成员的讨论结果，做好记录以供集体讨论；

　　（3）全组共同完成所有任务，组长负责成果的记录与整理，按任务要求上交报告，以供教师批阅。

||| 学习目标 |||

知识目标：
掌握挡土墙设计要求、原则及设计内容；
熟悉挡土墙类型，并掌握各类挡土墙的构造和特征；
熟悉重力式挡土墙的设计方法与步骤；
掌握挡土墙抗倾覆、抗滑动稳定性验算方法；
了解加筋土挡土墙的作用机理、设计原理与方法。

能力目标：
能通过挡土墙设计知识点学习，掌握挡土墙设计要求、原则及内容、设计方法与步骤，并得到一定的挡土墙设计技能训练。

||| 学习重点 |||

　　重力式挡土墙的构造及特点；重力式挡土墙的设计方法与步骤；重力式挡土墙抗倾覆、抗滑动稳定性验算方法。

||| 学习难点 |||

　　重力式挡土墙抗倾覆、抗滑动稳定性验算方法；加筋土挡土墙的作用机理、设计原理与方法。

挡土墙是防止土体坍塌下滑的构筑物,广泛应用于铁路工程以及桥梁工程等领域。例如,支撑路基边坡的挡土墙、地下室外墙、基坑开挖维护结构、码头的岸壁以及桥台等(图 11-1)。根据其结构形式,挡土墙可分为重力式、悬臂式和扶壁式等类型,其中以重力式最为常见,它可用块石、砖、素混凝土、钢筋混凝土和土工合成材料等修建而成。

引导问题 什么是挡土墙? 挡土墙设计要求有哪些? 设计原则有哪些?

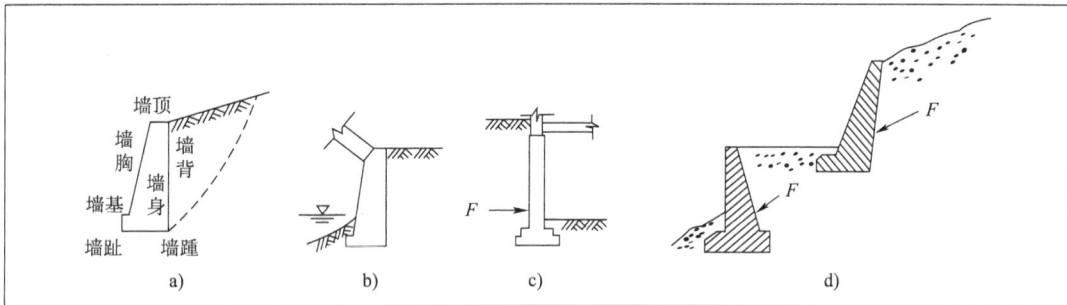

图 11-1 常见挡土墙形式

a)边坡挡土墙;b)拱桥桥台;c)地下室墙;d)山区路基

一、挡土墙的设计要求、原则和内容

(一)挡土墙设计的基本要求

挡土墙设计应满足以下两项基本要求:

1. 选择合理的结构形式

挡土墙的结构形式应根据建筑物总体布置要求、墙的高度、地基条件、当地材料及施工条件并经经济技术比较确定。

2. 做出合理的断面设计

为做出合理的断面设计,在挡土墙设计中,应考虑以下各种条件:

(1)填土及地基强度指标的合理选取;

(2)根据挡土墙的结构形式、填土性质、施工开挖边坡情况等条件选用合理的土压力计算公式;

(3)根据正常运用、设计、校核、施工和建成等情况进行荷载计算和组合,并在稳定和强度验算中根据有关规范要求,确定合理的稳定和强度安全系数。

(二)挡土墙的设计原则

(1)挡土墙必须保证其安全正常使用;

(2)合理地确定挡土墙类型及截面尺寸;

(3)挡土墙的平面布置及高度的确定,需满足工程用途的要求;

(4)挡土墙设计必须符合有关规范的要求。

(三)挡土墙的设计内容

挡土墙设计包括墙型选择、稳定性验算、地基承载力验算、墙身材料强度验算以及一些设计中的构造要求和措施等。本任务着重介绍重力式挡土墙和加筋土挡土墙设计内容。

二、挡土墙的类型

常见的挡土墙类型有重力式挡土墙、悬臂式挡土墙、扶壁式挡土墙、锚杆式挡土墙、锚定板式挡土墙和加筋土挡土墙等。一般应根据工程需要、土质情况、材料供应情况、施工技术以及造价等因素合理地选择挡土墙类型。

(一)重力式挡土墙

重力式挡土墙一般是由块石、浆砌片石或混凝土材料砌筑,墙身截面较大,依靠墙体自重抵抗土压力、保持墙身稳定的一种挡土墙。重力式挡墙各部分名称见图11-2a)。根据墙背倾斜方向,重力式挡土墙可分为俯斜、直立和仰斜三种形式,分别如图11-2b)、c)、d)所示。衡重式挡土墙墙高一般小于8m,当墙高超过10m时,宜用衡重式,见图11-2e)。重力式挡土墙依靠墙身自重抵抗土压力引起的倾覆弯矩,其结构简单,施工方便,能就地取材,在工程中应用最广。

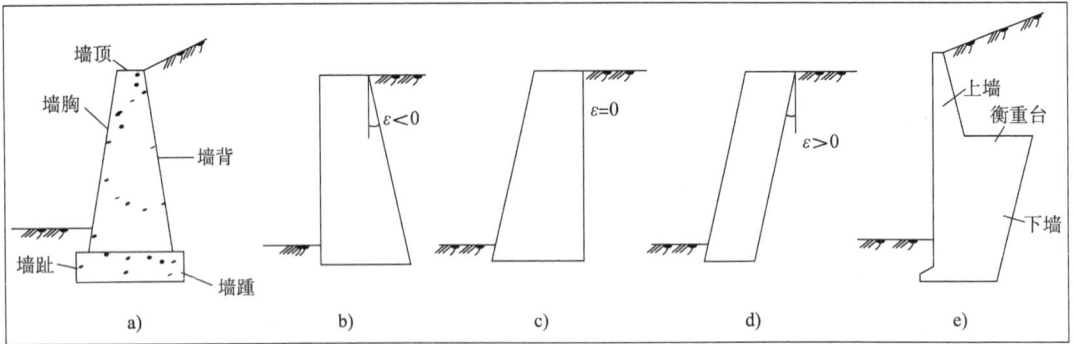

图11-2 重力式挡土墙

a)挡土墙各部分名称;b)俯斜式;c)直立式;d)仰斜式;e)衡重式

(二)悬臂式挡土墙、扶壁式挡土墙

悬臂式挡土墙一般是由钢筋混凝土制成的悬臂板式的挡土墙,挡土墙结构及各部分名称如图11-3a)所示。墙身立壁在土压力作用下受弯,墙身内弯曲拉应力由钢筋承担;墙体的稳定性靠底板以上的土重维持。这类挡土墙的优点是充分利用了钢筋混凝土的受力特性,墙体截面较小。悬臂式挡土墙一般适用于墙高大于5m、地基土质较差、当地缺少石料的情况,多用于市政工程及储料仓库。

当悬臂式挡土墙高度大于10m时,墙体立壁挠度较大,为了增强立壁的抗弯刚度,沿墙体纵向每隔一定距离(30% ~60%墙高)设置一道加劲扶壁,故称为扶壁式挡土墙,如图11-3b)所示。

(三)锚杆式挡土墙及锚定板式挡土墙

锚杆式挡土墙属于轻型支挡结构物,依靠锚固于稳定岩土层中的锚杆提供的拉力来保证挡土墙的稳定。锚杆式挡土墙适用于承载力较低的地基,不必进行复杂的地基处理,常作为深基坑开挖的一种经济有效的支挡结构。锚杆式挡土墙一般由肋柱、挡土板和锚杆组成,如图11-4a)所示。

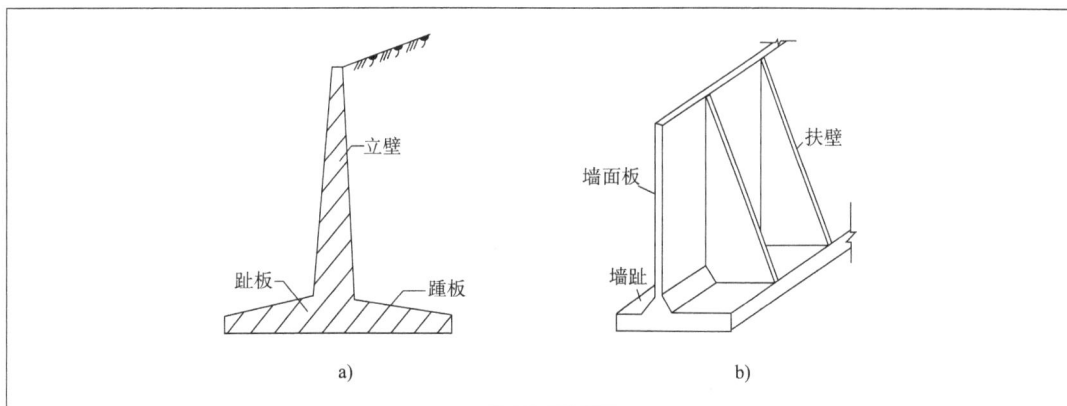

图11-3 悬臂式挡土墙、扶壁式挡土墙

a)悬臂式挡土墙;b)扶壁式挡土墙

锚定板式挡土墙与锚杆式挡土墙类似,只是在拉杆的端部用锚定板固定于滑动破裂面以外。依靠锚定板前面土的被动土压力提供类似锚杆的拉力。一般由墙面系(由立柱和挡土板组成)、拉杆、锚定板组成,如图11-4b)所示。锚定板式挡土墙受到的主动土压力完全由拉杆和锚定板承受,只要拉杆受到的岩土摩阻力和锚定板抗拔力不小于土压力值,就可保持结构和土体的稳定性。

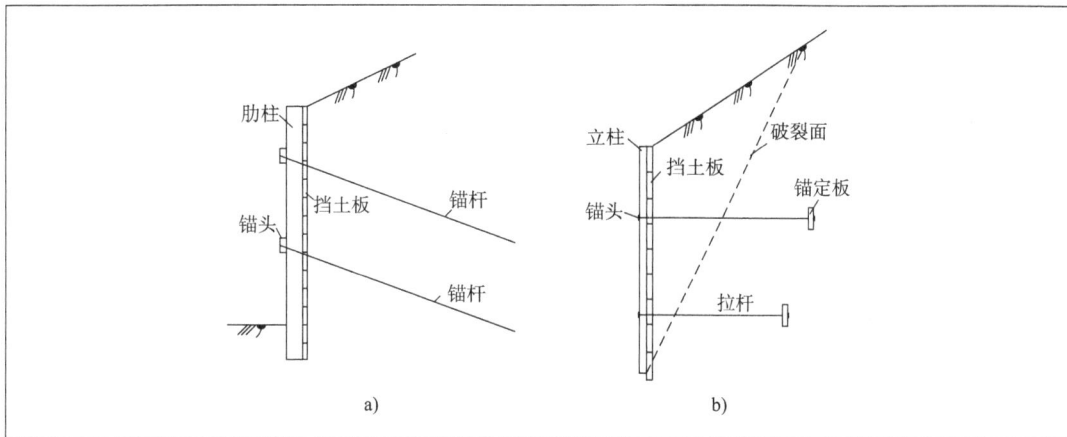

图11-4 锚杆式挡土墙与锚定板式挡土墙

a)锚杆式挡土墙;b)锚定板式挡土墙

(四)加筋土挡土墙

加筋土挡土墙构造如图11-5所示。填土与筋材间的摩擦力、筋条承受的拉力、墙面板承受的土压力都是整个复合结构的内力,这些内力相互平衡,将拉筋、填土及墙面板结合成一个整体的复合结构;同时,加筋土挡土墙作为工程构筑物,还要能够在外荷载的作用下保持稳定,即整个挡土墙的外部稳定。

除了上述介绍的几种常见挡土墙类型外,还有混合式挡土墙、构架式挡土墙、板桩墙等。

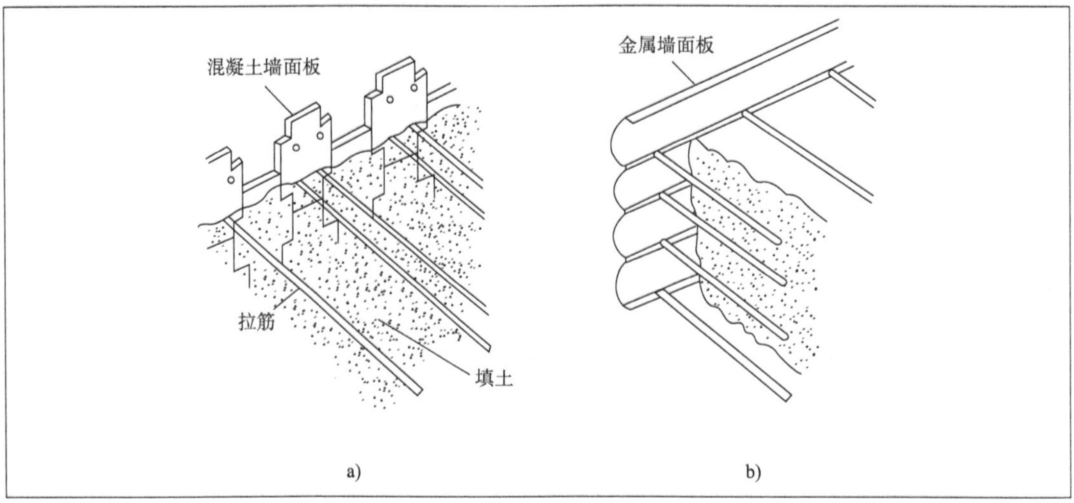

图 11-5　加筋土挡土墙

引导问题　什么是重力式挡土墙？怎样设计重力式挡土墙？

三、重力式挡土墙设计

（一）墙型选择及截面尺寸确定

重力式挡土墙除了根据墙背倾斜方向分为仰斜、直立、俯斜三种形式外,还可以选择衡重式挡土墙。设计中应根据使用要求、地形和施工条件等实际情况合理选择墙型。从边坡挖填的要求来看,当边坡是挖方时,仰斜式墙背比较合理,因为它的墙背可以和开挖的边坡紧密贴合;反之,填方时若采用仰斜式墙背,则墙背填土的夯实工作就比较困难,故填方时采用俯斜式或直立式比较合理。

重力式挡土墙的截面尺寸一般按试算法确定,可结合工程地质、填土性质、墙身材料和施工条件等方面的情况按经验初步拟定,然后进行验算、修正,直到满足要求为止。

（二）主要构造措施

拟定挡土墙截面尺寸前,还需充分调查地基土层条件。绝大部分挡土墙直接修筑在天然地基上。当地基较弱,地形平坦而墙身较高时,为减小基底压应力和增加抗倾覆稳定性,可加大墙趾外伸宽度,以增大基底面积。当墙趾加宽过多时,可采用钢筋混凝土底板,其厚度由抗剪及抗弯计算确定。当地基为软弱土层(如淤泥、软黏土等)时,可采用砂砾、碎石、矿渣或灰土等材料换填,以扩散基底压应力。当墙趾处地基情况较好而地面横坡坡度较大时,基础可做成台阶状,以减少基坑开挖和节省圬工。

一般重力式挡土墙基底宽度与墙高之比为 1/2～2/3;挡土墙墙面一般为平面,其坡度应与墙背坡度相协调,仰斜式墙面与墙背宜平行,坡度不宜缓于 1:0.25。墙顶的最小宽度,块石挡土墙不小于 0.4m,混凝土挡土墙为 0.2～0.4m。

挡土墙的埋置深度,一般不小于 0.5m,当有冲刷时,基础埋深至少在冲刷线以下 1m,此外还应考虑冻胀的影响。遇岩石地基时,应把基础埋入未风化的岩层内,为增加墙体稳定性,基底可做成逆坡,坡度可取 0.1 或 0.2。

挡土墙排水设施包括：

（1）当墙后有山坡时，应在坡下设置截水沟，顶面、坡面宜铺设防水层。

（2）设置墙身泄水孔。最下层泄水孔的底部应高出地面0.3m；当为路堑墙时，出水口应高于边沟水位0.3m；若为浸水挡土墙，则应设于常水位以上0.3m。对于干砌挡土墙，可不设泄水孔。

（3）路堑墙趾处的边沟应紧靠泄水孔下部设置隔水层，墙前应做好散水或排水沟。

（4）墙后要做好滤水层和必要的排水盲沟，可选用卵石、碎石等粗颗粒作为滤水层。

另外，为了避免因地基的不均匀沉降所引起的墙身开裂，需根据地基土的地质条件、墙高和墙身断面的变化情况设置沉降缝。同时，为了防止圬工砌体因收缩、硬化和温度变化而产生裂缝，也应设置伸缩缝。设计时通常将挡土墙的沉降缝和伸缩缝合并设置，沿挡土墙纵向每10~25m设置一道，缝宽2~3cm。

根据填土性质和墙高等因素初步拟定挡土墙尺寸后，主要验算内容就是挡土墙的强度和稳定性，即挡土墙的设计应保证在自重和外力作用下不发生全墙的滑动和倾覆，并保证墙身每一截面和基底的应力与偏心距均不超过容许值。

（三）稳定性验算

1. 作用于挡土墙的力系

为验算挡土墙的稳定性，必须首先了解作用于挡土墙的各种力系。作用于挡土墙的力系主要包括以下：

（1）土压力：土压力是挡土墙的主要设计荷载；

（2）墙身自重 W 及墙上的恒载；

（3）挡土墙基底反力：包括挡土墙基底的法向反力 N 和摩擦力 T。

在浸水地区，除上述几种力之外，还有水压力；在地震地区，还应考虑地震附加惯性力对挡土墙的影响。

2. 抗倾覆稳定性验算

研究表明，挡土墙的破坏大部分是倾覆破坏。要保证挡土墙在土压力的作用下不发生绕墙趾 O 点的倾覆（图11-6），必须要求抗倾覆安全系数 K_t（O 点的抗倾覆力矩与倾覆力矩之比）$\geq$ 1.6，即

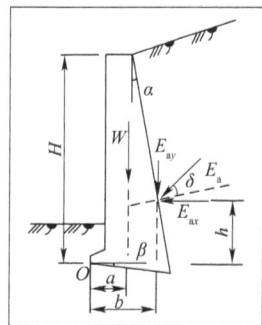

图11-6　挡土墙稳定性验算

$$K_t = \frac{Wa + E_{ay}b}{E_{ax}h} \geq 1.6 \tag{11-1}$$

$$E_{ay} = E_a \sin(\alpha + \delta) \tag{11-2}$$

$$E_{ax} = E_a \cos(\alpha + \delta) \tag{11-3}$$

式中：W——挡土墙每延米自重，kN/m；

a——挡土墙重心至墙趾的水平距离，m；

b——主动土压力 E_a 作用点至墙趾的水平距离，m；

h——E_a作用点至墙趾的竖直距离,m;

E_{ay}——主动土压力 E_a 的竖向分力,kN/m;

E_{ax}——主动土压力 E_a 的水平分力,kN/m;

δ——挡土墙墙背与土之间的摩擦角,(°);

α——挡土墙墙背与竖直方向的夹角,(°)。

挡土墙的抗倾覆稳定性验算不满足要求时,可采取如下措施:

(1)增大挡土墙截面尺寸,使 W 增大,但工程量将增加;

(2)加宽墙趾,增加抗倾覆力矩,但应注意墙趾宽高比应满足墙身材料刚性角的要求,否则需验算墙趾根部剪切承载力,必要时需配抗剪筋;

(3)墙背做成仰斜式,以减小土压力;

(4)设计成衡重式挡土墙或在挡土墙墙背上做减压平台。

当地基软弱时,在墙身倾覆的同时,墙趾可能陷入土中,造成力矩中心 O 点向内移动,抗倾覆安全系数将会降低,因此验算抗倾覆稳定性时,应注意地基土的压缩性。对软弱地基,应按圆弧滑动面验算地基的稳定性,必要时可进行地基处理。

3. 抗滑动稳定性验算

挡土墙在土压力作用下,有可能沿基底滑动。抗滑安全系数 K_s = 基底抗滑力/滑动力,抗滑动稳定性验算公式为

$$K_s = \frac{(W_n + E_{an})\mu}{E_{at} - W_t} \geq 1.3 \qquad (11\text{-}4)$$

式中:W_n、W_t——挡土墙分别垂直于基底和平行于基底的每延米自重分量,kN/m,其中 $W_n = W\cos\beta$,$W_t = W\sin\beta$;

β——墙底倾角,(°);

E_{an}——主动土压力 E_a 垂直于墙底的分量,kN/m,$E_{an} = E_a\sin(\alpha + \delta + \beta)$;

E_{at}——主动土压力 E_a 平行于墙底的分量,kN/m,$E_{at} = E_a\cos(\alpha + \delta + \beta)$;

μ——土对挡土墙基底的摩擦系数,宜通过试验确定,也可按表11-1确定。

土对挡土墙基底的摩擦系数　　　　　　表 11-1

土的类别		摩擦系数 μ	土的类别	摩擦系数 μ
黏性土	可塑	0.25~0.30	中砂、粗砂、砾砂	0.40~0.50
	硬塑	0.30~0.35	碎石土	0.40~0.60
	坚硬	0.35~0.45	软质岩石	0.40~0.60
粉土		0.30~0.40	表面粗糙的硬质岩石	0.65~0.75

抗滑动稳定性验算不满足要求时,可采取以下措施:

(1)修改挡土墙截面尺寸,以加大 W 值;

(2)加大基底宽度,以提高总抗滑力;

(3)增加基础埋深,使墙趾前的被动土压力增大;

(4)挡土墙底面做砂、石垫层,以提高 μ 值。

（四）地基承载力验算

为保证挡土墙的基底应力不超过地基的容许承载力,应进行基底应力验算。同时,为避免挡土墙基础发生不均匀沉降,还应控制作用于挡土墙基底的合力偏心距。否则,地基将丧失稳定性而产生整体滑动。挡土墙基底属偏心受压情况,其基底应力按线性分布计算。基底应力及合力偏心距验算图式见图11-7。

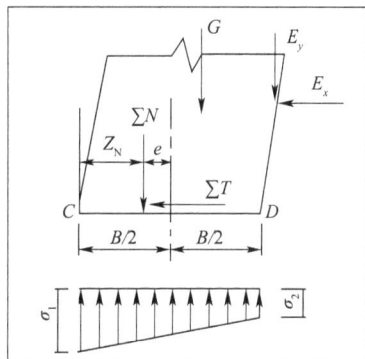

图 11-7　基底应力及合力偏心距验算图式

1.合力偏心距

作用于基底的合力的法向分力为 $\sum N$,它对墙趾的力臂为 Z_N,即

$$Z_N = \frac{\sum M_1 - \sum M_2}{\sum N} = \frac{(Wa + E_{ay}b) - E_{ax}h}{W_n + E_{an}}　(11-5)$$

式中:$\sum M_1$——各力系对墙趾的稳定力矩之和,kN·m;

$\quad\sum M_2$——各力系对墙趾的倾覆力矩之和,kN·m;

其余符号意义同前。

合力偏心距 e 为:

$$e = \frac{B}{2} - Z_N　(11-6)$$

基底的合力偏心距 e,在土质地基上,$e \leq B/6$;在软弱岩石地基上,$e \leq B/5$;在不易分化的岩石地基上,$e \leq B/4$。B 为基础底面宽度(m)。

2.基底应力

基底两边缘点,即墙趾和墙踵的法向压应力 σ_1、σ_2 为:

$$\begin{matrix}\sigma_1\\\sigma_2\end{matrix} = \frac{\sum N}{A} \pm \frac{\sum M}{W_0} = \frac{G + E_y}{B}\left(1 \pm \frac{6e}{B}\right)　(11-7)$$

式中:$\sum M$——各力对中性轴的力矩之和,kN·m,$\sum M = \sum N \cdot e$;

$\quad W_0$——基底截面模量,m³,对于1m 长的挡土墙,$W_0 = B^2/6$;

$\quad A$——基底面积,m²,对于1m 长的挡土墙,$A = B$。

基底压应力不得大于地基的容许承载力 $[\sigma]$。

当 $|e| > B/6$ 时,基底的一侧将出现拉应力,故不计拉力而按应力重分布计算基底最大压应力。

（五）墙身强度验算

在挡土墙设计中,除保证挡土墙有足够的稳定性外,还必须使墙身具有足够的强度。对一般挡土墙的墙身强度验算,一般选墙身截面突变处作为控制截面进行验算。墙身截面强度验算应包括抗压强度验算和抗剪强度验算。

【例题 11-1】

某重力式挡土墙如图 11-8 所示,砌体重度 $\gamma_k = 20$kN/m³,挡土墙位于软质岩石上,

基底摩擦系数 $\mu = 0.5$,地基承载力特征值 $f_a = 300\text{kPa}$,作用在墙背上的主动土压力为 60kN/m。试验证该挡土墙是否满足设计要求。

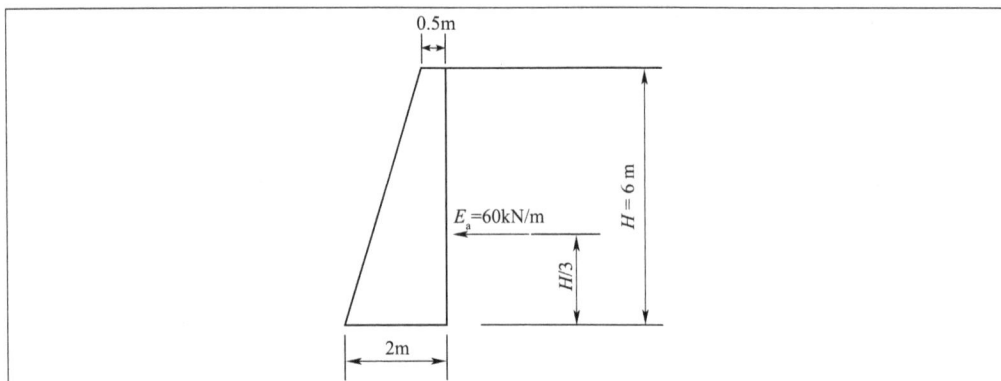

图11-8　例题11-1图

【解】　(1)抗倾覆稳定性验算

挡土墙自重 $W = \dfrac{1}{2} \times (0.5 + 2) \times 6 \times 20 = 150(\text{kN/m})$

由图11-8易知,墙身自重 W 作用点至墙趾的水平距离: $a = 1.3\text{m}$;土压力 E_a 作用点至墙趾的竖直距离: $h = H/3 = 2\text{m}$,则抗倾覆安全系数 K_t

$$K_t = \frac{Wa}{E_a h} = \frac{150 \times 1.3}{60 \times 2} = 1.625 > 1.6$$

故抗倾覆稳定性满足设计要求。

(2)抗滑动稳定性验算

$$K_s = \frac{W\mu}{E_a} = \frac{150 \times 0.5}{60} = 1.25 < 1.3$$

故抗滑动稳定性不满足设计要求。

(3)地基承载力验算

$$Z_N = \frac{\sum M_1 - \sum M_2}{\sum N} = \frac{150 \times 1.3 - 60 \times 2}{150} = 0.5(\text{m})$$

合力偏心距　$e = \dfrac{B}{2} - Z_N = \dfrac{2}{2} - 0.5 = 0.5(\text{m}) > \dfrac{B}{5} = 0.4(\text{m})$

故基底一侧会出现拉应力,计算时不计拉应力,而应按应力重分布计算基底最大压应力,详细方法本书不做介绍。

墙身强度验算从略。

四、加筋土挡土墙设计

加筋土挡土墙(或称加筋土支挡结构)由面板、筋带及填料三部分组成。它借助与面板相连接的筋带同填料之间的相互作用,使面板、筋带和填料形成一种稳定且柔性的复合支挡结构,见图11-9。加筋土挡土墙结构能充分利用材料的性能以及土与筋带的共同作用,因而结构轻巧、圬工体积小,便于现场预制和工地拼装,施工速度快,并能抗严寒、抗地震。与重力式挡土墙相比,加筋土挡土墙一般可降低造价25%～60%。因此,加筋土挡土墙是一种较为合理的挡土墙结构。现就面板、筋带、填料的基本要求,以及其结构计算进行简单介绍。

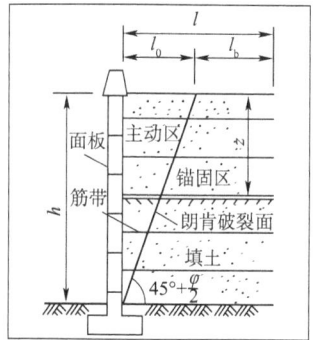

图11-9 加筋土挡土墙结构示意图

(一)面板

面板设计应满足坚固、美观、搬运方便和易于安装等要求,国内常用混凝土或钢筋混凝土预制件,混凝土强度等级不小于C20,国外也采用半圆形油桶或特制的椭圆形钢管做面板。面板的断面形式可做成槽形、矩形,立面可为矩形、六边形、十字形等。当面板为槽形断面时,可在面板翼缘上预留穿筋孔;而矩形断面可预埋钢筋环,钢筋直径宜不小于12mm。相邻面板之间可用企口拼接和插销定位,插销的钢筋直径宜不小于10mm。

(二)筋带

要求筋带抗拉强度高、延伸率小、抗老化、抗腐蚀,并具有一定的柔韧性。常用筋带材料有钢筋混凝土、镀锌钢片、多孔废钢片及土工合成材料等,国内以聚丙烯土工带应用最广。一般情况下,筋带宜水平布设,并尽可能垂直于面板,当从一个节点引出多根筋带时,可呈扇形散开,但在筋带有效长度范围内彼此不得直接搭叠。筋带与面板应连接良好,筋带的水平距离和垂直距离,一般为0.5～1.0m。

(三)填土

一般可采用砂类土、黏性土或杂填土,应易压实,同筋带相互作用力可靠,不含可能损伤筋带的尖利状颗粒。填土的设计参数应由试验确定。填筑时,填土的含水率应接近最佳含水率,其压实度一般应达90%以上。

(四)加筋土挡土墙的设计计算

加筋土挡土墙设计计算内容一般包括内部稳定性验算、外部稳定性验算、面板设计等。内部稳定性是指抵抗加筋被拉断或拔出的能力,即验算加筋土是否会发生加筋强度破坏(拉力破坏)或加筋被拔出(摩擦破坏)。依据加筋最大拉力和土与筋带材料的抗拉强度可进行强度验算,以确定加筋的密度与截面;依据加筋最大拉力和土与筋带间的摩擦系数可进行加筋抗拔验算,以确定加筋的长度与宽度。所谓外部稳定性,是指整体结构的抗滑、抗倾覆稳定性以及基底应力水平。由于其验算方法类似于重力式挡土墙,这里不再重复。本节主要介绍加筋土挡土墙的内部稳定性分析方法。

1. 筋带所受拉力计算

现有计算筋带所受拉力的理论较多,且不同的计算理论得出的结果不同,以下仅介绍常用的朗肯理论分析方法。

朗肯理论认为面板后土体呈朗肯主动状态,破裂面与水平面夹角为$45° + \varphi/2$,如图11-9

所示,破裂面以左为主动区,以右为被动区(即锚固区)。当土体主动土压力充分发挥时,面板后距加筋体顶面深度 z 处第 i 根筋带所受的拉力 T_i 为:

$$T_i = K_a \gamma z s_x s_y \tag{11-8}$$

式中:K_a——朗肯主动土压力系数,$K_a = \tan^2\left(45° - \dfrac{\varphi}{2}\right)$;

  γ——填料的重度,kN/m^3;

  z——第 i 层筋带至加筋体顶面的垂直距离,m;

  s_x——筋带的水平间距,m;

  s_y——筋带的垂直间距,m。

2. 筋带的断面面积

筋带的断面面积 $A_s(m^2)$ 可根据筋带所用的材料强度确定:

$$A_s = \frac{\gamma_G T_i}{f} \tag{11-9}$$

式中:f——筋带材料的抗拉强度设计值,kPa;

  γ_G——荷载分项系数,可取 $\gamma_G = 1.35$。

在实际工程中计算筋带断面尺寸时,还应考虑防腐蚀需要增加的尺寸。

3. 筋带摩擦力

每根筋带在工作时还有被拔出的可能,因此,尚需计算筋带抵抗被拔出的锚固长度 l_b。设土与筋带间的摩擦系数为 μ,则锚固区内因摩擦作用而使第 i 根筋带产生的摩擦力 T_b 为:

$$T_b = 2l_b b \gamma z \mu \tag{11-10}$$

式中:b——筋带的宽度,m;

  μ——筋带与填土之间的摩擦系数,宜通过试验确定,无试验时可取:砂土 $0.42 \sim 0.7$,黏性土 $0.4 \sim 0.6$,杂填土 $0.38 \sim 0.6$。

4. 抗拉安全系数

在 z 深度处的抗拉安全系数 K_b 为:

$$K_b = \frac{T_b}{T_i} = \frac{2l_b b \gamma z \mu}{K_a \gamma z s_x s_y} = \frac{2l_b b \mu}{K_a s_x s_y} \tag{11-11}$$

由式(11-11)可知,抗拉安全系数与深度无关,一般可取 $1.5 \sim 2.0$。

5. 筋带的锚固长度和总长度

由式(11-11)可得,第 i 根筋带的锚固长度 l_b 为:

$$l_b = \frac{K_b K_a s_x s_y}{2b\mu} \tag{11-12}$$

如图 11-9 所示,第 i 根筋带的总长度 l 为:

$$l = l_0 + l_b = h\tan^2\left(45° + \frac{\varphi}{2}\right) + \frac{K_b K_a s_x s_y}{2b\mu} \tag{11-13}$$

式中:l_0——筋带的无效长度,按朗肯理论 $l_0 = h\tan^2\left(45° + \dfrac{\varphi}{2}\right)$。

技能训练工单及练习

工作任务单

一、工作任务

1. 预习挡土墙设计相关内容;

2. 根据以下练习内容,归纳总结挡土墙设计相关知识,填写表11-2(空白处没有内容的填无)。

信息表

表 11-2

挡土墙设计类型	设计依据、原则	稳定性验算	抗倾覆稳定性验算	抗滑动稳定性验算	地基承载力验算
重力式挡土墙设计					
加筋土挡土墙设计					

二、考核评价

评价表参见附录一。

练习

1. 挡土墙设计有哪些基本要求和原则?

2. 挡土墙的设计内容有哪些?

3. 常见的挡土墙有哪几种类型?

4. 重力式挡土墙有何特点?

5. 如何确定重力式挡土墙墙型、截面尺寸及进行各种验算?

6. 加筋土挡土墙的作用机理是什么? 有何优点?

7. 加筋土挡土墙需进行哪些内容的设计计算?

8. 某重力式挡土墙高5m,墙背竖直光滑,填土面水平,如图11-10所示。砌体重度 $\gamma = 24kN/m^3$,基底摩擦系数 $\mu = 0.4$,作用在墙背上的主动土压力 $E_a = 51.6kN/m$。试验算该挡土墙的抗滑动和抗倾覆稳定性。

9. 如图11-11所示,挡土墙墙身砌体重度 $\gamma_w = 22kN/m^3$,试验算该挡土墙的稳定性。

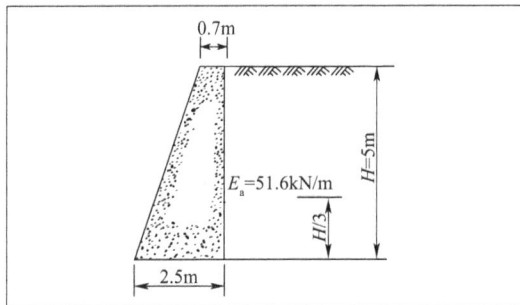

图 11-10 练习8图

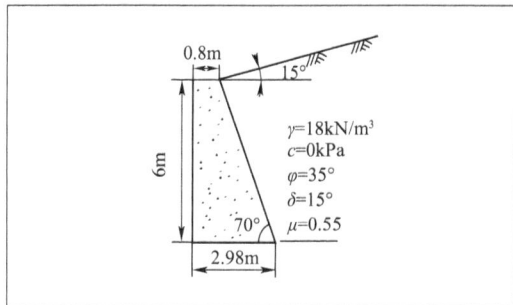

图 11-11 练习9图

土力学与地基基础(第2版)

学习情境五

基础设计与施工

任务十二

浅基础

▌▌▌ 任务描述 ▌▌▌

通过本任务相关知识的学习并结合在线课程资源及相关资料，完成浅基础设计、施工工单。通过线上线下学习，完成本任务技能训练工单及练习，遇到困难学习小组互相帮助。

▌▌▌ 任务要求 ▌▌▌

（1）根据班级人数分组，一般6~8人/组；

（2）以组为单位，各组员按分工完成任务，组长负责检查并统计各成员的任务结果，做好记录以供集体讨论；

（3）全组共同完成所有任务，组长负责成果的记录与整理，按任务要求上交报告，以供教师批阅。

▌▌▌ 学习目标 ▌▌▌

知识目标：

掌握浅基础的常用类型和适用条件；

了解基础埋置深度的要求；

掌握确定基础底面尺寸的设计方法；

掌握软弱下卧层验算方法；

了解各种刚性基础的构造特点、材料要求等；

掌握刚性基础的设计方法；

熟悉墙下条形基础、柱下钢筋混凝土独立基础的构造要求、设计方法；

掌握浅基础的施工方法和要求。

能力目标：

能通过浅基础知识点学习，根据主要条件进行刚性扩大基础的埋置深度和尺寸试算设计。

▌▌▌ 学习重点 ▌▌▌

刚性基础与柔性基础的区别；浅基础常用类型及适用条件；刚性扩大基础的埋置深度的基本要求；刚性扩大基础设计和验算的步骤；地基和基础设计规范对刚性扩大基础验算的具体要求；基坑的开挖及支护施工方法和要求。

▌▌▌ 学习难点 ▌▌▌

刚性扩大基础的埋置深度的基本要求；刚性扩大基础设计和验算的步骤；基坑的开挖及支护施工方法和要求。

一、概述

(一)基本概念

任何结构物都建造在一定的地层上,结构物的全部荷载都由它下面的地层来承担。受结构物影响的那一部分地层称为地基,结构物与地基接触的部分称为基础。在城市轨道交通工程中,桥梁工程占有相当大的比重,桥梁上部结构为桥跨结构,下部结构包括桥墩、桥台及其基础,如图12-1所示。

> **引导问题** 回想一下:什么是地基?什么是基础?基础根据埋置深度可以分为浅基础和深基础,它们是如何划分的?基础的作用是什么?

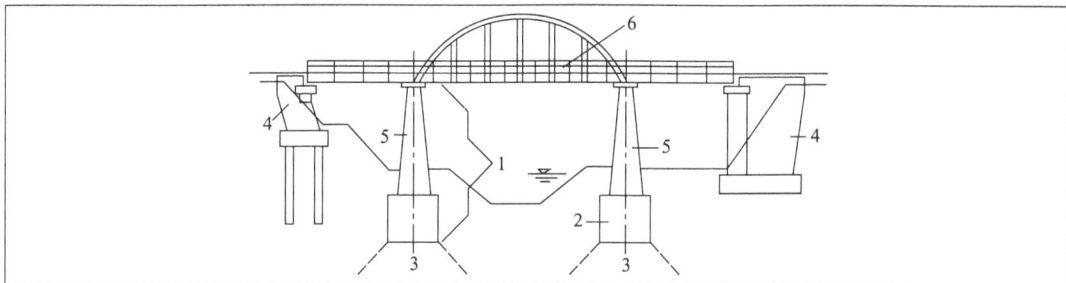

图 12-1 桥梁结构各部分立面示意图
1-下部结构;2-基础;3-地基;4-桥台;5-桥墩;6-上部结构

(二)地基基础在建筑物结构中的地位

地基基础是桥梁等建筑物的根基,地基基础如果不稳固,将危及整个建筑物的安全。地基基础的工程量、造价和施工工期,在整个建筑工程中占有相当大的比重,而且建筑物的基础是地下隐蔽工程,工程竣工后,将无法检验,难以补救。因此,应当充分认识地基基础的重要性。

各地的地基的差别非常大,即使是同一个地区,其地质情况也很不同,有的地基均匀坚实,可以采用天然地基浅基础;有的地基上部软弱,下部坚实,可以考虑采用桩基础;有的地基软弱层很深,可以用人工加固地基的方法进行处理。不仅如此,有些基础范围内存在地下建筑物、构筑物等旧的结构物,需要进行特殊处理。由此可见,地基基础具有复杂性。

二、浅基础的类型

> **引导问题** 工程中的浅基础类型很多,你都知道哪些?它们都是用什么材料做的?

天然地基上的基础,由于埋置深度不同,采用的施工方法、基础结构形式和设计计算方法也不相同,据此可分为浅基础和深基础两类。浅基础埋入地层的深度较小,施工一般采用直接敞坑开挖的方法,故亦称为明挖基础,明挖基础大多是浅平基。天然地基上的浅基础由于具有埋深小、结构形式简单、施工方法简便、造价低等诸多优点,只要在地质和水文条件许可的情况下,应优先选用。

天然地基上的浅基础,根据受力条件及构造可分为刚性基础和柔性基础两大类。

(一)刚性基础与柔性基础

1. 刚性基础

刚性基础如图12-2所示,在外力(包括基础自重)作用下,基底承受着强度为 σ 的地基反力,基础的悬出部分 a—a 断面左端,相当于承受着强度为 σ 的均布荷载的悬臂梁,在荷载作用下,a—a 断面将产生弯曲拉应力和剪应力。基础圬工具有足够大的截面,使得由地基反力产生的弯曲拉应力和剪应力小于圬工材料的容许应力,基础不允许有挠曲变形,a—a 断面不会出现裂缝。这时,基础内不需配置受力钢筋。这种采用抗压强度高,而抗拉、抗剪强度较低的刚性材料制作的基础称为刚性基础。常见的形式有刚性扩大基础、单独基础、条形基础等。

二维码

浅基础类型
与埋深选择

刚性基础的特点是稳定性好,施工简便,能承受较大的荷载,所以只要地基强度能满足要求,它就是首选的基础类型。它的主要缺点是自重大,并且当持力层为软弱土时,由于扩大基础面积有一定限制,需要对地基进行处理后才能采用,否则会因所受的荷载超过地基强度而影响结构物的正常使用。所以,对于荷载大或上部结构对沉降差较敏感的结构物,当持力层的土质较差且又较厚时,刚性基础作为浅基础是不适宜的。

2. 柔性基础

基础在基底反力作用下,在 a—a 断面产生的弯曲拉应力和剪应力若超过了基础圬工的强度极限值,为了防止基础在 a—a 断面开裂甚至断裂,必须在混凝土基础上配置足够数量的钢筋,利用钢筋来承受拉应力,使基础底部能够承受较大的弯矩,这种基础称为柔性基础,如图 12-3 所示。柔性基础允许挠曲变形。柔性基础常见的形式有十字交叉基础、筏板基础、箱形基础等。

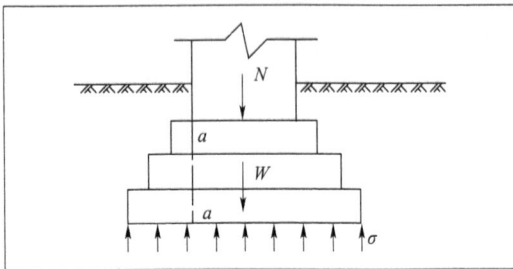

图 12-2　刚性基础

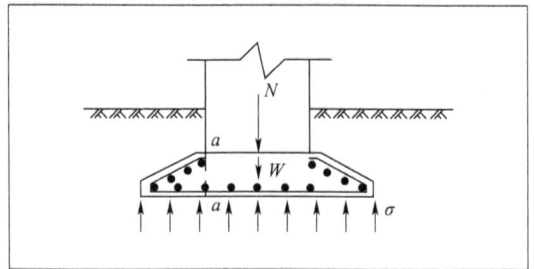

图 12-3　柔性基础

(二)浅基础的常见形式

(1)刚性扩大基础。由于地基强度一般较墩台或墙柱圬工的强度低,因而需要将其基础平面尺寸扩大以满足地基强度要求,这种刚性基础又称为刚性扩大基础,如图 12-4 所示。它是桥梁及其他构造物常用的基础形式,其平面形状常为矩形。

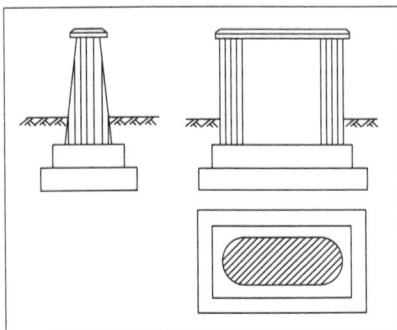

(2)单独基础和联合基础。单独基础是立柱式桥墩常用的基础形式之一。它的纵横剖面均可砌筑成台阶式,如图 12-5a)所示,但柱下单独基础若用石或砖砌筑,则在柱子与基础之间用混凝土墩连接。个别情况下柱下基础用钢筋混凝土浇筑时,其剖面也可浇筑成锥形,如图 12-5c)所示。

图 12-4　刚性扩大基础

当为了满足地基强度要求,必须扩大基础平面尺寸,而扩大会使相邻的单独基础在平面上相接甚至重叠时,可将它们连在一起成为联合基础,如图 12-5b) 所示。

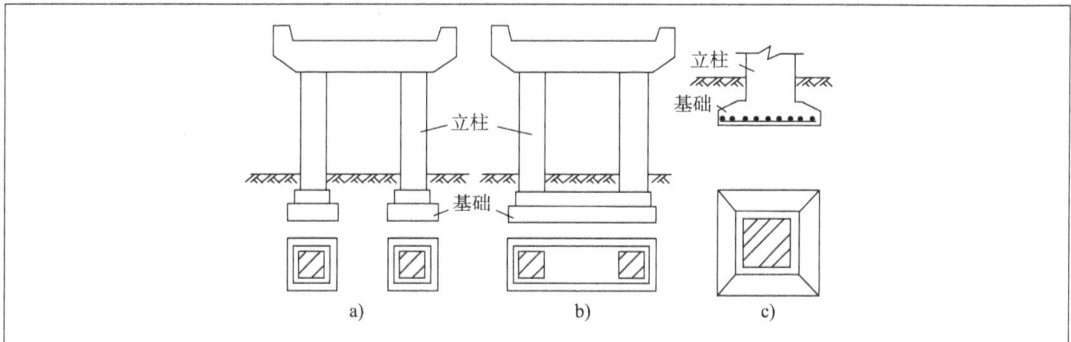

图 12-5 单独和联合基础

(3)条形基础。条形基础分为墙下条形基础和柱下条形基础,墙下条形基础是挡土墙下或涵洞下常用的基础形式。有时为了增强桥柱下基础的承载能力,将同一排若干个柱的基础联合起来,也可形成柱下条形基础,如图 12-6 所示。

(4)十字交叉基础。对于荷载较大的建筑,如果地基土质软弱且在两个方向分布不均,需要基础纵横两向都具有一定的抗弯刚度来调整基础的不均匀沉降。可在柱网下沿纵横两个方向都设置钢筋混凝土条形基础,即形成柱下十字交叉基础或称柱下交梁基础,如图 12-7 所示。

图 12-6 柱下条形基础

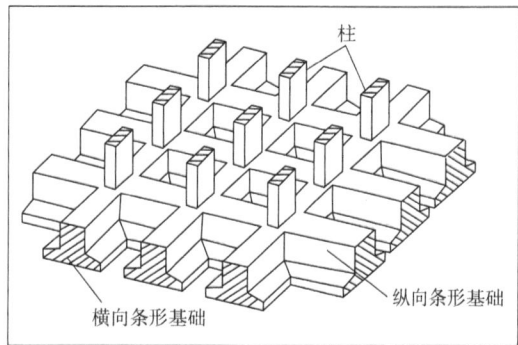

图 12-7 柱下十字交叉基础

(5)筏板基础。当立柱或承重墙传来的荷载较大,地基土质软弱又不均匀,采用单独基础或条形基础均不能满足地基承载力或沉降的要求时,可采用连续的钢筋混凝土板作为全部柱或墙的基础,这样既扩大了基底面积又增强了基础的整体性,并避免了结构物局部发生不均匀沉降,这种基础简称为筏板基础。筏板基础在构造上类似于倒置的钢筋混凝土楼盖,它可以分为梁板式[图 12-8a)]和平板式[图 12-8b)]。梁板式常用于柱荷载较大且柱子间距较大的情况。平板式常用于柱荷载较小而且柱子排列较均匀和间距也较小的情况。

(6)箱形基础。当筏板基础埋置深度较大时,为了避免回填土增加基础上的承受荷载,有效调整基底压力和避免地基的不均匀沉降,可将筏板基础扩大,形成钢筋混凝土的底板、顶板、侧墙及纵横墙组成的箱形基础,如图 12-9 所示。箱形基础具有整体性好、抗弯刚度

163

大、空腹深埋等特点,可相应增加建筑物层数,基础空心部分可作为地下室。但基础的钢筋和水泥用量很大,造价较高,施工技术要求也高。

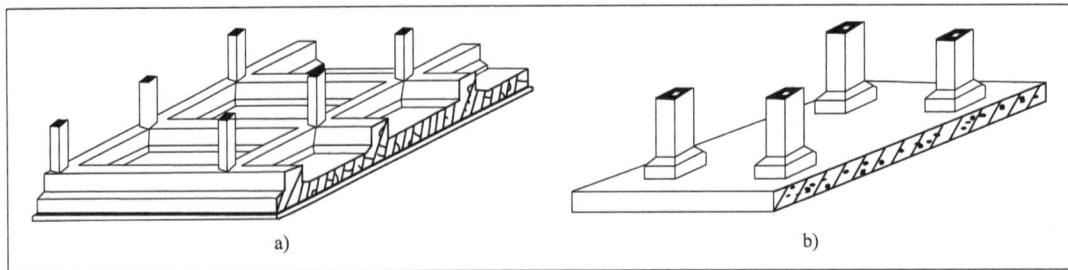

图 12-8 筏板基础

a)梁板式;b)平板式

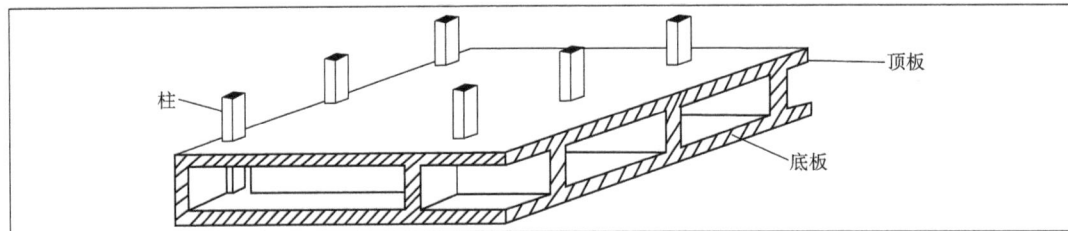

图 12-9 箱形基础

十字交叉基础、筏板基础和箱形基础都是建筑常用的基础形式。

在实践中必须因地制宜地选用基础类型,有时还必须另行设计基础的形式,如在非岩石地基上修筑拱桥桥台基础时,为了增加基底的抗滑能力,可将基底在顺桥方向的剖面做成齿坎状或斜面等。

结构物基础在一般情况下均砌筑在土中或水下,所以要求所有材料具有良好的耐久性和较高的强度。混凝土是修筑基础最常用的材料。它的优点是抗压强度高、耐久性好,可浇筑成任意形状的砌体。混凝土强度等级一般不宜低于 C15。对于大体积混凝土基础,为了在节约水泥用量的同时又不影响强度,可掺入 15% ~20% 砌体体积的片石(称为片石混凝土),片石的强度等级应不低于 MU30,也不应低于混凝土强度等级。粗料石、片石或块石也常用作基础材料。石砌基础的石料强度等级应不低于 MU30,水泥砂浆的强度等级应不低于 M10。

三、基础埋置深度

引导问题 你知道基础埋深怎么计算吗?基础埋置深度应满足哪些要求?

基础的埋置深度是指基础底面至天然地面(无冲刷时)或局部冲刷线(有冲刷时)的距离,如图 12-10 所示。

确定基础的埋置深度是基础设计的一个重要环节,它既关系到建筑物在建成后的稳固问题,也关系到基础类型的选择、施工方法和施工期限的确定。

确定基础的埋置深度主要从两个方面考虑:

(1)从保证持力层不受外界破坏因素的影响考虑,基础埋置深度起码不得小于按各种破坏因素而定的最小埋置深度(最小埋置深度见后述)。

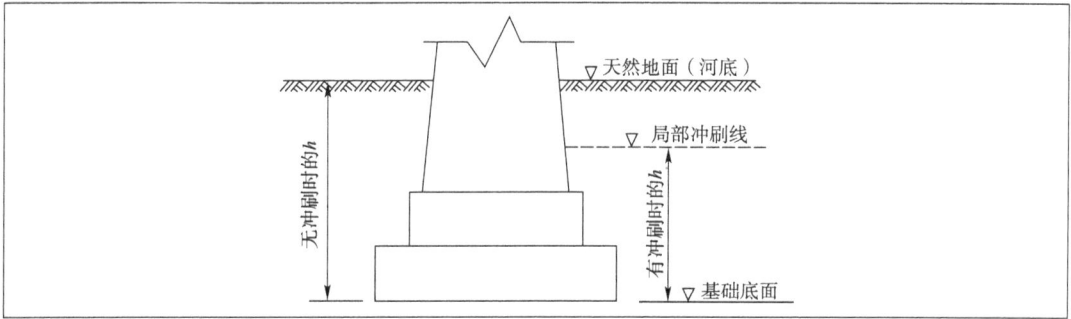

图 12-10 基础埋置深度

（2）从满足各项力学检算的要求考虑,在最小埋置深度以下的各土层中找一个埋得比较浅、压缩性较低、强度较高的土层,即容许承载力较大的土层作为持力层。当然在地基比较复杂的情况下,可作为持力层者不止一个,需经技术、经济、施工等方面的综合比较,选出一个最佳方案。

最小埋置深度应满足以下要求:

（1）确保持力层稳定的最小埋深。地表土层受气候、湿度变化的影响及雨水的冲蚀,会产生风化作用,另外,有些动植物多在此土表层内活动生长,也会破坏地表土层的结构。因此,地表土层的性质不稳定,不宜作为持力层。为了保证持力层的稳定,参考《铁路桥涵地基和基础设计规范》（TB 10093—2017）规定,在无冲刷处或设有铺砌防冲刷时,基础底面埋置深度不应小于地面以下 2m。

（2）河流的冲刷深度。在有水流的河床上修建墩台基础时,要考虑洪水的冲刷作用。整个河床断面被洪水冲刷后要下降,这称为一般冲刷,被冲下去的深度称为一般冲刷深度。同时在墩台四周还冲出一个深坑,这称为局部冲刷。我国某些暴涨暴落的大河,冲刷深度有时可达一二十米。显然,若基底的埋深小于冲刷深度,则一次洪水就可把基底下的土全给掏空冲走,使墩台因失去支撑而倒塌。因此,参考《铁路桥涵地基和基础设计规范》（TB 10093—2017）规定,基底埋置安全值见表 12-1。

基底埋置安全值 表 12-1

冲刷总深度(m)			0	5	10	15	20
安全值 （m）	一般桥梁		2.0	2.5	3.0	3.5	4.0
	技术复杂、修复困难或重要的特大桥	设计流量	3.0	3.5	4.0	4.5	5.0
		检算流量	1.5	1.8	2.0	2.3	2.5

注:冲刷总深度为自河床面算起的一般冲刷深度与局部冲刷深度之和。

建在抗冲刷性能强的岩石上的基础,可不考虑上述规定;对于抗冲刷性能较差的岩石,应根据冲刷的具体情况确定基底埋置深度。

（3）在寒冷地区,应考虑地基土季节性冻胀对基础的影响。土在冻结和解冻时,其结构性质发生变化。冻结时土隆起,冻胀力甚大,而解冻时土沉陷,致使建其上的结构物遭到破坏。为避免这些危害,参考《铁路桥涵地基和基础设计规范》（TB 10093—2017）规定,当地基为季节融化层较厚的非衔接多年冻土时,可将基础埋置于季节融化层中;当季节融化层为冻胀土或强冻胀土时,基础应埋置于冻结线以下不小于250mm;对于弱冻胀土,基础应埋置于不小于冻结深度的80%。

修建在冻胀性土壤区的涵洞,其出入口和自两端洞口向内各2m范围的涵身基底埋置深度与上述规定相同。涵洞中间部分的基底埋置深度可根据地区经验确定。严寒地区,当涵洞中间部分的埋置深度与洞口埋置深度相差较大时,其连接处应设置过渡段。冻结较深的地区,也可将基底至冻结线下0.25m处的地基土换填为粗颗粒土(包括碎石土、砾砂、粗砂、中砂,但其中粉黏粒含量应小于或等于15%,或粒径小于0.1mm的颗粒含量应小于或等于25%)。

冻结线即当地最大冻结深度线。土的标准冻结深度是指地表无积雪和草皮覆盖时,多年实测最大冻深的平均值。我国北方各地的冻结深度大致如下:满洲里2.6m、齐齐哈尔2.4m、佳木斯或哈尔滨2.2m、牡丹江2.0m、长春1.7m、沈阳1.2m、锦州1.1m、太原1.0m、北京0.8～1.0m、大连0.7m、天津0.5～0.7m、济南0.5m。

多年冻土地区桥涵基础的底面埋置深度应符合下列规定:

(1)按保持冻结原则设计时,基础和桩基承台底面位于稳定人为上限以下的最小埋置深度应符合表12-2中的要求。桩身位于稳定人为上限以下的最小埋置深度(不论土质)不应小于4m。

基础和桩基承台底面位于稳定人为上限以下的最小埋置深度(单位:m)　　表12-2

基础类型	地基土质	位于稳定人为上限以下的最小埋置深度
桥梁明挖基础	多冰、富冰或饱冰冻土	1.0
涵洞出入口明挖基础	多冰、富冰或饱冰冻土	0.25
承台底面	多冰、富冰或饱冰冻土	不应小于0.25

(2)按容许融化原则设计时,基础埋置深度应满足地基沉降方面的要求。当季节活动层为冻胀性土时,尚应避免冻胀的危害。

满足上述规定所确定的基础埋置深度称为最小埋置深度。合适的持力层应在最小埋置深度以下的各土层中寻找。

在覆盖土层较薄的岩石地基中,可不受最小埋置深度的限制,将基础修建在清除风化层后的新鲜岩面上。如遇岩石风化层很厚,难以全部清除,则其埋置深度应视岩石的风化程度及其相应的地基容许承载力来确定。对于风化严重和抗冲刷性能较差的岩石,应按具体情况适当加大埋置深度。当基岩表面倾斜时,应避免将基础的一部分置于岩层上而另一部分置于土层上,以防基础因不均匀沉降而倾斜或破裂。如基岩面倾斜较大,基底可做成台阶形。

墩、台明挖基础顶面不宜高出最低水位,如地面高于最低水位且不受冲刷,则不宜高出地面。

四、基础荷载验算与尺寸设计

明挖基础多为刚性基础,通常是根据构造要求和已有的设计经验先拟定基础几何尺寸,然后按照最不利荷载组合的基底合力进行地基承载力、基底合力偏心距、基础稳定性验算,必要时还要进行地基稳定

引导问题　浅基础设计时应该设计成什么形状呢?尺寸多大呢?浅基础设计与什么因素有关?

性和地基沉降量的验算。刚性基础本身的强度,只要满足刚性角的要求即可得到保证,不必另行验算。通过验算如不能满足要求,则应修改尺寸再进行验算,直至满足要求为止。

(一)基础上荷载计算

在设计和验算基础是否符合设计要求时,必须先计算作用于基底上的合力,此合力由作用于基底上的各种荷载组成。

荷载按其性质和发生概率划分为主力、附加力和特殊荷载三类。主力是经常作用的;附加力不是经常发生的,或者其最大值发生概率较低;特殊荷载是暂时的或者属于灾害性的,发生的概率是极低的。

桥梁应根据结构设计的特性和验算内容,按表 12-3 所列荷载的最不利组成进行设计。

荷载分类及组合[摘自《高速铁路设计规范》(TB 10621—2014)] 表 12-3

荷载分类		荷载	荷载分类	荷载
主力	恒载	结构构件及附属设备自重; 预加应力; 混凝土收缩和徐变的影响; 土压力; 静水压力及水浮力; 基础变位的影响	附加力	制动力或牵引力; 风力; 流水压力; 冰压力; 温度变化的影响; 冻胀力
	活载	列车竖向静活载; 公路竖向静活载; 列车竖向动力作用; 长钢轨伸缩力、挠曲力; 离心力; 横向摇摆力; 列车活载所产生的土压力; 人行道人行荷载; 气动力	特殊荷载	列车脱轨荷载; 船只或排筏的撞击力; 汽车撞击力; 施工荷载; 地震力; 长钢轨断轨力

注:1. 当杆件主要承受某种附加力时,该附加力应按主力考虑。

2. 长钢轨伸缩力、挠曲力、断轨力及其与制动力或牵引力等的组合应符合《铁路无缝线路设计规范》(TB 10015—2012)的规定;CRTS Ⅱ型板式无砟轨道作用力应根据实际情况另行研究。

3. 流水压力不宜与冰压力组合。

4. 当考虑列车脱轨荷载、船只或排筏的撞击力、汽车撞击力以及长钢轨断轨力时,应只计算其中的一种荷载与主力相组合,且不应与其他附加力组合。

5. 地震力与其他荷载的组合应符合《铁路工程抗震设计规范》(GB 50111—2006)的规定。

1. 主力

主力包括恒载和活载两部分。下面就重要的加以说明。

1)恒载

(1)结构自重。

如桥跨自重(包括梁部结构、线路材料、人行道等)、墩台自重、基础及基顶上覆土自重等。验算基底应力和偏心距时,一般按常水位(包括地表水或地下水)考虑,计算基础台阶顶面至一般冲刷线的土重;验算稳定性时,应按设计洪水频率水位(即高水位)考虑,计算基础台阶顶面至局部冲刷线的土重。

（2）水浮力。

在河中的墩台，其基底下的持力层若为透水性土，则基础要承受向上的水浮力，水浮力大小可由结构浸水部分体积求出。

（3）土压力。

桥台承受台后填土土压力、锥体填土土压力及台后滑动土楔（也称破坏棱体）上活载所引起的土压力（简称活载土压力）。台后填土土压力、锥体填土土压力，可按库仑楔体极限平衡理论推导的主动土压力计算。

活载土压力的计算是将活载压力强度 q（kPa）换算成与填土重度相同的当量均布土层，也就是将均布活载 q 换算成等效厚度为 $h_活$（$h_活 = q/\gamma$）的土体进行计算。

在计算滑动稳定性时，墩台前侧不受冲刷部分土的侧压力可按静止土压力计算。

（4）预加应力。

预加应力是对预应力结构而言的。

（5）混凝土收缩和徐变的影响。

对于刚架、拱等超静定结构，预应力混凝土结构、结合梁等，应考虑混凝土收缩和徐变的影响，而涵洞可不考虑。

2）活载

列车活载虽然不像恒载那样时刻作用于桥梁结构，但通过车辆是建造桥梁的目的，故活载与恒载一样，并列为主要荷载。

（1）列车竖向静活载。

常速铁路列车竖向静活载采用中华人民共和国铁路标准活载，即"中-活载"。"中-活载"的计算图式如图 12-11 所示。一般可能产生最不利情况的列车位置有如下几种，在验算纵向（顺桥方向）时为：二孔满载（水平力即制动力最大，而竖向合力接近最大）；二孔重载（墩上的竖向合力最大，而水平力可能亦为最大）；一孔重载（水平力最大，且支座反力亦最大）；一孔轻载（水平力最大，而支座反力最小）。在验算横向（横桥方向）时为：二孔满载（产生大水平力如风力或列车横向摇摆力和最大竖向合力）；二孔空车（产生大水平力和小竖向合力）；桥上无车（产生更大水平力和更小竖向合力）。总之，列车位置的截取标准是：水平力要最大；验算基底压力时竖向合力要最大；验算偏心距、倾覆稳定性、滑动稳定性时，竖向合力要最小。加载时可由计算图式中任意截取或采用特种活载，均以产生最不利情况为准。空车的竖向活载按 10kN/m 计算。

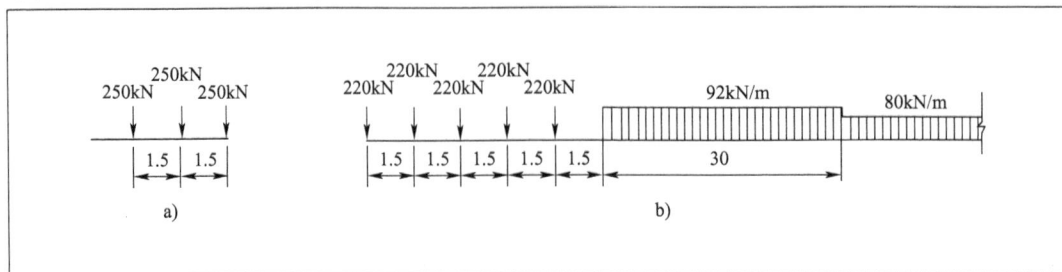

图 12-11 "中-活载"计算图式（尺寸单位：m）

a）特种活载；b）普通活载

高速铁路列车竖向静活载采用 ZK 活载,如图 12-12 所示,ZK 标准活载如图 12-12a)所示,ZK 特种活载如图 12-12b)所示。

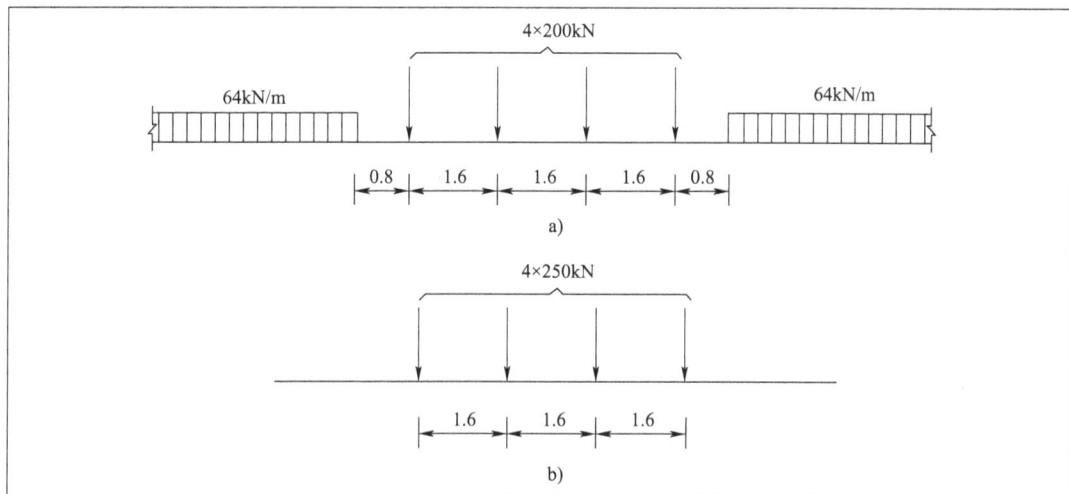

图 12-12   ZK 活载(尺寸单位:m)

a)ZK 标准活载;b)ZK 特种活载

(2)列车竖向动力作用。

当列车竖向动力作用时,该列车竖向活载等于列车竖向静活载乘动力系数$(1+\mu)$,其动力系数的计算见《铁路桥涵设计规范》(TB 10002—2017)和《高速铁路设计规范》(TB 10621—2014)。

(3)离心力。

列车在曲线上行驶时,会产生离心力。离心力为作用于轨顶以上 2m 高处的横向水平力。

对集中活载 N

$$F = \frac{v^2}{127R} fN \qquad (12-1)$$

对分布活载 q

$$F = \frac{v^2}{127R} fq \qquad (12-2)$$

式中:F——离心力,kN;

N——"中-活载"计算图式中的集中荷载,kN;

q——"中-活载"计算图式中的分布荷载,kN/m;

v——设计速度,km/h;

R——曲线半径,m;

f——竖向活载折减系数,计算见《铁路桥涵设计规范》(TB 10002—2017)和《高速铁路设计规范》(TB 10621—2014)。

(4)横向摇摆力。

横向摇摆力取 100kN,作为一个集中荷载取最不利位置,以水平方向垂直线路中心线作用于钢轨顶面。多线桥梁只计算任一线上的横向摇摆力。空车时应考虑横向摇摆力。

（5）列车活载所产生的土压力。

列车静活载在桥台背后破坏棱体上引起的侧向土压力，应按列车静活载换算为当量均布土层厚度计算。

（6）人行道人行荷载。

铁路桥梁上的人行道以通行巡道和维修人员为主，有时需放置钢轨、轨枕和工具等。设计主梁时，人行道的竖向静活载不与列车活载同时计算。

铺设无缝线路桥梁，桥梁设计应考虑无缝线路长钢轨纵向水平力作用。长钢轨纵向水平力及其与制动力或牵引力等的组合，按有关规定办理。

（7）气动力。

气动力是指驶过列车引起的气动压力和气动吸力。气动力应分为水平气动力 q_h 和垂直气动力 q_v。气动力的计算见《高速铁路设计规范》（TB 10621—2014）。

2. 附加力

附加力是指非经常性作用的荷载，多为水平向，有如下几种。

1）制动力或牵引力

制动力或牵引力应按列车竖向静活载的10%计算。但当与离心力或列车竖向动力作用同时计算时，制动力或牵引力应按列车竖向静活载的7%计算。

制动力或牵引力作用在轨顶以上2m处，但计算桥墩台时移至支座中心处，计算台顶活载的制动力或牵引力时移至轨底，计算刚架结构时移至横杆中线处，均不计移动作用点所产生的竖向力或力矩。采用特种活载时，不计算制动力或牵引力。

简支梁传到墩台上的纵向水平力数值应按下列规定计算：固定支座为全孔制动力或牵引力的100%，滑动支座为全孔制动力或牵引力的50%，滚动支座为全孔制动力或牵引力的25%。在一个桥墩上安设固定支座及活动支座时，应按上述数值相加，但对于不等跨梁，则不应大于其中较大跨的固定支座的纵向水平力；对于等跨梁，不应大于其中一跨的固定支座的纵向水平力。

2）风力

作用于桥梁上的风力等于风荷载强度 W 乘受风面积。风荷载强度及受风面积应按下列规定计算：

作用在桥梁上的风荷载强度 W 按下式计算：

$$W = K_1 K_2 K_3 W_0 \qquad (12-3)$$

式中：W——风荷载强度，Pa；

W_0——基本风压值，Pa，$W_0 = \frac{1}{1.6}v^2$，系按平坦空旷地面，离地面20m高，频率1/100的10min平均最大风速 $v(\text{m/s})$ 计算确定，一般情况下 W_0 可通过实地调查核实后采用；

K_1——风载体形系数，桥墩见表12-4，其他构件为1.3；

K_2——风压高度变化系数，见表12-5，风压随离地面或常水位的高度而异，除特别高墩

个别计算外,为简化计算,全桥均取轨顶高度处的风压值;

K_3——地形、地理条件系数,见表 12-6。

桥墩风载体形系数 K_1　　　　　　　　　　　　　　　　　表 12-4

序号	截面形状		长宽比值	体形系数 K_1
1		圆形截面	—	0.8
2		与风向平行的正方形截面	—	1.4
3		短边迎风的矩形截面	$l/b \leq 1.5$	1.2
			$l/b > 1.5$	0.9
4		长边迎风的矩形截面	$l/b \leq 1.5$	1.4
			$l/b > 1.5$	1.3
5		短边迎风的圆端形截面	$l/b \geq 1.5$	0.3
6		长边迎风的圆端形截面	$l/b \leq 1.5$	0.8
			$l/b > 1.5$	1.1

风压高度变化系数 K_2　　　　　　　　　　　　　　　　　表 12-5

离地面或常水位高度(m)	≤20	30	40	50	60	70	80	90	100
K_2	1.00	1.13	1.22	1.30	1.37	1.42	1.47	1.52	1.56

地形、地理条件系数 K_3　　　　　　　　　　　　　　　　　表 12-6

地形、地理情况	K_3
一般平坦空旷地区	1.0
城市、林区盆地和有障碍物挡风时	0.85 ~ 0.90
山岭、峡谷、垭口、风口区、湖面和水库	1.15 ~ 1.30
特殊风口区	按实际调查或观测资料计算

桥上有车时,风荷载强度采用 $0.8W$,并不大于 1250Pa;桥上无车时按 W 计算。作用在桥梁上的风力等于单位风压乘受风面积,横向风力的受风面积应按结构理论轮廓面积乘系数计算,见表 12-7。列车横向受风面积按 3m 高的长方带计算,其作用点在轨顶以上 2m 高度处。标准设计的风压强度,有车时 $W = 800K_1K_2$,并不大于 1250Pa;无车时 $W = 1400K_1K_2$。

横向受风面积系数表　　　　　　　　　　　　　　表 12-7

不同情况	系数	不同情况	系数
钢桁梁及钢塔架	0.4	桁拱下弦与系杆间的面积或上弦与桥面系间的面积	0.2
钢拱两弦间的面积	0.5	整片的桥跨结构	1.0

纵向风力与横向风力计算方法相同。对于列车、桥面系和各类上承梁,所受的纵向风力不予计算;对于下承桁梁和塔架,应按其所受横向风荷载强度的40%计算。

3)流水压力

作用于桥墩上的流水压力可按下式计算:

$$P = KA\frac{\gamma v^2}{2g_n} \qquad (12-4)$$

式中:P——流水压力,kN;

A——桥墩阻水面积,m^2,通常计算至一般冲刷线处;

γ——水的重度,一般采用 $10kN/m^3$;

g_n——标准自由落体加速度,m/s^2;

v——流速,m/s,验算稳定性时采用设计频率水位的流速,计算基底应力或基底偏心距时采用常水位的流速;

K——桥墩形状系数,见表 12-8。

桥墩形状系数 K　　　　　　　　　　　　　　表 12-8

截面形状	方形	长边平行于水流之矩形	圆形	尖端形	圆端形
K	1.47	1.33	0.73	0.67	0.60

流水压力的分布假定为倒三角形,其合力的作用点位于水位线以下1/3水深处。

4)冰压力

流水压力、冰压力不同时计算,两者也不与制动力或牵引力同时计算。位于有冰的河流或水库中的桥墩台,应根据当地冰的具体条件及墩台的结构形式,考虑河流流冰产生的动压力、风和水流作用于大面积冰层产生的静压力等冰荷载的作用。

5)温度变化的影响

这是由气温变化引起的,对于刚架、拱桥等超静定结构,需要考虑温度变化的影响。

6)冻胀力

严寒地区桥梁基础位于冻胀、强冻胀土中时将受到切向冻胀力的作用,其计算及验算见《铁路桥涵地基和基础设计规范》(TB 10093—2017)附录 G。

3. 特殊荷载

特殊荷载是指某些出现概率极低的荷载,如船只或排筏的撞击力、地震力以及仅在某一段时间才出现的荷载,如施工荷载。

施工荷载是指结构物在就地建造或安装时,尚应考虑作用在其上的荷载(包括自重、人群、架桥机、风载、起重机或其他机具的荷载以及拱桥建造过程中承受的单侧推力等)。在构件制造、运送、装吊时亦应考虑作用于构件上的临时荷载。计算施工荷载时,可视具体情况分别采用各自有关的安全系数。

以上各种荷载并不同时全部作用在结构物上,对结构物的强度、刚度或稳定性的影响也不相同。在桥梁设计中,应对每一项导致结构物出现最不利情况的荷载进行验算,称为最不利荷载组合。例如验算桥墩基底要求的承载力时,应选取导致桥墩基底产生最大应力的各项荷载组合进行计算;当验算基底稳定性时,则应选取导致桥墩承受最大水平力而竖向力为最小的各项荷载组合。不同要求的最不利荷载组合一般不能直接判断出来,需选取可能出现的不同荷载组合通过计算确定。在进行荷载组合时应注意如下原则:

(1)只考虑主力 + 附加力或主力 + 特殊荷载。不考虑主力 + 附加力 + 特殊荷载这种组合方式,因为它们同时出现的概率是非常低的。

(2)主力与附加力组合时,只考虑主力与一个方向(顺桥向或横桥向)的附加力组合。

(3)对某一验算项目应选取相应的最不利荷载组合。最不利荷载组合可依该验算项目的验算公式进行分析和选取。

(二)刚性扩大基础尺寸的拟定

拟定基础尺寸是基础设计的重要内容之一,尺寸拟定恰当,可以减少重复设计工作。刚性扩大基础尺寸的拟定主要是根据基础埋置深度确定基础分层厚度和基础平面尺寸。

基底高程可按基础埋深的要求确定。水中基础顶面高程一般不高于最低水位,在季节性流水的河流或旱地上的桥梁墩台基础,则不宜高出地面,以防碰损。这样,基础分层厚度可按上述要求所确定的基础底面和顶面高程求得。当基础的厚度较大时,多采用厚度不小于1m 的逐层扩大的阶梯形式,以便于施工和节省圬工。基础底面形状,一般与墩台、身的截面形状大致相近即可,以方便施工,例如矩形、圆端形及圆形墩的基础多做成矩形的,圆形墩的基础也有做成八角形或圆形的。刚性扩大基础尺寸如图 12-13 所示,基础底面长、宽尺寸与基础厚度有如下的关系式:

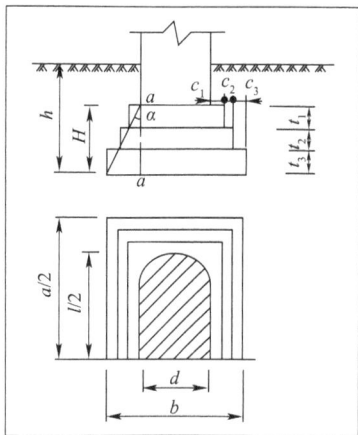

图 12-13 刚性扩大基础尺寸

长度(横桥向)

$$a = l + 2H\tan\alpha \tag{12-5}$$

宽度(顺桥向)

$$b = d + 2H\tan\alpha \tag{12-6}$$

式中:l——墩台、身底截面长度,m;

d——墩台、身底截面宽度,m;

H——基础厚度,m;

α——墩台、身底截面边缘至基础边缘连线与铅垂线间的夹角,(°)。

自墩台、身底面边缘至基础顶面边缘的距离 c_1 称为襟边宽度,其作用一方面是扩大基底面积以增加基础承载力,另一方面是便于调整基础施工时在平面尺寸上可能发生的误差,也为满足支立墩台、身模板的需要。通常,桥梁墩台基础采用的最小襟边宽度为 0.2m。

基础悬出总长度(包括襟边宽度与台阶宽度之和),应使悬出部分在基底反力作用下,在 $a—a$ 截面所产生的弯曲拉应力和剪应力不超过基础圬工的强度限值。所以,满足上述要求时,就可得到自墩台、身底面边缘处的铅垂线与基底边缘的连线间的最大夹角 α_{max}(称 α_{max} 为刚性角)。在设计时,应使每个台阶宽度 c_i 与厚度 t_i 保持一定的比例内,其夹角 $\alpha_i \leq \alpha_{max}$ 时可认为属刚性基础,不必对基础进行弯曲拉应力和剪应力的强度验算,在基础内部也可不设置钢筋。

参考《铁路桥涵地基和基础设计规范》(TB 10093—2017),刚性角 α_{max} 有如下规定:

单向受力时(不包括单向受力圆端形桥墩采用矩形的基础),各层台阶正交方向(顺桥轴方向和横桥轴方向)的坡线与竖直线所成的夹角不应大于45°。

双向受力矩形墩台的基础以及单向和双向受力的圆端形、圆形桥墩采用矩形基础时,其最上一层基础台阶两正交方向的坡线与竖直线所成夹角不应大于35°;需同时调整最上一层台阶两正交方向的襟边宽度时,其斜角处的坡线与竖直线所成的夹角,不应大于上述正交方向为35°夹角时斜角处的坡线与竖直线所成的夹角;其下各层台阶正交方向的夹角不应大于45°,否则应予切角。

二维码

刚性扩大基础的设计与计算

(三)刚性扩大基础的计算

1)地基强度计算

(1)持力层强度计算。

持力层是直接与基底相接触的土层,持力层强度检算要求最不利荷载组合在基底产生的地基应力不超过持力层的地基容许承载力。基底应力的分布在理论上可采用弹性理论求得较精确解,在实践中常采用简化方法,即按材料力学偏心受压公式进行计算。由于浅基础埋置深度小,在计算中可不计基础四周土的摩阻力和弹性抗力的作用。

桥梁在直线上时,其计算公式为:

$$\sigma_{min}^{max} = \frac{\sum P}{A} \pm \frac{\sum M_x}{W_x} \leq [\sigma] \tag{12-7}$$

式中:$\sum P$——基底竖向合力,kN;

A——基底面积,m^2;

$\sum M_x$——基底纵向(顺桥轴线 x 方向)合力矩,kN·m;

W_x——基底对 x 轴(横桥轴线 y 方向)的截面模量,m^3;

$[\sigma]$——地基容许承载力,kPa。

如桥梁在曲线上,则在计算纵向时,除了有纵向合力矩 $\sum M_x$ 外,尚有离心力所产生的横向合力矩 $\sum M_y$,其计算公式为:

$$\sigma_{min}^{max} = \frac{\sum P}{A} \pm \frac{\sum M_x}{W_x} \pm \frac{\sum M_y}{W_y} \tag{12-8}$$

式中:$\sum M_y$——基底横向(横桥轴线 y 方向)合力矩,kN·m;

W_y——基底对 y 轴的截面模量,m^3;

其余符号意义同前。

按以上公式计算,当 $\sigma_{min} < 0$ 时,说明基底出现拉应力。若持力层为土质,实际上是不会

产生拉应力的;若持力层为整体性较好的岩面,当出现拉应力时,由于《铁路桥涵地基和基础设计规范》(TB 10093—2017)规定不考虑基底承受拉应力,因此应考虑应力重分布,全部荷载仅由受压部分承担。按应力重分布计算的基底最大压应力 σ'_{max} 也必须满足地基承载力的要求,即 $\sigma'_{max} \leqslant [\sigma]$。

(2)软弱下卧层强度计算。

当受压层范围内地基土由多层土(主要指地基承载力有差异)组成,且持力层以下有软弱下卧层(指容许承载力小于持力层容许承载力的土层)时,还应计算软弱下卧层的承载力,计算时先计算软弱下卧层顶面(在基底形心轴下)处的总压应力(包括自重应力及附加应力)σ_{h+z},要求 σ_{h+z} 不得大于软弱下卧层顶面处的地基承载力$[\sigma]_{h+z}$。

2)基底偏心距计算

控制基底偏心距 e 的目的是使基底压应力的分布较均匀,减少地基土的不均匀沉降,从而避免基底产生拉应力和基础发生过大的倾斜。当桥梁墩台及挡土墙等受水平荷载时,要使其合力通过基底中心,不但不经济,有时甚至是不可能的,设计时一般以基底不出现拉应力为原则,只要控制其偏心距 e 不超过某一数值即可。参考《铁路桥涵地基和基础设计规范》(TB 10093—2017)规定,外力对基底截面重心的偏心距 e 不应大于表 12-9 规定的值。

合力偏心距 e 的限值[摘自《铁路桥涵地基和基础设计规范》(TB 10093—2017)]　表 12-9

地基及荷载情况			e 的限值
仅承受恒载作用	非岩石地基	合力的作用点应接近基础底面的重心	
①主力+附加力 ②主力+附加力+长钢轨伸缩力(或挠曲力)	非岩石地基上的桥台 (包括土状的风化岩层)	土的基本承载力 $\sigma_0 > 200\text{kPa}$	1.0ρ
		土的基本承载力 $\sigma_0 \leqslant 200\text{kPa}$	0.8ρ
	岩石地基	硬质岩	1.5ρ
		其他岩石	1.2ρ
主力+长钢轨伸缩力或挠曲力(桥上无车)	非岩石地基	土的基本承载力 $\sigma_0 > 200\text{kPa}$	0.8ρ
		土的基本承载力 $\sigma_0 \leqslant 200\text{kPa}$	0.6ρ
	岩石地基	硬质岩	1.25ρ
		其他岩石	1.0ρ
主力+特殊荷载(地震力除外)	非岩石地基	土的基本承载力 $\sigma_0 > 200\text{kPa}$	1.2ρ
		土的基本承载力 $\sigma_0 \leqslant 200\text{kPa}$	1.0ρ
	岩石地基	硬质岩	2.0ρ
		其他岩石	1.5ρ

注:表中②指当长钢轨纵向力参与组合时,计入长钢轨纵向力的桥上线路应按无车考虑。

外力对基底截面重心的偏心距 e 的计算公式为:

$$e = \frac{\sum M}{\sum P} \leqslant [e] \qquad (12\text{-}9)$$

式中:$\sum M$——所有外力对基底截面重心的合力矩,kN·m;

$\quad\sum P$——基底竖向合力,kN;

$\quad [e]$——基底容许偏心距,m。

当外力作用点不在基底截面对称轴上,基底受斜向弯矩时,基底截面核心半径 ρ 的计算较为烦琐,为省略计算 ρ 的工作,可先求出基底截面的最小应力 σ_{min},然后按下式直接求出

e/ρ 的比值。

$$\frac{e}{\rho} = 1 - \frac{\sigma_{\min}}{\dfrac{\sum P}{A}} \tag{12-10}$$

式中:$\sigma_{\min}$——不考虑应力重分布的基底最小应力。

其他符号意义同前,但要注意 $\sum P$ 和 $\sigma_{\min}$ 是在同一种荷载组合情况下求得的。

3)基础稳定性计算

基础稳定性计算的目的是保证墩台在最不利荷载组合作用下,不致绕基底外缘转动或沿基础底面滑动。其计算内容包括倾覆稳定性计算和滑动稳定性计算两部分。

(1)倾覆稳定性计算。

在最不利荷载组合下,墩台基础的倾覆稳定系数 K_0 计算公式为:

$$K_0 = \frac{稳定力矩}{倾覆力矩} = \frac{s\sum P_i}{\sum P_i e_i + \sum T_i h_i} = \frac{s}{e} \tag{12-11}$$

式中:K_0——墩台基础的倾覆稳定系数;

$\quad P_i$——各竖直力,kN;

$\quad e_i$——各竖直力对检算截面重心的力臂,m;

$\quad T_i$——各水平力,kN;

$\quad h_i$——各水平力对检算截面重心的力臂,m;

$\quad s$——在沿截面重心与合力作用点的连线上,自截面重心至检算倾覆轴的距离,m,如图 12-14 所示;

$\quad e$——所有外力合力 R 的作用点至截面重心的距离,m。

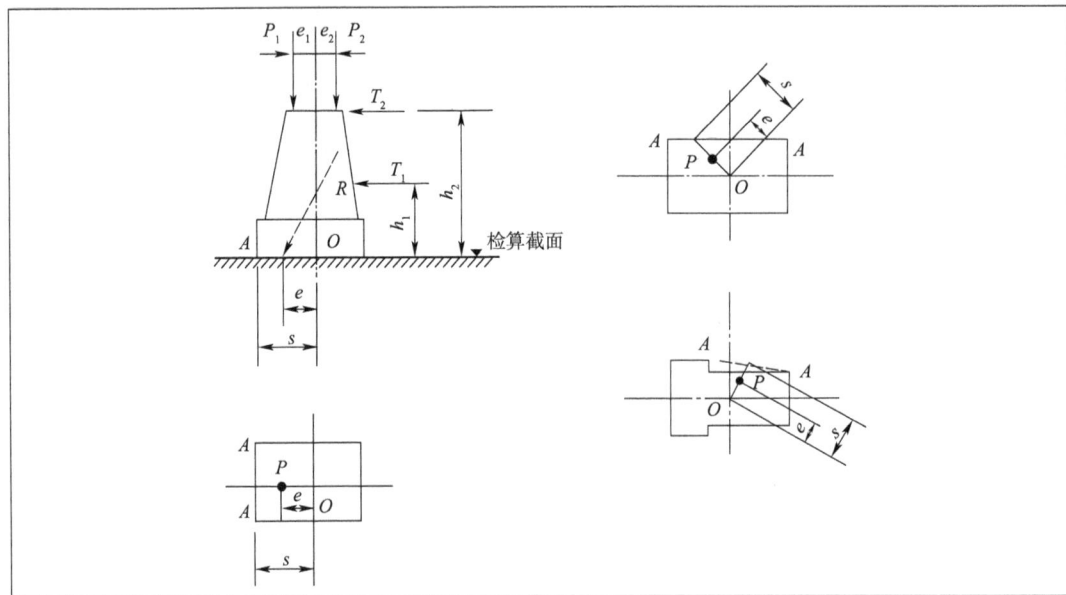

图 12-14　基础倾覆稳定性计算图式

力矩 $P_i e_i$ 和 $T_i h_i$ 应视其绕检算截面重心的方向区别正负。对于凹多边形基底,检算倾覆稳定性时,其倾覆轴应取基底截面的外包线。墩台基础的倾覆稳定系数不得小于1.5,考虑施工荷载时不得小于1.2。理论和实践证明,基础倾覆稳定性与合力的偏心距有关。合力偏心距越大,则基础抗倾覆的安全储备越小,因此,在设计时,可以通过限制合力偏心距 e 来保证基础的倾覆稳定性。

（2）滑动稳定性计算

墩台基础的滑动稳定系数 K_c 的计算公式为：

$$K_c = \frac{f \sum P_i}{\sum T_i} \tag{12-12}$$

式中：f——基底与地基土间的摩擦系数。当缺少实际资料时,可采用表12-10中的数值。

基底与地基土间的摩擦系数　　　　　　　　　　表12-10

地基土石分类	摩擦系数	地基土石分类	摩擦系数
软塑的黏性土	0.25	碎石类土	0.5
硬塑的黏性土	0.3	软质岩	0.4 ~ 0.6
粉土、坚硬的黏性土	0.3 ~ 0.4	硬质岩	0.6 ~ 0.7
砂类土	0.4		

墩台基础的滑动稳定系数 K_c 不得小于1.3,考虑施工荷载时不得小于1.2。

4）地基稳定性计算

建筑在土质斜坡上的基础,尤其是受水平荷载作用的建筑,例如桥台、挡土墙等,应注意该基础是否会连同地基土一起下滑。要防止下滑,就必须加大基础的埋置深度,以加长其滑裂线,如图 12-15a)所示。

位于稳定土坡坡顶上的建筑,当基础边长 b（垂直于边坡）小于3m 时,基础外缘至坡顶的水平距离 s 不得小于 2.5m,且基础外缘至坡面的水平距离 l,对于条形基础,不得小于3.5b;对于矩形基础,不得小于2.5b,如图 12-15b)所示。当边坡坡角 α 大于45°,坡高 D 大于 8m 时,则应检算坡体（即地基）稳定性。

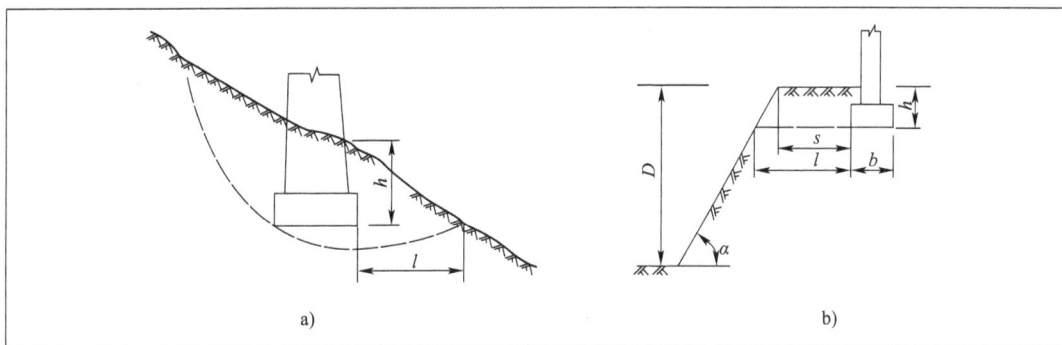

图 12-15　地基稳定性计算图式

地基稳定性可用圆弧滑动面法进行计算。稳定安全系数 K_f 是指最危险的滑动面上诸力对滑动中心所产生的抗滑力矩与滑动力矩之比,其值应符合下式要求,即

$$K_f = \frac{抗滑力矩}{滑动力矩} \geq 1.3 \tag{12-13}$$

5)地基沉降量计算

修建在非岩石地基上的桥梁基础,都会发生一定程度的沉降。为了保证墩台发生沉降后,桥头或桥上线路坡度的改变不致影响列车的正常运行,或者即使要进行线路高程调整,其调整工作量也不致太大,不会导致梁上道砟槽边墙改建和桥梁结构加固,对于桥梁基础沉降量给予一定的限制。详见《铁路桥涵地基和基础设计规范》(TB 10093—2017)规定。

五、浅基础设计实例

引导问题 如果你是设计院工作人员,需要设计一个浅基础,需要哪些步骤?具体你会怎么做?

(一)设计资料

(1)某桥为某Ⅰ级线路上的一座直线铁路桥,线路为单线平坡,桥与河流正交。

(2)设计荷载为中-活载。

(3)上部结构为等跨16m钢筋混凝土梁,每孔梁重1029.8kN。线路材料及双侧人行道重39.2kN/m。顶帽为C20钢筋混凝土,墩身及基础采用C15片石混凝土。桥墩尺寸如图12-16所示,桥墩顶帽尺寸如图12-17所示,地质及水文情况如图12-16所示。

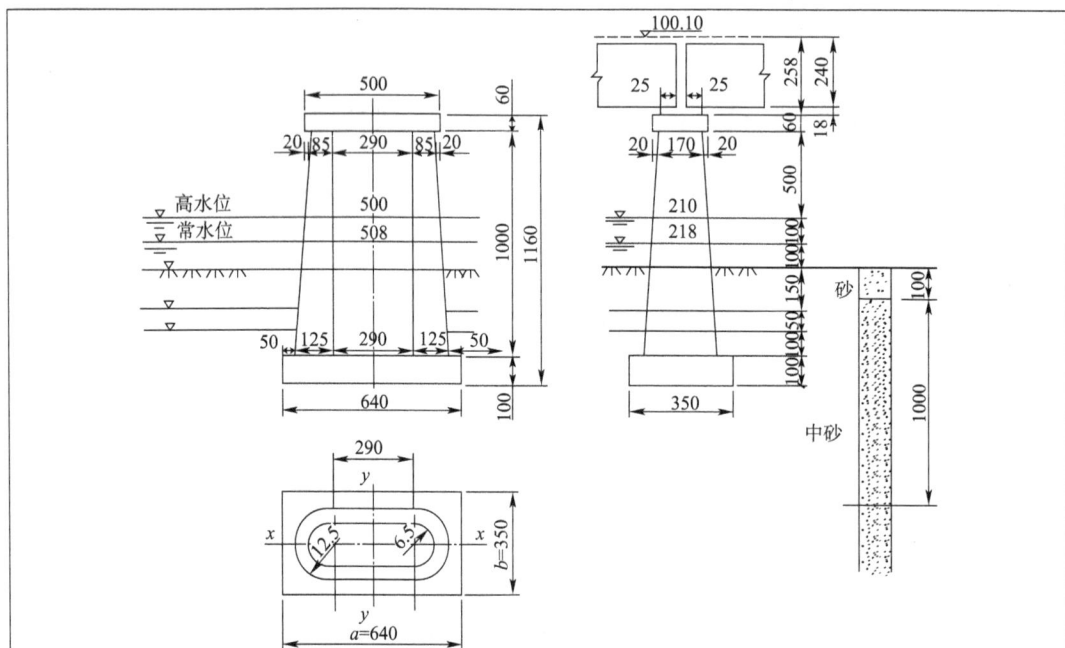

图12-16 桥墩尺寸图(高程单位:m;尺寸单位:cm)

(4)桥址位于空旷平坦地区,基本风压值为500Pa。

(5)支座形式为弧形支座,全高18cm,铰中心至垫石顶面为8.7cm,钢轨高16cm。

(6)水流平均流速:常水位时$v=1$m/s;高水位时$v=2$m/s。

(7)基础顶面处荷载,计算结果见表12-11(表中未计基础自重及基顶襟边以上土重)。

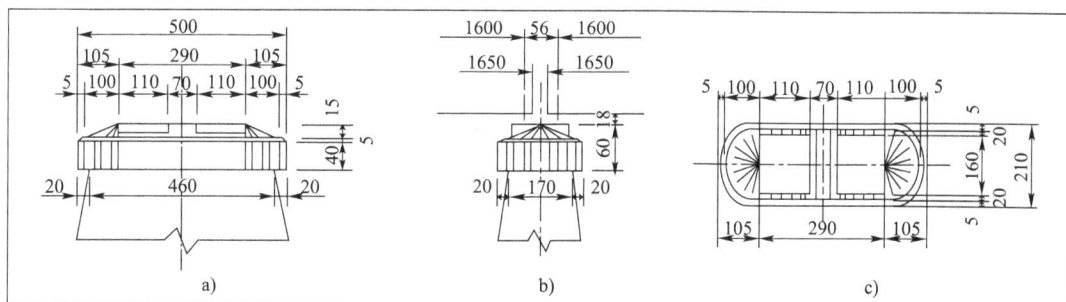

图 12-17　桥墩顶帽尺寸(尺寸单位:cm)

基顶荷载

表 12-11

项目			活载	主力 + 纵向附加力	主力 + 横向附加力
基底压应力及偏心距	一孔轻载	常水位,计浮力	$\sum P(kN)$	4137.7	
			$\sum M(kN \cdot m)$	2393.9	
			$\sum H(kN)$	207.5	
	二孔重载	常水位,计浮力	$\sum P(kN)$	4964.3	
			$\sum M(kN \cdot m)$	2198.6	
			$\sum H(kN)$	207.5	
	二孔满载	常水位,计浮力	$\sum P(kN)$	4899.5	4899.5
			$\sum M(kN \cdot m)$	2180.5	1215.2
			$\sum H(kN)$	207.5	92.8
倾覆及滑动稳定性	一孔轻载	高水位,计浮力	$\sum P(kN)$	4041.7	
			$\sum M(kN \cdot m)$	2383.8	
			$\sum H(kN)$	205.3	
	二孔满载	高水位,计浮力	$\sum P(kN)$		4803.5
			$\sum M(kN \cdot m)$		1245.8
			$\sum H(kN)$		100.5
	二孔空车	高水位,计浮力	$\sum P(kN)$		4803.5
			$\sum M(kN \cdot m)$		705.5
			$\sum H(kN)$		58.5

注:表中基顶荷载可由题中条件计算得到。

(二)设计计算任务

(1)初步确定基础埋置深度和尺寸。

(2)检算基础本身强度。

(3)检算基底压应力及偏心距、基础倾覆及滑动稳定性。

(三)设计计算

1.初步拟定基础埋置深度和尺寸

本桥址河流的冲刷总深度为 90.00 - 88.00 = 2.0(m),根据最小埋深的有关规定,基底必须埋置在最大可能冲刷线以下的深度为 $2.0 + \dfrac{2.5-2.0}{5-0} \times (2.0-0) = 2.2(\text{m}) \approx 2\text{m}$，初步拟定为一层基础，形状为矩形，基底高程为 86.00m，详细尺寸见表 12-12。

初拟基础的尺寸 表 12-12

长度(m)	宽度(m)	高度(m)	体积(m³)	重量(kN)	水浮力(kN)
6.40	3.50	1.00	22.40	515.2	224.0

2. 基础本身强度计算

基础各层台阶正交方向的坡线与竖直线所成的夹角 α 值见表 12-13。

初拟基础的刚性角 表 12-13

纵向夹角 α	横向夹角 α	$\alpha_{\max}$
$\arctan\left(\dfrac{\frac{3.5-2.5}{2}}{1.0}\right) = 26.6°$	$\arctan\left(\dfrac{\frac{6.4-5.4}{2}}{1.0}\right) = 26.6°$	35°

基础纵向、横向的刚性角 α 都满足 $\alpha \leqslant \alpha_{\max}$，故纵向、横向均满足基础圬工强度要求。

3. 基底压应力及偏心距、基础倾覆及滑动稳定性计算

纵向、横向基底压应力及偏心距计算，基础倾覆及滑动稳定性计算分别见表 12-14 和表 12-15。

主力 + 纵向附加力(顺桥向) 表 12-14

检算项目	倾覆及滑动稳定性		基底压应力及偏心距					
活载布置图式	一孔轻载		一孔轻载		二孔重载		二孔满载	
水位	高水位，计浮力		常水位，计浮力		常水位，计浮力		常水位，计浮力	
力或力矩	P 或 H	M	P 或 H	M	P 或 H	M	P 或 H	M
基顶 P(kN) 或 M(kN·m)	4041.7	2383.8	4137.7	2393.9	4964.3	2198.6	4899.5	2180.5
基顶 H(kN)	205.3		207.5		207.5		207.5	
基础重量(kN)	515.2		515.2		515.2		515.2	
基础所受浮力(kN)	-224.0		-224.0		-224.0		-224.0	
覆土重量(kN)	102.4		307.2		307.2		307.2	
基底 $\sum P$(kN) 或 $\sum M$(kN·m)	4435.3	2589.1	4736.1	2601.4	5562.7	2406.1	5497.9	2388
基底 $\sum H$(kN)	205.3		207.5		207.5		207.5	
抵抗倾覆力矩 $= \dfrac{b}{2} \times \sum P$ (kN·m)	7761.8							
倾覆稳定系数 $K_0 = \dfrac{\frac{b}{2} \times \sum P}{\sum M}$	3.0							

续上表

检算项目	倾覆及滑动稳定性	基底压应力及偏心距		
容许最小倾覆稳定系数	1.5			
基底摩擦力 $= f \times \sum P$(kN)	1774.1			
滑动稳定系数 $K_c = \dfrac{f \times \sum P}{\sum H}$	8.6			
容许最小滑动稳定系数	1.3			
基底面积 A(m^2)		22.4	22.4	22.4
基底截面模量 W_x(m^3)		13.07	13.07	13.07
$\sigma_{max} = \dfrac{\sum P}{A} + \dfrac{\sum M}{W_x}$(kPa)		211.4 + 199.0 = 410.4	248.3 + 184.1 = 432.4	245.4 + 182.7 = 428.1
$\sigma_{min} = \dfrac{\sum P}{A} - \dfrac{\sum M}{W_x}$(kPa)		211.4 − 199.0 = 12.4	248.3 − 184.1 = 64.2	245.4 − 182.7 = 62.7
地基容许承载力$[\sigma]$(kPa)		456	456	456
竖向合力偏心距 $e = \dfrac{\sum M}{\sum P}$(m)		0.55	0.43	0.43
容许偏心距$[e] = \dfrac{b}{6}$(m)		0.58	0.58	0.58

主力 + 横向附加力(横桥向)   表 12-15

检算项目		倾覆及滑动稳定性				基底压应力及偏心距	
活载布置图式		二孔空车		二孔满载		二孔满载	
水位		高水位,计浮力		高水位,计浮力		常水位,计浮力	
力或力矩		P 或 H	M	P 或 H	M	P 或 H	M
基顶荷载	P(kN)或 M(kN·m)	4803.5	705.5	4803.5	1245.8	4899.5	1215.2
	H(kN)	58.5		100.5		92.8	
基础重量(kN)		515.2		515.2		515.2	
基础所受浮力(kN)		− 224.0		− 224.0		− 224.0	
覆土重量(kN)		102.4		102.4		307.2	
基底合力	$\sum P$(kN)或 $\sum M$(kN·m)	5197.1	764	5239.1	1346.3	5497.9	1308
	$\sum H$(kN)	58.5		100.5		92.8	
抵抗倾覆力矩 $= \dfrac{a}{2} \times \sum P$(kN·m)		16630.7		16765.1			
倾覆稳定系数 $K_0 = \dfrac{\frac{a}{2} \times \sum P}{\sum M}$		21.8		12.5			
容许最小倾覆稳定系数		1.5		1.5			

检算项目	倾覆及滑动稳定性		基底压应力及偏心距
基底摩擦力 $= f \times \sum P(\text{kN})$	2078.8	2095.6	
滑动稳定系数 $K_c = \dfrac{f \times \sum P}{\sum H}$	35.5	20.9	
容许最小滑动稳定系数	1.3	1.3	
基底面积 $A(\text{m}^2)$			22.4
基底截面模量 $W_y(\text{m}^3)$			23.89
$\sigma_{max} = \dfrac{\sum P}{A} + \dfrac{\sum M}{W_y}(\text{kPa})$			$245.4 + 54.8 = 300.2$
$\sigma_{min} = \dfrac{\sum P}{A} - \dfrac{\sum M}{W_y}(\text{kPa})$			$245.4 - 54.8 = 190.6$
地基容许承载力 $[\sigma](\text{kPa})$			456
竖向合力偏心距 $e = \dfrac{\sum M}{\sum P}(\text{m})$			0.24
容许偏心距 $[e] = \dfrac{a}{6}(\text{m})$			1.07

(1)基础襟边以上土重：

持力层为中密中砂,其基本承载力 $\sigma_0 = 350\text{kPa}$;修正系数 $K_1 = 2$, $K_2 = 4$;因持力层透水,故 γ_1、γ_2 应采用浮重度, $\gamma_1 = \gamma_2 = \gamma_b = 20 - 10 = 10(\text{kN/m}^3)$。地基容许承载力

$$[\sigma] = \sigma_0 + K_1\gamma_1(b-2) + K_2\gamma_2(h-3) = 350 + 2 \times 10 \times (3.5 - 2) + 0$$
$$= 380(\text{kPa})$$

当荷载为主力 + 附加力时,可提高20% ,即

$$[\sigma] = 380 \times 1.2 = 456(\text{kPa})$$

因持力层下无软弱下卧层,故不必进行软弱下卧层验算。

(2)该桥为简支梁桥,地质条件简单,故只要基底压应力小于 $[\sigma]$,可不必进行沉降计算;该桥为小跨度桥,墩身也不高,因此可以不计算墩顶位移。

计算结果表明都符合要求。

(3)该桥位于直线上,通常直线桥由主力 + 纵向附加力控制设计。

(4)本算例中,控制各项验算项目的最不利荷载组合分别为:

①基底压应力:主力 + 纵向附加力——二孔重载,常水位,计浮力;

②基底处竖向合力偏心距:主力 + 纵向附加力——一孔轻载,常水位,计浮力;

③基础的倾覆及滑动稳定性:主力 + 纵向附加力——一孔轻载,高水位,计浮力。

六、浅基础施工

在浅基础施工中,只要经济上合理、技术上可行,大都优先考虑明挖基础施工。明挖基础施工,一般包括基坑定位放样、基坑开挖、支撑

引导问题 ▶ 基础应该怎样施工呢？基坑开挖的时候会不会塌方？会不会有水涌出来？

与排水、地基检验和处理、砌筑基础及回填基坑等。如果在水中修建基础,基坑开挖前还要修筑围堰。明挖基础施工的每一道工序,均应符合《高速铁路桥涵工程施工技术规程》(Q/CR 9603—2015)的有关规定。其具体施工方法分述如下。

(一)基坑尺寸的确定

应根据基础底面尺寸及埋置深度、河床土质及地下水位高程等确定基坑开挖的尺寸。无水土质基坑底面,宜按基础设计平面尺寸,每边加宽不小于50cm,基础如有凹角,基坑仍应取直;适宜垂直开挖且不立模板的基坑,基坑底面尺寸应满足基础轮廓的要求;对有水的基坑底面,应留四周排水沟与汇水井的位置,每边加宽不宜小于80cm。

(二)基坑定位、放样

基坑定位、放样是基坑开挖前的工作。基坑定位实际上就是墩台定位,即确定墩台的纵、横向十字线方向,以此确定基础纵、横向十字线方向。直线桥墩台定位,常采用直接定位法(直接丈量定位,视差法调正)和交会法,曲线桥常采用交会法和综合法(直接定位法和交会法结合),详见《铁路工程施工技术手册·桥涵(上册)》,这里不再叙述。

二维码

浅基础施工

基坑放样是指在基坑底面尺寸和坑壁坡度(可参考表12-16)确定后,根据基础纵、横向十字线方向和基底的设计高程,采用作横断面的方法放出基坑的开挖边桩。例如图12-18所示的桥墩基础,尺寸为4m×6m,开挖深度约5m,基坑土质为黏砂土,开挖时有地下水。计划在地面较低一侧设汇水井,留1m的富余量,其他三侧设排水沟,各留0.8m的富余量,则基坑底面宽为5.6m,长为7.8m。预计基坑开挖过程中,顶缘无载重,黏砂土坡度为1:0.67。该基坑坑顶地面起伏较大,放样时,先根据桥墩纵、横向十字线定出基坑底的平面位置,再沿其四边的边线作断面,在断面图上找出基坑顶部的尺寸,以此放出a_1、a_2、b_1、b_2等8个边桩,a_1b_1、a_2b_2、c_1d_1、c_2d_2等各边桩的连接线所形成的四边形,就可作为基坑上口边缘的开挖线。

基坑坑壁坡度 表12-16

坑壁土	坑壁坡度		
	基坑顶缘无载重	基坑顶缘有静载	基坑顶缘有动载
砂类土	1:1	1:1.25	1:1.5
碎石类土	1:0.75	1:1	1:1.25
黏砂土	1:0.67	1:0.75	1:1
砂黏土	1:0.35	1:0.5	1:0.75
黏土带有石块	1:0.25	1:0.33	1:0.67
未风化页岩	1:0	1:0.1	1:0.25
岩石	1:0	1:0	1:0

注:1.开挖基坑通过不同土层时,边坡可分层选定,并酌留平台;

2.在山坡上挖基坑,如地质不良,应注意防止滑坍;

3.如土的湿度过大,能引起坑壁坍塌时,坑壁坡度应采用该湿度下的天然坡度;

4.在既有建筑物旁开挖基坑时,应按设计文件的要求办理。

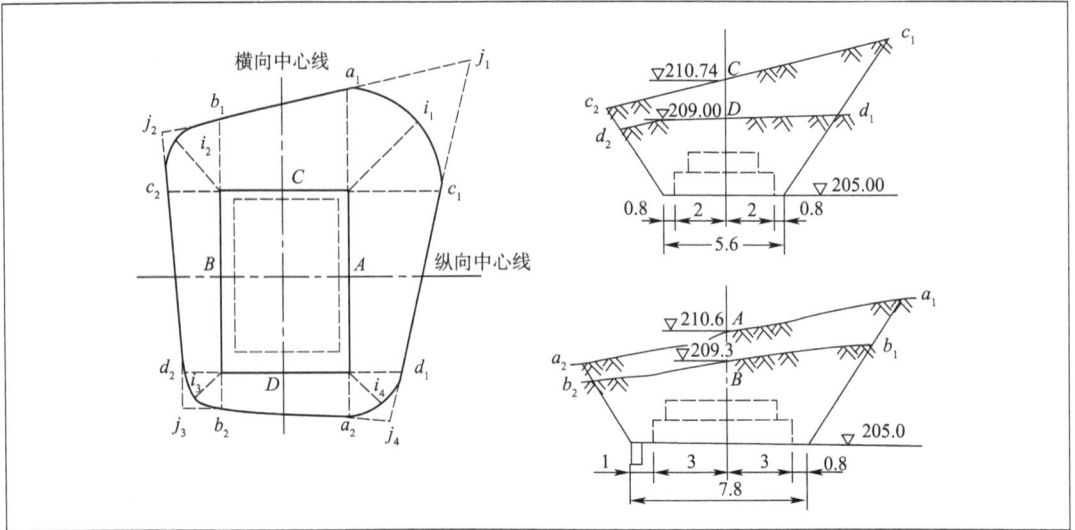

图 12-18 基坑放样(尺寸单位:m)

在利用桥墩台的纵、横向十字线放样时,应注意:桥台的横向中心线为桥台的胸墙线,它与桥台基础横向中心线之间有一差数;曲线上预偏心桥墩基础的中心线与相邻梁中线交点差一横向预偏心值。

(三)基坑土方量的计算

基坑开挖前,应根据设计基坑断面,计算工程量,作为安排施工计划的依据。基坑开挖后,还应按照实际开挖情况,绘制实际开挖断面图,计算实际挖基土方量,作为验工计价、竣工验收和决算的依据。一般计算方法是根据基坑开挖前后的几何形状,用数学方法算出体积,即得到基坑开挖前后的土方量。

(四)基坑开挖

基坑开挖方法有机械和人力两种。

机械开挖适用于较大面积土质基坑。机械挖土时,由于不能准确挖至设计高程,易使地基土的结构遭受破坏,因此应保留一定厚度由人力开挖。

人力开挖时,对于土质基坑常用锹、镐等工具开挖,对于石质基坑、风化岩层可用风铲开挖,坚硬岩层需用风钻打眼放炮,但用药量要严加控制,以保护附近的建筑物及机械设备的安全。

基坑顶外有动载时,坑顶边缘和动载间至少应留有1m的护道。如水文条件不良或动载过大,宜增宽护道或采取加固措施。弃土堆宜设在基坑下游指定地点,其坡脚与基坑顶缘的距离不宜小于基坑的深度。

(五)支撑与排水

1. 基坑支撑

当土质松软导致放坡增加的土方量很大,或受场地限制不能放坡时,可采用木板支撑来挡土,或用喷射混凝土护壁来加固坑壁。

1）木板支撑

挡土板可以平放或立放，如图 12-19 所示。

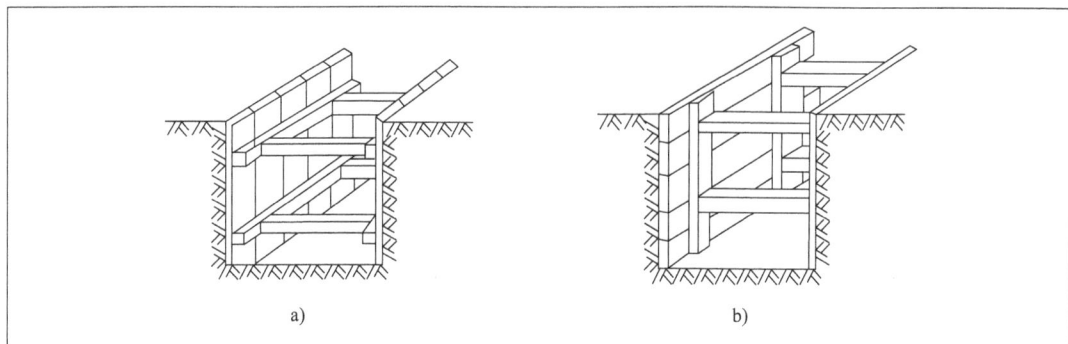

图 12-19　木板支撑
a）竖衬板支撑；b）横衬板支撑

一般在挖掘时，对不易坍塌的土质，可采取平放挡土板，随挖随放，撑住一层再挖下一层；而对容易坍塌的土质，可采取立放挡土板，先把立板打入土中，在挡土板的防护下开挖。

为了节约木材，根据土质不同，可以将衬板间隔铺设，或上部放坡开挖，下部采用坑壁竖直开挖木板支撑的办法，回填基坑时，应将挡土板逐步拆除回收。当基坑较大时，桩柱也可用型钢来代替。

2）喷射混凝土护壁

其基本方法是将基坑开挖成圆形（开挖坡度为 1:0.07～1:0.1），然后分层喷射 3～15cm 厚的速凝混凝土作为护壁，再进行下段的基坑开挖，再喷射混凝土护壁，如此逐段向下开挖，直至设计高程。根据土质与渗水情况，每次下挖 0.5～1m 后应立即喷射混凝土护壁。

喷射混凝土护壁宜用于稳定性较好、地下水渗透不是很严重的各种土质基坑开挖。目前采用此法的开挖深度不宜超过 10m，并且基坑开挖前，应在坑口顶缘采取加固措施，防止土层坍塌。

2. 基坑排水

1）抽水

在有渗水的基坑中开挖时，应在坑底周边挖引水沟，靠下游一角挖集水坑，并将水引入坑内抽走。集水坑应低于正在开挖的基坑底面，其尺寸应保证能放入抽水机龙头，以便及时抽干坑内渗水。集水坑的开挖常影响基坑开挖的效率，所以必须指定专人负责这项工作。

抽水机常用的有离心式及潜水式两种，抽水机采用的类型、规格及台数可根据渗入基坑的水量经计算确定。离心式抽水机最大吸水高度为 6～8m，当基坑深度在 6m 以上时，可将抽水机放在坑内或挂在坑壁上进行抽水。

抽水机应有 50%～100% 的备用量。

2）井点法排水

对粉、细砂土质的基坑，宜用井点法降低水位，其方法是在基坑的周围埋设端部带孔的金属管作为井管，见图 12-20，并将这些井管连接到一总管上，抽水泵将地下水从井内不断抽

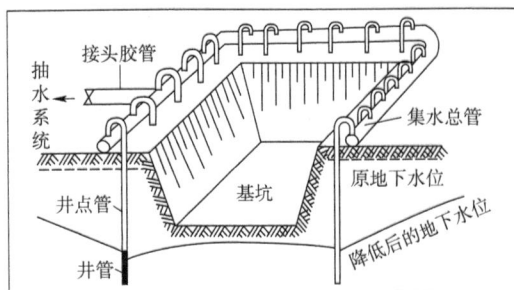

图 12-20　井点法降低水位布置

出,这样可使基坑范围内的地下水充分疏干。

井点法降低水位深度一般可达 4~6m,使用二级井点的降水深度可达 6~9m,可满足一般桥墩基坑的施工需要,多用于城市内的桥涵基坑开挖。

井点法排水应符合以下规定:

(1)安装井点管时,应先造孔后下管,不得将井点管强行打入土内,滤管底应低于基底以下 1.5m;

(2)井点管四周应以粗砂灌实,距地面 0.5~1m 深度内,用黏土填塞严密,防止漏气,井管系统等部件均应安装严密;

(3)井点法排水的抽水能力,应为渗水量的 1.5~2 倍。

(六)水淹地区的基坑开挖

围堰是一种防水挡水的临时工程,使用围堰的目的就是给基础施工创造旱地开挖和砌筑的条件。待基础或墩台修筑露出水面后,即可将其拆除,以免堵塞河道。

常用围堰按其构造分为土围堰、草(麻)袋围堰、木板桩围堰、钢板桩围堰、钢筋混凝土主板桩围堰等。同时,修筑的围堰必须满足下列条件:

(1)围堰顶面应高出施工水位 0.5m。

(2)修建围堰时,应考虑河流断面被围堰压缩而引起的冲刷,并尽量减少渗漏。

(3)围堰内应有适当的工作面积。

(4)围堰的断面需满足强度、稳定性的要求。

1. 土围堰

当水深小于 2m,冲刷作用很小,河底为渗水性较小的土壤时,可就地取用黏性土来填筑土围堰。填筑土围堰前,应先清除堰底河床上的树根、草皮、石块、冰块等物,以减少渗漏。再自上游开始填筑至下游合龙,填筑时勿直接向水中倒土,应将土倒在已露出水面的堰头上,再顺坡送入水中,以免离析。水面上的填土要分层夯实。流速较大处,应在外侧坡面进行防护。

2. 草(麻)袋围堰

草(麻)袋围堰适用于水深 3m 以内、流速在 1.5m/s 以内,河底为渗水性较小的土层。若使用草(麻)袋来装松散的黏性土,装填量为袋容量的 60% 左右,袋口应缝合。施工时,草(麻)袋上下左右互相错缝,并尽可能堆码整齐。

黏土心墙可在内外圈草(麻)袋码至一定高度后填筑,填筑方法同土围堰,修筑前堰底的处理,可按土围堰办法进行。

流速较大时,外侧草(麻)袋可盛小卵石或粗砂,以免土壤流失。必要时抛片石防护。草(麻)袋围堰填筑时,应自上游开始至下游合龙。

3. 钢板桩围堰

钢板桩围堰是由许多块钢板桩组合而成的,板桩之间用锁口连接。它的优点是挤缩流水面积小、渗水少、耐锤击,可多次倒用,穿透硬地层能力强,便于接长,适用范围广,通常用于水深 4 ~ 18m,流速大,覆盖层厚且含大量砾石、河卵石及风化岩等地层中。钢板桩围堰不仅可用作水中明挖基础,还可用作沉井基础的筑岛围堰和桩基承台的防水围堰。

（七）基底检验、处理及基础圬工砌筑

1. 基底检验

基坑开挖过程中,除了随时检查地基土质及地层情况是否符合设计资料外,为防止基底暴露时间过长,施工责任人应在挖至基底前,通知有关人员按时前来检验,并事先填写"隐蔽工程检查证"。经有关人员会同检验签证后,方可砌筑基础或进行其他工序。

一般基底检验的主要内容有:

（1）基底平面位置的尺寸及高程是否与设计资料相符合。

（2）基底地质、承载力是否与设计资料相符合。

（3）基底的排水处理情况是否能确保基础圬工的质量等。

基底检验时,基底高程容许误差对于土质为 ±50mm,石质为 +50mm、−200mm。对基底土质有疑问时,应做土壤分析或其他试验进行核实。

2. 基底处理

1）岩层

（1）未风化的岩层基底,应清除岩面的碎石、石块、淤泥等。

（2）风化的岩层基底,开挖基坑尺寸要少留或不留富余量。浇筑基础圬工时,要将坑底填满,封闭岩层。

（3）岩层倾斜时,应将岩面凿平或凿成台阶状,使承重面与重力线垂直,以免滑动。

（4）砌筑前,岩层表面应用水冲洗干净。

2）碎石类土及砂类土层

承重面应修理平整并夯实,砌筑前铺一层 2cm 厚的浓稠水泥砂浆。

3）黏性土层

（1）铲平坑底时,不能扰动土壤天然结构,不得用土回填。

（2）必要时,加铺一层 10cm 厚的夯填碎石,碎石层顶面不得高于基底设计高程。

（3）基坑挖完后,应在最短时间内砌筑基础,防止暴露过久变质。

4）泉眼

（1）插入钢管或做水井,引出泉水使之与圬工隔离,之后用水下混凝土填实。

（2）在坑底凿出暗沟,上放盖板,将水引出至基础以外的汇水井中抽出,圬工硬化后,停止抽水。

对特殊土层的基底处理,可参考有关的施工技术手册,本书从略。

3. 基础圬工砌筑

明挖基坑过程中,基础圬工的砌筑可采用排水砌筑或用水下混凝土浇筑。

1）排水砌筑的施工要点

应在坑底无水情况下砌筑圬工。禁止带水作业或用混凝土将水赶出模板。基础边缘部分应严密防水。水下基础圬工终凝后,方可停止抽水。

2）水下混凝土浇筑

只有在排水困难时才采用此法。基础坞工的水下浇筑分水下封底与水下直接浇筑基础两种。前者封底后,仍要排水砌筑基础,封底只起封闭渗水的作用,混凝土只作为地基而不作为基础本身。它适用于板桩围堰开挖的基坑。

在混凝土基础施工的过程中,应考虑与墩台、身的接缝,一般按设计文件办理。设计文件无规定时,周边可预埋直径不小于16mm的钢筋(或其他铁件),以加强其整体性,埋入与露出长度不小于钢筋直径的30倍,间距不大于钢筋直径的20倍。基础前后、左右边缘距设计中心线尺寸的容许误差不大于±50mm。

(八)基坑回填

墩台、身拆模后,经检查无质量问题时,应及时回填基坑,回填土可采用原挖出的土,并应分层夯实。

◀ **技能训练工单及练习** ❧

❀ **工作任务单**

一、工作任务

1.预习浅基础设计、施工相关内容;

2.根据以下练习内容,归纳总结浅基础设计、施工相关知识,填写表12-17(空白处没有内容的填无)。

信息表   表12-17

浅基础类型	设计依据、适用条件	构造要求	设计方法	稳定性检算	施工方法和要求
刚性基础					
墙下条形基础					
柱下钢筋混凝土独立基础					

二、考核评价

评价表参见附录一。

❀ **练习**

1.浅基础的常见形式有哪几种?

2.何谓刚性基础?何谓柔性基础?

3.刚性扩大基础设计验算项目有哪些?如何计算?

4.某一桥墩底面为 $2.5m \times 5.4m$ 的矩形,其高程为 $91.00m$,河床面高程为 $94.00m$,一般冲刷线的高程为 $92.50m$,局部冲刷线的高程为 $92.00m$,刚性扩大基础顶面设在河床面下 $3m$ 处。作用于基础顶面的荷载为:$N = 4500kN$,$M = 2400kN \cdot m$,$H = 200kN$。地基土为中密中砂,$\gamma = 20kN/m^3$。试确定基础埋置深度及平面尺寸,并经过验算说明其合理性(不计基础襟边以上覆土自重及水浮力对荷载的影响)。

5.某混凝土桥墩基础如图12-21所示,基底平面尺寸 $a = 7.5m$,$b = 7.4m$,埋置深度 $h = 2m$,试根据图示荷载及地质资料,进行下列项目的验算。

(1)持力层及下卧层的承载力;

(2)基础本身强度;

(3)偏心距、滑动和倾覆稳定性。

6.坑壁支护的形式有哪几种?支护开挖的使用范围是什么?

7.喷射混凝土护壁的适用条件是什么?

8.井点法排水适用于什么条件?应符合哪些规定?

9.基底检验的主要内容有哪些?

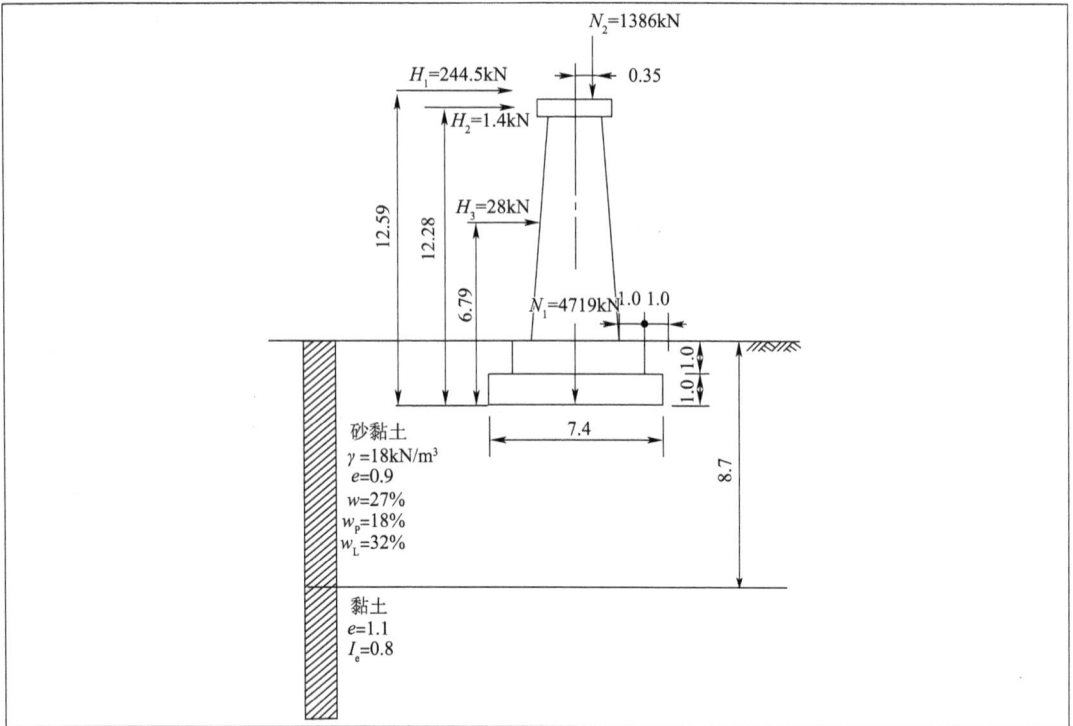

图 12-21 练习 5 图(尺寸单位:m)

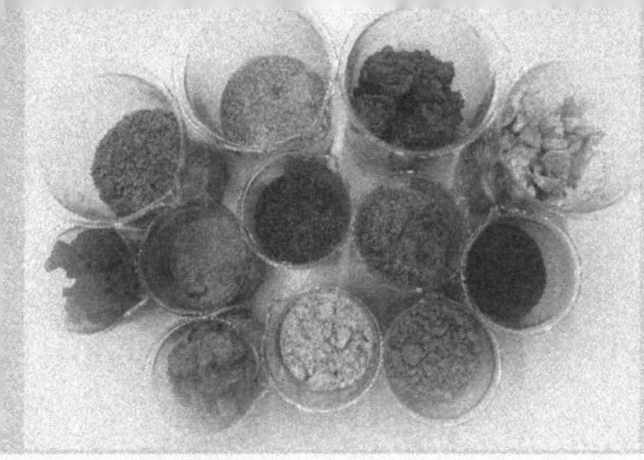

任务十三

桩基础

▌▌▌ 任务描述 ▌▌▌

通过本任务相关知识的学习并结合在线课程资源及相关资料，完成桩基础设计工单。通过线上线下学习，完成本任务技能训练工单及练习，遇到困难学习小组互相帮助。

▌▌▌ 任务要求 ▌▌▌

（1）根据班级人数分组，一般6~8人/组；

（2）以组为单位，各组员按分工完成任务，组长负责检查并统计各成员的任务结果，做好记录以供集体讨论；

（3）全组共同完成所有任务，组长负责成果的记录与整理，按任务要求上交报告，以供教师批阅。

▌▌▌ 学习目标 ▌▌▌

知识目标：

掌握桩基础的类型；

掌握桩基础的单桩承载力确定方法；

理解桩基础的承载力与沉降验算；

了解桩基础施工方法。

能力目标：

通过桩基础知识点学习能进行桩基础的设计。

▌▌▌ 学习重点 ▌▌▌

桩的极限承载力的概念；单桩承载力标准值的计算方法；基桩的内力计算和位移计算方法；群桩的基础验算；桩基础的设计方法和步骤；桩基础施工方法。

▌▌▌ 学习难点 ▌▌▌

单桩承载力标准值的计算方法；基桩的内力计算和位移计算方法；群桩的基础验算；桩基础的设计方法和步骤。

一、概述

在选择地基基础方案时,应充分利用地基土的承载力,尽量采用天然地基上的浅基础。当场地浅层地基土质不能满足地基承载力和变形的要求,也不宜采用地基处理等措施时,往往需要以地基深层坚实土层或岩层作为地基持力层,采用深基础方案。深基础主要有桩基础、沉井基础、墩基础和地下连续墙等多种类型,其中以桩基础的历史最为悠久,应用最为广泛。

桩基础是由埋于地基中的若干根桩及将所有桩联成一个整体的承台(或盖梁)两部分所组成的一种基础形式(图13-1)。桩基础的作用是将承台或盖梁以上结构物传来的外力,通过承台或盖梁传到较深的地基持力层中去。

(一)桩基础的适用范围

1.天然地基土质软弱

如果天然地基土质软弱,采用天然地基浅基础不能满足地基强度或变形的要求,或采用人工加固处理地基时间不允许,可考虑采用桩基础或其他形式的深基础。

2.高层建筑

高层建筑设计,尤其是超高层建筑设计的一个重要问题是必须满足地基基础稳定性的要求。在地震区,基础埋置深度 d 不应小于建筑物高度的1/10,而采用浅基础难以满足这项要求,因此,只能用桩基础或其他形式的深基础。

> **引导问题** 当地基土的上部土层比较软弱,且建筑物的上部荷载很大时,采用浅基础是否能够满足建筑物对地基变形和强度的要求?若采用地基处理不经济,是否可以利用地基土的下部土层作为基础的持力层,从而将基础设计为深基础呢?常用的深基础有桩基础、沉井基础、地下连续墙、沉箱基础等多种类型,在这些深基础中最常用的是什么类型呢?

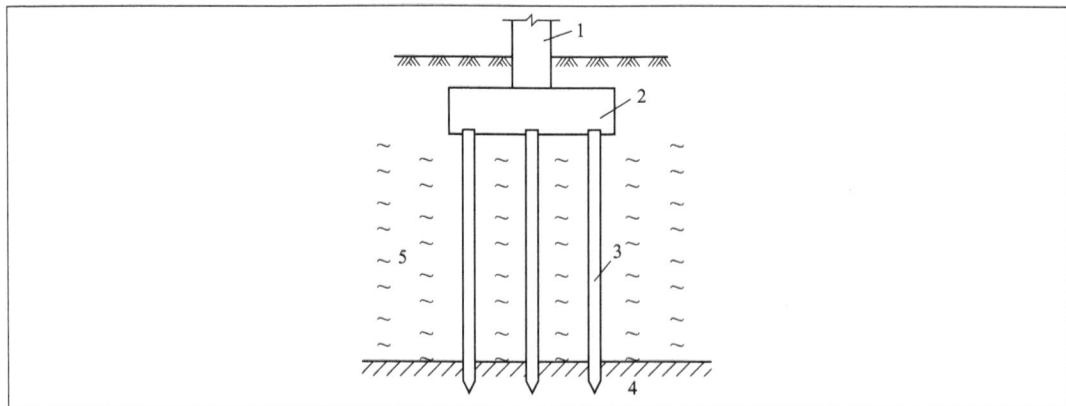

图13-1 桩基础的组成

1-上部结构(墙或柱);2-承台(盖梁);3-桩身;4-坚硬土层;5-软弱土层

(二)桩的分类

1.按桩的受力状态分类

1)摩擦型桩

(1)摩擦桩:桩上的荷载由桩侧摩擦力和桩端阻力共同承受。在极限承载力状态下,桩顶荷载由桩侧阻力承受,桩端阻力忽略不计,就是纯摩擦桩,如图13-2a)所示。

（2）端承摩擦桩：在极限承载力状态下,桩顶荷载由桩端阻力承受。桩端阻力占少量比例,"端承"是形容摩擦力的,但不能忽略不计,如图13-2b)所示。

2）端承型桩

（1）端承桩：在极限承载力状态下,桩顶荷载由桩端阻力承受,当桩端进入微风化或中等风化岩石时,为端承桩,此时桩侧阻力忽略不计,如图13-2c)所示。

（2）摩擦端承桩：在极限承载力状态下,桩顶荷载主要由桩端阻力承受,"摩擦"是形容端承桩的,桩侧摩擦力占的比例很小,但并非忽略不计,如图13-2d)所示。

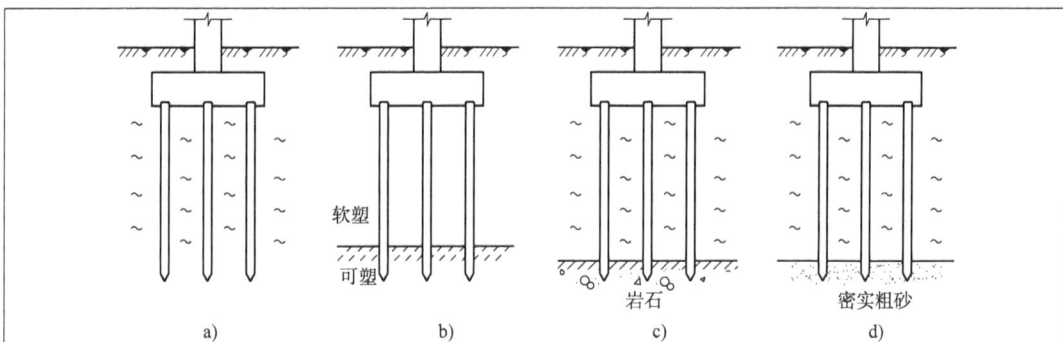

图 13-2　摩擦型桩与端承型桩

a)摩擦桩;b)端承摩擦桩;c)端承桩;d)摩擦端承桩

2.按施工方法分类

按施工方法,桩可分为预制沉桩和灌注桩。

1）预制沉桩

预制沉桩是将预制的木桩、钢筋混凝土桩、预应力混凝土桩、钢桩等,用锤击、振动、射水等方法沉入土中,使该处的地基变得更密实,以增大其承载能力。预制沉桩按沉桩方式的不同分为打入桩和振动下沉桩。

（1）打入桩是用打桩机具将各种预制沉桩打入地基内所需达到的深度,这种桩适用于桩径较小,地基土为中密或稍松的砂类土和可塑性的黏性土的情况。

在软塑黏性土中,也可用重力将桩压入土中,称为静力压桩。

（2）振动下沉桩是将大功率振动打桩机安装在桩顶（钢筋混凝土桩或钢管桩）,利用振动力减少土对桩的阻力使桩沉入土中。它适用于桩径较大,地基土为砂类土、黏性土和碎石类土的情况。

2）灌注桩

灌注桩是先在桩位处造孔,然后就地灌注钢筋混凝土而形成的桩,分为钻孔灌注桩和挖孔灌注桩。

（1）钻孔灌注桩是用钻孔机具造孔,在孔内放入钢筋骨架,灌注混凝土成桩。它的特点是施工设备简单、操作方便,适用于砂类土、黏性土地基,也适用于碎、卵石层和岩层地基。

（2）挖孔灌注桩是用小型机具或人工在地基中挖出桩孔,然后在孔内放入钢筋骨架,灌注

混凝土成桩。其特点是不受设备限制,施工简单,桩的横截面可以做成较大尺寸。适用于无水或渗水量较小的地基土层,在地形狭窄、山坡陡峭处采用挖孔灌注桩较钻孔灌注桩或明挖基础更为有利。

二维码

水中桩基础施工

此外,还有打入式灌注桩(即先打入带有桩尖的套管成孔,然后边拔套管边灌注混凝土成桩)、桩尖爆扩桩(即成孔后用爆破的方法扩大桩底支撑面积,增大桩的容许承载力)的施工方法。

二维码

挖孔灌注桩施工

3.按桩身材料分类

根据桩身材料,可分为混凝土桩、钢桩和组合材料桩等。

1)混凝土桩

混凝土桩是目前应用最广泛的桩,具有制作方便、桩身强度高、耐腐蚀性能好、价格低廉等优点。它又可分为预制混凝土桩和灌注混凝土桩两大类。

(1)预制混凝土桩

预制混凝土桩多为钢筋混凝土桩,断面尺寸一般为 400mm × 400mm 或 500mm × 500mm,单节长十余米。为减少钢筋用量和桩身裂缝,也可用预应力钢筋混凝土桩。

(2)灌注混凝土桩

灌注混凝土桩是用桩机设备在施工现场就地成孔,在孔内放置钢筋笼,再浇筑混凝土所形成的桩。

2)钢桩

钢桩由钢板和型钢组成,常见的有各种规格的钢管桩、工字钢桩和 H 型钢桩等。

3)组合材料桩

组合材料桩是指由两种以上材料组成的桩。较早采用的水下桩基,就是在泥面以下用木桩而水中部分用混凝土桩的组合材料桩。

4.按承台位置分类

桩基础按承台位置可分为高桩承台和低桩承台两种,通常将承台底面置于土面或在局部冲刷线以下的称为低桩承台,将承台底面高出地面或局部冲刷线的称为高桩承台,如图 13-3 所示。高桩承台的位置较高,可减少墩台的圬工数量,施工较方便。但是高桩承台在水平力的作用下,由于承台及部分桩身露出地面或局部冲刷线,减小了承台及自由段桩身侧面的土抗力,桩身的内力和位移都将大于低桩承台,在稳定性方面不如低桩承台。

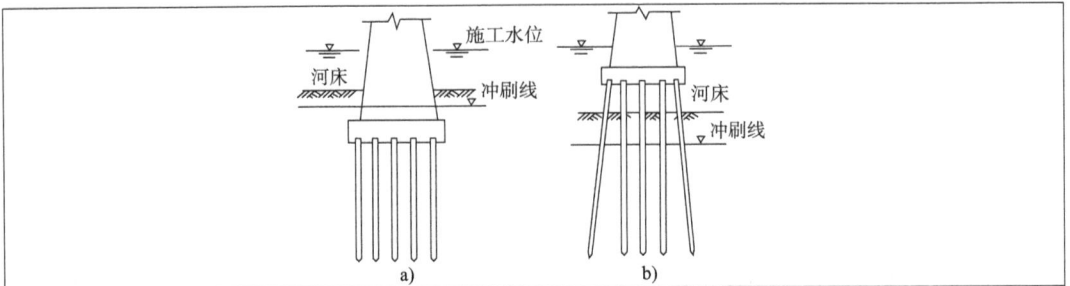

图 13-3 低桩承台和高桩承台

a)低桩承台;b)高桩承台

5.按桩轴方向分类

按桩轴方向可分为竖直桩、单向斜桩和双向斜桩桩基,如图 13-4 所示。

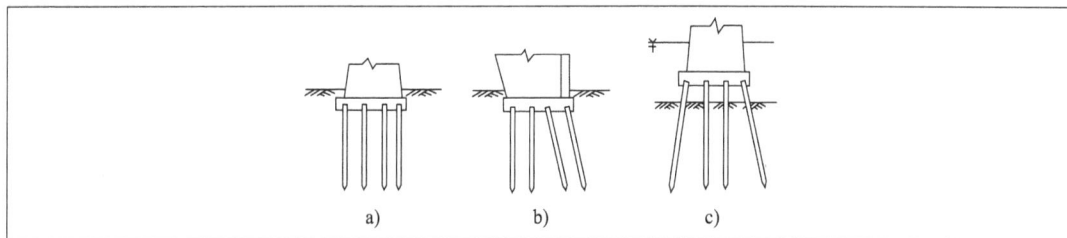

图 13-4　竖直桩和斜桩桩基
a)竖直桩;b)单向斜桩;c)双向斜桩

桩基中是否需要设置斜桩及设置多大斜度,可根据荷载、桩的截面尺寸和施工方法等因素确定。对于钻(挖)孔桩基础,采用的桩截面尺寸一般较大,抗弯抗剪性能较强,它可以承受较大的水平力;而且受当前工艺水平的限制,设置斜桩的困难较多,常采用竖直桩基础。对于打入桩基础,当桩基受水平力较大时,采用带斜桩的桩基为宜。例如桥墩有时采用双向或多向斜桩,桥台有时采用单向斜桩。

6.按桩的布置形式分类

1)单桩或单排桩桩基

当桩基只有单根或仅在与水平外力作用平面相垂直的同一平面内有若干根时,称为单桩或单排桩桩基,如图 13-5a)、b)所示。

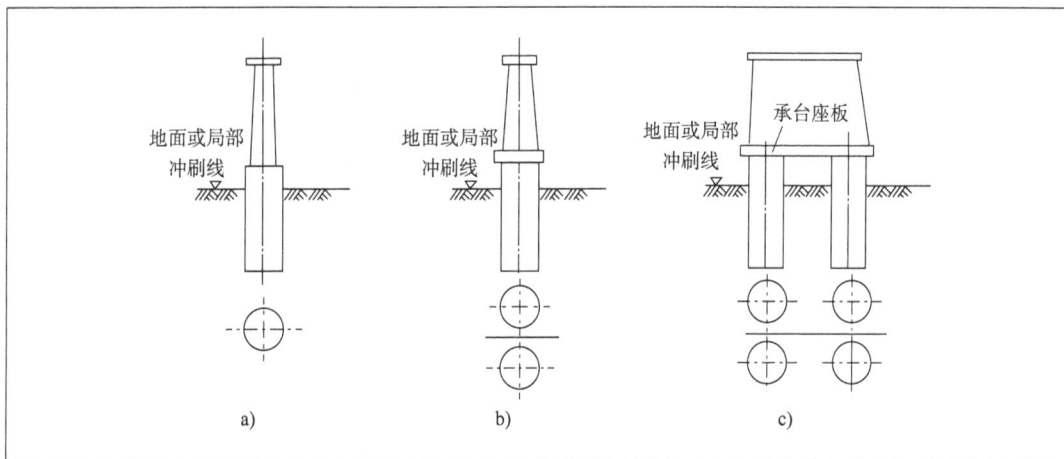

图 13-5　桩基布置形式
a)单桩;b)单排桩桩基;c)多排桩桩基

2)多排桩桩基

基桩排列的行数和列数均不小于 2 的桩基,为多排桩桩基,如图 13-5c)所示。

另外,桩按其截面形式分为实腹型桩和空腹型桩。按桩径大小分为小直径桩($d \leqslant$ 250mm)、中等直径桩($250\text{mm} < d < 800\text{mm}$)、大直径桩($d \geqslant 800\text{mm}$)。

(三)桩与桩基础的构造

1.桩的构造

1)就地灌注钢筋混凝土桩的构造

钻(挖)孔灌注桩是就地灌注的钢筋混凝土桩,桩身常为实心截面,桩身混凝土强度等级可采用C15~C25,水下混凝土强度等级不应低于C20。钻孔桩直径分0.8m、1.0m、1.25m和1.5m四种,挖孔桩的直径或边宽不小于1.25m。桩内钢筋应按照内力和抗裂性的要求布设,并可根据桩身弯矩分布分段配筋。为保证钢筋骨架有一定的刚度,便于吊装并保证主筋受力的轴向稳定,主筋不宜过少,箍筋间距采用200mm,摩擦桩下部可增大至400mm,顺钢筋笼长度每隔2.0~2.5m加一道直径为16~22mm的骨架钢筋。考虑灌注桩身混凝土施工的方便,主筋宜采用光面钢筋。采用束筋时,每束不宜多于两根。主筋净距不宜小于120mm,任何情况下不宜小于80mm。主筋的净保护层厚度不应小于60mm。

2)预制钢筋混凝土桩、预应力混凝土桩的构造

预制钢筋混凝土桩和预应力混凝土桩多为通过工厂用离心旋转法制造的空心管桩,桩径有400mm和550mm两种,混凝土强度等级为C30以上,桩内钢筋由纵向主筋和箍筋组成。管桩在工厂中分节预制,每节长4~12m,用钢制法兰盘、螺栓接头,桩尖节单独预制。

工地预制钢筋混凝土桩多为实心方形截面,通常当桩长在10m以内时横截面尺寸为0.3m×0.3m,桩身混凝土强度等级不低于C25,桩身应按制造、运输、施工和使用各阶段的内力要求配筋,桩顶处因直接承受锤击应设钢筋网加固。

2.桩的平面布置

桩在承台中的平面布置多采用行列式[图13-6a)],以便施工放样,如果承台底面积不大,

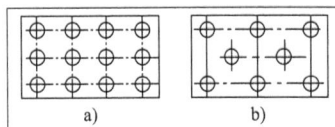

图13-6 桩的平面布置

a)行列式;b)梅花式

而需要排列的桩数较多,可采用梅花式[图13-6b)]。

桩的排列要考虑降低对土体结构的破坏及施工的可能性,故桩间最小中心距离应满足《铁路桥涵地基和基础设计规范》(TB 10093—2017)的规定:

打入桩的桩尖中心距不应小于3倍设计桩径。

振动下沉于砂土内的桩,其桩尖中心距不应小于4倍设计桩径。

桩尖爆扩桩的桩尖中心距应根据施工方法确定。

上述各类桩在承台底面处桩的中心距不应小于1.5倍设计桩径。

钻(挖)孔灌注摩擦桩的中心距不应小于2.5倍设计桩径,钻(挖)孔灌注桩的中心距不应小于2倍设计桩径。

摩擦支承管柱的中心距可采用2.5~3倍管柱外径,端承管柱的中心距可采用2位钻孔直径。

各类桩的承台边缘至最外一排桩的净距,当桩径$d \leq 1m$时,不应小于$0.5d$且不应小于0.25m;当桩径$d > 1m$时,不应小于$0.3d$且不应小于0.5m。对于钻孔灌注桩,d为设计桩径;对于矩形截面桩,d为桩的短边宽。

3. 承台的构造

桩基承台的平面形式和尺寸,取决于墩台、身底部的形式和尺寸,也与桩的布置及桩的数量有关系。

承台一般为钢筋混凝土结构,其混凝土强度等级可采用 C15 ~ C25。承台板的厚度和配筋应根据受力情况决定,其厚度不宜小于 1.5m,承台板的底部应布置一层钢筋网(图 13-7)。当基桩采用桩顶主筋伸入承台连接时,越过桩顶处的钢筋网不得截断。当基桩采用桩顶直接埋入承台内,且桩顶作用于承台板的压应力超过承台板混凝土的容许局部承压应力时,应在每一根桩的顶面以上,设置 1 ~ 2 层直径不小于 12mm 的钢筋网,钢筋网的每边长度不得小于桩径的 2.5 倍,其网孔为 100mm × 100mm ~ 150mm × 150mm。

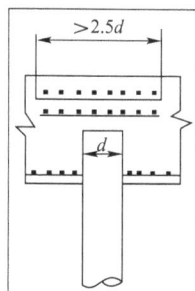

图 13-7 钢筋网

4. 桩与承台的连接

桩与承台的连接方式有如下两种:

1) 桩顶主筋伸入式

基桩桩顶主筋伸入承台内[图 13-8a)、b)],桩身伸入承台内的长度可采用100mm(不包括水下封底混凝土厚度)。桩顶主筋伸入承台内的长度(算至弯钩切点),对于光圆钢筋不得小于 45 倍主筋的直径,对于螺纹钢筋不得小于 35 倍主筋的直径。其箍筋的直径不应小于 8mm,箍筋间距可采用 150 ~ 200mm。伸入承台的主筋可做成喇叭形[图 13-8a)]或竖直形[图 13-8b)]。前者受力较好,特别是对受拉的桩有利;后者施工方便,特别是对靠近承台边缘的桩布置有利。这种连接方式较牢固,多用于钻(挖)孔灌注桩。

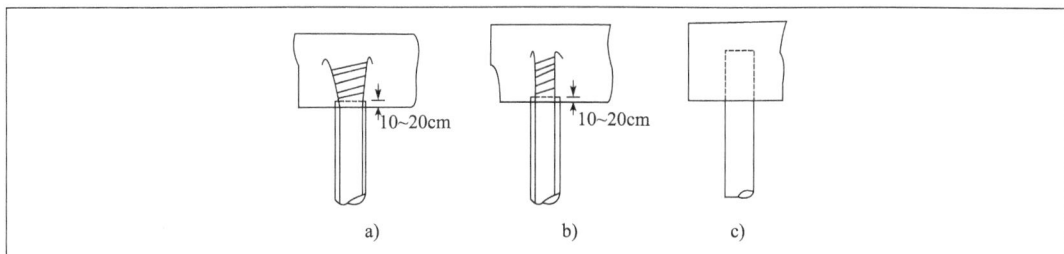

图 13-8 桩与承台的连接

a)伸入承台主筋为喇叭形;b)伸入承台主筋为竖直形;c)桩顶直接埋入承台

2) 桩顶直接埋入式

基桩桩顶直接埋入承台内[图 13-8c)]的连接方式比较简单、方便,多用于预应力钢筋混凝土桩和普通钢筋混凝土桩。为保证连接可靠,其桩顶埋入长度应符合下列规定:

(1)当桩径小于 0.6m 时,桩顶埋入长度不得小于 2 倍桩径;

(2)当桩径为 0.6 ~ 1.2m 时,桩顶埋入长度不得小于 1.2m;

(3)当桩径大于 1.2m 时,桩顶埋入长度不得小于桩径。

木桩桩顶埋入承台的长度不应小于 0.50m,也不应小于 2 倍桩径。

承受拉力的桩与承台的连接必须满足受拉强度的要求。

嵌入新鲜岩面以下的钻(挖)孔灌注桩,其嵌入深度应根据计算确定,但不得小于 0.5m。

桩顶至承台顶面的厚度不宜太小,以保证不致出现桩顶对承台的冲切破坏。

二、单桩极限承载力

单桩极限承载力是指竖向荷载逐渐施加于单桩桩顶,桩身上部受压缩而产生相对土体的向下位移,桩侧表面有向上的摩阻力。桩身荷载通过桩侧摩阻力传递到桩周土层中,致使桩身荷载和压缩变形随深度的增加而减小。在桩土相对位移等于零处,摩阻力也等于零。随着桩身荷载的增大,桩身压缩变形和位移量也增大,桩身下部四周土体的摩阻力也将增大,桩尖土层也受到压缩而产生端阻力,桩端土层的压缩又加大了桩、土间的相对位移,这又进一步加大了桩四周的摩阻力。桩侧摩阻力达到极限后,继续增加荷载,这部分增大的荷载全部由桩端阻力来承担,此时桩端持力层的压缩位移量将迅速增大,达到某一极限,桩端土层产生塑性变形,并发生塑性挤出,位移迅速增大而破坏。这时桩所承受的荷载就是极限荷载,即极限承载力。

一般情况下,桩要受到竖向力、水平力和弯矩的作用,因此,必须分别研究和确定单桩竖向极限承载力和横向极限承载力。本任务仅讨论单桩竖向极限承载力的有关内容。

单桩竖向极限承载力主要取决于两个方面:一是土对桩的支承能力,二是桩身本身的材料强度。因此,单桩竖向极限承载力应分别按照桩身的材料强度和地基土对桩的支承能力来确定,取其中最小值。一般情况下,桩的承载力由土的支承能力所控制,而桩身的材料强度往往不能充分发挥。只有对端承桩、超长桩以及桩身有质量缺陷的桩,材料强度才起控制作用。

目前,根据桩周土的变形和强度确定单桩竖向极限承载力的方法较多,主要有静荷载试验法、经验参数法、静力触探法、动力分析法等。

静荷载试验法是确定单桩竖向极限承载力的最可靠方法,但其费用、时间、人力消耗较大。在工程实际中,一般依桩基工程的重要性和场地的复杂程度,并利用地质条件相同的试桩资料、触探资料及土的物理指标的经验关系参数,慎重选择一种方法或几种方法相结合的方式综合确定单桩的竖向极限承载力,力求所选方法既可靠又经济合理。

(一)静载试验确定单桩极限承载力

1. 试验准备

①在工地选择有代表性的桩位,将与设计采用的工程桩的截面、长度及质量完全相同的试桩,用设计采用的施工机具和方法沉到设计高程;②确定试桩加载装置,根据工程规模、桩的尺寸、地质情况及设计采用的单桩竖向极限承载力,以及经费情况,全面考虑确定;③准备荷载与沉降测量仪表;④从成桩到试桩需要间歇的时间,在桩身强度达到设计要求的前提下,对于砂类土不应少于 10 天,对于粉土和一般黏性土不应少于 15 天,对于淤泥或淤泥质土不应少于 25 天。此间歇时间是为了消散沉桩时产生的孔隙水压力和触变等影响,以便反映桩的真实的端承力和桩侧摩擦力数值。

2. 试验加载装置

通常采用油压千斤顶加载试桩,加载应沿桩轴方向均匀、无冲击和分级进行。每级加载量一般不大于预计最大荷载的1/10。加载一级后,每隔 5～20min 读一次下沉值,一直读到其下沉终止后,才能加载下一级荷载。直到试桩破坏,然后分级卸载到零。下沉终止的标准:对砂土是在最后 30min 内,对黏性土是在最后 60min 内,桩的下沉量不超过 0.1mm。为满足沉降量测量精度要求,测量沉降量的仪器至少要对称地设置两个,仪器的测量精度应高于 0.05mm。

3. 试桩破坏判定

单桩竖向极限承载力实测值:取直角坐标,以桩顶荷载 p 为横坐标,桩顶沉降 s 为纵坐标(向下),绘制荷载-沉降(p-s)曲线,如图 13-9 所示。

①p-s 曲线有明显的陡降段,取陡降段起点相应的荷载值 p_u。

②桩径或桩宽在 550mm 以下的预制桩,在某级荷载 p_i 作用下,其沉降增量与相应荷载增量的比值大于 0.1mm/kN 时,取前一级荷载 p_{i-1} 值为极限荷载 p_u。

③当曲线为缓变型,无陡降段时,根据桩顶沉降量确定极限承载力:

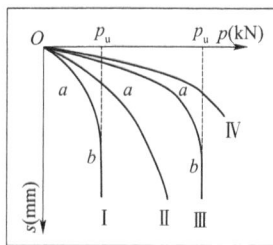

图 13-9　p-s 曲线

一般桩可取 $s = 40～60$mm 对应的荷载;

大直径桩可取 $s = (0.03～0.06)D$(D 为桩径)对应的荷载;

细长桩($L/D > 80$,L 为桩长)可取 $s = 60～80$mm 对应的荷载。

根据沉降量随时间变化特征确定极限承载力:取 s-$\lg t$ 曲线尾部出现明显向下弯曲的前一级荷载值作为极限荷载。

参加统计的试桩的实测值,当满足其极差不超过平均值的30%时,可取其平均值为单桩竖向极限承载力。对桩数为 3 或小于 3 的桩下承台,取实测值的最小值为单桩竖向极限承载力。当极差超过平均值的30%时,宜增加试桩数量并分析离差过大的原因,结合工程具体情况确定极限承载力。

二维码

单桩承载力

4. 单桩竖向承载力标准值

$$R_k = \frac{Q_{uk}}{K} \tag{13-1}$$

式中:R_k——单桩竖向承载力标准值,kN;

Q_{uk}——单桩竖向极限承载力标准值,kN;

K——安全系数,取 2.0。

(二)按设计规范经验公式确定单桩承载力

确定单桩竖向承载力标准值的经验公式,是根据多年的基桩静载试验,按其所获得的桩侧土的极限摩擦力和桩端土的极限阻力数据而建立起来的。如无条件进行静载试验,可用经验公式计算。

不同类型的基桩有不同的承载力,《铁路桥涵地基和基础设计规范》(TB 10093—2017)按桩在土中的支承类型及施工方法的不同,提供了经验公式。

（1）摩擦桩竖向承载力标准值。

摩擦桩的承载力，假定由桩侧土的摩擦力和桩尖土的阻力两部分组成。计算简便起见，认为摩擦阻力沿桩长和桩周均匀分布，桩底支承力在桩底面均匀分布。

①打入、振动下沉和桩尖爆扩摩擦桩的竖向承载力标准值：

$$R_k = \frac{1}{2}(U\sum \alpha_i f_i l_i + \lambda AR\alpha)$$ （13-2）

式中：R_k——单桩竖向承载力标准值[①]，kN；

    U——桩身截面周长，m；

    l_i——各土层厚度，m；

    A——桩底支承面积，m^2；

  α_i、α——振动下沉桩对各土层桩周摩阻力和桩底承压力的影响系数（表13-1），对于打入桩，其值为1.0；

    λ——系数，与桩尖爆扩体处土的种类及爆扩体直径和桩身直径之比有关，见表13-2；

  f_i、R——分别为桩周土的极限摩阻力，kPa，桩尖土的极限承载力，kPa，可根据土的物理性质查表13-3和表13-4确定或采用静力触探法测定。

振动下沉桩系数 α_i、α　　　　　　表13-1

桩径或边宽	砂类土	粉土	粉质黏土	黏土
$d\leq 0.8m$	1.1	0.9	0.7	0.6
$0.8m<d\leq 2.0m$	1.0	0.9	0.7	0.6
$d>2.0m$	0.9	0.7	0.6	0.5

系数 λ　　　　　　表13-2

D_p/d	桩尖爆扩体处土的种类			
	砂类土	粉土	粉质黏土 $I_L=0.5$	黏土 $I_L=0.5$
1.0	1.0	1.0	1.0	1.0
1.5	0.95	0.85	0.75	0.70
2.0	0.90	0.80	0.65	0.50
2.5	0.85	0.75	0.50	0.40
3.0	0.80	0.60	0.40	0.30

注：d 为桩身直径；D_p 为爆扩桩的爆扩体直径。

[①] 也有规定称该值为"桩的容许承载力"。

桩周土的极限摩阻力 f_i（单位：kPa）   表 13-3

土类	状态	极限摩阻力 f_i	土类	状态	极限摩阻力 f_i
黏性土	$1 \leqslant I_L < 1.5$	$15 \sim 30$	粉、细砂	松散	$20 \sim 35$
	$0.75 \leqslant I_L < 1$	$30 \sim 45$		稍、中密	$35 \sim 65$
	$0.50 \leqslant I_L < 0.75$	$45 \sim 60$		密实	$65 \sim 80$
	$0.25 \leqslant I_L < 0.50$	$60 \sim 75$	中砂	稍、中密	$55 \sim 75$
	$0 \leqslant I_L < 0.25$	$75 \sim 85$		密实	$75 \sim 90$
	$I_L < 0$	$85 \sim 95$	粗砂	稍、中密	$70 \sim 90$
粉土	稍密	$20 \sim 35$		密实	$90 \sim 105$
	中密	$35 \sim 65$			
	密实	$65 \sim 80$			

桩尖土的极限承载力 R（单位：kPa）   表 13-4

土类	状态	桩尖极限承载力 R		
黏性土	$1 \leqslant I_L$	1000		
	$0.65 \leqslant I_L < 1$	1600		
	$0.35 \leqslant I_L < 0.65$	2200		
	$I_L < 0.35$	3000		
		桩尖进入持力层的相对深度		
		$\dfrac{h'}{d} < 1$	$1 \leqslant \dfrac{h'}{d} < 4$	$4 \leqslant \dfrac{h'}{d}$
粉土	中密	1700	2000	2300
	密实	2500	3000	3500
粉砂	中密	2500	3000	3500
	密实	5000	6000	7000
细砂	中密	3000	3500	4000
	密实	5500	6500	7500
中、粗砂	中密	3500	4000	4500
	密实	6000	7000	8000
圆砾土	中密	4000	4500	5000
	密实	7000	8000	9000

注：表中 h' 为桩尖进入持力层的深度（不包括桩靴），d 为桩的直径或边长。

②钻（挖）孔灌注摩擦桩的竖向承载力标准值：

$$R_k = \frac{1}{2} U \sum f_i l_i + m_0 A [\sigma] \tag{13-3}$$

式中：R_k——竖向承载力标准值，kN；

U——桩身截面周长，m，按设计桩径计算，通常钻孔灌注桩的成孔桩径，按钻头类型分别比设计桩径(即钻头直径)增大下列数值：旋转锥为 $30 \sim 50$mm，冲击锥为 $50 \sim 100$mm，冲抓锥为 $100 \sim 150$mm；

f_i——各土层的极限摩阻力，kPa，查表13-5；

l_i——各土层的厚度，m；

A——桩底支承面积，m^2，按设计桩径计算；

m_0——钻孔灌注桩桩底支承力折减系数，查表13-6，挖孔灌注桩桩底支承力折减系数可根据具体情况确定，一般可取 $m_0 = 1.0$；

$[\sigma]$——桩底地基土的容许承载力，kPa，当 $h \leqslant 4d$ 时，$[\sigma] = \sigma_0 + k_2 \gamma_2 (h-3)$；当 $4d < h \leqslant 10d$ 时，$[\sigma] = \sigma_0 + k_2 \gamma_2 (4d-3) + k'_2 (h-4d)$；当 $h > 10d$ 时，$[\sigma] = \sigma_0 + k_2 \gamma_2 (4d-3) + k'_2 \gamma_2 (6d)$，其中 d 为桩径或桩的宽度，m；k_2 为深度修正系数，采用《铁路桥涵地基和基础设计规范》(TB 10093—2017)有关数值；k'_2 对于黏性土和黄土为1.0，对于其他土采用 k_2 值的一半；σ_0 为桩端土的基本承载力，kPa；γ_2 为桩底以上土的加权平均重度，kN/m^3；h 为桩底至一般冲刷线(无冲刷时为地面)的深度，m。

钻(挖)孔灌注桩桩周土极限摩阻力 f_i(单位:kPa)　　　　表13-5

土的种类	土性状态	极限摩阻力	土的种类	土性状态	极限摩阻力
软土		$12 \sim 22$	中砂	中密	$45 \sim 70$
				密实	$70 \sim 90$
黏性土	流塑	$20 \sim 35$	粗砂、砾砂	中密	$70 \sim 90$
	软塑	$35 \sim 55$		密实	$90 \sim 150$
	硬塑	$55 \sim 75$	圆砾土、角砾土	中密	$90 \sim 150$
粉土	中密	$30 \sim 55$		密实	$150 \sim 220$
	密实	$55 \sim 70$	碎石土、卵石土	中密	$150 \sim 220$
粉砂、细砂	中密	$30 \sim 55$		密实	$220 \sim 420$
	密实	$55 \sim 70$			

注：漂石土、块石土极限摩阻力可采用 $400 \sim 600$kPa；

钻(挖)孔灌注桩桩底支承力折减系数 m_0　　　　表13-6

土质及清底情况	m_0		
	$5d < h \leqslant 10d$	$10d < h \leqslant 25d$	$25d < h \leqslant 50d$
土质较好,不易坍塌,清底良好	$0.9 \sim 0.7$	$0.7 \sim 0.5$	$0.5 \sim 0.4$
土质较差,易坍塌,清底稍差	$0.7 \sim 0.5$	$0.5 \sim 0.4$	$0.4 \sim 0.3$
土质差,难以清底	$0.5 \sim 0.4$	$0.4 \sim 0.3$	$0.3 \sim 0.1$

注：h 为地面线或局部冲刷线以下桩长；d 为桩的直径，均以 m 计。

(2)端承桩竖向承载力标准值。

当端承桩支立于岩石层上或嵌入岩石层内时，端承桩的承载力只考虑桩底的支承力，桩侧土的摩阻力略去不计(图13-10)。

①支承于岩石层上的打入桩、振动下沉桩(包括管桩)的竖向承载力标准值：

$$R_k = CRA \qquad (13-4)$$

式中：R_k——桩的竖向承载力标准值，kN；

R——岩石试块单轴抗压极限强度，kPa；

C——系数，匀质无裂缝的岩石层采用 $C = 0.45$，有严重裂缝的、风化的或易软化的岩石层采用 $C = 0.30$；

A——桩底支承面积，m^2。

②支承于岩石层上与嵌入岩石层内的钻(挖)孔灌注桩及管桩的竖向承载力标准值：

$$R_k = R(C_1 A + C_2 Uh) \qquad (13-5)$$

式中：R_k——桩及管桩的竖向承载力标准值，kN；

U——嵌入岩石层内的桩及管桩的钻孔周长，m；

h——自新鲜岩石面(平均高程)算起的嵌入深度，m；

C_1、C_2——系数，根据岩石层破碎程度和清底情况确定，查表13-7；

其余符号意义同前。

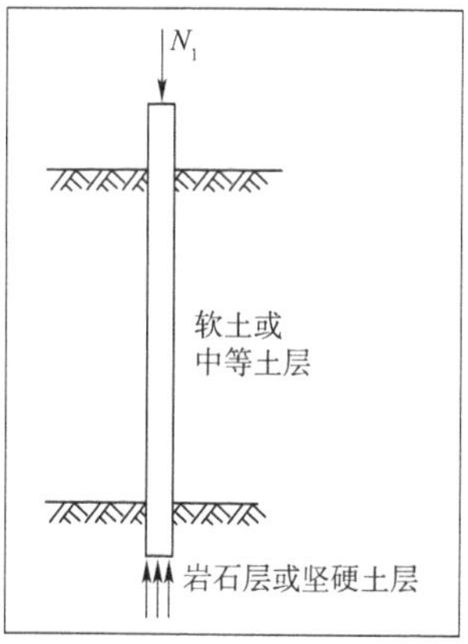

图13-10 端承桩承载力

系数 C_1、C_2 表13-7

岩石层及清底情况	C_1	C_2
良好	0.5	0.04
一般	0.4	0.03
较差	0.3	0.02

注：当 $h \leq 0.5m$ 时，C_1 应乘0.7，C_2 为0。

(三)按桩身材料强度确定单桩竖向承载力标准值

对于仅承受竖向力的桩，可按沉入土中的压杆考虑。对于钢筋混凝土桩，其承载力标准值可用下式计算：

$$R_k = \varphi(A_c + mA_s)[\sigma_c] \qquad (13-6)$$

式中：A_c——桩身横截面中的混凝土面积，m^2；

A_s——主筋截面面积，m^2；

m——主筋的计算强度与混凝土抗压极限强度之比，可从表13-8查得；

$[\sigma_c]$——混凝土中心受压容许应力，kPa，可从表13-9查得；

φ——压杆的纵向弯曲系数，根据构件的长细比，可从表13-10查得。

m 值 表13-8

钢筋种类	混凝土强度等级									
	C15	C20	C25	C30	C35	C40	C45	C50	C55	C60
Ⅰ级钢筋	20.4	15.7	12.4	10.4	9.0	8.0	7.1	6.4	5.9	5.4
Ⅱ级钢筋	29.1	22.3	17.6	14.9	12.9	11.4	10.2	9.2	8.4	7.7

混凝土中心受压容许应力[σ_c] 表 13-9

应力种类	单位	混凝土强度等级									
		C15	C20	C25	C30	C35	C40	C45	C50	C55	C60
中心受压	MPa	4.6	6.1	7.6	9.0	10.3	11.6	13.2	14.6	16.0	17.4

注:1. 主力和附加力同时作用时,可提高30%;

    2. 对厂制及工艺符合厂制条件的桩,可以再提高10%。

纵向弯曲系数 φ 值 表 13-10

l_0/b	≤8	10	12	14	16	18	20	22	24	26	28	30
l_0/d	≤7	85	10.5	12	14	15.5	17	19	21	22.5	24	26
l_0/r	≤28	35	42	48	55	62	69	76	83	90	97	104
φ	1.0	0.98	0.95	0.92	0.87	0.81	0.75	0.70	0.65	0.60	0.56	0.52

注:l_0-构件计算长度,m;$l_0 = kl$,其中 l 为桩身全长,k 值视上、下铰的连接情况而定:两端刚性固定时,$l_0 = 0.5l$;一端刚性固定,另一端为不移动的铰时,$l_0 = 0.7l$;两端均为不移动铰时,$l_0 = l$;一端刚性固定另一端自由时,$l_0 = 2l$;b-矩形截面构件的短边尺寸,m;d-圆形截面构件的直径,m;r-任意形状截面构件的回转半径,m。

三、基桩内力和位移计算

对于横向荷载作用下桩身的内力和位移计算,目前较为普遍的是桩侧土采用文克勒假定,通过求解挠曲微分方程,再结合力的平衡条件,求出桩各部位的内力和位移,该方法称为弹性地基梁法。

以文克勒假定为基础的弹性地基梁法,基本概念明确,方法简单,所得结果一般安全,在国内外工程界得到广泛应用。我国铁路在桩基础的设计中常用的"m"法就属于此种方法。

(一)基本概念

1. 土的弹性抗力及其分布规律

桩基础在荷载(包括竖向荷载、横向荷载和力矩)作用下产生位移及转角,使桩挤压桩侧土体,桩侧土必然对桩产生横向土抗力 σ_{zx},它起抵抗外力和稳定桩基础的作用,这种作用力称为土的弹性抗力。σ_{zx} 即指深度为 z 处的弹性抗力(x 轴向),其大小取决于土体性质、桩身刚度、桩的入土深度、桩的截面形状、桩距及荷载等因素,可用下式表示:

$$\sigma_{zx} = Cx_z \tag{13-7}$$

式中:σ_{zx}——横向土抗力,kN/m^2;

    C——地基系数,kN/m^3;

    x_z——深度 z 处桩的横向位移,m。

地基系数 C 表示单位面积土在弹性限度内产生单位变形时所需施加的力。大量的试验表明,地基系数 C 值不仅与土的类别及性质有关,还随着深度变化。由于实测的客观条件和分析方法不尽相同,所采用的 C 值随深度的分布规律也各有不同。常采用的地基系数分布规律有图 13-11 所示的几种形式,因此也就产生了与之相应的基桩内力和位移的计算方法。

现将桩的几种有代表性的弹性地基梁法概括在表 13-11 中。

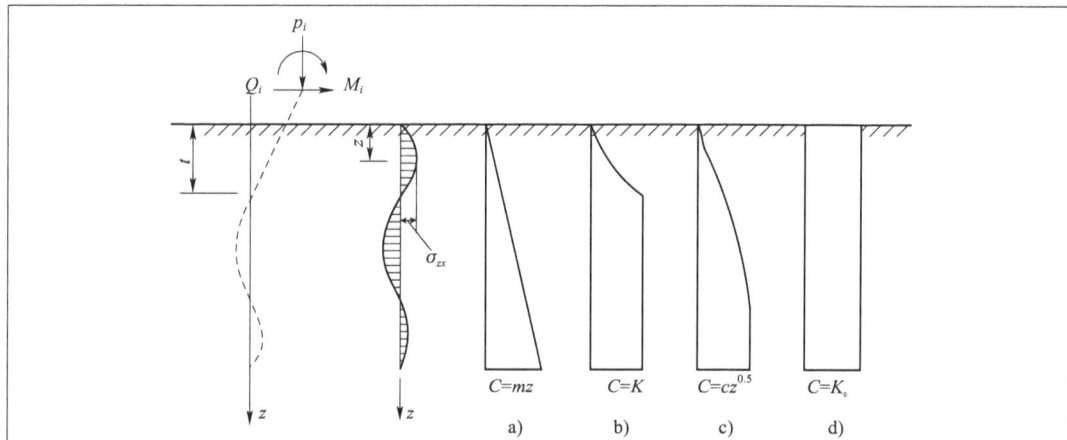

图 13-11 地基系数变化规律

桩的几种典型的弹性地基梁法 　　　　　　　　　　　表 13-11

计算方法	图号	地基系数随深度分布规律	地基系数 C 表达式	说明
m 法	图 13-11a)	与深度成正比	$C = mz$	m 为地基土比例系数
K 法	图 13-11b)	桩身第一挠曲零点以上抛物线变化，以下不随深度变化	$C = K$	K 为常数
C 值法	图 13-11c)	与深度呈抛物线变化	$C = cz^{0.5}$	c 为地基土比例系数
张有龄法	图 13-11d)	沿深度均匀分布	$C = K_0$	K_0 为常数

上述四种方法各自假定的地基系数随深度的分布规律不同，其计算结果是有差异的。试验资料分析表明，宜根据土质特性来选择恰当的计算方法。

2. 单桩、单排桩与多排桩

计算基桩内力，应先根据作用在承台底面的外力 N、H、M 计算出在每根桩顶的荷载 p_i、Q_i、M_i 值，然后才能计算各桩在荷载作用下各截面的内力和位移。桩基础按其作用力 H 与基桩的布置方式之间的关系可归纳为单桩、单排桩及多排桩来计算各桩的受力。单桩、单排桩是指与水平外力 H 作用面相垂直的平面上，仅有一根或一排桩的桩基础，如图 13-12a)、b)所示。对于单桩来说，上部荷载全由它承担。对于单排桩，桥墩作纵向验算时（图 13-13），若作用于承台底面中心的荷载为 N、H、M_y，当 N 在单排桩方向无偏心距时，可以假定它是平均分布在各桩上的，即

$$p_i = \frac{N}{n} \quad Q_i = \frac{H}{n} \quad M_i = \frac{M_y}{n} \tag{13-8}$$

式中：n——桩的根数。

当竖向力 N 在单排桩方向有偏心距 e 时，如图 13-12b)、图 13-13 所示，即 $M_x = N \cdot e$，每根桩上的竖向作用力可按偏心受压计算，即

$$p_i = \frac{N}{n} \pm \frac{M_x y_i}{\sum y_i^2} \tag{13-9}$$

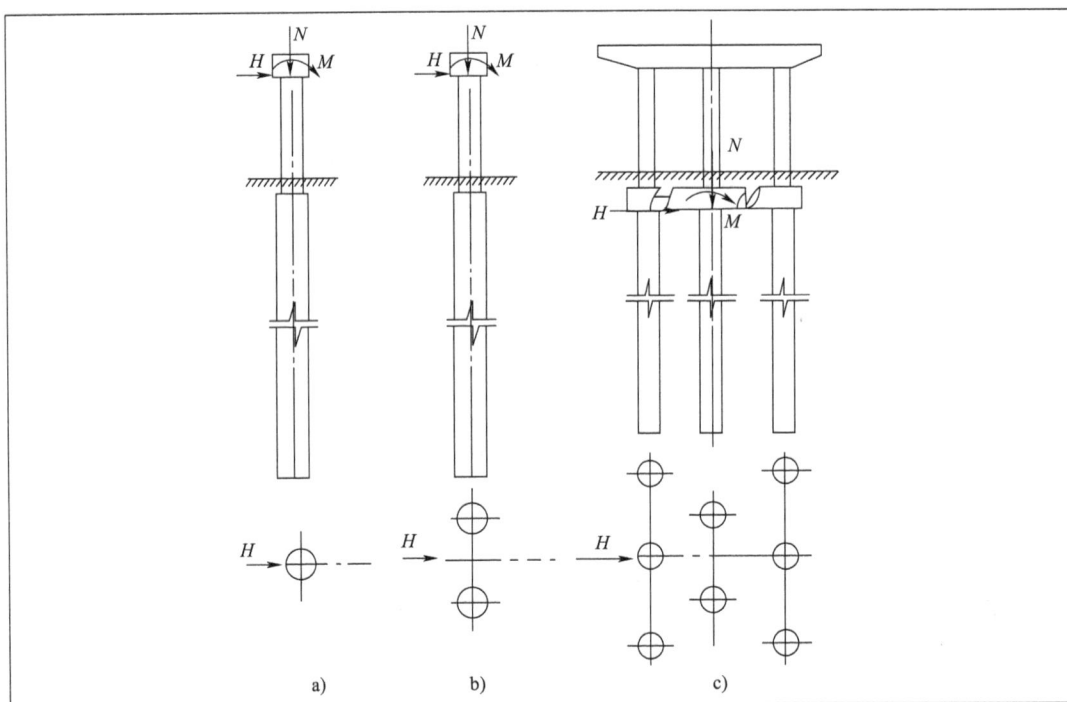

图 13-12 单桩、单排桩及多排桩

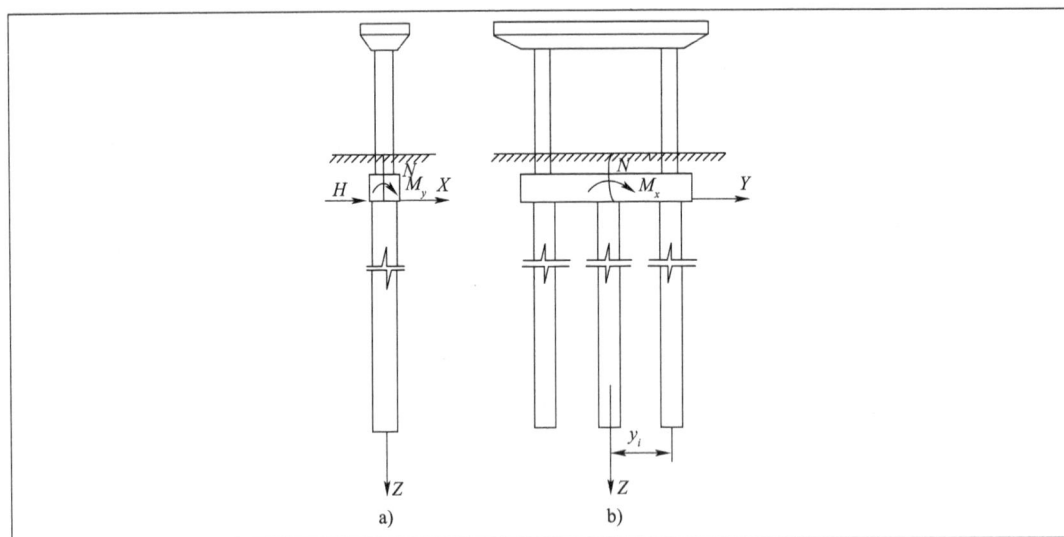

图 13-13 单排桩的计算

多排桩[图 13-12c)]是指在水平外力作用平面内有一根以上桩的桩基础,不能直接应用上述公式计算各桩顶上的作用力,须考虑桩土共同工作,结合结构力学方法另行计算。

3. 桩的计算宽度

由试验研究分析得出,桩在横向荷载作用下,除了桩身范围内桩侧土受挤压外,在桩身宽度以外一定范围内的土体也受到一定程度的影响,且对不同截面形状的桩,土受到的影响范围也不同。为了将空间受力简化为平面受力,并综合考虑桩的截面形状及多排桩桩间的相互遮蔽作用,计算桩的内力与位移时不直接采用桩的设计宽度(直径),而是换算成实际工作条件下相当于矩形截面桩的计算宽度 b_1。

桩的计算宽度可按下式计算:

当 $d \geqslant 1.0\text{m}$ 时 $\qquad\qquad b_1 = kk_f(d+1)$

当 $d < 1.0\text{m}$ 时 $\qquad\qquad b_1 = kk_f(1.5d+0.5)$ $\qquad$ (13-10)

对单排桩或 $L_1 \geqslant 0.6h_1$ 的多排桩:

$$k = 1.0$$

对 $L_1 < 0.6h_1$ 的多排桩:

$$k = b_2 + \frac{1-b_2}{0.6} \cdot \frac{L_1}{h_1}$$

式中:b_1——桩的计算宽度,m,$b_1 \leqslant 2d$;

$\quad\ \ d$——桩径或垂直于水平外力作用方向桩的宽度,m;

$\quad\ \ k_f$——桩形状换算系数,视水平力作用面(垂直于水平力作用方向)而定,圆形或圆端形截面 $k_f = 0.9$;矩形截面 $k_f = 1.0$;对圆端形与矩形组合截面 $k_f = \left(1 - 0.1\dfrac{a}{d}\right)$(图 13-14),$a$ 表示桩径,m;

$\quad\ \ k$——平行于水平力作用方向的桩间相互影响系数(图 13-15);

$\quad\ \ L_1$——平行于水平力作用方向的桩间净距(图 13-15);梅花形布桩时,若相邻两排桩中心距 c 小于 $(d+1)$m,可按水平力作用面各桩间的投影距离计算(图 13-16);

$\quad\ \ h_1$——地面或局部冲刷线以下桩的计算埋入深度,可取 $h_1 = 3(d+1)$,但不得大于地面或局部冲刷线以下桩入土深度 h;

$\quad\ \ b_2$——与平行于水平力作用方向的一排桩的桩数 n 有关的系数,当 $n=1$ 时,$b_2 = 1.0$;当 $n=2$ 时,$b_2 = 0.6$;当 $n=3$ 时,$b_2 = 0.5$;当 $n \geqslant 4$ 时,$b_2 = 0.45$。

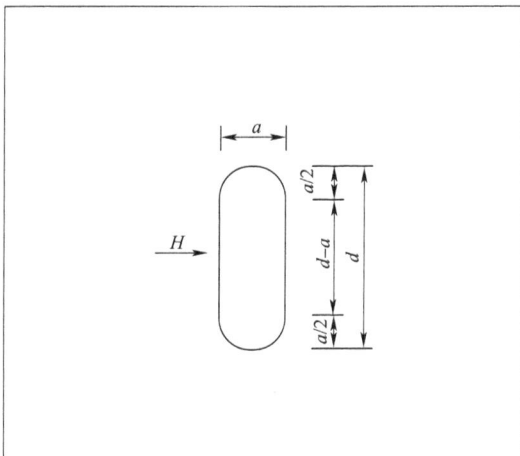

图 13-14 圆端形与矩形组合截面 k_f 值计算示意图

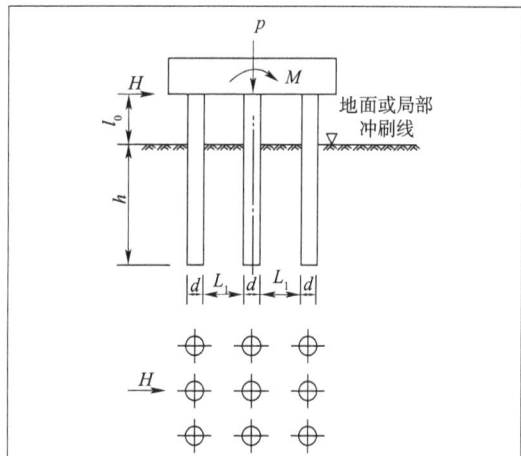

图 13-15 计算 k 值时桩基示意图

在桩平面布置中,若平行于水平力作用方向的各排桩数量不等,且相邻(任何方向)桩间中心距大于或等于 $(d+1)$m,则所验算各桩可取同一个桩间相互影响系数 k,其值按桩数量最多的一排选取。此外,若垂直于水平力作用方向上有 n 根桩,计算宽度取 nb_1,但须满足 $nb_1 \leqslant B+1$(B 为 n 根桩垂直于水平力作用方向的外边缘距离,以 m 计,见图13-17)。

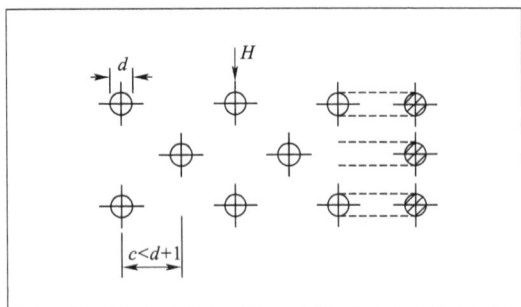

图13-16　梅花形布桩示意图

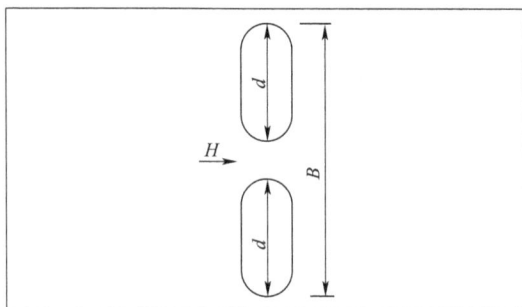

图13-17　单桩宽度计算示意图

4.刚性桩与弹性桩

计算方便起见,按照桩与土的相对刚度,将桩分为刚性桩和弹性桩。当桩的入土深度 $h>2.5/\alpha$ 时,桩的相对刚度小,必须考虑桩的实际刚度,按弹性桩来计算。其中,α 称为桩的变形系数,$\alpha=\sqrt[5]{mb_1/(EI)}$。一般情况下,桥梁桩基础的桩多属于弹性桩。当桩的入土深度 $h\leqslant 2.5/\alpha$ 时,桩的相对刚度较大,计算时认为属于刚性桩。

(二)"m"法计算基桩的内力和位移

1.计算参数

桩基中桩的变形系数可按下式计算:

$$\alpha=\sqrt[5]{\frac{mb_1}{EI}} \tag{13-11}$$

$$EI=0.8E_cI \tag{13-12}$$

式中:α——桩的变形系数;

EI——桩的抗弯刚度,对以受弯为主的钢筋混凝土桩,参考《铁路桥涵地基和基础设计规划》(TB 10093—2017)附录 D 规定采用;

E_c——桩的混凝土抗压弹性模量,kPa;

I——桩的毛面积惯性矩,m^4;

b_1——桩的计算宽度,m;

m——地基土水平地基系数的比例系数,kPa/m^2。

地基土水平地基系数的比例系数 m 应通过试验确定,缺乏试验资料时,可根据地基土分类、状态按表13-12查用。

非岩石地基的 m 值[本表摘自《铁路桥涵地基和基础设计规范》

(TB 10093—2017)附录 **D**]　　　　　　　　　　　表13-12

土的名称	$m_0(kPa/m^2)$	土的名称	$m(kPa/m^2)$
流塑性黏土、淤泥	3000～5000	坚硬黏性土、粗砂	20000～30000

土的名称	$m_0(\mathrm{kPa/m^2})$	土的名称	$m(\mathrm{kPa/m^2})$
软塑黏性土、粉砂、粉土	5000~10000	角砾土、圆砾土、碎石土、卵石土	30000~80000
硬塑黏性土、细砂、中砂	10000~20000	块岩土、漂石土	80000~120000

注:适用范围参见《铁路桥涵地基和基础设计规范》(TB 10093—2017)。

在应用表13-12时应注意以下事项:

(1)由于桩的水平荷载与位移关系是非线性的,即 m 值随荷载与位移增大而有所减小,因此, m 值的确定要与桩的实际荷载相适应。一般结构在地面处最大位移不应超过6mm。位移较大时,应适当降低表列 m 值。

(2)当基桩侧面由几种土层组成时,从地面或局部冲刷线起,应求得主要影响深度 $h_{\mathrm{m}} = 2(d+1)$ 范围内的平均 m 值作为整个深度内的 m 值(图13-18)(对于刚性桩, h_{m} 采用整个深度 h)。

当 h_{m} 深度内存在两种不同土层时:

$$m = \gamma m_1 + (1-\gamma)m_2 \qquad (13\text{-}13)$$

$$\gamma = \begin{cases} 5\ (h_1/h_{\mathrm{m}})^2 & h_1/h_{\mathrm{m}} \leq 0.2 \\ 1-1.25 \times (1-h_1/h_{\mathrm{m}})^2 & h_1/h_{\mathrm{m}} > 0.2 \end{cases}$$

(3)承台侧面地基土水平地基系数 C_{n}:

$$C_{\mathrm{n}} = mh_{\mathrm{n}} \qquad (13\text{-}14)$$

式中: m——地基土的水平地基系数的比例系数, $\mathrm{MN/m^4}$;

h_{n}——承台埋深,m。

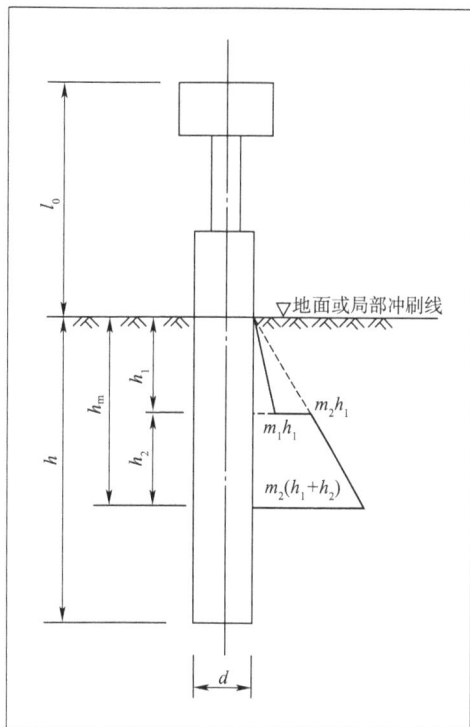

图13-18 两层土 m 值换算示意图

(4)地基土竖向地基系数 C_0、C_{b} 和地基土竖向地基系数的比例系数 m_0:

①桩底面地基土竖向地基系数 C_0:

$$C_0 = m_0 h \qquad (13\text{-}15)$$

式中: m_0——桩底面地基土竖向地基系数的比例系数, $\mathrm{MN/m^4}$,近似取 $m_0 = m$;

h——桩的入土深度,m,当 $h < 10\mathrm{m}$ 时,按10m计算。

②承台底地基土竖向地基系数 C_{b}:

$$C_{\mathrm{b}} = m_0 h_{\mathrm{n}} \qquad (13\text{-}16)$$

式中: h_{n}——承台埋深,m,当 $h_{\mathrm{n}} < 1\mathrm{m}$ 时,按1m计算。

岩石地基竖向地基系数 C_0,不随岩层埋深而增长,其值按表13-13采用。

2.符号规定

在计算中,取图13-19所示的坐标系统,对力和位移的符号作如下规定:横向位移顺 x 轴正方向为正值,转角逆时针方向为正值,弯矩当左侧纤维受拉时为正值,横向力顺 x 轴方向为正值。

岩石地基竖向地基系数 C_0 表 13-13

单轴极限抗压强度标准值 R_C（MPa）	C_0（MN/m³）
1	300
≥25	15000

3. 桩的挠曲微分方程的建立

桩顶若与地面平齐（$z=0$），且已知桩顶作用水平荷载 Q_0 及弯矩 M_0,此时桩将发生弹性挠曲,桩侧土将产生横向抗力 σ_{zx},如图 13-19 所示。

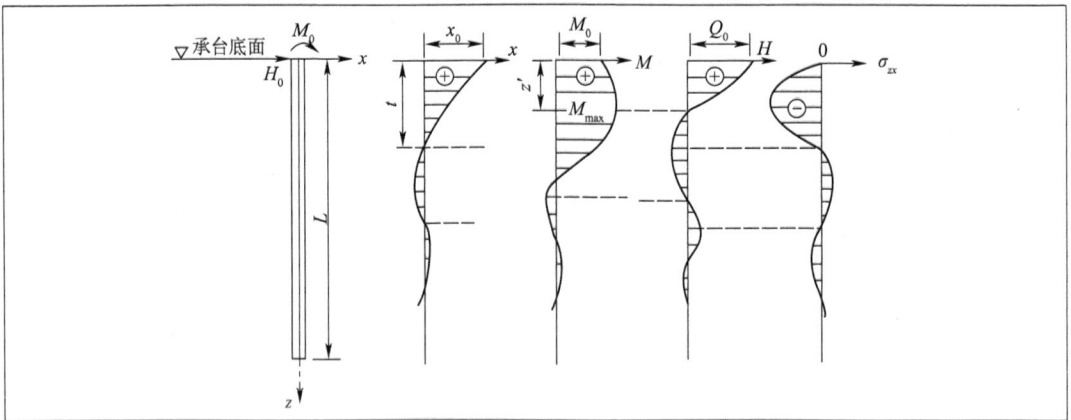

图 13-19　桩身受力图示

基桩的挠曲微分方程为：

$$\frac{\mathrm{d}^4 x_z}{\mathrm{d}z^4} + \frac{mb_1}{EI}zx_z = 0 \tag{13-17}$$

或

$$\frac{\mathrm{d}^4 x_z}{\mathrm{d}z^4} + \alpha^5 zx_z = 0 \tag{13-18}$$

式中：α——桩的变形系数或称桩的特征值（$1/m$），$\alpha = \sqrt[5]{\dfrac{mb_1}{EI}}$；

E、I——桩的弹性模量及截面惯性矩,kPa、m⁴；

σ_{zx}——桩侧土抗力,kPa,$\sigma_{zx} = Cx_z = mzx_z$,$C$ 为地基系数,kN/m³；

b_1——桩的计算宽度,m；

x_z——桩在深度 z 处的横向位移（即桩的挠度）,m；

z——桩的深度,m。

4. 无量纲法（桩身在地面以下任一深度处的内力和位移的简捷计算方法）

（1）当 $\alpha h > 2.5$ 时,单排桩柱式桥墩承受桩柱顶荷载时的作用效应及位移。

①地面或局部冲刷线处桩的作用效应。

$$M_0 = M + H(h_2 + h_1) \tag{13-19}$$

$$H_0 = H \tag{13-20}$$

②地面或局部冲刷线处桩变位。

柱顶自由,桩底支承在非岩石类土或基岩面上的单排桩式桥墩(图 13-20)。

$$x_0 = H_0 \delta_{HH}^{(0)} + M_0 \delta_{HM}^{(0)} \tag{13-21}$$

$$\phi_0 = -\left[H_0 \delta_{MH}^{(0)} + M_0 \delta_{MM}^{(0)} \right] \tag{13-22}$$

$$\delta_{HH}^{(0)} = \frac{1}{\alpha^3 EI} \times \frac{(B_3 D_4 - B_4 D_3) + k_h (B_2 D_4 - B_4 D_2)}{(A_3 B_4 - A_4 B_3) + k_h (A_2 B_4 - A_4 B_2)} \tag{13-23}$$

$$\delta_{MH}^{(0)} = \frac{1}{\alpha^2 EI} \times \frac{(A_3 D_4 - A_4 D_3) + k_h (A_2 D_4 - A_4 D_2)}{(A_3 B_4 - A_4 B_3) + k_h (A_2 B_4 - A_4 B_2)} \tag{13-24}$$

$$\delta_{HM}^{(0)} = \delta_{MH}^{(0)} = \frac{1}{\alpha^2 EI} \times \frac{(B_3 C_4 - B_4 C_3) + k_h (B_2 C_4 - B_4 C_2)}{(A_3 B_4 - A_4 B_3) + k_h (A_2 B_4 - A_4 B_2)} \tag{13-25}$$

$$\delta_{MM}^{(0)} = \frac{1}{\alpha EI} \times \frac{(A_3 C_4 - A_4 C_3) + k_h (A_2 C_4 - A_4 C_2)}{(A_3 B_4 - A_4 B_3) + k_h (A_2 B_4 - A_4 B_2)} \tag{13-26}$$

柱顶自由,桩底嵌固在基岩中的单排桩式桥墩(图 13-21)。

$$x_0 = H_0 \delta_{HH}^{(0)} + M_0 \delta_{HM}^{(0)} \tag{13-27}$$

$$\phi_0 = -\left[H_0 \delta_{MH}^{(0)} + M_0 \delta_{MM}^{(0)} \right] \tag{13-28}$$

$$\delta_{HH}^{(0)} = \frac{1}{\alpha^3 EI} \times \frac{B_2 D_1 - B_1 D_2}{A_2 B_1 - A_1 B_2} \tag{13-29}$$

$$\delta_{MH}^{(0)} = \frac{1}{\alpha^2 EI} \times \frac{A_2 D_1 - A_1 D_2}{A_2 B_1 - A_1 B_2} \tag{13-30}$$

$$\delta_{HM}^{(0)} = \delta_{MH}^{(0)} = \frac{1}{\alpha^2 EI} \times \frac{B_2 C_1 - B_1 C_2}{A_2 B_1 - A_1 B_2} \tag{13-31}$$

$$\delta_{MM}^{(0)} = \frac{1}{\alpha EI} \times \frac{A_2 C_1 - A_1 C_2}{A_2 B_1 - A_1 B_2} \tag{13-32}$$

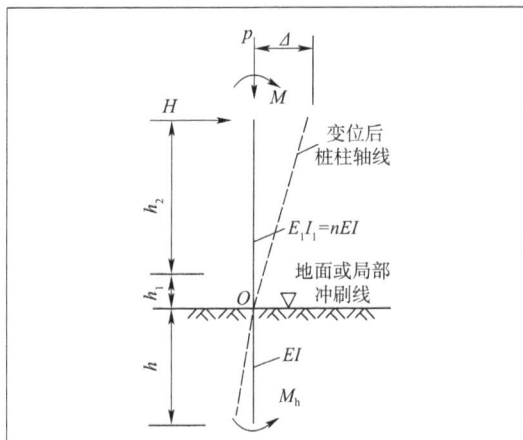

图 13-20 柱顶自由,桩底支承在非岩石类土
或基岩面上的单排桩式桥墩

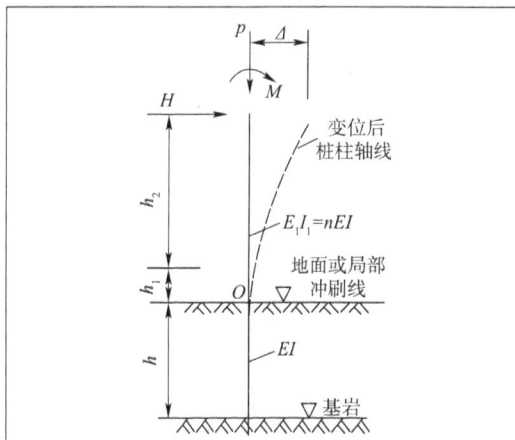

图 13-21 柱顶自由,桩底嵌固在基岩中的
单排桩式桥墩

③地面或局部冲刷线以下深度 z 处桩各截面内力。

$$M_z = \alpha^2 EI \left(x_0 A_3 + \frac{\varphi_0}{\alpha} B_3 + \frac{M_0}{\alpha^2 EI} C_3 + \frac{H_0}{\alpha^3 EI} D_3 \right) \tag{13-33}$$

$$Q_z = \alpha^3 EI \left(x_0 A_4 + \frac{\varphi_0}{\alpha} B_4 + \frac{M_0}{\alpha^2 EI} C_4 + \frac{H_0}{\alpha^3 EI} D_4 \right) \tag{13-34}$$

(2)当 $\alpha h > 2.5$ 时,单排桩柱式桥台桩柱侧面受土压力作用时的作用效应及位移。

①地面或局部冲刷线处桩的作用效应。

$$M_0 = M + H(h_2 + h_1) + \frac{1}{6} h_2 \left[(2q_1 + q_2)h_2 + 3(q_1 + q_2)h_1 \right] +$$

$$\frac{1}{6}(2q_3 + q_4)h_1^2 \tag{13-35}$$

$$H_0 = H + \frac{1}{2}(q_1 + q_2)h_2 + \frac{1}{2}(q_3 + q_4)h_1 \tag{13-36}$$

式中:$q_1 、q_2 、q_3$ 和 q_4——作用于桩上的土压力强度,kN/m,可参考《铁路桥涵地基和基础设计
规范》(TB 10093—2017)规定确定土压力作用及其在桩上的计算
宽度;

$h_1 、h_2$——地面或局部冲刷线以上桩柱为变截面的分段长度,若桩为等截面,h_2
取全高,$h_1 = 0$。

②地面或局部冲刷线处桩变位。

桩柱身受梯形荷载,桩柱顶自由,桩底支承在非岩石类土或基岩面上的单排桩式桥台
(图13-22)。

$$x_0 = H_0 \delta_{HH}^{(0)} + M_0 \delta_{HM}^{(0)} \tag{13-37}$$

$$\varphi_0 = - \left[H_0 \delta_{MH}^{(0)} + M_0 \delta_{MM}^{(0)} \right] \tag{13-38}$$

$$\delta_{HH}^{(0)} = \frac{1}{\alpha^3 EI} \times \frac{(B_3 D_4 - B_4 D_3) + k_h (B_2 D_4 - B_4 D_2)}{(A_3 B_4 - A_4 B_3) + k_h (A_2 B_4 - A_4 B_2)} \tag{13-39}$$

$$\delta_{MH}^{(0)} = \frac{1}{\alpha^2 EI} \times \frac{(A_3 D_4 - A_4 D_3) + k_h (A_2 D_4 - A_4 D_2)}{(A_3 B_4 - A_4 B_3) + k_h (A_2 B_4 - A_4 B_2)} \tag{13-40}$$

$$\delta_{HM}^{(0)} = \delta_{MH}^{(0)} = \frac{1}{\alpha^2 EI} \times \frac{(B_3 C_4 - B_4 C_3) + k_h (B_2 C_4 - B_4 C_2)}{(A_3 B_4 - A_4 B_3) + k_h (A_2 B_4 - A_4 B_2)} \tag{13-41}$$

$$\delta_{MM}^{(0)} = \frac{1}{\alpha EI} \times \frac{(A_3 C_4 - A_4 C_3) + k_h (A_2 C_4 - A_4 C_2)}{(A_3 B_4 - A_4 B_3) + k_h (A_2 B_4 - A_4 B_2)} \tag{13-42}$$

桩柱身受梯形荷载,桩柱顶自由,桩底嵌固在基岩中的单排桩式桥台(图13-23)。

$$x_0 = H_0 \delta_{HH}^{(0)} + M_0 \delta_{HM}^{(0)} \tag{13-43}$$

$$\varphi_0 = - \left[H_0 \delta_{MH}^{(0)} + M_0 \delta_{MM}^{(0)} \right] \tag{13-44}$$

$$\delta_{HH}^{(0)} = \frac{1}{\alpha^3 EI} \times \frac{B_2 D_1 - B_1 D_2}{A_2 B_1 - A_1 B_2} \tag{13-45}$$

$$\delta_{\text{MH}}^{(0)} = \frac{1}{\alpha^2 EI} \times \frac{A_2 D_1 - A_1 D_2}{A_2 B_1 - A_1 B_2} \tag{13-46}$$

$$\delta_{\text{HM}}^{(0)} = \delta_{\text{MH}}^{(0)} = \frac{1}{\alpha^2 EI} \times \frac{B_2 C_1 - B_1 C_2}{A_2 B_1 - A_1 B_2} \tag{13-47}$$

$$\delta_{\text{MM}}^{(0)} = \frac{1}{\alpha EI} \times \frac{A_2 C_1 - A_1 C_2}{A_2 B_1 - A_1 B_2} \tag{13-48}$$

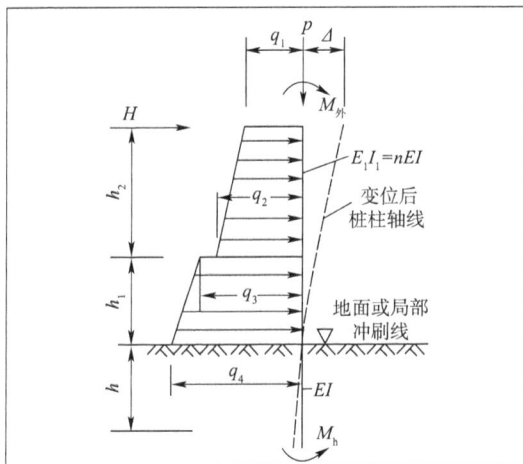

图 13-22　桩柱顶自由,桩底支承在非岩石
类土或基岩面上的单排桩式桥台

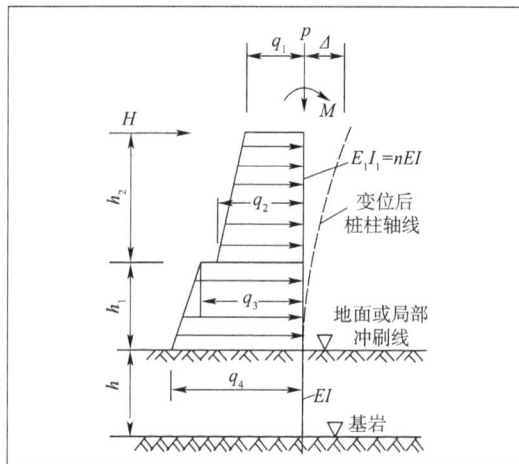

图 13-23　桩柱顶自由,桩底嵌固在
基岩中的单排桩式桥台

③地面或局部冲刷线以下深度 z 处桩各截面内力。

$$M_z = \alpha^2 EI \left(x_0 A_3 + \frac{\varphi_0}{\alpha} B_3 + \frac{M_0}{\alpha^2 EI} C_3 + \frac{H_0}{\alpha^3 EI} D_3 \right) \tag{13-49}$$

$$Q_z = \alpha^3 EI \left(x_0 A_4 + \frac{\varphi_0}{\alpha} B_4 + \frac{M_0}{\alpha^2 EI} C_4 + \frac{H_0}{\alpha^3 EI} D_4 \right) \tag{13-50}$$

在计算 M_z 和 Q_z 时,根据 $\bar{h} = \alpha z$ 由表 13-14 查用;当 $\bar{h} > 4$ 时,按 $\bar{h} = 4$ 计算。

由以上各式可简捷地求得桩身各截面的水平位移、转角、弯矩以及剪力,由此便可验算桩身强度,决定配筋量,验算其墩台位移等。

5. 桩身最大弯矩位置 $z_{M\max}$ 和最大弯矩 $M_{\max}$ 的确定

桩身各截面处弯矩 M_z 的计算,主要是检验桩的截面强度和进行配筋计算。为此,要找出弯矩最大的截面所在的位置 $z_{M\max}$ 及最大弯矩 $M_{\max}$,一般可将各深度 z 处的 M_z 值求出后绘制 z-M_z 图,再从图中求得。

6. 桩顶位移的计算

图 13-21 所示为置于非岩石地基中的桩,已知桩露出地面长 $l_0 = h_1 + h_2$,若桩顶为自由端,其上作用有 H 及 M,顶端的位移可应用叠加原理计算。设桩顶的水平位移为 Δ,它由下列各项组成:桩在地面处的水平位移 x_0、地面处转角 φ_0 所引起的桩顶的水平位移 $\varphi_0 l_0$、桩露出地面段作为悬臂梁桩顶在水平力 H 以及在 M 作用下产生的水平位移 Δ_0。

表 13-14

计算桩身作用效应无量纲系数用表

$\bar{h}=\alpha z$	A_1	B_1	C_1	D_1	A_2	B_2	C_2	D_2	A_3	B_3	C_3	D_3	A_4	B_4	C_4	D_4
0	1.00000	0.00000	0.00000	0.00000	0.00000	1.00000	0.00000	0.00000	0.00000	0.00000	1.00000	0.00000	0.00000	0.00000	0.00000	1.00000
0.1	1.00000	0.10000	0.00500	0.00017	0.00000	1.00000	0.10000	0.00500	-0.00017	-0.00001	1.00000	0.10000	-0.00500	-0.00033	-0.00001	1.00000
0.2	1.00000	0.20000	0.02000	0.00133	-0.00007	1.00000	0.20000	0.02000	-0.00133	-0.00013	0.99999	0.20000	-0.02000	-0.00267	-0.00020	0.99999
0.3	0.99998	0.30000	0.04500	0.00450	-0.00034	0.99996	0.30000	0.04500	-0.00450	-0.00067	0.99994	0.30000	-0.04500	-0.00900	-0.00101	0.99992
0.4	0.99991	0.39999	0.08000	0.01067	-0.00107	0.99983	0.39998	0.08000	-0.01067	-0.00213	0.99974	0.39998	-0.08000	-0.02133	-0.00320	0.99966
0.5	0.99974	0.49996	0.12500	0.02083	-0.00260	0.99948	0.49994	0.12499	-0.02083	-0.00521	0.99922	0.49991	-0.12499	-0.04167	-0.00781	0.99896
0.6	0.99935	0.59987	0.17998	0.03600	-0.00540	0.99870	0.59981	0.17998	-0.03600	-0.01080	0.99806	0.59974	-0.17997	-0.07199	-0.01620	0.99741
0.7	0.99860	0.69967	0.24495	0.05716	-0.01000	0.99720	0.69951	0.24494	-0.05716	-0.02001	0.99580	0.69935	-0.24490	-0.11433	-0.03001	0.99440
0.8	0.99727	0.79927	0.31988	0.08532	-0.01707	0.99454	0.79891	0.31983	-0.08532	-0.03412	0.99181	0.79854	-0.31975	-0.17060	-0.05120	0.98908
0.9	0.99508	0.89852	0.40472	0.12146	-0.02733	0.99016	0.89779	0.40462	-0.12144	-0.05466	0.98524	0.89705	-0.40443	-0.24284	-0.08198	0.98032
1.0	0.99167	0.99722	049941	0.16657	-0.04167	0.98333	0.99583	0.49921	-0.16652	-0.08329	0.97501	0.99445	-0.49881	-0.33298	-0.12493	0.96667
1.1	0.98658	1.09508	0.60384	0.22163	-0.06096	0.97317	1.09262	0.60346	-0.22152	-0.12192	0.95975	1.09016	-0.60268	-0.44292	-0.18285	0.94634
1.2	0.97927	1.19171	0.71787	0.28758	-0.08632	0.95855	1.18756	0.71716	-0.28737	-0.17260	0.93783	1.18342	-0.71573	-0.57450	-0.25886	0.91712
1.3	0.96908	1.28660	0.84127	0.36536	-0.11883	0.93817	1.27990	0.84002	-0.36496	-0.23760	0.90727	1.27320	-0.83753	-0.72950	-0.35631	0.87638
1.4	0.95523	1.37910	0.97373	0.45588	-0.15973	0.91047	1.36865	0.97163	-0.45515	-0.31933	0.86573	1.35821	-0.96746	-0.90754	-0.47883	0.82102
1.5	0.93681	1.46839	1.11484	0.55997	-0.21030	0.87365	1.45259	1.11145	-0.55870	-0.42039	0.81054	1.43680	-1.10468	-1.11609	-0.63027	0.74745
1.6	0.91280	1.55346	1.26403	0.67842	-0.27194	0.82565	1.53020	1.25872	-0.67629	-0.54348	0.73859	1.50695	-1.24808	-1.35042	-0.81466	0.65156
1.7	0.88201	1.63307	1.42061	0.81193	-0.34604	0.76413	1.59963	1.41247	-0.80848	-0.69144	0.64637	1.56621	-1.39623	-1.61340	-1.03616	0.52871
1.8	0.84313	1.70575	1.58362	0.96109	-0.43412	0.68645	1.65867	1.57150	-0.95564	-0.86715	0.52997	1.61162	-1.54728	-1.90577	-1.29909	0.37368
1.9	0.79467	1.76972	1.75090	1.12637	-0.53768	0.58967	1.70468	1.73422	-1.11796	-1.07357	0.38503	1.63969	-1.69889	-2.22745	-1.60770	0.18071
2.0	0.73502	1.82294	1.92402	1.30801	-0.65822	0.47061	1.73457	1.89872	-1.29535	-1.31361	0.20676	1.64628	-1.84818	-2.57798	-1.96620	-0.05652
2.2	0.57491	1.88709	2.27217	1.72042	-0.95616	0.15127	1.73110	2.22299	-1.69334	-1.90567	-0.27087	1.57538	-2.12481	-3.35952	-2.84858	-0.69158
2.4	0.34691	1.87450	2.60882	2.19535	-1.33889	-0.30273	1.61286	2.51874	-2.14117	-2.66329	-0.94885	1.35201	-2.33901	-4.22811	-3.97323	-1.59151
2.6	0.033146	1.75473	2.90670	2.72365	-1.81479	-0.92602	1.33485	2.74972	-2.62126	-3.59987	-1.87734	0.91679	-2.43695	-5.14023	-5.35541	-2.82106
2.8	-0.38548	1.49037	3.12843	3.28769	-2.38756	-1.175483	0.84177	2.86653	-3.10341	-4.71748	-3.10791	0.19729	-2.34558	-6.02299	-6.99007	-4.44491
3.0	-0.92809	1.03679	3.22471	3.85838	-3.05319	-2.82410	0.06837	2.80406	-3.54058	-5.99979	-4.68788	-0.89126	-1.96928	-6.76460	-8.84029	-6.51972
3.5	-2.92799	-1.27172	2.46304	4.97982	-4.98062	-6.70806	-3.58647	1.27018	-3.91921	-9.54367	-10.34040	-5.85402	1.07408	-6.78895	-13.69240	-13.82610
4.0	-5.85333	-5.94097	-0.92677	4.54780	-6.53316	-12.15810	-10.60840	-3.76647	-1.61428	-11.73066	-17.91860	-15.07550	9.24368	-0.35762	-15.61050	-23.14040

$$\Delta = x_0 - \varphi_0(h_2 + h_1) + \Delta_0 \tag{13-51}$$

式中：$\Delta_0 = \dfrac{H}{E_1 I_1}\Big[\dfrac{1}{3}(nh_1^3 + h_2^3) + nh_1 h_2(h_1 + h_2)\Big] + \dfrac{M}{2E_1 I_1}\Big[h_2^2 + nh_1(2h_2 + h_1)\Big]$（桥墩）

$\Delta_0 = \dfrac{M}{2E_1 I_1}(nh_1^2 + 2nh_1 h_2 + h_2^2) + \dfrac{H}{3E_1 I_1}(nh_1^3 + 3nh_1^2 h_2 + 3nh_1 h_2^2 + h_2^3) + \dfrac{1}{120 E_1 I_1}\big[(11h_2^4 +$

$40nh_2^3 h_1 + 20nh_2 h_1^3 + 50nh_2^2 h_1^2)q_1 + 4(h_2^4 + 10nh_2^2 h_1^2 + 5nh_2^3 h_1 + 5nh_2 h_1^3)q_2 + (11nh_1^4 +$

$15nh_2 h_1^3)q_3 + (4nh_1^4 + 5nh_2 h_1^3)q_4\big]$（桥台）

n——桩式桥墩上段抗弯刚度 $E_1 I_1$ 与下段抗弯刚度 EI 的比值，$EI = 0.8E_c I$，$E_1 I_1 = 0.8E_c I_1$；

I_1——桩上段毛截面惯性矩，m^4。

四、群桩基础检算

在设计桩基时，不仅要确定单桩的承载力，还要检算整个桩基的承载力，因为后者不一定等于前者之和。桩基的承载力与桩基中各基桩的共同作用情况有关，而各基桩的共同作用称为群桩作用。

（一）群桩作用

端承桩群桩的作用与摩擦桩群桩的作用是不相同的。

1. 端承桩桩基

作用于每根端承桩桩顶上的荷载，主要通过桩尖传递到桩底坚硬土层上，由于桩尖下压力分布面积小，各桩底的压应力相互不重叠〔图 13-24a)〕，因而群桩中每根桩的工作情况和单柱时相同，群桩的容许承载力就等于各单桩容许承载力之和。

> **引导问题** 单桩除了受竖向荷载作用外，是否还会受水平荷载作用？是否需要进行水平承载力计算呢？

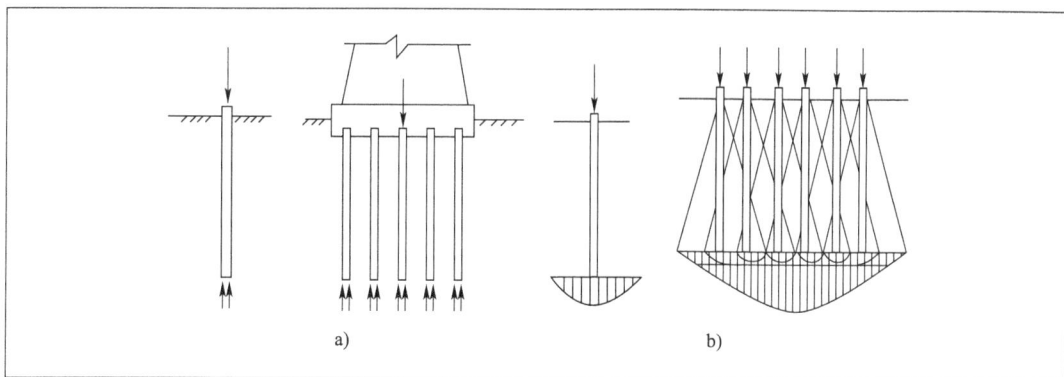

图 13-24　群桩作用

a) 端承桩桩尖平面的应力分布；b) 摩擦桩桩尖平面的应力分布

2. 摩擦桩桩基

作用于每根摩擦桩桩顶上的荷载，主要通过桩侧摩擦力传至地基土中，故应力的分布范围随其深度增加而扩大，桩底的应力分布较端承桩有所扩散，且非均匀分布，呈抛物线形状〔图 13-24b)〕。显然，群桩中各桩的分布应力互相重叠，致使群桩桩尖处土层所受的压力比

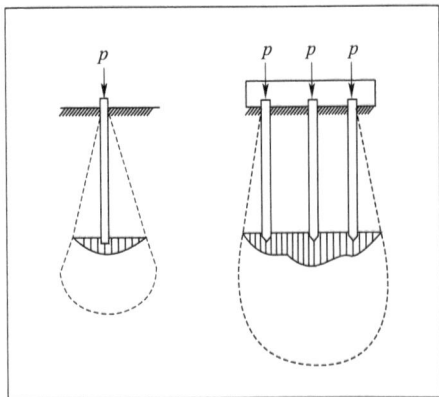

图 13-25　群桩和单桩应力分布深度比较

单桩大,而且影响范围比单桩深(图 13-25)。

摩擦桩的桩间距(即中心距)越大(大于 6 倍桩径),桩底的应力重叠范围越小;桩间距越小(小于 3 倍桩径),应力重叠范围越大。在桥梁桩基设计中,不应使桩间距过大,以免承台平面尺寸和厚度过大,圬工量增加,导致施工困难,所以,桥梁桩基的摩擦桩群桩,其桩底都有较大应力重叠。参考《铁路桥涵地基和基础设计规范》(TB 10093—2017)规定,当摩擦桩桩尖平面处的桩间距不大于 6 倍桩径时,应考虑桩基的群桩作用,即把桩基当作实体基础来考虑。

(二)桩基当作实体基础的检算

1. 平均内摩擦角的确定

参考《铁路桥涵地基和基础设计规范》(TB 10093—2017)规定,把桥涵桩基当作实体基础来检算时,桩基视为图 13-26 中 1、2、3、4 范围内的实体基础,此实体基础底面尺寸可这样确定:假定荷载从最外边那一圈桩桩顶(或局部冲刷线处)外侧按 $\overline{\varphi}/4$ 的角度向下扩散($\overline{\varphi}$ 为桩穿越各土层的平均内摩擦角),故自桩顶高程处最外一圈桩的外缘作 $\overline{\varphi}/4$ 倾角的斜线与桩尖平面相交,就是假想实体基础底面尺寸,如图 13-26a)所示。当桩基带有斜桩且斜桩之斜角 $\alpha > \overline{\varphi}/4$ 时,应以 α 角来确定基础尺寸,如图 13-26b)所示。故此假想实体基础底面的边长 b' 和 a' 可按下式计算:

当 $\alpha \leqslant \overline{\varphi}/4$ 时　　　　$b' = b + 2l\tan(\overline{\varphi}/4)$,$a' = a + 2l\tan(\overline{\varphi}/4)$

当 $\alpha > \overline{\varphi}/4$ 时　　　　$b' = b + 2l\tan\alpha$　　$a' = a + 2l\tan\alpha$

式中:l——桩身穿越土层的长度,m;如为低桩承台,则为桩长;如为高桩承台,则为局部冲刷线至桩尖的长度;

　　　$\overline{\varphi}$——桩基所穿过土层的加权平均内摩擦角:

$$\overline{\varphi} = \frac{\varphi_1 l_1 + \varphi_2 l_2 + \cdots + \varphi_n l_n}{l} \tag{13-52}$$

式中:φ_n——穿越 l_n 土层的内摩擦角,(°);

　　　l_n——第 n 层土的厚度,m。

2. 地基承载力的检算

基础尺寸确定以后,可按下式检算地基承载力:

$$\frac{N}{A} + \frac{M}{W} \leqslant [\sigma] \tag{13-53}$$

式中:$[\sigma]$——桩底处地基容许承载力,kPa;

　　　N——作用于桩基底面的竖直力,kN,包括桩的恒载和假想实体基底以上土体重力;

M——外力对承台底面处桩基重心的力矩,$kN \cdot m$;

A——假想实体基础的底面积,m^2;

W——假想实体基础底面的抵抗矩,m^3。

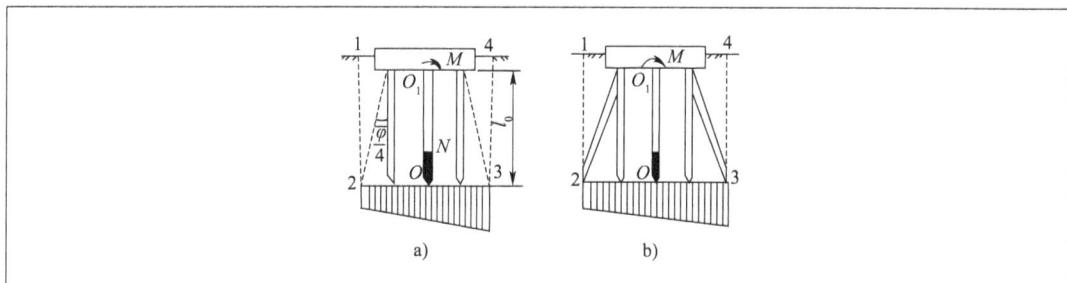

图 13-26　群桩作用检算

当桩尖平面以下有软弱下卧层时,还应检算软弱下卧层顶面的强度。

五、桩基础设计

设计桩基础时,首先要收集有关设计资料,拟定设计方案(包括选择桩基类型、桩径、桩数、桩长及桩的布置),然后进行检算,根据检算结果作必要的修改,这样经过多次试算,直至符合各项要求,最后得出一个较佳的设计方案。现将桩基的设计步骤介绍如下。

> **引导问题** 什么是桩基础?桩基础设计原则、基本要求有哪些?桩基础设计内容有哪些?桩基础设计程序如何?

(一)收集设计资料

主要包括荷载、地质、水文,材料来源及施工技术、设备等方面的资料。

(二)拟定设计方案

根据收集的设计资料,先考虑桩基为高承台还是低承台;然后依地质条件、施工技术及设备和材料供应等情况,考虑采用打入桩或就地灌注桩等;再根据地质条件确定端承桩还是摩擦桩。

1. 选择桩基的类型

(1)高、低承台桩基的选择。

当常年有水、冲刷较深,或水位较高、施工困难时,常采用高承台方案;另外,对于受水平力作用较小的小跨度桥梁,选用高承台也是较为理想的方案。处于旱地上、浅水岸滩或季节性河流的墩台,当冲刷不深,施工较容易时,选用低承台有利于提高基础的稳定性。

高、低承台方案选定后,在确定承台底面高程时,应满足下列要求:

①低承台底面位于冻结线以下0.25m(不冻胀土层不受此限制)处。

②高承台座板底面在水中时,应设在最低冰层底面以下不少于0.25m;在通航或筏运河流中,座板底面应适当降低。

③如用木桩基础,桩顶应位于最低水位或最低地下水位以下0.5m处。

(2)预制沉桩与就地灌注桩的选择。

根据地质条件和施工单位的机械设备条件选择。

(3)端承桩与摩擦桩的选择。

非压缩性土层埋藏较浅时,选择端承桩基础;普通土层或软弱土层较厚时,选择摩擦桩基础。

2.选定桩材及桩的断面尺寸

国内铁路桥梁桩基,一般采用钢筋混凝土桩。用打入法施工时,通常采用工厂预制钢筋混凝土空心管桩,其断面为圆形,外径有 40cm 和 55cm 两种。如为钻孔灌注桩,则以钻头直径作为设计桩径,常用的钻头直径规格为 0.8m、1.0m、1.25m 和 1.5m 等。如为挖孔灌注桩,桩身直径或边长不小于 1.25m。

3.估算桩长及桩数

桩材及桩的断面尺寸确定之后,便可根据承台上荷载的大小、地层情况来估算桩长及桩数。对于桥梁墩台桩基,由于荷载的方向、大小和位置并非固定,其桩长及桩数只能靠试算法求得。

通常,在设计桩基时,如地质条件许可,总希望把桩端置于岩层或承载力较强的土层上(如砂夹卵石层、中密以上砂层等),以期取得较大的桩端阻力,这时桩长较易确定。桩端极限阻力的大小与桩端插入持力层的深度有关[例如,在砂土中插入 $10d \sim 20d$(d 为桩的直径)时,桩端极限阻力最大],因此必须将桩端插入持力层一定深度。但对于打入桩,要打入持力层中很深是难以做到的,进入持力层深度最好不应小于 1m。这时桩长可以根据承台底面高程、持力层面高程和桩端进入持力层深度或新鲜岩石的高程来确定。对于摩擦桩,由于桩数和桩长两者相互牵连,只能靠试算求得,故摩擦桩的计算比端承桩要烦琐一些。

计算程序是先选定桩材和桩径,再按材料强度算出竖向承载力标准值。

所需桩数 n 可用下式估算:

$$n = \mu \frac{N}{R_k} \tag{13-54}$$

式中:N——作用在承台底面上的竖向荷载,kN;

μ——经验系数,为 $1.3 \sim 1.8$。

4.设计桩的布置形式

桩数拟定下来后,便可在承台底面上进行布置。桩的排列形式最好采用行列式,以利于施工;有时为节省承台面积,也可采用梅花式。此外,还应注意桩间最小中心距及承台边缘至边桩外侧的最小距离是否满足有关规定。

按上述要求布置好桩的位置后,先计算出桩顶最大轴向力 N_{max},N_{max} 加桩的自重后不应大于 R_k,再按土的阻力用公式试算桩长,如算得的桩长 l 太长或太短,则必须重选桩径或加大承台面积,重新验算直至得到合理桩长,然后重新布置各桩位置。

(三)桩基检算

通过桩基的内力、位移计算解得各桩桩顶所分配到的轴向力、弯矩、剪力和桩身上弯矩、剪力以及承台座板底面的竖向位移、水平位移、转角之后,便可进行下列桩基检算:

1.桩的轴向承载力检算

$$N_{max} + G \leqslant R_k \tag{13-55}$$

式中: N_{max}——作用在桩顶上最大轴向力,kN;

　　G——基桩自重,kN,当桩插在透水层中时,应考虑浮力;

　　R_k——桩的竖向承载力标准值,kN。

2. 桩身材料强度或配筋检算

对于预制的打入桩,需根据设计算得的桩所承受的轴向力和最大弯矩来检算其材料强度。由于其最不利的受力条件多发生在吊运之时,故预制桩在配筋时已考虑了这种最不利的受力状态,可不进行此项检算,仅按稳定条件检算其轴向承载力即可。

钻孔灌注桩则需按设计算得的桩身最不利受力状态来配筋,其配筋量可根据桩身内力的分布情况分段计算,然后按整桩来检算其稳定条件。

3. 桩基承载力检算

将整个桩基视为实体基础,检算基底持力层及软弱下卧层的地基承载力,详见地基强度的检算。

4. 墩台顶水平位移检算

顺桥方向 $\Delta \leq 0.5\sqrt{L}$,横桥方向 $\Delta \leq 0.4\sqrt{L}$ 。其中,Δ 为墩台顶的水平位移,cm;L 为桥梁跨度,m。当相邻桥跨为不等跨时,采用较小的跨度。Δ 可按下式求得:

$$\Delta = a + \beta h' + \delta \tag{13-56}$$

式中: a、β——承台座板底面中点的水平位移和转角,m、(°);

　　h'——承台座板底面至墩台顶的距离,m;

　　δ——墩台身在外力(水平力及弯矩)作用下发生弹性变形所引起的墩台顶水平位移,m。

5. 承台座板在桩顶力作用下的强度检算

(1)考虑桩对承台的冲切作用,按下式检算桩顶以上 l_2 范围的剪应力,见图 13-27。

$$\tau = \frac{N_{imax}}{\pi d l_2} \leq [\tau_c] \tag{13-57}$$

式中: $[\tau_c]$——混凝土的容许纯剪应力,kPa。

(2)作用在桩顶处局部压应力。设作用在承台座板底面处桩截面上的轴向力为 N_i,桩埋入座板内的长度为 l_1,见图 13-27。由此,作用在桩顶处的轴向力 $N'_i = N_i - \frac{\pi d^2}{4}l_1\gamma$ (γ 为桩身的重度),在 N'_i 作用下桩顶处的压应力为:

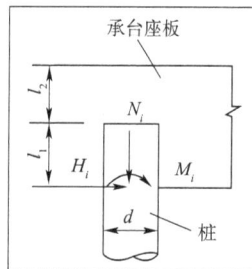

图 13-27　承台检算

$$\sigma_v = \frac{N'_i}{\frac{\pi d^2}{4}} \leq [\sigma_{a2}] \tag{13-58}$$

式中: $[\sigma_{a2}]$——混凝土的容许局部压应力,kPa。

六、桩基础的施工

目前设计的桩基础形式中,打入桩和灌注桩应用最为广泛,现介绍这两种桩基础的施工方法。

（一）打入桩基础施工

一般可以采用有桩架作导向的气锤或柴油打桩锤将桩打入地基中（图13-28），也可以采用振动打桩机振动沉桩的方法将桩沉入地基中。柴油打桩锤结构简单。利用柴油爆发的能量升起击锤中的活塞，打击桩头，强迫桩身下沉，不再需其他动力设备，所以应用十分广泛。在深水中打桩时要配备大型的打桩船（图13-29），它配备有很高的桩架用来导向和插桩。用气锤、柴油打桩锤或振动的方法打桩，速度较快，但噪声及振动很大，在城市中对环境有影响。为了避免对环境的干扰，又发明了一种利用压重作为支点，用千斤顶将桩压入地基中的静力压桩机。

> **引导问题** 什么是打入桩？什么是灌注桩？如何确定单桩竖向承载力？常见桩基础的种类有哪些？它们的构造是什么样的？桩基础施工前要做哪些准备？桩基础施工的方法、步骤是怎样的？

国内通过在水上插打直径1.5m的大型钢管桩来修建桥墩基础已很普遍。美国在墨西哥湾的Cognac油田修建石油钻井平台时，曾在水面以下309m深处打入直径2.13m的钢桩，用以固定石油钻井平台。桩长达190m，共24根，打入海底以下140m左右。全部工作由潜水员监视，并通过水下电视监测施工全过程。

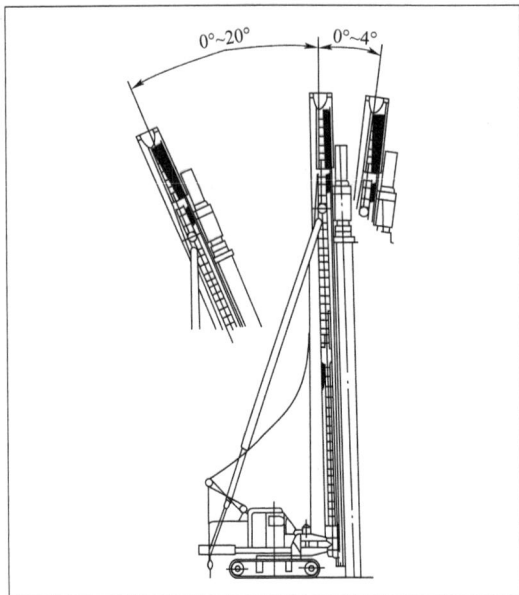

图13-28　柴油打桩机的桩架

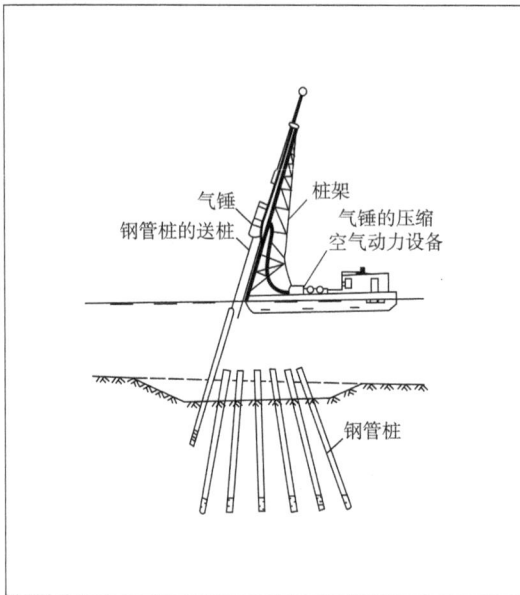

图13-29　打桩船打桩时的工作情况

1. 打入桩的种类和构造

打入桩按其材质可分为木桩、钢筋混凝土桩、预应力混凝土桩及钢桩。

钢筋混凝土桩或预应力混凝土桩多在桥梁厂或混凝土制品厂制造。有实心桩和空心桩之分。

（1）预应力混凝土空心管桩。

预应力混凝土空心管桩全部由桥梁厂或混凝土制品厂以先张法并采用离心工艺制造。定型生产的有下列型号：$\phi400-80$、$\phi400-90$、$\phi550-80$、$\phi550-110$（前面的数字为外径，后面的数字为壁厚,单位均为 mm)。每种型号均有三种标准节长,即 5m、8m、10m。同时又分为上节、中节、下节三类。下节下端系桩尖,上端为钢制法兰盘接头,桩尖采用钢板卷焊制成,中填混凝土,端部留有 470mm 的射水孔。中节两端均带有法兰盘。上节一端带法兰盘。接桩的接头螺栓用 φ19mm 精制螺栓,混凝土强度等级为 C40。

(2)预应力混凝土空心方桩。

厂制预应力混凝土空心方桩,均在台座上采用先张法制造。空心方桩的外廓尺寸有 45cm×45cm、50cm×50cm、60cm×60cm,其长度 10～38m 不等。

另外,也可在施工现场按设计要求制造钢筋混凝土方桩。

2.打桩设备

(1)打桩锤与打桩架。

打桩锤分为坠锤及机动锤两大类。打桩架的正面是导向杆,用于控制锤和桩身的方向,顶上装有滑轮,底盘上装有卷扬机,用于提升桩锤和桩。

(2)射水设备及其他设备。

射水设备必须配合锤击沉桩或振动沉桩使用,配合方法应根据地质情况选择。以射水为主或射水和锤击(或振动)同时进行,或射水和锤击(或振动)交替使用。

①高压水泵与射水管。高压水泵与射水管是射水沉桩的主要设备。

②桩帽。桩帽承受锤击,保护桩顶,并在沉桩时保证锤击力作用于桩的中轴线而不偏心。要求构造坚固,垫木易于拆换或整修。桩帽的尺寸要求与锤底、桩顶及导向杆吻合,顶面与底面均应平整并与中轴线垂直。

③送桩。为了将桩送入土中达到要求的深度,或管桩采用内射水时为了安放射水管,都须用送桩。送桩有木制或钢制两种,送桩可套或插在桩顶上,有时也作临时性连接。

安装送桩时必须与桩身吻合在同一中轴线上,打至预定高程再拆下。

3.打入桩的施工步骤

(1)准备工作。

在滩地上打桩,一般须先挖基坑(挖到承台底面高程),再在基坑内布置平台,如基坑无水,可以不搭平台,仅铺一层枕木和钢轨作为移动桩架的滑道;如基坑有水,则须搭脚手架,并应高出水面。基坑要有足够的尺寸,以便于打靠角和靠边的桩。

在浅水中打桩时,可打入短桩组或脚手架。

打桩前,必须合理安排桩的堆放地点,铺设打桩机的运行轨道,竖立打桩架,安装蒸汽锅炉或空气压缩机等动力设备。

(2)打桩。

打桩包括吊桩、插桩、稳桩、施打等工作。

4.打桩时的注意事项

(1)打桩宜重锤轻击。

(2)使用振动打桩机时,需确定振动锤的额定振动力。

(3)打桩顺序。当桩越打越多,土层也越挤越密时,土的阻力会越来越大,甚至无法把桩打到设计高程,而且先打的桩可能会被后打的桩推移,地面出现上升现象。为了避免这些现象的产生,打桩顺序应为由中间向周围。

如果基坑已预先打下了板桩,可采用分段打入的方法。先在分段的地方打下一排桩,然后按一定顺序打完所有的桩。

(4)打桩时遇到下列情况应暂停,采取措施后方可继续施打:沉入度发生急剧变化,桩身发生倾斜、移位或锤击时有严重回弹、桩头破碎或桩身产生裂缝等。

(5)接桩方法。就地接桩应在下节桩顶露出地面至少1m时进行,要求两桩的中轴线必须重合。凡用法兰盘连接桩时,应用足量的螺栓并拧紧,待锤击数次后,将螺栓再拧紧几遍,然后点焊,最后涂刷沥青漆,并在法兰盘的间隙处全部填满沥青砂胶以防腐蚀。用钢套筒接桩时,须将桩头清理干净,平整后再进行焊接。

(6)锤击法与射水沉桩的配合。如在砂土、圆砾和砂夹卵石等土层中打桩,用锤击法有困难时,可采用射水沉桩。在砂夹卵石层等坚硬土层中应采用以射水为主、锤击为辅的方法施工,以免桩身被破坏。在砂黏土或黏土层中使用射水沉桩时,应以锤击为主,以免降低桩的承载能力。

(7)打入桩的允许偏差。垂直桩的倾斜度偏差不得大于1%。斜桩的倾斜度偏差,不得大于倾斜角(桩纵轴线与垂直线的夹角)正切值的15%。

(8)打桩过程中必须做好记录工作。桩打入地下后属于隐蔽工程,必须做好记录工作,内容包括每一阶段桩的沉入度,尤其是最后阶段的沉入度。另外,还要记录桩的入土深度,以及打桩过程中的一切现象。

(二)钻孔灌注桩基础施工

钻孔灌注桩基础可用于各种地层条件。对一般地层,可用正、反循环旋转钻施工;对卵、漂石层,可采用冲击锥工艺钻孔。遇到岩层时,可用牙轮钻头钻进,国内已研制成功的全液压恒力矩转盘式旋转钻机,可在直径4.0m时全断面钻进极限强度为80MPa的岩石,进一步扩大了钻孔灌注桩基础的使用范围。

二维码

钻孔灌注桩的施工

钻孔灌注桩可用于无水基础,也可用于水中基础。在河水不深时,可采用筑岛施工。在深水江河中,可采用钢围堰内钻孔施工。目前,在长江上已有多座大桥成功地使用钻孔灌注桩基础。

钻孔灌注桩基础根据地基条件可深可浅。长度一般为20~30m。滨州黄河大桥采用了直径1.5m、长100m的钻孔灌注桩。

钻孔灌注桩的直径可大可小。桥梁基础的钻孔灌注桩直径一般为0.8~1.5m。近年来,随着钻孔灌注桩基础在多座长江大桥上的应用,桩的直径已从九江大桥的2.5m,发展到黄石公路大桥的3.0m。1995年通车的主跨432m的铜陵长江大桥,钻孔灌注桩直径达到4.0m。

1. 施工准备工作

施工准备工作包括平整场地、测定桩位、埋设护筒、钻机就位、拌制泥浆等。

(1)平整场地、测定桩位。

在河滩上钻孔,施工场地应整平夯实,土质松软时,应予换填。在浅水中钻孔,可先筑岛,在岛上安装钻机,岛面应高出施工水位1m以上。在深水中钻孔,可采取围堰筑岛或搭施工平

台,也可在船上安装钻机。

平整场地后,应根据设计桩位,准确定出钻孔中心位置。

(2)埋设护筒。

①护筒的构造。

护筒管内径通常比所用钻头直径大(较旋转钻头大20cm,较冲击钻头大40cm),高度随水位及地质情况而定,一般为1.5~3.0m。

常用的钢护筒用2~4mm厚的钢板焊成,两端用50mm×50mm×10mm角钢焊成法兰盘,以便加固与连接。侧面留有一个15cm×20cm的排浆孔,顶端对称焊有一对吊耳,用于装吊护筒及便于防止下沉而支垫方木(图13-30)。钻孔完成后,可将护筒拔出重复使用。

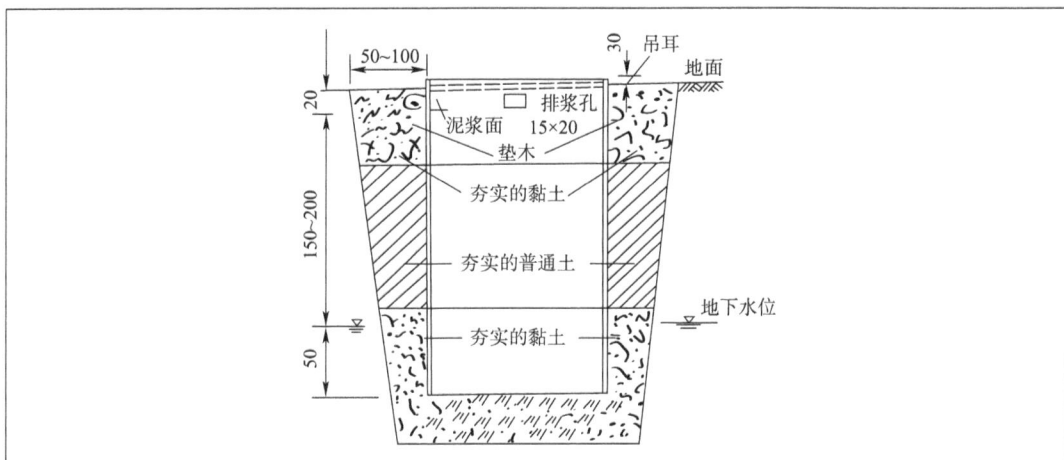

图13-30　埋设护筒示意图(尺寸单位:cm)

钢筋混凝土护筒主要用于水中,壁厚8~10cm,钻孔完成后一般不取出,而与桩身混凝土浇筑在一起。桩身范围以上的护筒,可取出再用。

②护筒的作用。

a.固定桩位。护筒的圆心即为钻孔灌注桩的中心。

b.钻头导向。开孔阶段,钻头全靠护筒导向,并限制其活动范围,以免开孔过大或方向不正。

c.保护孔口。施工中,受钻机振动,孔口积水或钻头、抽渣筒起落时碰撞等影响,孔口易坍塌,护筒对保护孔口有明显的作用。

d.防止孔壁坍塌。埋设护筒可以提高钻孔内水位,增加孔内静水压力,有利于防止孔壁坍塌。

③埋设护筒的方法。

护筒埋设的高程应根据地质条件、水位高低来确定。护筒顶面应高出施工水位或地下水位1.5~2.0m,并高出施工地面0.3m。护筒埋置的深度如下:

在岸滩上,黏性土不小于1m,砂类土不小于2m,当表面土层松软时,尽可能将护筒埋置在较坚硬密实的土层中至少0.5m。

水中筑岛,护筒宜埋入河床面以下0.5m左右。在水中平台上设置护筒,其埋深可根据施工最高水位、流速等因素确定。

在水中平台上下沉护筒,应有导向设备控制护筒的位置。

护筒顶面位置偏差不得大于5cm。护筒倾斜度不得大于1%。

(3)拌制泥浆。

钻孔中加入泥浆是防止塌孔的主要措施之一,纵观很多塌孔事故,分析其原因多是泥浆使用不当,故应给予重视。

①泥浆在钻孔中的作用。

固壁作用:泥浆在钻头冲击或挤压下,渗入孔壁四周形成一层泥浆保护层,隔断孔内外水流,防止孔壁受冲刷而坍塌,且泥浆比重大于水,孔内泥浆高度大于孔外水位,故在孔内形成一向外的压力,有利于防止孔壁坍塌。

浮渣作用:泥浆密度大,与钻渣混合在一起,可使钻渣悬浮起来,便于出渣。

冷却钻头:使钻头保持一定硬度,减少钻头磨损。

②泥浆比重。

施工中,对泥浆比重有一定的要求。泥浆太稀,排渣能力会受影响,护壁效果也有所降低;泥浆太稠,又会削弱钻头冲击功能,降低钻进速度。

灌入钻孔中的泥浆,其比重在一般地层以1.1~1.3为宜,在松散易坍的地层以1.4~1.6为宜。

③泥浆的制备。

泥浆由黏土与水拌和而成,一般选择塑性指数大于17的黏土。当缺少适宜的黏土时,可用较差的黏土,并掺入部分塑性指数大于25的黏土。若采用砂黏土,其塑性指数不宜小于15,其中大于0.1mm的颗粒含量不宜超过6%。循环泥浆含砂率不得超过8%。

黏土的备料数量:砂质河床时,黏土备料数量为钻孔体积的70%~80%;砂、卵石层河床时,其数量为钻孔体积的100%~120%。

泥浆可用泥浆搅拌机或人工拌和而成,拌好的泥浆储存在泥浆池内,用泥浆泵泵入钻孔内。为了节省黏土,利用从排浆孔排出的泥浆,经排泥沟排至沉淀池,将钻渣等杂质沉淀后,泥浆再流入泥浆池内,并补充清水再拌和泥浆。

2. 钻机成孔

钻孔灌注桩施工的主要设备是钻机,钻机根据钻进方式不同,可分为冲击式和旋转式。

(1)冲击式钻机成孔。

其施工方法是用卷扬机带动钢丝绳,钢丝绳吊着重力式冲击钻头,往复吊起和落下,利用坠落所产生的冲击能量砸破地层,或将土石破碎挤入孔壁中。冲击式钻机成孔的施工方法适用于多种地基,从大小不等的卵石层到坚硬的岩石层,不过它的成孔速度较慢。

由于钻渣沉在孔底影响钻进效果,因此要用泥浆浮起钻渣,再用特制的抽渣筒(图13-31)或管形钻头将钻渣抽出孔外。

(2)旋转式钻机成孔。

旋转式钻机由机身、钻杆及钻头组成。根据所在地层的不同,可以分别换用不同形式的钻头。例如:用刮刀钻头对付松软的地层,用牙轮钻头对付坚硬的岩石。除卵石地层外,各种地质条件基本上都可以采用这种钻机成孔。它的钻孔速度比冲击式钻机要快得多。

使用旋转式钻机成孔有两种不同的排渣方法。

①正循环排渣法(图 13-32)。钻孔时在地面上用泵将过滤干净的泥浆从空心钻杆内部泵入孔底,钻渣就随着泥浆在钻孔中上浮,不断地向上排入地面的泥浆池内。

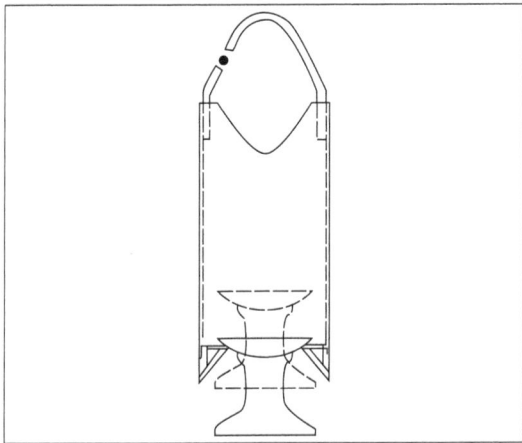

图 13-31　抽渣筒

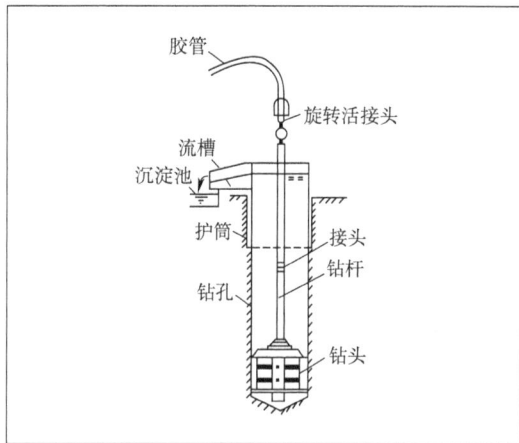

图 13-32　正循环排渣示意图

②反循环排渣法。泥浆从钻孔口注入。此时要求将钻杆的内腔做得稍大。在钻杆的两侧还要加设送气钢管。施工时将压缩空气由地面通过送气钢管压送到钻头底部。此时,压缩空气气泡和钻孔底部的泥浆混合钻渣后形成一种比重较小的混合物(泥浆 + 钻渣 + 空气)。混合了钻渣的泥浆通过钻杆内腔上浮到钻机上端连于钻杆钢管的排渣软管内,被排放到钻渣处理池中进行分离。分离后的泥浆可以循环使用。这种排渣方法的排渣能力很强。所以反循环法比正循环法效率更高,钻进速度更快,是一种常用的施工方法。

(3)钻孔施工中的问题及防治措施。

①塌孔。

塌孔是最常见的钻孔事故,产生的原因是:孔内静水压力小,水头不稳定,泥浆稠度小,起不到固壁作用;护筒埋设不良,埋深不够,四周回填质量差;操作不当,钻头、抽渣筒起落不稳,碰撞、冲击孔壁;停钻时间过长,泥渣沉淀,泥浆稠度不够,再钻时未重新调配;清孔、抽渣措施不当,吸泥时风压风量过大,延续时间太长,破坏了护壁的泥皮等。

防治方法:如孔口坍塌,则回填黏土,重埋护筒,重新钻孔;如孔内坍塌,应查明塌孔原因、位置,然后进行处理。塌孔不严重时,可投入黏土加大泥浆的比重,提高孔内水位继续钻进;塌孔严重时,以黏土、石、片石混合,回填到高出坍塌部位 1～1.5m 处,再施钻。

②卡钻。

在泥岩、粉砂岩层中钻孔时最易卡钻,有上卡和下卡两种情况。上卡时,钻头向上提不起来,向下还能活动;而下卡时,钻头向上、向下均不能活动。一般以上卡为多。

卡钻的原因:钻头磨损严重,更换新钻头时,直径比原钻头大,放绳又过猛;钻头不转动,孔底出现较深的十字槽;孔内有探头石或塌孔落石等。

防治方法:更换钻头时,要注意直径的大小;焊补磨损钻头,不要超过原直径;发现孔形不规则时要及早处理,将孔打圆,以免卡钻。

发生卡钻后,不要猛拉,以免钻头越卡越紧,要弄清情况,再妥善处理。上卡时,可松动钢丝绳,使钻头转动一下,再向上提,或用小冲程轻打,同时转动钢丝绳从下向上扫孔,及时上提钻头。下卡时,可顺绳下钢丝绳套住钻头,用绞车提起。

③掉钻头。

掉钻头是钻孔中处理起来比较棘手的事故,有时还会引起塌孔,以致钻孔废弃,对施工影响很大,所以要尽力预防。

防治方法:加强施工检查,对损伤严重的钢丝绳等起重工具、钻杆等应及时更换;认真按规定操作,遇到障碍物不能硬钻,卡钻时不能用吊钻头的钢丝绳硬拔;冲击型钻机主绳与钻头连接处最易磨损、折断,所以常加一根保险钢丝绳。

④孔形不规则。

在钻孔过程中,常发生孔形不规则现象,如梅花孔、弯孔等。

a.梅花孔。在冲击式钻孔成孔过程中钻孔不圆,称为梅花孔,其产生的原因是冲击钻顶未设转向装置或转向装置失灵,以致冲击钻头不转动,只对一个地方冲击;泥浆太稠,妨碍钻头转动;操作时钢丝绳太松,或冲程太低,钻头得不到充分的转向。

b.弯孔。在冲击钻孔时遇到较大孤石、探头石或倾斜岩层,地质软硬不均,钻架移位,旋转钻杆弯曲或钻杆接头不直,钻头摆动偏向一边等情况,均会产生弯孔现象。

孔形不规则不但会造成钻进、出渣、下钢筋笼困难,甚至卡钻、掉钻,而且会使孔径缩小或桩的偏心距增大,降低桩的承载能力,所以,在钻孔中应根据上述原因加以预防。

防治方法:发生严重弯孔,应回填修孔,必要时应反复多次修孔。冲击法修孔,应回填硬质带棱角的石块,并应高出不规则孔形以上0.5~1.0m,再用小冲程冲击,以纠正孔形。用旋转式钻机成孔时,可先用小钻头钻到底,再用大钻头钻孔,以避免斜(弯)孔,保证孔形顺直,但多一道工序,进度受到影响。

⑤钻孔漏浆。

在透水性强或有地下水流动的地层中,泥浆会向孔壁外漏失,一般有护筒底漏浆和护筒接缝漏浆两种情况,严重漏浆是塌孔的先兆,应及时处理。

漏浆的主要原因是:护筒埋设太浅,回填土不密实或护筒接缝不严密,水头过高等。

防治方法:加稠泥浆(倒入黏土)慢速转动,或回填土掺卵石或片石反复冲击,增加护壁的厚度和强度,护筒本身采取严密措施防止漏浆。

3.终孔检查和清孔

钻孔达到设计高程,须经检查和清除泥渣垫层后才能下钢筋笼、浇筑混凝土。

(1)终孔检查。

钻孔达到要求的深度后,应对孔深、孔径、孔位和孔形等进行检查,并将检查结果填入检查证。为了防止孔内下不去钢筋笼,须先检查孔形。检查器是钢筋弯制成的圆柱体,高约2m,直径与桩径相同,检查时,用钢丝绳吊着放入孔内,看圆柱体是否能顺利到达孔底,如有障碍,应作处理,严重的要用钻机修孔。

(2)清除孔底泥渣垫层。

钻孔停钻后,孔内泥渣逐渐下沉至孔底,孔底积有一层泥渣垫层,降低了桩的承载力。

浇筑混凝土前进行清孔的目的是使沉淀层尽可能减薄,以提高孔底承载力,同时确保浇筑混凝土的质量。

清孔质量以沉淀厚度来掌握。一般对于摩擦桩,厚度不大于30cm;对于端承桩,厚度不大于10cm。

清孔既要求清得干净,又要求不能塌孔,可采用下列方法:

①抽渣法。适用于冲击、冲抓成孔的摩擦桩或不稳定的土层。终孔后用抽渣筒清孔,直至抽出的泥浆无2~3mm大的颗粒,且其比重在规定指标之内时停止。

②吸泥法。适用于冲击钻造孔。吸泥清孔是将高压空气经风管射入孔底,使翻动的泥浆及沉淀物随着强大气流经吸泥管排出孔外。它适用于岩层和密实不易坍塌的土壤。使用此方法时,钢筋笼可先放入孔内。

③换浆法。适用于旋转法造孔。

a. 正循环旋转钻机清孔。终孔后,停止进尺,将钻头提离孔底10~20cm空转,以保持泥浆正常循环,同时压入符合规定标准的泥浆,换出孔内比重大的泥浆,使含砂率逐步降低,直至达到稳定状态为止。换浆时间一般为4~6h。

b. 反循环旋转钻机清孔。终孔后,将钻头稍稍提起,使其空转清孔,对于嵌岩桩,可向孔内注入清水,由反循环钻机将孔内泥浆抽尽。由于反循环使用的真空泵抽渣力较大,故适用于在较稳定的土层中钻孔时清孔。采用此法,10~15min即可完成清孔。

(3)清孔注意事项。

①清孔时,应及时向孔内注入清水或泥浆,保持孔内足够水压和水头,避免塌孔。

②清孔时不得用加大孔深来代替清孔。

③在清孔作业达到标准后,填好工程检查证及清孔等施工记录。

4. 安放钢筋笼

为了使导管和吸泥机能在钢筋笼中顺利升降,钢筋笼主筋焊接时,内缘应光滑,钢筋接头不得侵入主筋内净空。钢筋笼可分节制造,分节长一般为4~6m,根据吊装设备的起吊高度确定。

钢筋笼可用吊车起吊入孔,竖直对准孔中心,平稳地放入孔内,焊完一节,再焊下一节,上、下两节要焊直,否则下钢筋笼时易碰撞孔壁,引起塌孔。

钢筋笼入孔后,应牢固定位,以防止掉笼并保证高程与设计值之差不超过±5cm。为了使钢筋笼具有规定的保护层,常在钢筋外绑扎混凝土垫块或焊接钢筋耳环。

5. 浇筑水下混凝土

钢筋笼就位后,立即浇筑水下混凝土。水下混凝土浇筑应高出桩顶设计高程0.5~1.0m,以便清除浮浆和消除测量误差。浇筑过程中应注意:

(1)不断检查浇筑高度以防止拔导管时断桩。

(2)防止钢筋笼浮起。

技能训练工单及练习

工作任务单

一、工作任务

(一)实践目的

根据该课程教学大纲的要求,学生应通过学习掌握桩基础的设计方法,培养应用理论知识解决实际问题的能力。

(二)设计任务与资料

某车站建筑的柱下基础,经过技术方案的比较,决定采用桩基础,试设计该桩基础。已知资料如下:

(1)地质与水文资料

①通过工程地质勘查及土工试验可知地基土的分布情况与土层的物理性质及状态指标如下:

第一层杂填土,土层厚2.6m,重度为16.8kN/m³,液性指数为0.3;第二层淤泥质土,土层厚4.5m,重度为17.5kN/m³,液性指数为1.28,饱和重度为19.0 kN/m³;第三层黏土,土层厚2.1m,饱和重度为19.6kN/m³,液性指数为0.5;第四层粉质黏土,土层厚4.8m,饱和重度为19.4kN/m³,液性指数为0.25,孔隙比为0.78;第五层粉质黏土,土层厚2.5m,液性指数为0.8。

②地下水位至地表的距离为3.2m。

(2)桩与材料

①承台底面埋深要求不小于1.6m。

②采用钢筋混凝土预制桩,混凝土强度等级C20,Ⅰ级钢筋。

③桩的边长采用400mm×400mm。

(3)荷载情况

上部结构轴心力荷载设计值为4000kN,弯矩为450kN·m,水平荷载为150kN。

(三)设计成果要求

(1)设计说明书

要求写出完整的计算说明书,包括必要的文字说明及计算过程。同时,字迹工整,数字准确,图文并茂。

(2)图纸

绘制2号图。要求均应符合新的制图标准,图纸上所有文字和数字均应书写端正,排列整齐,笔画清晰,字体为仿宋。

(四)设计步骤参考

(1)熟悉桩基础设计的基本资料。

(2)桩基础类型的选择依据。

(3)桩基础断面尺寸的选择依据。

(4)桩长的选择。

(5)桩的根数估算。

(6)桩间距确定。

(7)桩基础的平面布置。

(8)桩基础单桩承载力的确定。

(9)桩基础承载力与沉降验算。

(10)桩身结构设计。

(11)承台结构设计。

二、考核评价

评价表参见附录一。

❋ 练习

1.何谓桩基础？桩基础如何进行分类？

2.如何确定单桩容许承载力？

3.桩基设计的主要内容包括哪些？

4.简述正循环旋转钻机的工作原理。

5.简述钻孔灌注桩施工中泥浆的作用。

6.简述钻孔灌注桩清孔的方法。

7.某一桥墩桩基础的钢筋混凝土打入桩,桩径 $d=0.45m$,主筋为 $8\phi16mm$,混凝土强度等级为 C25。桩的入土深度 $h=16m$,上层为 12m 的中密细砂,下层为中密粗砂。试按土的阻力计算在主力和附加力同时作用时单桩竖向承载力标准值。

8.某一钻孔灌注桩,桩的设计桩径为 1.35m,成孔桩径为 1.4m,清底稍差,桩周及桩底为重度 20kN/m³ 的密实中砂。桩底在局部冲刷线以下20m,常水位在局部冲刷线以上6m,一般冲刷线在局部冲刷线以上 2m,试按土的阻力计算在主力作用时单桩竖向承载力标准值。

任务十四

沉井与地下连续墙基础

||| 任务描述 |||

通过本任务相关知识的学习并结合在线课程资源及相关资料，制作沉井基础模型。通过线上线下学习，完成本任务技能训练工单及练习，遇到困难学习小组互相帮助。

||| 任务要求 |||

（1）根据班级人数分组，一般6~8人/组；

（2）以组为单位，各组员按分工完成任务，组长负责检查并统计各成员的任务结果，做好记录以供集体讨论；

（3）全组共同完成所有任务，组长负责成果的记录与整理，按任务要求上交报告，以供教师批阅。

||| 学习目标 |||

知识目标：

了解沉井、地下连续墙的概念；

掌握沉井基础的类型、构造、作用；

掌握沉井的施工方法及施工中的常见问题；

掌握沉井的设计与计算；

掌握地下连续墙基础分类；

了解地下连续墙基础的适用范围；

了解地下连续墙基础的主要用途；

掌握地下连续墙基础的优缺点；

掌握地下连续墙基础的施工工艺。

能力目标：

通过沉井基础知识点学习，能进行沉井的一般设计与计算；

通过地下连续墙基础知识点学习，能进行地下连续墙基础施工工艺的一般设计。

||| 学习重点 |||

沉井的概念；沉井基础的类型、构造、作用；沉井的施工方法及施工中的常见问题；地下连续墙基础的分类；地下连续墙基础的适用范围；地下连续墙基础的优缺点；地下连续墙基础的施工工艺。

||| 学习难点 |||

沉井的施工方法及施工中的常见问题；沉井的设计与计算；地下连续墙基础的分类；地下连续墙基础的施工工艺。

一、沉井

（一）概述

沉井是井筒状的结构物。它是以人工或机械方法清除井孔内的土石,依靠自身重力或主要依靠自身重力克服井壁摩阻力后下沉到设计高程,经过混凝土封底并堵塞井孔,最后成为桥梁墩台或其他结构物的基础。沉井制作过程如图14-1所示。

引导问题 什么是井?什么是沉井?如何制作沉井?沉井基础与前面讲过的基础相比有哪些优缺点?

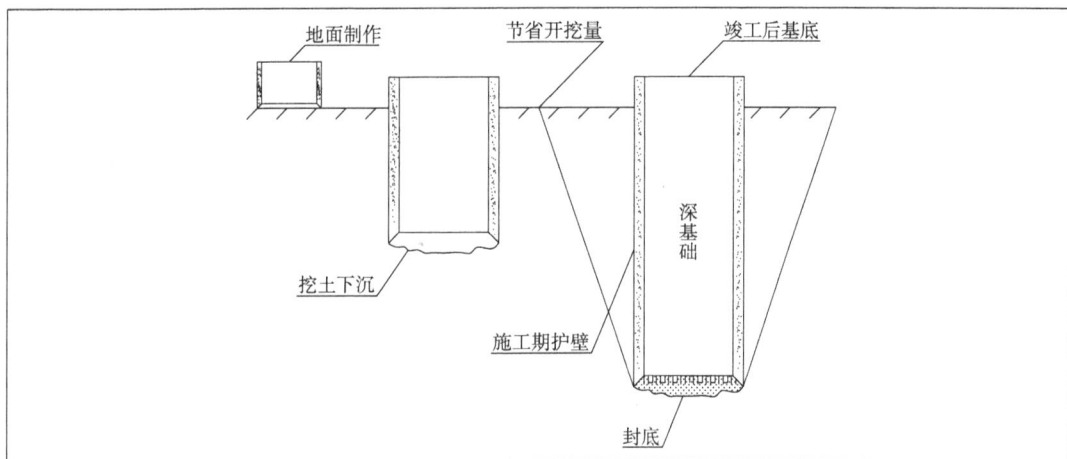

图 14-1 沉井制作过程示意图

对于上部荷载较大,而表层地基土的容许承载力不足,扩大基础开挖工作量大,以及支撑困难,但在一定深度下有好的持力层;或在山区河流中,土质虽好,但冲刷大或河中有较大卵石不便桩基础施工;或岩层表面较平坦且覆盖层薄,但河水较深等采用扩大基础施工困难的工程,综合考虑经济与施工难度等,宜采用沉井基础。沉井基础的优缺点如图14-2所示。

沉井的类型及构造

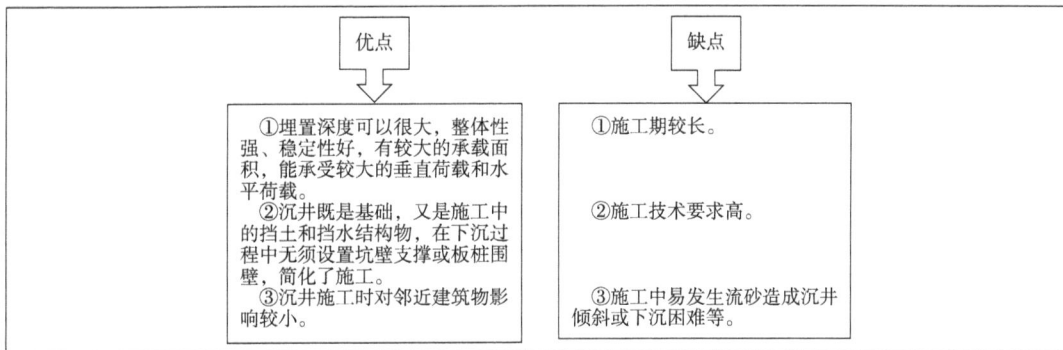

图 14-2 沉井基础的优缺点

沉井的应用非常广泛,适用于地铁车站、桥墩、码头等工程,如用于铁路和桥梁工程的墩台基础,岸边的取水构筑物特别是市政工程中的给、排水泵站中的下部结构,大型设备基础,地下沉淀池、水池以及地下油库,矿用竖井等;并可在松软、不稳定含水层、人工填土、黏性土、砂土、砂卵石地基中应用。在施工场地复杂,邻近有铁路、房屋、地下构筑物等障碍物,加固、拆迁有困难或大开口施工会影响周围邻近构筑物安全时,应用沉井施工方法最为合理、经济,如芜湖长江大桥、南昌赣江大桥、川黔铁路白沙沱长江大桥、嘉兴污水处理工程等均应用沉井施工方法。

(二)沉井类型和构造

1. 沉井类型

(1)按沉井的施工方法划分。

想一想 说说你眼中的沉井基础,它跟咱们教学楼的基础有什么区别?

①一般沉井:指就地制造下沉的沉井,这种沉井是在基础设计的位置上制造,然后挖土靠自重下沉。如基础位于水中,需先在水中筑岛,再在岛上筑井下沉。

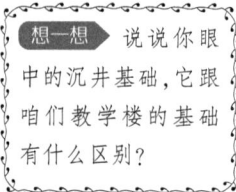

②浮式沉井:在深水地区筑岛有困难或不经济,或有碍通航时,若河流流速不大,可采用岸边浇筑浮运就位下沉的方法,这类沉井称为浮运沉井或浮式沉井。

(2)按沉井平面形状划分(图14-3)。

①圆形沉井:圆形沉井在下沉过程中易控制方向和位置,当使用抓泥斗挖土时,要比其他类型的沉井更能保证其刃脚均匀地支承在土层上;在侧压力作用下,井壁只受轴向力(侧压力均布时),或稍受挠曲力(侧压力非均布时),对水泥方向正交或斜交均有利,也即承受水平土压力和水压力性能良好。

②椭圆形沉井:控制下沉、受力条件、阻水冲刷均较矩形沉井有利,但制造较复杂。对平面尺寸较大的沉井,可在沉井中设置隔墙,使沉井由单孔变成双孔或多孔。

③矩形沉井:具有制造简单、基础受力有利的优点,常能配合墩台(或其他结构物)底部平面形状。四角一般做成圆角,可有效改善转角处的受力条件,减缓应力集中现象,以降低井壁摩阻力和避免取土清孔的困难。在侧压力作用下,井壁受较大的挠曲力矩,在流水中阻水系数较大,受冲刷较严重。

(3)按沉井立面形状划分。

按沉井立面形状划分,主要有柱形、锥形及阶梯形等(图14-4)。采用何种形状应视沉井需要通过的土层性质和下沉深度而定。

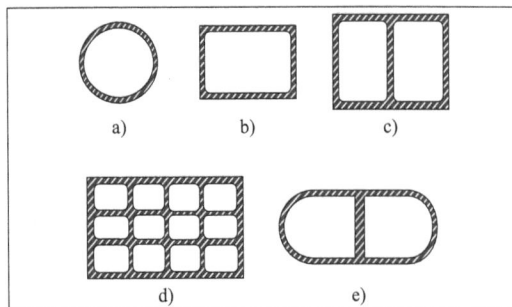

图14-3 按沉井平面形状划分
a)圆形;b)、c)、d)矩形;e)椭圆形

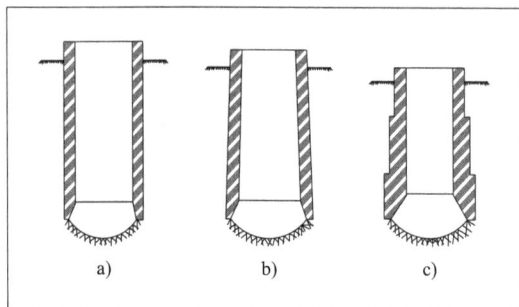

图14-4 按沉井立面形状划分
a)柱形沉井;b)锥形沉井;c)阶梯形沉井

（4）按沉井的材料划分。

①混凝土沉井：混凝土沉井常为圆形，以受压为主，一般只用于下沉深度较小的松软土层中。

②钢筋混凝土沉井：这是最常用的一种沉井。它是具有一定刚度、合理利用材料的一种结构形式，可就地制造下沉，也可在岸边先预制，然后浮运下沉。

③钢沉井：钢沉井刚度和强度很高，拼装方便，适用于空心浮运沉井，但用钢量太大，一般较少采用。

④竹筋混凝土沉井：沉井在下沉过程中，承受复杂的外力，井壁内力较大，施工完毕后，沉井中的钢筋不再起作用，因此，可采用一种抗拉强度较高而耐久性较差的竹筋来代替钢筋，以节约钢材。

2.沉井构造

沉井一般主要由井壁、刃脚、隔墙、井孔、凹槽、封底混凝土和顶盖板等组成。如图14-5所示。

> **想一想** 沉井有哪些类型？它由哪些构件组成？各构件有何特点？

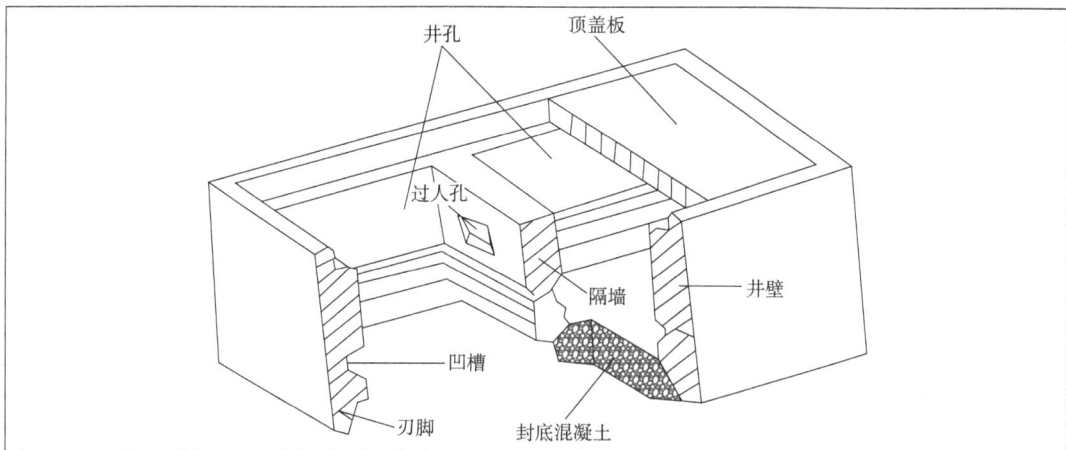

图14-5　沉井的一般构造

（1）井壁。

井壁是沉井的主要部分。它在沉井下沉过程中起挡土、挡水及利用自身重力克服土与井壁之间的摩阻力的作用。沉井施工完毕后，它就成为基础或基础的一部分而将上部荷载传递给地基，因此，井壁必须具有足够的强度和一定的厚度。根据井壁在施工中的受力情况，可以在井壁内配置竖向及水平钢筋，以增加井壁强度。井壁厚度根据下沉需要的自重、自身强度以及便于取土和清基等因素而定，一般为 0.80～1.50m，为便于绑扎钢筋及浇筑混凝土，其厚度不宜小于0.4m。钢筋混凝土薄壁沉井可不受此限制，井壁的混凝土强度等级不低于C15。

（2）刃脚。

井壁下端形如楔状的部分称为刃脚，其作用是使沉井在自重作用下易于切土下沉。刃脚底面（踏面）宽度一般为 0.1～0.2m，对软土可适当放宽。下沉深度大，且土质较硬时，刃脚底面应用型钢（角钢或槽钢）加强，以防刃脚损坏。角钢刃脚内侧斜面与水平面的夹角一般大于或等于45°。刃脚高度视井壁厚度、便于抽除垫木而定，一般当沉井湿封底时，取

1.5m 左右;干封底时,取 0.6m 左右。由于刃脚在沉井下沉过程中受力较集中,故宜采用 C20 以上的钢筋混凝土制作。

(3)隔墙。

当沉井平面尺寸较大,即井壁跨径较大时,应在沉井内设置隔墙,以增加沉井的刚度,使井壁的挠曲应力减小,其厚度一般小于井壁。隔墙底面应高出刃脚底面 0.5m 以上,避免隔墙下的土顶住沉井而妨碍下沉。也可在刃脚与隔墙连接处设置加筋肋以加强刃脚与隔墙的连接。如为人工挖土,在隔墙下端应设置过人孔,便于工作人员在井孔间往来。

(4)井孔。

井孔是挖土排土的工作场所和通道。井孔尺寸应满足施工要求,宽度(直径)不宜小于 3m。井孔应对称于沉井中心轴布置,便于对称挖土使沉井均匀下沉。

(5)凹槽。

凹槽设在井孔下端近刃脚处,其作用是使封底混凝土与井壁有较好的接合,使封底混凝土底面的反力更好地传给井壁(井孔全部填实的实心沉井也可不设凹槽)。凹槽深度为 0.15~0.30m,高约 1.0m。

(6)封底混凝土。

封底混凝土是在沉井底部所浇筑的混凝土,是传递墩、塔等结构荷载给地基的承重结构,是井内抽水时的阻水构造。封底混凝土必须与井壁、隔墙紧密结合,而且必须有足够的厚度,以便有效地承受沉井传下来的荷载。为此,在井壁、隔墙的相应部分设置凹槽或剪刀键。

(7)顶盖板。

沉井顶盖板是直接承受墩、塔等结构的构件。墩、塔等结构传下来的荷载先在顶盖板上分布再传给沉井其他部分。

(三)沉井的施工

沉井施工一般可分为旱地施工、水中筑岛施工及浮运沉井施工三种。

1.旱地施工

旱地上沉井的施工流程见图 14-6。

(1)挖基坑及基础处理。

若天然地面土质较硬,只需清理地表杂物并整平,否则应换土或铺填不小于 0.5m 厚夯实的砂或砂砾垫层,以防沉井因沉降不均产生裂缝。为减小下沉深度,可挖一浅坑,在坑底制作沉井。

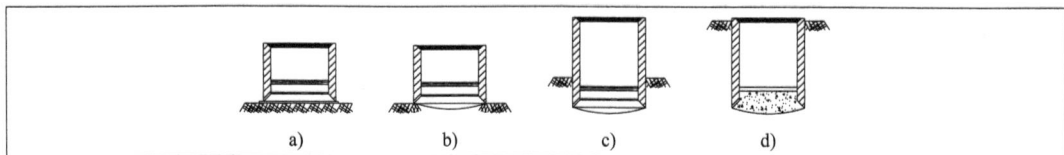

图 14-6 旱地上沉井的施工流程
a)制作第一节沉井;b)抽垫木、挖土下沉;c)沉井接高下沉;d)封底

（2）制作第一节沉井。

先在刃脚处对称铺满垫木（支承第一节沉井），放上角钢，竖立内模，绑扎钢筋，再立外模浇筑第一节沉井（图14-7）。

（3）浇筑混凝土。

在浇筑混凝土之前，必须检查核对模板各部尺寸和钢筋布置是否符合设计要求，支撑及各种紧固联系是否安全可靠；浇筑混凝土时要随时检查有无漏浆和支撑是否良好；混凝土浇筑完毕后要注意养护，夏季防暴晒，冬季防冻结。

（4）拆模及抽垫。

当沉井混凝土强度达设计强度的70%时可拆模，达设计强度后可抽撤垫木。抽垫时应分区、依次、对称、同步地向沉井外抽出。

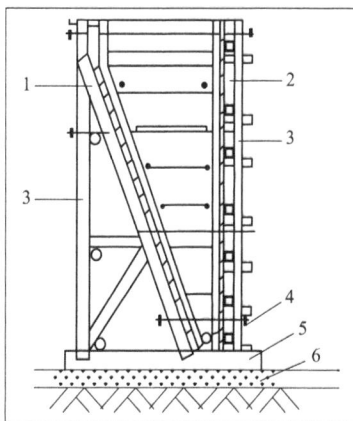

图14-7　沉井刃脚立模
1-内模;2-外模;3-立柱;4-角钢;5-垫木;6-砂垫层

抽垫顺序:先内壁，再短边，最后长边。长边下垫木隔一根抽出，以固定垫木为中心，由远而近对称地抽，最后抽除固定垫木，边抽边用砂土回填捣实，以免沉井开裂、移动或偏斜。

（5）除土下沉。

沉井宜采用不排水除土下沉，稳定的土层中也可采用排水除土下沉。可采用人工或机械方法除土。排水下沉时常用人工除土，该方法沉井下沉均匀，易于清除井内障碍物，但应有安全措施;不排水下沉时，可使用空气吸泥机、抓土斗、水力吸石筒、水力吸泥机等除土，或采用高压射水破坏土层。沉井正常下沉时，应自中间向刃脚处均匀对称除土，并随时注意沉井正位，保持竖直下沉，无特殊情况不宜采用爆破施工。

（6）接高沉井。

当首节沉井下沉至一定深度（井顶露出地面不小于0.5m，或露出水面不小于1.5m）时，停止除土，接筑下一节沉井。凿毛顶面，立模，对称均匀浇筑混凝土，强度达设计要求后再拆模继续下沉。

（7）设置井顶防水围堰。

若沉井顶面低于地面或水面，应在井顶接筑临时性防水围堰，围堰的平面尺寸略大于沉井，其下端与井顶上预埋锚杆相连。常见的有土围堰、砖围堰和钢板桩围堰。

（8）地基检验及处理。

沉井下沉至设计高程后，应检验基底地质情况是否与设计相符。排水下沉时可直接检验;不排水下沉时则应进行水下检验，必要时可用钻机取样。

在基底达设计要求后，应对地基进行处理。砂性土或黏性土地基，一般可在井底铺砾石或碎石层至刃脚底面以上200mm;岩石地基应凿除风化岩层，若岩层倾斜，还应凿成阶梯形。要除净井底浮土、软土，使封底混凝土与地基结合紧密。

（9）沉井封底。

基底检验合格后应及时封底，排水下沉时，可采用普通混凝土封底，否则宜用水下混凝土封底。若沉井面积大，可用多导管先外后内、先低后高依次浇筑。封底一般采用素混凝土。

2. 水中筑岛施工

当水深小于3m,流速不大于1.5m/s时,可采用砂或砾石在水中筑岛[图14-8a)],周围用草袋围护;若水深或流速加大,可采用围堤防护筑岛[图14-8b)];当水深较大(通常小于15m)或流速较快时,宜采用钢板桩围堰筑岛[图14-8c)]。

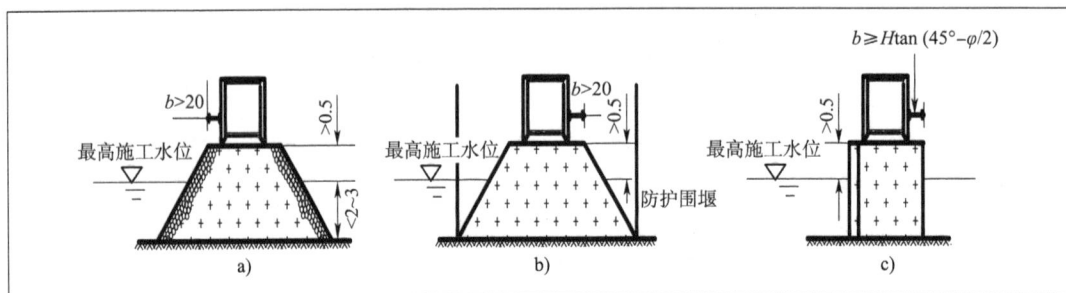

图14-8 水中筑岛下沉沉井(尺寸单位:m)

a)无围堰防护土岛;b)围堤防护筑岛;c)钢板桩围堰筑岛

b-襟边距离;H-筑岛高度;φ-内摩擦角。

3. 浮运沉井施工

当水深较大,如超过10m时,筑岛法很不经济,且施工也困难,可改用浮运法施工。沉井在岸边做成,利用在岸边铺成的滑道滑入水中,然后用绳索引到设计墩位,如图14-9所示。

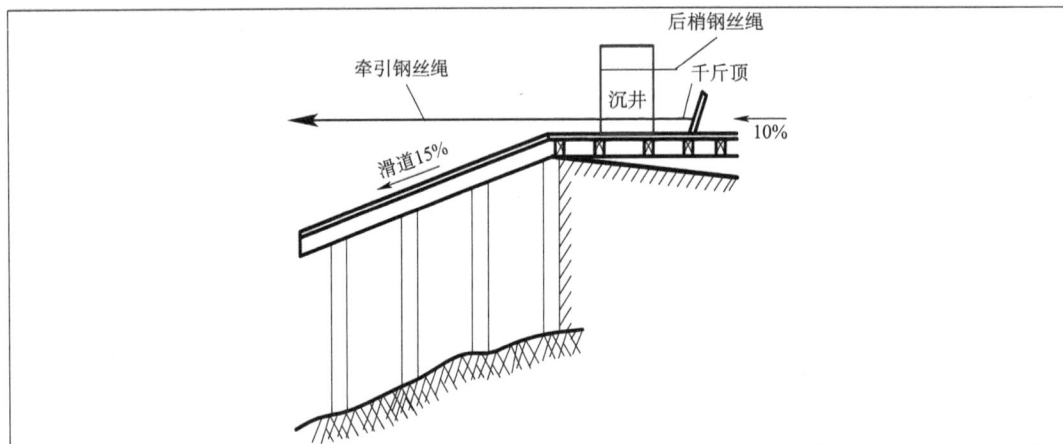

图14-9 浮运沉井下水示意

(四)沉井下沉过程中常见问题及处理方法

1. 突然下沉

突然下沉的原因是井壁外的摩阻力很小,在刃脚附近土体被挖除后,沉井失去支承而剧烈下沉,这样容易使沉井产生较大的倾斜或超沉,应予避免。采用均匀挖土、增大踏面宽度或加设底梁等措施可以解决沉井突然下沉的问题。

2. 沉井偏移

开始下沉阶段,应控制挖土的程序和深度,注意均匀挖土,要经常检查沉井的平面位置,在中间阶段可能会出现下沉困难的现象,但接高沉井后,下沉又变得顺利,但易出现偏移。如沉井中心位置发生偏移,可先使沉井倾斜,均匀挖土让沉井斜着下沉,直到井底中心位于设计中心线上,再将沉井扶正。

3.沉井下沉困难

克服沉井下沉困难的措施有:

(1)增加沉井自重。

(2)减小沉井外壁的摩阻力。可以将沉井设计成台阶形、倾斜形,或在施工中尽量使外壁光滑;也可在井壁内埋设高压射水管组,利用高压水流冲松井壁附近的土,水沿井壁上升润滑井壁,从而减小井壁摩阻力,帮助沉井下沉。对下沉较深的沉井,常用泥浆润滑套或空气幕下沉沉井的方法来减小井壁摩阻力。

(五)沉井的设计与计算

沉井既是结构物的基础,又是施工过程中挡土、挡水的结构物,因此其设计与计算需包括沉井作为整体深基础的计算和在施工过程中的计算两大部分。

> 想一想 上述内容列举了沉井哪些施工流程?

1.计算基本假定

沉井作为整体深基础设计,主要是根据上部结构特点、荷载大小及水文和地质情况,结合沉井的构造要求及施工方法,拟定出沉井埋深、高度和分节及平面形状和尺寸,井孔大小及布置,井壁厚度和尺寸,封底混凝土和顶板厚度等,然后进行沉井基础的计算。

根据沉井基础的埋置深度不同有两种计算方法。当沉井埋深在最大冲刷线以下仅数米时,可不考虑基础侧面的横向抗力影响,按浅基础设计($\leqslant 5m$)计算。当埋深较大时,沉井周围土体对沉井的约束作用不可忽视,此时在验算地基应力、变形及沉井的稳定性时,应考虑基础侧面土体弹性抗力的影响,按刚性桩($\alpha h \leqslant 2.5$)计算内力和土抗力。

刚性法——假定沉井基础在横向外力作用下只能发生转动而无挠曲变形,如图14-10所示。

因此可按刚性桩方法计算内力和土抗力,即"m"法中$\alpha h \leqslant 2.5$的情况,如图14-11所示。

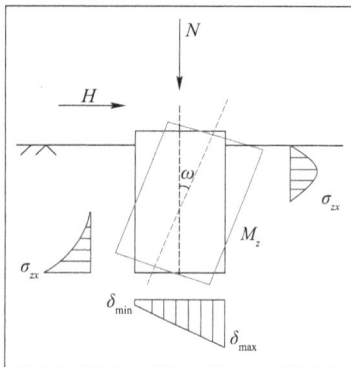

图 14-10　刚性法

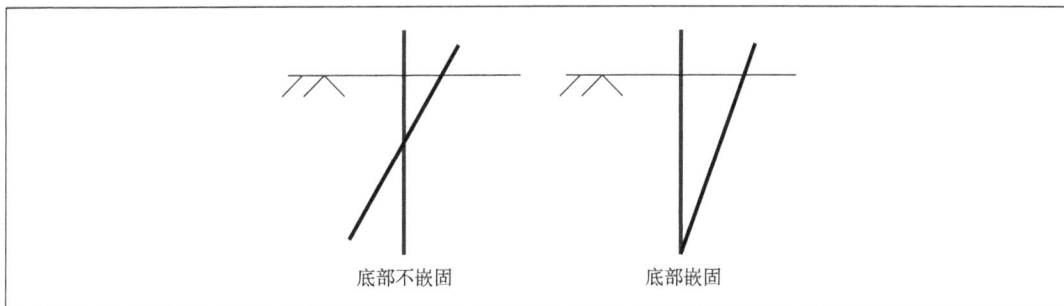

底部不嵌固　　　底部嵌固

图 14-11　"m"法

2.非岩石地基上沉井基础计算

如图 14-12 所示,沉井基础受到水平力 H 及偏心竖向力 N 作用,则其简化后的水平力 H 作用的高度 λ 为:

$$\lambda = \frac{Ne + Hl}{H} = \frac{\sum M}{H} \tag{14-1}$$

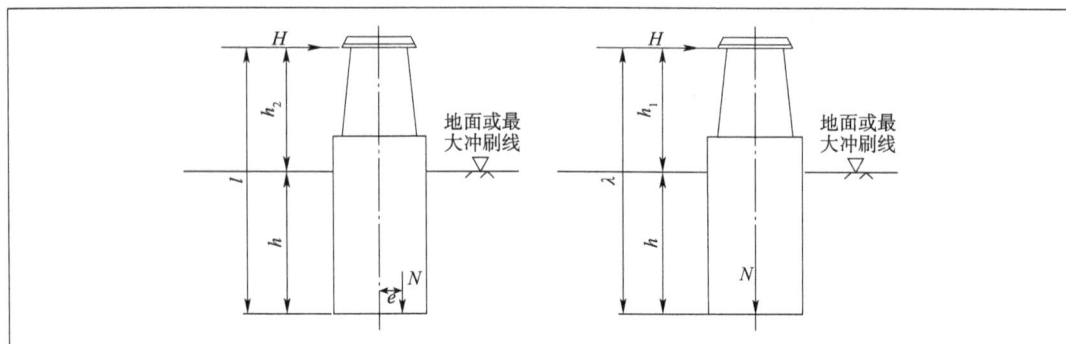

图 14-12　荷载作用情况

在水平力作用下,沉井将围绕位于地面下 z_0 深度处的 A 点转动 ω 角,如图 14-13 所示。地面下深度 z 处沉井基础产生的水平位移 ΔX 和土的横向抗力 σ_{zx} 分别为:

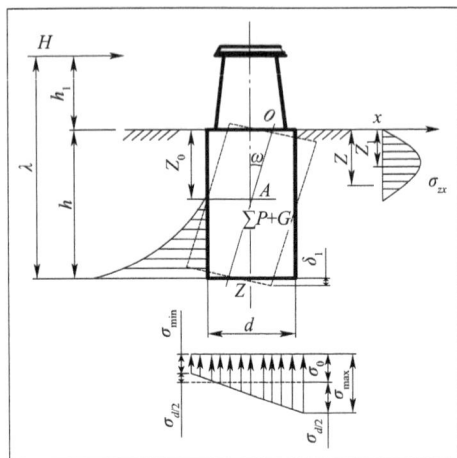

图 14-13　水平及竖向荷载作用下的应力分布

$$\Delta X = (z_0 - z)\tan\omega \tag{14-2}$$

$$\sigma_{zx} = \Delta X C_z = C_z(z_0 - z)\tan\omega \tag{14-3}$$

式中:z_0——转动中心 A 与地面的距离,m;

C_z——深度 z 处水平向地基系数,$C_z = mz$,kN/m³;

m——水平地基系数的比例系数,kN/m⁴。

将 C_z 值代入式(14-3)得:

$$\sigma_{zx} = mz(z_0 - z)\tan\omega \tag{14-4}$$

由式(14-4)可见,土的横向抗力沿抗力深度呈二次抛物线变化。考虑该水平面上的地基竖向抗力系数 C_0 不变,故基础底面处的压应力图形与基础竖向位移图相似,即有

$$\sigma_{\frac{d}{2}} = C_0\delta_1 = C_0\frac{d}{2}\tan\omega \tag{14-5}$$

式中:C_0——地基竖向地基系数,kN/m³,$C_0 = m_0 h$,且不得小于 $10m_0$;

m_0——沉井底面地基土竖向地基系数的比例系数,kN/m⁴,近似取 $m_0 = m$;

d——基础宽度或直径,m。

在上述中,有两个未知数 z_0 与 ω,要求解其值,可建立两个平衡方程式,即

$$\sum x = 0 \quad H - \int_0^h \sigma_{zx} b_1 \mathrm{d}z = H - b_1 m\tan\omega \int_0^h z(z_0 - z)\mathrm{d}z = 0 \tag{14-6}$$

$$\sum M = 0 \quad Hh_1 + \int_0^h \sigma_{zx} b_1 z \mathrm{d}z - \sigma_{\frac{d}{2}} W = 0 \tag{14-7}$$

式中：b_1——基础计算宽度，m，按桩基础中的"m"法计算；

W——基底截面模量，m^3。

联立式(14-6)和式(14-7)求解得：

$$z_0 = \frac{\beta b_1 h_1 (4\lambda - h) + 6dW}{2\beta b_1 h(3\lambda - h)} \tag{14-8}$$

$$\tan\omega = \frac{12\beta H(2h + 3h_1)}{mh(\beta b_1 h^3 + 18Wd)} = \frac{6H}{Amh} \tag{14-9}$$

式中，$A = \dfrac{\beta b_1 h_3 + 18Wd}{2\beta(3\lambda - h)}$，$\beta = \dfrac{C_h}{C_0} = \dfrac{mh}{C_0}$（$\beta$ 为 h 处沉井侧面水平向地基系数与沉井底面竖向地基系数的比值）。

将式(14-8)、式(14-9)代入式(14-3)~式(14-5)得：

$$\sigma_{zx} = \frac{6H}{Ah}z(z_0 - z) \tag{14-10}$$

$$\sigma_{\frac{d}{2}} = \frac{3Hd}{A\beta} \tag{14-11}$$

当有竖向荷载 N 及水平力 H 同时作用时，基底边缘处的压应力为：

$$\sigma_{\min}^{\max} = \frac{N}{A_0} \pm \frac{3Hd}{A\beta} \tag{14-12}$$

式中：A_0——基础底面积，m^2。

离地面或冲刷线以下 z 深度处基础截面上的弯矩为：

$$M_z = H(\lambda - h + z) - \int_0^z \sigma_{zx} b_1 (z - z_1) \mathrm{d}z_1$$

$$= H(\lambda - h + z) - \frac{Hb_1 z^3}{2hA}(2z_0 - z) \tag{14-13}$$

3. 基底嵌入基岩内的沉井基础计算

若基底嵌入基岩内，在水平力和竖直偏心荷载作用下，可以认为基底不产生水平位移，则基础的旋转中心 A 与基底中心相吻合，即 $z_0 = h$（已知），如图 14-14 所示。因此，在基底嵌入处便存在一水平阻力 p，由于 p 对基底中心轴的力矩很小，一般可忽略 p 对 A 点的力矩，当基础在水平力 H 作用下，地面下 z 深度处产生的水平位移 Δx 和土的横向抗力 σ_{zx} 分别为：

$$\Delta x = (h - z)\tan\omega \tag{14-14}$$

$$\sigma_{zx} = mz\Delta x = mz(h - z)\tan\omega \tag{14-15}$$

基底边缘处的竖向应力为：

$$\sigma_{\frac{d}{2}} = C_0{}_{\frac{d}{2}}\tan\omega = \frac{mhd}{2\beta}\tan\omega \tag{14-16}$$

岩石的 C_0 值可按表 14-1 选用。

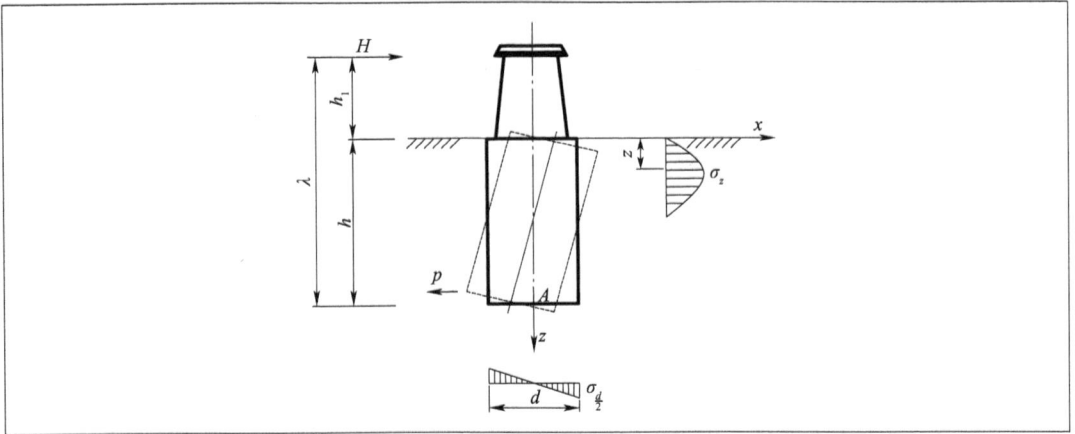

图 14-14　水平力作用下的应力分布

C_0 值　　　　　　　　　　　　　　　　　　　　　　　　表 14-1

R_c (MPa)	1	25
C_0 (MN·m^{-3})	3×10^2	150×10^2

注:R_c 为岩石单轴抗压极限强度,R_c 为中间值时,采用线性内插法。

　　式(14-16)中只有一个未知量 ω,建立一个弯矩平衡方程即可解出 ω 值。
　　对基底 A 点取矩 $\sum M_A = 0$ 得

$$H(h + h_1) - \int_0^h \sigma_{zx} b_1 (h - z)\,\mathrm{d}z - \sigma_{\frac{d}{2}} W = 0 \tag{14-17}$$

解得:

$$\tan\omega = \frac{H}{mhD} \tag{14-18}$$

式中,$D = \dfrac{b_1 \beta h_3 + 6Wd}{12\lambda\beta}$。

将式(14-18)代入式(14-15)、式(14-16)得

$$\sigma_{zx} = (h - z) z \frac{H}{Dh} \tag{14-19}$$

$$\sigma_{\frac{d}{2}} = \frac{H}{2\beta D} \tag{14-20}$$

基底边缘处的应力为:

$$\sigma_{\min}^{\max} = \frac{N}{A_0} \pm \frac{Hd}{2\beta D} \tag{14-21}$$

根据 $\sum x = 0$,设

$$p = \int_0^h b_1 \sigma_{zx}\,\mathrm{d}z - H = H\left(\frac{b_1 h^2}{6D} - 1\right) \tag{14-22}$$

地面以下 z 深度处基础截面上的弯矩为:

$$M_z = H(\lambda - h + z) - \int_0^z \sigma_{zx} b_1 (z - z_1)\,\mathrm{d}z_1$$

$$= H(\lambda - h + z) - \frac{b_1 H z^3}{12Dh}(2h - z) \tag{14-23}$$

4. 墩台顶面的水平位移计算

基础在水平力和力矩作用下,墩台顶面产生水平位移 δ,它由地面处水平位移 $z_0\tan\omega$、地面到墩台顶范围 h_2 内的水平位移 $h_2\tan\omega$,以及在 h_2 范围内墩台、身弹性挠曲变形引起的墩台顶水平位移 δ_0 三部分组成,即

$$\delta = (z_0 + h_2)\tan\omega + \delta_0 \tag{14-24}$$

当转角很小时,令 $\tan\omega = \omega$,计算误差很小。此外,考虑实际刚度对地面处水平位移的影响及对地面处转角的影响,可采用系数 K_1 及 K_2(其值可查表14-2)修正。此时,式(14-24)可写成:

$$\delta = (z_0 K_1 + h_2 K_2)\omega + \delta_0 \tag{14-25}$$

故支承在岩石地基上的墩台顶面的水平位移为:

$$\delta = (h K_1 + h_2 K_2)\omega + \delta_0 \tag{14-26}$$

系数 K_1 和 K_2 值　　　　　　　　　表 14-2

αh	系数	$\dfrac{\lambda}{h}$				
		1	2	3	5	∞
1.6	K_1	1.0	1.0	1.0	1.0	1.0
	K_2	1.0	1.1	1.1	1.1	1.1
1.8	K_1	1.0	1.1	1.1	1.1	1.1
	K_2	1.1	1.2	1.2	1.2	1.3
2.0	K_1	1.1	1.1	1.1	1.1	1.2
	K_2	1.2	1.3	1.4	1.4	1.4
2.2	K_1	1.1	1.2	1.2	1.2	1.2
	K_2	1.2	1.5	1.6	1.6	1.7
2.4	K_1	1.1	1.2	1.3	1.3	1.3
	K_2	1.3	1.8	1.9	1.9	2.0
2.5	K_1	1.2	1.3	1.4	1.4	1.4
	K_2	1.4	1.9	2.1	2.2	2.3

注:当 $\alpha h < 1.6$ 时,$K_1 = K_2 = 1.0$,$\alpha = \sqrt[5]{mb_1/(EI)}$。

5. 验算

(1)基底应力验算。

基础边缘处最大压应力不应超过沉井底面处土容许压应力,即

$$\sigma_{max} \leqslant [\sigma]_h \tag{14-27}$$

(2)横向抗力验算。

横向应力 σ_{zx} 值应小于沉井周围土的极限抗力值,否则不能考虑基础侧向土的弹性抗

力。当沉井基础在外力作用下产生位移时,在深度 z 处基础一侧产生主动土压力 p_a,而被挤压一侧土体就受到被动土压力 p_p 作用,则其极限抗力以土压力表达为:

$$\sigma_{zx} \leqslant p_p - p_a \qquad (14-28)$$

根据朗肯土压力理论可知,主、被动土压力可以按下式计算:

$$p_a = \gamma z \tan^2\left(45° - \frac{\varphi}{2}\right) - 2c\tan\left(45° - \frac{\varphi}{2}\right)$$

$$p_p = \gamma z \tan^2\left(45° + \frac{\varphi}{2}\right) + 2c\tan\left(45° + \frac{\varphi}{2}\right) \qquad (14-29)$$

代入式(14-28),整理后得:

$$\sigma_{zx} \leqslant \frac{4}{\cos\varphi}(\gamma z \tan\varphi + c) \qquad (14-30)$$

考虑桥梁结构性质和荷载情况,并根据试验得出最大的横向抗力大致在 $z = h/3$ 和 $z = h$ 处,将这些值代入式(14-30),得到以下不等式:

$$\sigma_{\frac{h}{3}x} \leqslant \eta_1\eta_2\,\frac{4}{\cos\varphi}\left(\frac{\gamma h}{3}\tan\varphi + c\right) \qquad (14-31)$$

$$\sigma_{hx} \leqslant \eta_1\eta_2\,\frac{4}{\cos\varphi}(\gamma h\tan\varphi + c) \qquad (14-32)$$

式中:$\sigma_{\frac{h}{3}x}$、σ_{hx}——分别相应于 $z = h/3$ 和 $z = h$ 深度处的土横向抗力,kPa;

   h——基础埋置深度,m;

   η_1——取决于上部结构形式的系数,一般取 $\eta_1 = 1$,对于拱桥 $\eta_1 = 0.7$;

   η_2——恒载产生的弯矩 M_g 在总弯矩 M 中所占百分比的系数,$\eta_2 = 1 - 0.8M_g/M$;

  γ、φ、c——分别为土的重度,kN/m³;内摩擦角,(°);黏聚力,kPa。

(3)墩台顶面水平位移验算。

桥梁墩台设计时,除应考虑基础沉降外,往往还需要检验地基变形和墩台、身的弹性水平变形所产生的墩台顶面的弹性水平位移。墩台顶面的水平位移 δ 应符合下列要求:

$$\delta \leqslant 0.5\sqrt{L} \qquad (14-33)$$

式中:L——相邻跨中最小跨的跨度,m,当跨度 $L < 25m$ 时,按 25m 计算;

  δ——墩台顶面水平位移,cm。

二、地下连续墙基础

地下连续墙开挖技术是根据打井和石油钻井使用泥浆和水下浇筑混凝土的方法而发展起来的。1950 年在意大利米兰首先采用了护壁泥浆地下连续墙施工,20 世纪50—60 年代该项技术在西方发达国家及苏联得到推广,成为地下工程和深基础施工中有效的技术,也是目前大部分地铁车站采用的一种施工技术。

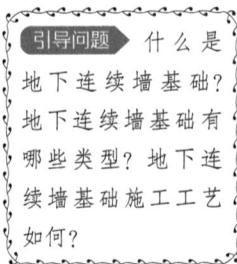

> **引导问题** 什么是地下连续墙基础?地下连续墙基础有哪些类型?地下连续墙基础施工工艺如何?

(一)概述

一般地下连续墙可以定义为:利用各种挖槽机械,借助泥浆的护壁作用,在地下挖出窄而深的沟槽,并在其内浇筑适当的材料而形成一道具有防渗、防水、挡土和承重功能的连续的地下墙体。

地下连续墙正在代替很多传统的施工方法而被用于基础工程的很多方面。初期,基本上都是用作防渗墙或临时挡土墙。通过开发使用许多新技术、新设备和新材料,现在已经越来越多地用作结构物的一部分或用作主体结构,最近 10 年更被用于大型的深基坑工程中。

1. 分类

地下连续墙可以按照成墙方式、墙的用途、墙体材料、开挖情况等进行分类。

(1)按成墙方式可分为:①桩排式;②槽板式;③组合式。

(2)按墙的用途可分为:①防渗墙;②临时挡土墙;③永久挡土(承重)墙;④作为基础用的地下连续墙。

(3)按墙体材料可分为:①钢筋混凝土墙;②塑性混凝土墙;③固化灰浆墙;④自硬泥浆墙;⑤预制墙;⑥泥浆槽墙(回填砾石、黏土和水泥三合土);⑦后张预应力地下连续墙;⑧钢制地下连续墙。

(4)按开挖情况可分为:①地下连续墙(开挖);②地下防渗墙(不开挖)。

2. 适用范围及主要用途

(1)适用范围。

地下连续墙施工振动小、噪声低,墙体刚度大,防渗性能好,对周围地基无扰动,可以组成具有很大承载力的任意多边形连续墙来代替桩基础、沉井基础或沉箱基础。对土壤的适应范围很广,在软弱的冲积层、中硬地层、密实的砂砾层以及岩石的地基中都可施工。初期用于坝体防渗,水库地下截流,后发展为挡土墙、地下结构的一部分或全部。地下铁道、房屋的深层地下室、地下停车场、地下街、地下仓库、矿井等均可应用。

(2)主要用途。

①地下构筑物(如地下铁道、地下道路、地下停车场和地下街道、商店以及地下变电站等)、盾构等工程的竖井;

②水利水电、露天矿山和尾矿坝(池)、环保工程的防渗墙;

③车站基坑;

④市政管沟和涵洞;

⑤地下油库和仓库;

⑥码头、护岸和干船坞;

⑦泵站、水池等。

3. 优缺点

(1)优点。

①施工时振动小,噪声低,非常适于在城市施工。

②墙体刚度大,用于基坑开挖时,可承受很大的土压力,极少发生地基沉降或塌方事故,已经成为深基坑支护工程中必不可少的挡土结构。

③防渗性能好。由于墙体接头形式和施工方法改进,地下连续墙几乎不透水。

④可以贴近施工。由于具有上述几项优点,我们可以紧贴原有建筑物建造地下连续墙。

⑤可用于逆作法施工。地下连续墙刚度大,易于设置埋设件,适合逆作法施工。

⑥适用于多种地基条件。地下连续墙对地基的适用范围很广,从软弱的冲积层到中硬的地层、密实的砂砾层,以及各种软岩和硬岩等地基都可以建造地下连续墙。

⑦可用作刚性基础。目前地下连续墙不再单纯作为防渗防水、深基坑围护墙,越来越多地用来代替桩基础、沉井或沉箱基础,以承受更大荷载。

⑧用地下连续墙作为车站基坑的垂直防渗结构,是非常安全和经济的。

⑨占地少,可以充分利用建筑红线以内有限的地面和空间,充分发挥投资效益。

⑩工效高、工期短、质量可靠、经济效益高。

(2)缺点。

①在一些特殊的地质条件下(如很软的淤泥质土,含漂石的冲积层和超硬岩石等),施工难度很大。

②如果施工方法不当或施工地质条件特殊,可能出现相邻墙段不能对齐和漏水的问题。

③如果用作临时的挡土结构,比其他方法所需的费用要高。

④在城市施工时,废泥浆的处理比较麻烦。

(二)施工工艺

在挖基槽前先做保护基槽上口的导墙,用泥浆护壁,按设计的墙宽与深度分段挖槽,放置钢筋骨架,用导管灌注混凝土置换出护壁泥浆,形成一段钢筋混凝土墙,逐段连续施工成为连续墙。施工主要工艺为设置导墙、泥浆护壁、成槽施工、水下灌注混凝土、墙段接头处理等。

1. 设置导墙

导墙通常为就地灌注的钢筋混凝土结构。主要作用是:保证地下连续墙设计的几何尺寸和形状;容蓄部分泥浆,保证成槽施工时液面稳定;承受挖槽机械的荷载,保护槽口土壁不被破坏,并作为安装钢筋骨架的基准。导墙深度一般为 1.2 ~ 1.5m。墙顶高出地面 10 ~ 15cm,以防地表水流入而影响泥浆质量(图 14-15)。导墙底不能设在松散的土层或地下水位波动的部位。

图 14-15　地下连续墙导墙设置现场

2. 泥浆护壁

通过泥浆对槽壁施加压力以保护挖成的深槽形状不变,灌注混凝土把泥浆置换出来。泥浆材料通常由膨润土、水、化学处理剂和一些惰性物质组成。泥浆的作用是在槽壁上形成不透水的泥皮,从而使泥浆的静水压力有效地作用在槽壁上,防止地下水的渗漏和槽壁的剥落,保持壁面的稳定,同时泥浆还有悬浮土渣和将土渣携带出地面的功能。在砂砾层中成槽,必要时可采用木屑、蛭石等挤塞剂防止漏浆。泥浆使用方法分静止式和循环式两种。泥浆在循环式使用时,应用振动筛、旋流器等净化装置。在指标恶化后要考虑采用化学方法处理或废弃旧浆,换用新浆。

3. 成槽施工

我国用于成槽的专用机械有旋转切削多头钻、导板抓斗、冲击钻等。施工时应视地质条件和筑墙深度选用。一般土质较软,深度在 15m 左右时,可选用普通导板抓斗;对密实的砂层或含砾土层,可选用多头钻或加重型液压导板抓斗;在含有大颗粒卵砾石或岩基中成槽,选用冲击钻为宜。槽段的单元长度一般为 6~8m,通常结合土质情况、钢筋骨架重量及结构尺寸、划分段落等确定。成槽后须静置4h,并使槽内泥浆比重小于1.3。

4. 水下灌注混凝土

采用导管按水下混凝土灌注法进行,但在用导管灌注混凝土前,为防止泥浆混入混凝土,可在导管内吊放一管塞,依靠灌入的混凝土压力将管内泥浆挤出,将所溢出的泥浆送回泥浆沉淀池。混凝土要连续灌注,并测量混凝土灌注量及上升高度。

5. 墙段接头处理

地下连续墙是由许多墙段拼组而成的,为保证墙段之间连续施工,接头采用锁口管工艺,即在灌注槽段混凝土前,在槽段的端部预插一根直径和槽宽相等的钢管,即锁口管,待混凝土初凝后将钢管徐徐拔出,使端部形成半凹榫状。也有根据墙体结构受力需要而设置刚性接头的,以使先后两个墙段连成整体。

【课程思政】

西汉文学家刘向说过:"夫耳闻之不如目见之,目见之不如足践之";战国时期的赵括,从小学习兵法,讨论用兵打仗更是头头是道,但最后真正用兵打仗时只用书上的理论知识,不懂变通,最后惨败。工程数据是严谨的,工程人员需要有一丝不苟的敬业精神,要理论联系实践,理论指导实践,并用实践检验我们的理论知识。

技能训练工单及练习 ▷

工作任务单

一、工作任务

1.分组:每组5~6人。

2.准备材料:每组KT板1块,胶水/固体胶/双面胶1个。

3.根据现场提供的沉井基础类型,制作沉井基础模型并填写信息表(表14-3)。

信息表　　　　　　　　　　　表14-3

组别	沉井基础类型	尺寸(mm)	列出构造特点
第一组	圆形	$R=100$	
第二组	矩形	200×100	
第三组	椭圆形	200×180	
……	……	……	

二、考核评价

评价表参见附录一。

练习

一、选择题

1.按平面形式,沉井基础可以分为矩形、圆形和(　　　)。

　A.柱形　　　　　　　　　　B.椭圆形

　C.锥形　　　　　　　　　　D.阶梯形

2.沉井由井壁、刃脚、隔墙、凹槽、井孔、封底混凝土和(　　)组成。

　A.地板　　　　　　　　　　B.顶盖板

　C.柱子　　　　　　　　　　D.围墙

3.地下连续墙可以按照成墙方式分为(　　)等。

　A.桩排式

　B.临时挡土墙

　C.永久挡土(承重)墙

　D.作为基础用的地下连续墙

二、简答题

1.叙述沉井基础的使用范围及特点。

2.沉井有哪些类型?各有什么缺点?

3.沉井在构造上由哪些部分组成?各有什么作用?

4.在旱地上或筑岛进行沉井施工有哪些程序?下沉中易遇到哪些问题?如何处理?

5.简述沉井的施工过程和注意事项。

6. 简述深基础沉井计算时需要计算的应力。

7. 什么是地下连续墙基础?

8. 简述地下连续墙基础分类。

9. 简述地下连续墙基础适用范围。

10. 简述地下连续墙基础主要用途。

11. 简述地下连续墙基础优缺点。

12. 简述地下连续墙基础施工工艺。

土力学与地基基础(第2版)

学习情境六

地基处理

任务十五

一般地基处理

▌▌▌ 任务描述 ▌▌▌

　　通过本任务相关知识的学习并结合在线课程资源及相关资料，完成一般地基处理工单。通过线上线下学习，完成本任务技能训练工单及练习，遇到困难学习小组互相帮助。

▌▌▌ 任务要求 ▌▌▌

　　（1）根据班级人数分组，一般6~8人/组；

　　（2）以组为单位，各组员按分工完成任务，组长负责检查并统计各成员的调查结果，做好记录以供集体讨论；

　　（3）全组共同完成所有任务，组长负责成果的记录与整理，按任务要求上交报告，以供教师批阅。

▌▌▌ 学习目标 ▌▌▌

知识目标：
掌握地基处理的基本概念和基本原理，以及常见地基处理方法的加固机理、适用范围等；
掌握一般地基加固处理工程施工中的安全技术。

能力目标：
具备一般地基加固处理工程施工安全技术的基本知识，能在施工过程中进行安全监督指导；
通过一般地基处理知识点学习，培养分析和解决地基加固处理问题的能力。

▌▌▌ 学习重点 ▌▌▌

地基处理基本原理，常见地基处理方法的加固机理、适用范围，一般地基加固处理工程施工安全技术。

▌▌▌ 学习难点 ▌▌▌

常见地基处理方法的加固机理，一般地基加固处理工程施工安全技术。

一、概述

近些年,随着社会经济的快速发展,在国家基础建设的大力推进下,工程项目规模日益扩大,难度也不断加大。而工程项目遇到的各类地基问题也愈趋复杂。能否对地基问题进行妥善处理,将直接关系到整个工程能否顺利进行。

引导问题 地基问题有哪些?为什么要处理地基?常见的地基处理方法有哪些?

(一)主要地基问题

现有项目建设中面临的地基问题,可概括为下述三个方面:

1.地基承载力不足及稳定性问题

由于施工场地土的性质不能达到要求,在上覆静力荷载和动力荷载的作用下,地基承载力不足,容易引发路基局部或者整体剪切破坏,甚至引起边坡失稳。

二维码

地基常见问题

2.沉降、水平位移及不均匀沉降问题

在上覆静力荷载和动力荷载的作用下,地基容易产生横向或者竖向甚至不均匀变形。变形较大且超过允许值,会引起行车不适甚至影响交通安全运营。特别是湿陷性黄土、膨胀土等,遇水发生显著变化。这类问题也是工程建设中常遇的困难之一。

3.渗流问题

工程施工中的渗流问题主要指地下水的渗流。基底施工开挖,当地基渗流量或者水力比超过一定值时,会产生较大水量损失,甚至出现管涌等。在国内地铁及铁路施工中,管涌现象发生也颇为频繁。

(二)地基处理的主要目的

工程建设中地基处理的主要目的为以下几个方面:

(1)提高地基土的抗剪强度,以满足上部结构对地基承载力和稳定性的要求;

(2)改善地基的变形性质,防止产生过大的沉降和不均匀沉降以及侧向变形等;

(3)改善地基的渗透性,防止渗流过大和渗透破坏等;

(4)提高地基土的抗震性能,防止液化;

(5)消除黄土的失陷性、膨胀土的胀缩性等。

(三)地基处理的意义

处理好地基,不仅可提高工程质量,使其安全可靠,还能提高经济效益。具体体现在以下几个方面:

1.提高工程质量

地基质量是工程安全的关键。针对不同的工程实际情况,对建(构)筑物所处的地基地段进行适当的加固处理,是提高工程质量的重要途径。

2.降低工程造价

地基处理涉及的技术面广、难度大、不确定因素多,不同的地基适用的处理方法各有不同,并会产生不同的经济效益和处理效果。如果能够针对工程实际提出适当的处理办

法,则可以大大节约工程投资。

3.加快工程进度、缩短工程周期

这点对于铁路路堤填土施工尤为明显。不同的地基处理技术对应不同的工程进度,先进的技术允许路堤土以较快的速度填筑,缩短沉降周期,在较短的时间内达到路基填筑的要求,从而加快工程进度。

(四)地基处理方法

地基处理按照时间可分为临时处理和永久处理;根据处理深度分为浅层处理和深层处理;根据被处理土的特性可分为砂土处理、黏土等处理;根据土中含水程度可分为饱和土处理和不饱和土处理;根据地基处理方法的作用原理,其分类见表15-1。现阶段一般按地基处理方法的作用原理对地基处理方法进行分类。本任务仅讨论一般性的地基处理方法,所处理的土类着重于饱和黏性土、粉质土及部分松砂等土类。

常用的地基处理方法　　　　　　　　　　表 15-1

编号	分类	处理方法	原理及作用	适用范围
1	换土垫层法	砂石垫层、碎石垫层、灰土垫层、矿渣垫层	以砂石、碎石、灰土和矿渣等强度较高的材料,置换地基表层软弱土,并分层碾压压实,提高持力层的承载力,减少沉降量,改善软弱地基的不良特性	适用于处理表层有软黏土、湿陷性黄土、杂填土和暗沟、暗塘等的软弱土地基
2	挤密压实法	表层压实法、重锤夯实法、强夯法、振冲挤压法、灰土挤密、碎石桩、砂桩、砂石桩、石灰桩等	采用一定的技术措施,通过振动或挤压,土体的孔隙减小,强度提高;必要时在振动挤密的过程中,回填砂、砾石、灰土、素土等,与地基土组成复合地基,从而提高地基的承载力,减少沉降量	适用于处理松砂、粉土、杂填土、湿陷性黄土及非饱和黏性土等
3	排水固结法	天然地基预压、砂井及塑料排水带预压、真空预压、降水预压和强力固结等	在地基中增设竖向排水体,加速地基的固结和强度增长,提高地基的稳定性;加速沉降发展,使基础沉降提前完成	适用于处理饱和软弱黏土层和冲填土;对于渗透性极低的泥炭土,必须慎重对待
4	深层搅拌法	常用固化剂有水泥类、石灰类、沥青类、化学材料类(水玻璃、氯化钙等)	利用各类固化剂,通过深层搅拌机在地基深部就地将软土和固化剂(浆体或粉体)强制拌和,利用固化剂和软土的一系列物理、化学反应,形成复合地基	适用于较深较厚的淤泥、淤泥质土、粉土和含水率较大且地基承载力不大于120kPa的黏性土地基,尤其对超软土,这种地基处理方法效果更为显著
5	其他	加筋、灌浆、冰冻、烧结、托换技术等	通过多种技术措施处理软弱土地基	根据实际情况确定

二、换土垫层法

换土垫层法是指当建(构)筑物基础下持力土层比较软弱,不能满足设计荷载或变形的要求时,将基础下不太深的一定范围内的软弱土层全部或部分挖除,然后分层回填砂、碎石、灰土、粉煤灰、高炉干渣和素土等强度较大、性能稳定和无侵蚀性的材料,并夯实的地基处理方法。

换土垫层法处理软土地基的作用:通过换填后的垫层,有效提高基底持力层的抗剪强度,降低其压缩性,防止局部剪切破坏和挤出变形;通过垫层,扩散基底压力,降低下卧软土层的附加应力;垫层(砂、石)可作为基底下水平排水层,增设排水面,加速浅层地基的固结,提高下卧软土层的强度等。

总而言之,换土垫层法可有效提高地基承载力,均化应力分布,调整不均匀沉降,减少部分沉降值。

换土垫层法的处理深度常控制在 3 ~ 5m 范围内。但是当换土垫层厚度较小,其作用不够明显时,其最小处理深度也不应小于 0.5m。在软弱土层厚度不大的情况下,换土垫层法是一种较为简单、经济的软弱地基浅层处理方法。但当换填深度较大时,在开挖过程中容易出现地下水位高而不得不采取降水措施,增加基坑支护费用,增加施工土方量及弃方等问题。

换土垫层法适用于处理地基表层有软黏土、湿陷性黄土、杂填土和暗沟、暗塘等的软弱土地基。

换土垫层法设计的基本原则:既要满足构筑物对地基变形和承载力与稳定性的要求,又要符合技术经济的合理性。因此,设计的内容主要是确定垫层的合理厚度和宽度,并计算地基的承载力与稳定性和沉降,既要求垫层具有足够的宽度和厚度以置换可能被剪切破坏的部分软弱土层,并避免垫层两侧挤出,又要求设计荷载通过换土垫层扩散到下卧软土层中,满足软土层承载力与稳定性和沉降的要求。

换填垫层材料:砂、碎石或砂石料;灰土;粉煤灰或矿渣;土工合成材料加碎石垫层等。

垫层可分为砂石垫层、碎石垫层、灰土垫层、矿渣垫层等。

下面以砂垫层为例阐述设计的方法和步骤。

(一)砂垫层厚度的确定

如图 15-1 所示,设所置换厚度内垫层的砂石料具有足够的抗剪强度,能承受设计荷载不致产生剪切破坏。

因此,在设计时,着重计算荷载通过一定厚度的垫层后,应力扩散至垫层底面处的附加压力与垫层底面处自重压力之和是否满足下卧土层地基承载力的要求,即

$$p_z + p_{cz} \leqslant f_{az} \tag{15-1}$$

式中:f_{az}——垫层底面处软土层经深度修正后的地基承载力特征值,kPa,宜通过试验确定;

p_z——垫层底面处的附加压力,kPa;

p_{cz}——垫层底面处的自重压力,kPa。

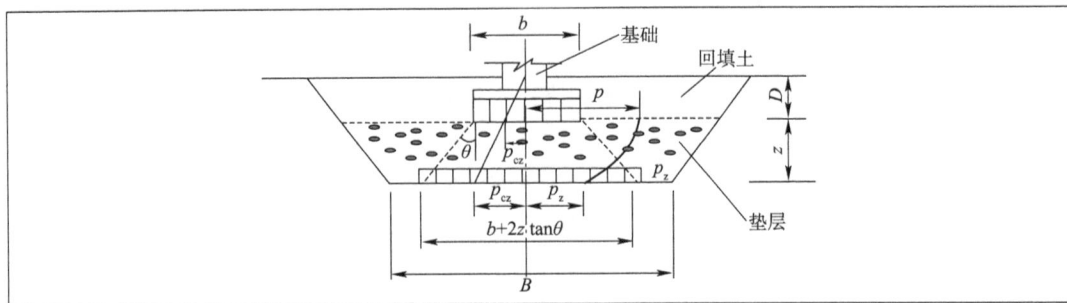

图 15-1 砂垫层设计示意图

z-基础埋深

对于条形基础:

$$p_z = \frac{b(p_k - p_c)}{b + 2z\tan\theta} \tag{15-2a}$$

对于矩形基础:

$$p_z = \frac{bl(p_k - p_c)}{(b + 2z\tan\theta)(l + 2z\tan\theta)} \tag{15-2b}$$

式中:b——矩形基础或条形基础底面的宽度,m;

l——矩形基础底面的长度,m;

z——砂垫层的厚度,m;

p_k——基础底面上的外部荷载,kPa;

p_c——基础底面自重应力,kPa;

θ——垫层材料的压力扩散角,(°),在缺少资料时,可按表 15-2 选用。

垫层材料的压力扩散角   表 15-2

z/b	换填材料		
	中粗砂、砾、碎石、石屑	粉质黏土、粉煤灰	灰土
0.25	20°	6°	28°
≥0.50	30°	23°	

注:1. 当 $z/b \leq 0.25$ 时,除灰土仍取 $\theta = 28°$ 外,其余材料均取 $\theta = 0$;

2. 当 $0.25 < z/b < 0.5$ 时,θ 值可由内插法求得。

计算时,先假设垫层的厚度值,然后用式(15-1)验算。如不符合要求,增大或减小厚度,再重新验算,直至满足要求为止。一般砂垫层的厚度为 1~2m,过薄的垫层(<0.5m),其作用不显著;垫层太厚(>3m),施工较困难,经济上不合理。

应该指出:应用此法确定的垫层厚度,往往比实际需要的偏大,较保守。不难看出,由式(15-1)确定的垫层厚度,仅考虑应力扩散的作用,忽略了垫层的约束作用和排水固结对地基承载力提高的影响。

(二)砂垫层宽度的确定

宽度一方面要满足应力扩散的要求,另一方面要防止垫层向两侧挤出,常用经验的扩散

角法来确定。关于宽度计算,目前还缺乏可靠的方法。一般可按下式计算或根据当地经验确定:

$$B \geqslant b + 2z\tan\theta \tag{15-3}$$

式中:B——垫层底面宽度,m;

θ——垫层材料的压力扩散角,(°)。

垫层顶面(基础底面)每边宜超出基础边缘不少于30cm或从垫层底面两侧向上,按当地基础开挖经验放坡。

砂垫层剖面确定后,对于比较重要的建(构)筑物还要求计算基础的沉降,要求最终沉降量小于设计建(构)筑物的允许沉降值。计算时不考虑垫层的压缩变形,仅按常规的沉降公式计算下卧软土层引起的基础沉降。

(三)换土垫层法的施工要点

(1)施工前应验槽,先将浮土清除。基槽(坑)的边坡必须稳定,防止坍塌。槽底和两侧如有孔洞、沟、井和墓穴等,应在施工前处理。

(2)垫层材料必须具有良好的压实性,再分层铺填并密实。分层厚度为20~30cm。分段施工时,接头处应做成斜坡,每层错开0.5~1.0m,并应充分捣实。

(3)换土垫层必须注意施工质量,应按换填材料的特点,采用相应碾压夯实机械,按施工质量标准碾压夯实。砂石垫层宜采用振动碾碾压;粉煤灰垫层宜采用平碾、振动碾、平板振动器、蛙式夯等碾压密实;灰土垫层宜采用平碾、振动碾等密实。

二维码

碾压夯实与换土
垫层法

(4)砂垫层和砂石垫层的底面宜铺设在同一高程上,深度不同时,施工应按先深后浅的顺序进行。土面应挖成台阶或斜坡搭接,搭接处应注意捣实。

(5)采用碎石换填时,为防止基坑底面的表层软土发生局部破坏,应在基坑底部及四侧先铺一层砂,再铺设碎石垫层。

(6)开挖基坑铺设砂垫层时,必须避免扰动软土层表面和破坏坑底结构。因此,基坑开挖后应立即回填,不应暴露过久及浸水,更不得践踏坑底。

(7)冬季施工时,不得采用夹有冰块的砂石做垫层,并应采取措施防止砂石内水分冻结。

三、挤密压实法

挤密压实法的原理是采取一定的技术措施,通过振动或挤压,使土体的孔隙减少,强度提高;必要时在振动挤密的过程中,回填砂、砾石、灰土、素土等,与地基土组成复合地基,从而提高地基的承载力,减少沉降量。

引导问题 什么是挤密压实法?根据不同处理手段,挤密压实法可以细分为哪几种?每一种方法的施工原理是什么?

根据采用的手段可分为以下几种方法:

(一)表层压实法

表层压实法是指采用人工夯、低能夯实机械、碾压或振动碾压机械对比较疏松的表层土进行压实,也可对分层填筑土进行压实。当表层土含水率较高或填筑土层含水率较高时,可分层铺垫石灰、水泥进行压实,使土体得到加固。

表层压实法适用于浅层疏松的黏性土、松散砂性土、湿陷性黄土及杂填土等。这种处理方法对分层填筑土较为有效,要求土的含水率接近最佳含水率;对表层疏松的黏性土地基也要求其接近最佳含水率,但低能夯实或碾压时地基的有效加固深度很难超过1m。因此,若希望获得较大的有效加固深度,需较大功能的夯实。

(二)重锤夯实法

重锤夯实法是利用重锤自由下落所产生的较大夯击能来夯实浅层地基,使其表面形成一层较为均匀的硬壳层,获得一定厚度持力层的方法。

重锤夯实法适用于无黏性土、杂填土、不高于最佳含水率的非饱和黏性土以及湿陷性黄土等。重锤夯实相对于表层压实有较高的夯击能,因而能增加有效加固深度。

夯实相关要求可参考《铁路桥涵地基和基础设计规范》(TB 10093—2017)。

(三)强夯法

强夯法是很重的锤从高处自由下落,对地基施加很高冲击能,反复多次夯击地面,地基土中的颗粒结构发生变化,土体变密实,从而能较大程度地提高地基强度和降低压缩性。

一般认为,强夯法适用于无黏性土、松散砂土、杂填土、非饱和黏性土及湿陷性黄土等。

当锤重为80~400kN,落距为5~30m,单次夯击能量一般取500~8000kN·m,用于处理杂填土、碎石土、砂性土和稍湿的黏性土时称为"强力夯实法",简称"强夯法";用于处理饱和黏性土时称为"动力固结法"。强力夯实法可大幅度提高地基强度,降低地基可压缩性,提高地基抵抗振动液化的能力和消除湿陷性地基的湿陷现象。由于锤重和落距较大,产生的冲击能也较大,故有效加固深度也大,最大达10余米,对周围建筑物的扰动影响也较大。

(四)振冲挤压法

振冲挤压法通常用于加固砂层,其原理是:一方面依靠振冲器的强力振动使饱和砂层发生液化,颗粒重新排列,孔隙比减小;另一方面依靠振冲器的水平振动力,形成垂直孔洞,在其中加入回填料,使砂层挤压密实,适用于砂性土,黏粒含量小于10%的黏性土,若黏粒含量大于30%,效果明显降低。

(五)碎石桩和砂桩挤密法

碎石(砂)桩挤密法是指先用振动、冲击或水冲等方式在软弱地基中成孔,再将碎石(砂)挤压入土孔中,形成由大直径的碎石(砂)构成的密实桩体。

碎石桩按其制桩工艺可分为振冲(湿法)碎石桩和干法碎石桩两大类。采用振动加水冲的制桩工艺制成的碎石桩称为振冲(湿法)碎石桩;采用各种无水冲工艺(如干振、振挤、锤击等)制成的碎石桩统称为干法碎石桩。以砾砂、粗砂、中砂、圆砾、角砾、卵石、碎石等为填充料制成的桩,称为砂桩。

碎石桩适用于砂性土、粉土、黏性土和湿陷性黄土等地基的加固;砂桩适用于软土、人工填土和松散砂土等地基的挤密加固。

(六)挤密桩法

挤密桩法适用于处理地下水位以上的湿陷性黄土、素填土和杂填土等地基,可处理深度为 5～20m。当以消除地基土的湿陷性为主要目的时,宜选用素土挤密桩法。当以提高地基土的承载力或增强其水稳性为主要目的时,宜选用灰土挤密桩法。当地基土的含水率大于24%、饱和度大于65%时,不宜选用灰土挤密桩法和素土挤密桩法。

下面仅以灰土挤密桩法为例阐述挤密桩法的施工流程和注意事项。

灰土桩是将石灰和土按一定体积比(2:8 或 3:7)拌和,并在桩孔内夯实加密后形成的桩,石灰在化学性能上具有气硬性和水硬性,石灰内带正电荷钙离子与土中带负电荷黏土颗粒相互吸附,形成胶体凝聚,且随灰土龄期增长,土体固化作用增强,强度逐渐增加。在力学性能上,灰土桩可挤密地基,提高地基承载力,消除湿陷性,使沉降均匀和沉降量减小。

1. 桩体作用及布置

在灰土桩挤密地基中,由于灰土桩的变形模量远大于桩间土的变形模量(灰土桩的变形模量为 29～36MPa,相当于夯实素土的 2～10 倍),荷载向桩上产生应力集中,从而降低了基础底面以下一定深度内土中的应力,消除了持力层内产生大量压缩变形和湿陷变形的不利因素。此外,由于灰土桩对桩间土能起侧向约束作用,限制土的侧向移动,桩间土只产生竖向压密,压力与沉降量始终呈线性关系。

灰土挤密桩处理地基的面积,应大于基础或建(构)筑物底层平面的面积,并应符合下列规定:

(1)采用局部处理超出基础底面的宽度时,对非自重湿陷性黄土、素填土和杂填土等地基,每边不应小于基底宽度的 25%,并不应小于 0.50m;对自重湿陷性黄土地基,每边不应小于基底宽度的 25%,并不应小于 1.00m。

(2)当采用整片处理时,超出建筑物外墙基础底面外缘的宽度,每边不宜小于处理土层厚度的 1/2,并不应小于 2m。

2. 桩体处理深度

灰土挤密桩处理地基的深度,应根据施工场地的土质情况、工程要求和成孔及夯实设备等综合因素确定。对湿陷性黄土地基,桩体处理深度应符合《铁路桥涵地基和基础设计规范》(TB 10093—2017)的有关规定。

3. 桩径

桩孔直径宜为 300～500mm,并可根据所选用的成孔设备或成孔方法确定。为使桩间土均匀挤密,桩孔宜按等边三角形布置,桩孔之间的中心距离 s,可为桩孔直径的 2.0～2.5 倍。

4. 施工工艺

一般先将基坑挖好,预留 0.5～0.7mm 土层,冲击成孔,成孔直径宜为 1.20～1.50m,然后在坑内施工桩体。桩的成孔方法可根据现场机具条件选用沉管(振动、锤击)法、爆扩法、冲击法等。沉管法是用振动或锤击沉桩机将与桩孔同直径的钢管打入土中拔管成孔。桩管顶设桩帽,下端做成锥形约成 60°,桩尖可上下活动。该法简单易行,孔壁光滑平整,挤密效果良好,但处理深度受桩架限制,一般不超过 8m。爆扩法是将钢钎打入土中形成 25～40mm 孔或用洛阳铲打成 60～80mm 孔,然后在孔中装入条形炸药卷和 2～3 个雷管,爆扩成直径为(15～18)d 的孔(d 为桩孔或药卷直径)。该法成孔简单,但孔径不易控制。冲击法是使用简易冲击孔机将 0.6～3.2t 的锥形锤头,提升0.5～20m 后落下,反复冲击成孔,直径可达

50~60cm,深度可达15m以上,适用于处理较大深度的湿陷性黄土。

桩施工时应先外排后里排,同排内应间隔1~2孔进行;对大型工程可采取分段施工,以免振动挤压造成相邻孔缩孔甚至塌孔。成孔后应夯实孔底,夯实次数不少于8次,并立即夯填灰土。

桩孔应分层回填夯实,每次回填厚度为250~400mm。采用电动卷扬机提升式夯实机夯实时,一般落锤高度不小于2m,每层夯实不少于10锤。施打时,逐层以量斗向孔内下料,逐层夯实。当采用偏心轮夹杆式连续夯实机时,则将灰土用铁锹随夯击不断下料,每下两锹夯两击,均匀地向桩孔下料、夯实。桩顶应高出设计高程不小于0.5cm,挖土时将高出部分铲除。

若孔底出现饱和软弱土层,可加大成孔间距,以防因振动而造成已打好的桩孔内出现挤塞;当孔底有地下水流入时,可采用井点降水后再回填填料或向桩孔内填入一定数量的干砖渣和石灰,经夯实后再分层填入填料。

5. 灰土桩承载力

灰土挤密桩或素土挤密桩复合地基的承载力特征值,应通过现场单桩或多桩复合地基荷载试验确定。初步设计时,若无试验资料,也可按当地经验确定,但素土挤密桩复合地基的承载力特征值,不宜大于处理前的1.4倍,并不宜大于180kPa;灰土挤密桩复合地基的承载力特征值,不宜大于处理前的2.0倍,并不宜大于250kPa。

6. 地基变形

灰土挤密桩复合地基的变形计算,应符合《铁路桥涵地基和基础设计规范》(TB 10093—2017)的有关规定。其中复合土层的压缩模量,可采用载荷试验的变形模量代替。灰土挤密桩复合地基的变形包括桩和桩间土及其下卧未处理土层的变形。经挤密后,桩间土的物理力学性质明显改善,即土的干密度增大、压缩性降低、承载力提高、湿陷性消除,故桩和桩间土(复合土层)的变形可不计算,但应计算下卧未处理土层的变形,若下卧未处理土层为中、低压缩性非湿陷性土层,其压缩变形、湿陷变形也可不计算。

7. 施工中可能出现的问题和处理方法

(1)夯打时桩孔内有渗水、涌水、积水现象时,可将孔内水排出地表,或将水下部分改为混凝土桩或碎石桩,水上部分仍为素土(或灰土)桩。

(2)沉管成孔过程中遇障碍物时,可采取以下措施处理:

①用洛阳铲探查并挖除障碍物,也可在其上面或四周适当增加桩数,以弥补局部处理深度的不足,或从结构上采取适当措施进行弥补。

②对未填实的墓穴、坑洞、地道等,如面积不大,挖除不便时,可将桩打穿通过,并在此范围内增加桩数,或从结构上采取适当措施进行弥补。

(3)夯打时造成缩径、堵塞、挤密孔困难、孔壁坍塌等情况,可采取以下措施处理:

①当含水率过大,缩径比较严重时,可向孔内填干砂、生石灰块、碎砖渣、干水泥、粉煤灰;如含水率过小,可预先浸水,使之达到或接近最佳含水率。

②按照成孔顺序,由外向里间隔进行夯实。

③施工中宜打一孔,填一孔,或隔几个桩位跳打夯实。

④合理控制桩的有效挤密范围。

8.质量检验

成桩后,应及时抽样检验灰土挤密桩或素土挤密桩处理地基的质量。对于一般工程,应主要检查施工记录、检测全部处理深度内桩体和桩间土的干密度,并将其分别换算为平均压实系数和平均挤密系数。对于重要工程,除检测上述内容外,还应测定全部处理深度内桩间土的压缩性和湿陷性。

四、排水固结法

引导问题 什么是排水固结法?排水固结法的工作原理是什么?如何进行砂井的布设?

排水固结法是在软土地基工程实践中应用排水固结原理发展起来的一种地基处理方法。

人们早已熟知,在软土地基上修筑堤坝,如果采用快速加载填筑,填筑不高,地基就会出现剪切破坏而滑动;如果在同等的条件下,采用慢速加载填筑,填筑至上述同等堤高时,却未出现地基破坏的现象,而且还可继续筑高,直至填筑到预期高度。这是因为慢速加载筑堤,地基土有充裕的时间排水固结,土层的强度逐渐增加,如果加荷速率控制得当,始终保持地基强度的增长大于荷载增大的条件,地基就不会出现剪

二维码

排水固结法基础处理

切破坏。这是我国沿海地区劳动人民运用排水固结原理筑堤的一项成功经验。随着近代工程应用的发展,逐步发展出一系列应用排水固结原理处理软土地基的技术与方法,广泛应用于交通工程。

排水固结法加固地基的原理是布置竖向排水井(砂井或塑料排水袋等),使土中的孔隙水在荷载作用下慢慢排出,孔隙比减小,地基发生固结变形,地基土的强度逐渐增加。

排水固结法主要用于解决地基的沉降问题。为了加速固结,最有效的办法就是在天然土层中设置竖向排水井(砂井或塑料排水袋),增加排水途径,缩短排水距离,以缩短工程的预压期,使地基在短时期内达到较好的固结效果,使沉降提前完成;并加速地基土抗剪强度的增长,使地基承载力提高的速率始终大于施工荷载增长的速率,以保证地基的稳定性。

排水固结法适用于处理饱和软弱黏土层和冲填土。对于渗透性极低的泥炭土,必须慎重对待。

(一)排水固结法分类

按照采用的排水技术措施的不同,排水固结法可分为以下几种。

1.堆载预压法

在施工场地临时堆填土石等,对地基进行加载预压,使地基沉降能够提前完成,同时使地基土固结,提高地基承载力,然后卸去预压荷载建造建(构)筑物,以消除建(构)筑物基础的部分均匀沉降,这种方法就称为堆载预压法。

一般情况下,预压荷载与建(构)筑物荷载相等,但有时为了减少再次固结产生的障碍,预压荷载也可大于建(构)筑物荷载,一般预压荷载的大小约为建(构)筑物荷载的 1.3 倍,特殊情况下则可根据工程具体要求来确定。

为了加速堆载预压地基固结,常与砂井法同时使用,称为砂井堆载预压法(图 15-2)。

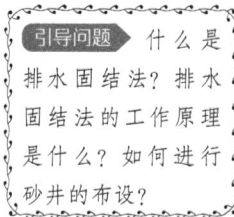

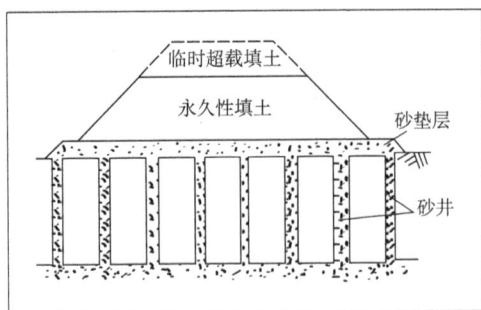

图 15-2　砂井堆载预压法示意图

砂井堆载预压法适用于渗透性较差的软弱黏性土,对于渗透性良好的砂土和粉土,无须用砂井排水固结处理地基;含水平夹砂或粉砂层的饱和软土,水平向透水性良好,不用砂井处理地基也可获得良好的固结效果。

2. 真空预压法

真空预压指的是砂井真空预压,即在黏土层上铺设砂垫层,然后用薄膜密封砂垫层,用真空泵对砂垫及砂井进行抽气,使地下水位降低,同时在地下水位作用下加速地基固结(图 15-3)。真空预压法是在总压力不变的条件下,使孔隙水压力减小、有效应力增加而使土体压缩性增强且强度增长。

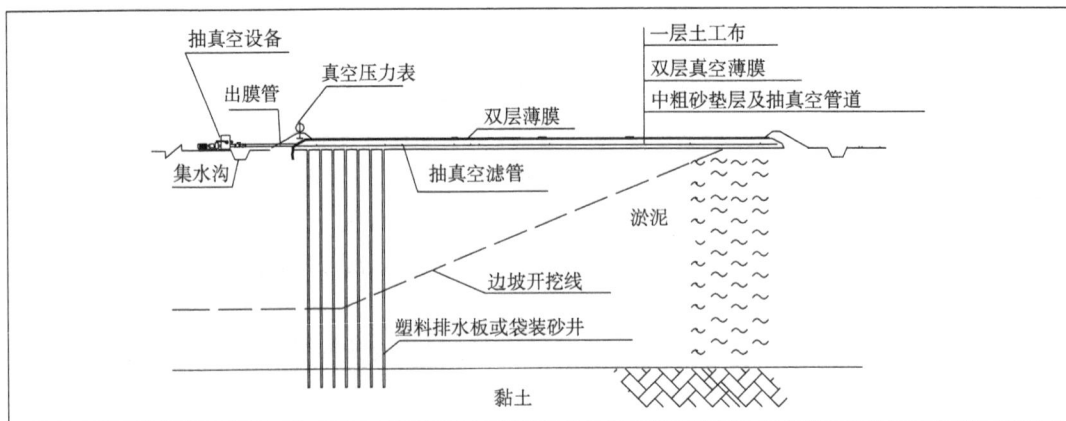

图 15-3　真空预压法示意图

3. 降水预压法

降水预压法即用水泵抽出地基地下水来降低地下水位,减少孔隙水压力,使有效应力增大,促进地基加固。

降水预压法特别适用于饱和粉土及饱和细砂地基。

4. 电渗排水法

电渗排水法即通过电渗作用逐渐排出土中水。在土中插入金属电极并通以直流电,由于直流电场作用,土中的水从阳极流向阴极,然后将水从阴极排出,而不让水在阳极附近补充,借助电渗作用逐渐排出土中水。工程上常利用它降低黏性土的含水率或降低地下水位来提高地基承载力或边坡的稳定性。

降水预压法和电渗排水法目前应用还比较少。

(二)砂井堆载预压法

下面以砂井堆载预压法为例阐述排水固结法加固地基时的注意事项。

砂井堆载预压法是排水固结法中一种常用的地基加固方法。砂井预压是指在软弱地基中用钢管打孔,灌砂,设置砂井作为竖向排水通道,并在砂井顶部设置砂垫层作为横向排水通道,砂垫层顶部再进行堆载,以加快土体孔隙水的排出,加速土体固结,提高地基强度。

砂井堆载预压设计中应注意如下问题:

1. 砂井间距和平面布置

根据砂井固结理论,缩小砂井间距比增大砂井直径具有更好的排水效果。因此,为加快软基固结速度,缩短地基排水固结时间,宜采用"细而密"的原则选择砂井直径和间距。但砂井太细太密,不易施工,且对周围土体扰动大,影响加固效果。工程上,砂井的间距一般不小于1.5m。

砂井的平面布置形式有梅花形(或正三角形)和正方形两种,如图15-4所示。在大面积荷载作用下,假设每个砂井(直径为d_w)为一独立排水体系统,采用正方形布置时,每个砂井的影响范围为一正方形[图15-4b)];而采用梅花形布置时,则为一正六边形[图15-4c)]。简化起见,每个砂井的影响范围以等面积圆代替,其等效影响直径为d_e。

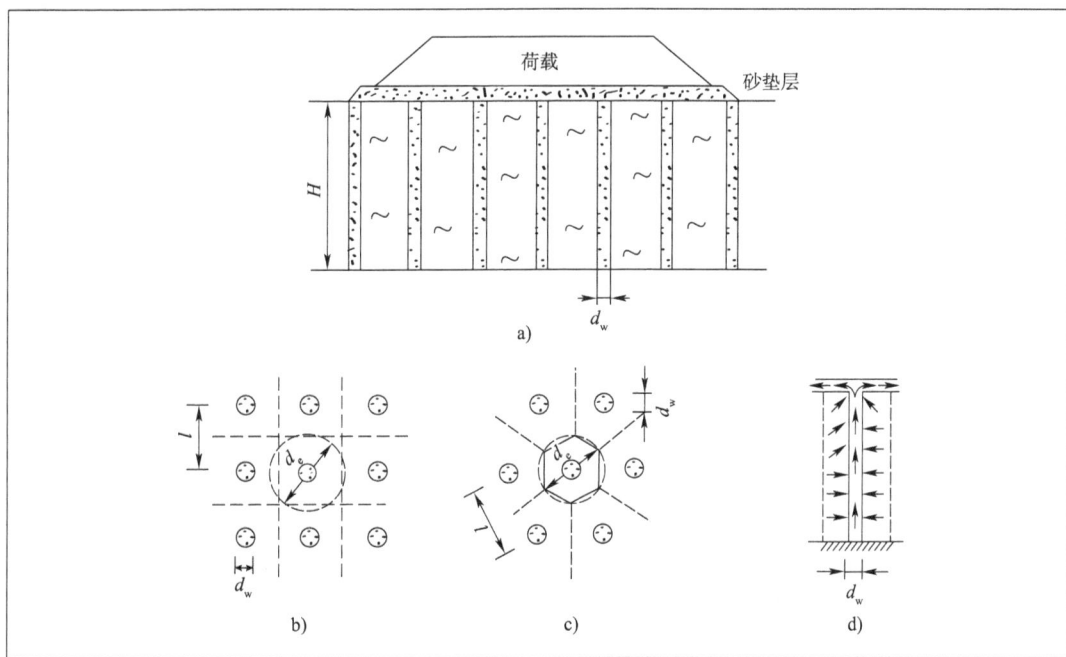

图 15-4　砂井布置示意图

a)砂井布置立面图;b)正方形布置;c)梅花形布置;d)砂井排水路径

H-砂井埋置深度

梅花形布置:

$$d_e = \sqrt{\frac{2\sqrt{3}}{\pi}}\, l = 1.05 l \qquad (15\text{-}4a)$$

正方形布置:

$$d_e = \sqrt{\frac{4}{\pi}}\, l = 1.128 l \qquad (15\text{-}4b)$$

式中:d_e、l——砂井的等效影响直径和布置间距,m。

砂井的平面布设范围应大于基础范围,通常由基础的轮廓线外扩 2～4m,为使沿砂井排至地面的水能迅速排至施工场地外,在砂井顶部应设置排水垫层或纵横连通砂井的排水砂沟,砂垫层及砂沟厚度一般为 0.5～1.0m,砂沟的宽度可取砂井直径的 2 倍。

2.砂井的直径和长度

目前,工程中常用的砂井直径为 30～40cm,砂井的间距可按照井径比 $n = l/d_e$ 确定。普通砂井井径比 n 的取值一般在 6～8 范围内;袋装砂井或塑料排水带的井径比可按 15～20 选用。

砂井长度与土层分布情况、地基中附加压力、压缩层厚度等因素有关。若软土厚度不大,则砂井宜穿过软弱土层;反之,则根据地基的稳定性及沉降量要求计算砂井长度。砂井长度应考虑穿越地基的可能滑动面和压缩层。

3.分级加荷大小及每级加荷持续时间

砂井预压过程中荷载一般是分级施加的。因此,需要有计划地进行加载并规定好堆载时间,即制订加荷计划。该计划的制订应参照地基土的排水固结程度和地基抗剪强度增长情况。

五、深层搅拌法

利用水泥(或石灰)作为固化剂,通过特制的深层搅拌机械,在一定深度范围内对地基土和水泥(或其他固化剂)强行搅拌,利用固化剂和软土之间所产生的一系列物理-化学反应,使软土硬化成具有整体性、水稳性和一定强度的优质地基的处理方法,称为深层搅拌法。此法现已广泛应用于工程的软基处理。

> **引导问题** 什么是深层搅拌法?深层搅拌法分为哪几类?你知道深层搅拌法的施工工艺流程吗?

"深层"搅拌法,是相对"浅层"搅拌法而言的。20 世纪 20 年代,美国及西欧国家在软土地区修筑公路及堤坝时,经常用一种"水泥土(或石灰土)"作为路基和堤基。其方法为,从地表挖取 0.6～1.0m 厚软土,就近用机械或人工拌入水泥或石灰,然后填回原处压实,也称软土的浅层搅拌加固法。用这种方法加固的地基深度大多小于1m,一般不超过 3m。

而深层搅拌法是利用特制的机械在地基深处就地加固软土,无须挖出。其加固深度一般大于5m,根据目前施工实绩来看,海上最大加固深度达到 60m,陆上最大加固深度达到 30m。

深层搅拌法的加固机理(以"水泥土"为例)是,在土体中喷入水泥浆,经拌和后水泥和土会发生以下物理-化学反应:水泥的水解和水化反应,离子交换与团粒化反应,硬凝反应,碳酸化反应。水化反应能降低软土的含水率,增加颗粒之间的黏结力;离子交换与团粒化作用可以形成坚固的联合体;硬凝反应能增加水泥土的强度和提供足够的水稳定性;碳酸化反应能进一步提高水泥土的强度。

在水泥土浆搅拌至流态的情况下,若保持孔口微微翻浆,则可形成密实的水泥土桩,而且水泥土浆在自重作用下可渗透填充被加固土体周围一定距离土层中的裂隙,会在土层中形成大于搅拌桩径的影响区。

加固后的水泥土的密度与天然土的密度相近,但水泥土的比重比天然土的比重稍大。

水泥土的无侧限抗压强度一般为 300~400kPa,比天然软土大几十倍甚至百倍,影响水泥土无侧限抗压强度的因素很多,如水泥掺入量、龄期、水泥强度、土样含水率和有机质含量以及外掺剂等。

为了降低工程造价,可以采取掺加粉煤灰的措施。掺加粉煤灰的水泥土,其强度一般比不掺粉煤灰的高。不同水泥掺入比的水泥土,在掺入与水泥等量的粉煤灰后,强度均比不掺粉煤灰的提高 10%,因此采用深层搅拌法加固软土时掺入粉煤灰,不仅可消耗工业废料,还可提高水泥土的强度。

深层搅拌法适用于加固淤泥、淤泥质土和含水率较高而地基承载力小于 140kPa 的黏性土、粉质黏土、粉土、砂土等软土地基。当土中含高岭石、多水高岭石、蒙脱石等矿物时,可取得最佳加固效果;当土中含伊利石、氯化物和水铝英石等矿物,或土的原始抗剪强度小于30kPa 时,加固效果较差。当用于泥炭土或土中有机质含量较高,酸碱度较低(pH<7)及地下水有侵蚀性时,宜通过试验确定其适用性。当地表杂填土厚度大且含直径大于 100mm 的石块或其他障碍物时,应将其清除后,再进行深层搅拌。

深层搅拌法由于具有加固、支承、支挡、止水等多种功能,用途十分广泛,例如:加固软土地基,以形成复合地基用来支承建筑物、结构物基础;作为泵站、水闸等深基坑和地下管道沟槽开挖的围护结构,还可作为止水帷幕;当在搅拌桩中插入型钢作为围护结构时,开挖深度可加大;可稳定边坡、河岸、桥台或高填方路堤,作为堤坝防渗墙等。

此外,由于搅拌桩施工时无振动、无噪声、无污染,一般不引起土体隆起或侧面挤出,故对环境的适应性强。

(一)深层搅拌桩的分类

(1)按使用水泥的不同物理状态,分为浆体深层搅拌桩和粉体深层搅拌桩两类。我国以水泥浆体深层搅拌桩应用较广,粉体深层搅拌桩宜用于含水率大于 30% 的土体。

(2)按深层搅拌机械具有的搅拌头数,分为单头深层搅拌桩、双头深层搅拌桩和多头深层搅拌桩。

(3)根据桩体内是否有加筋材料,分为加筋桩和非加筋桩。加筋材料一般有毛竹、钢筋、轻型角钢等,以增强其劲性。

深层搅拌桩主要用于地基加固。一般来说,桩径为 500~800mm,加固深度为 5~18m,复合地基承载力可提高 1~2 倍。可根据需要把桩排成梅花形、正方形、条形、箱形等多种形式,可不受置换率的限制。

(二)工艺流程

工艺流程如图 15-5 所示。具体说明如下:

(1)设备安装就位。

(2)搅拌桩机纵向移动,调平主机,钻头对准孔位。

(3)启动搅拌桩机,钻头正向旋转,实施钻进作业;为了防止堵塞钻头上的喷射口,钻进过程中适当喷浆,同时可减小负载力矩,确保顺利钻进。

(4)喷浆钻进搅拌。在钻头向下旋转钻进的同时,开动灰浆泵,连续喷入水泥浆液。钻进速度、旋转速度、喷浆压力、喷浆量应根据工艺试验时确定的参数选取。钻进喷浆成桩到设计桩长或层位后,原地喷浆半分钟,再反转匀速提升。

(5)喷浆提升搅拌。搅拌头自桩底反转匀速提升直到地面,并喷浆。

(6)重复喷浆钻进搅拌。若设计要求复搅,则按步骤(4)操作要求进行。

(7)重复喷浆提升搅拌。若设计要求复搅,则按步骤(5)操作要求进行。

(8)当钻头提升至高出设计桩顶 30cm 时,停止喷浆,形成水泥土桩柱,将钻头提出地面。

(9)成桩完毕。开动浆泵,清洗管路中残存的水泥浆,移机至另一桩施工。

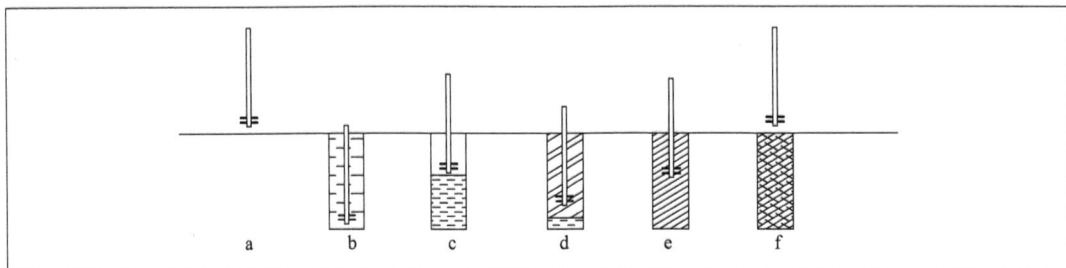

图 15-5　动力头式深层搅拌桩机施工工艺流程图
a-桩机就位;b-喷浆钻进搅拌;c-喷浆提升搅拌;d-重复喷浆钻进搅拌;e-重复喷浆提升搅拌;f-成桩完毕

(三)施工参数

施工参数可参见表 15-3。

水泥搅拌桩施工参数参考表　　　　　　　　　　　　表 15-3

项目	参数参考值	备注
水灰比	0.5 ~ 1.2	土层天然含水率多取小值,否则取大值
供浆压力(MPa)	0.3 ~ 1.0	根据供浆量及施工深度确定
供浆量(L/min)	20 ~ 50	与提升搅拌速度协调
钻进速度(m/min)	0.3 ~ 0.8	根据地层情况确定
提升速度(m/min)	0.6 ~ 1.0	与搅拌速度及供浆量协调
搅拌轴转速(r/min)	30 ~ 60	与提升速度协调
垂直度偏差(%)	<1.0	指施工时机架垂直度偏差
桩位对中偏差(m)	<0.01	指施工时桩机对中的偏差

(四)复合地基深层搅拌施工注意事项

(1)拌制好的水泥浆液存放时间不应过长,不得发生离析。当气温在 10℃ 以下时,存放时间不宜超过 5h;当气温在 10℃ 以上时,存放时间不宜超过 3h。浆液存放时间超过有效时间时,应按废浆处理;存放时应控制浆液温度在 5 ~ 40℃ 范围内。

(2)搅拌中遇硬土层,搅拌钻进困难时,应启动加压装置加压,或边输入浆液边搅拌钻进成桩,也可采用冲水下沉搅拌。采用后者钻进时,喷浆前应将输浆管内的水排尽。

(3)搅拌桩机喷浆时应连续供浆,因故停浆时,须立即通知操作者。为防止断桩,应将搅拌桩机下沉至停浆位置以下0.5m(如采用下沉搅拌送浆工艺,则应提升0.5m),待恢复供浆时再喷浆施工。因故停机超过3h,应拆卸输浆管,彻底清洗管路。

(4)当喷浆口被提升到桩顶设计高程时,停止提升,搅拌数秒,以保证桩头均匀密实。

(5)施工时,停浆面应高出桩顶设计高程0.3m,开挖时再将超出桩顶高程部分凿除。

(6)桩与桩搭接的间隔时间不应大于24h。间隔时间太长,搭接质量无保证时,应采取局部补桩或注浆措施。

(7)单桩喷浆量少于设计用量的差值不大于8%,导向架与地面垂直度偏差不应超过0.5%,桩位对中偏差不得大于10cm。

(8)应做好每一根桩的施工记录。深度记录误差应不大于5cm,时间记录误差不大于5s。

(五)施工中常见的问题和处理方法

施工中常见的问题和处理方法见表15-4。

施工中常见的问题和处理方法   表15-4

常见问题	发生原因	处理方法
预搅下沉困难,电流值大,开关跳闸	电压偏低	调高电压
	土质硬,阻力太大	适量冲水或加稀浆下沉
	遇大石块、树根等障碍物	挖除障碍物,或移桩位
搅拌桩机下不到预定深度,但电流不大	土质黏性大,或遇密实砂砾石等地层,搅拌机自重不够	增加搅拌机自重或开动加压装置
喷浆未到设计桩顶面(或底部桩端)高程,储浆罐浆液已排空	投料不准确	新标定输浆量
	灰浆泵磨损漏浆	检修灰浆泵使其不漏浆
	灰浆泵输浆量偏大	调整灰浆泵输浆量
喷浆到设计位置时储浆罐剩余浆液过多	拌浆加水过量	调整拌浆用水量
	输浆管路部分阻塞	清洗输浆管路
输浆管堵塞爆裂	输浆管内有水泥结块	拆洗输浆管
	喷浆口球阀间隙太小	调整喷浆口球阀间隙
搅拌钻头和混合土同步旋转	灰浆浓度过大	调整浆液水灰比
	搅拌叶片角度不适宜	调整叶片角度或更换钻头

六、其他地基加固法

软土地基的其他处理办法还有加筋、灌浆、冰冻、托换、烧结等。下面对这些处理方法进行简单介绍。

> 引导问题 对于一般地基的处理,除了之前学习的方法外,还有哪些方法呢?

(一)加筋法

加筋法,就是通过在土层中埋设强度较大的土工聚合物、拉筋、受力杆件等来提高地基承载力、减小沉降或维持建筑物稳定。

常见的有三种:土工合成材料、土钉墙技术和加筋土。

(1)土工合成材料。利用土工合成材料的高强度、韧性等力学性能,扩散土中应力,增大土体的抗拉强度,改善土体或构成加筋土以及各种复合土工结构;适用于砂土、黏性土和软土,或用作反滤、排水和隔离材料。

(2)土钉墙技术。一般是通过钻孔、插筋、注浆来设置的一种土体加固技术。但也有通过直接打入较粗的钢筋、型钢和钢管形成土钉。土钉沿通长与周围土体接触,依靠接触界面上的黏结摩阻力,与其周围土体形成复合土体,土钉在土体发生变形的条件下被动受力,并主要通过其受剪作用对土体进行加固,土钉一般与平面形成一定的角度,故又称为斜向加固体。土钉适用于地下水位以上或经降水后的人工填土、黏性土、弱胶结砂土的基坑支护和边坡加固;适用于开挖支护和天然边坡的加固。

(3)加筋土。加筋土是将抗拉能力很强的拉筋埋置于土层中,利用土颗粒位移与拉筋产生的摩擦力使土与加筋材料形成整体,以减少整体变形和增强整体稳定性。拉筋是一种水平向增强体,一般使用抗拉能力强、摩擦系数大且耐腐蚀的条带状、网状、丝状材料,例如,镀锌钢片、铝合金、合成材料等;适用于人工填土的路堤和挡土墙结构。

(二)灌浆法

灌浆法是利用气压、液压或电化学原理将能够固化的某些浆液注入地基介质中或建筑物与地基的缝隙部位。

灌浆的浆液可以是水泥浆、水泥砂浆、黏土水泥浆、黏土浆、石灰浆及各种化学浆材,如聚氨酯类、木质素类、硅酸盐类等。

根据灌浆的目的可分为防渗灌浆、堵漏灌浆、加固灌浆和结构纠倾灌浆等。按灌浆方法可分为压密灌浆、渗入灌浆、劈裂灌浆和电化学灌浆。

灌浆法在交通工程领域有着广泛的应用。

(三)冰冻法

冰冻法地基加固是临时改变土层特性使其变成具有一定强度与隔水作用的冻土,在冻土帷幕的保护下进行盾构进出洞施工的工艺。使用的设备主要由冷却水循环系统(设备降温)和盐水循环系统(交换地热)组成。其冰冻的基本原理是:在地面打设一定数目的冻结孔并下放冻结管,利用冷冻机组将一定配合比的盐水溶液降温,然后通过盐水泵将低温盐水送入冻结管内,流动的低温盐水将地热带出地面,再经过冷冻机组进入冻结管内,如此不断循环进行热交换,便会形成以冻结管为中心的冻土圆柱,冻土圆柱不断扩展直至与相邻冻土圆柱搭接,最终受冻土体就成为具有一定强度和厚度的冻土墙或冻土帷幕,达到土体加固的目的。

(四)托换法

托换法也称地下托换,狭义上讲,是为了增加现有建筑基础的承载能力,在现有基础的下部增加新的永久性支撑物或基础;广义上讲,是当紧挨着或者是在已建建筑物的正下方开挖土方时,为了消除可能给已建建筑物功能与结构等带来的影响,对已建建筑物进行加固补强、对建筑物的持力层地基进行改良、进行新基础设置及新旧基础替换等。常用的托换法有：

（1）桩式托换法：坑式静压桩托换、锚杆静压桩托换、灌注桩托换、树根桩托换等。

（2）灌浆托换法：水泥灌浆法、硅化法、碱液法等。

（3）基础加固法：灌浆法、用素混凝土套或钢筋混凝土套加大基础、坑式托换加固法等。

（五）烧结法

烧结法是通过渗入压缩的热空气和燃烧物，并依靠热传导，将细颗粒土加热到100℃以上，从而增加土的强度，减小变形。烧结法适用于非饱和黏性土、粉土和湿陷性黄土。

技能训练工单及练习 ▷▶

工作任务单

一、工作任务

1.预习一般地基处理相关内容;

2.根据以下练习内容,归纳总结一般地基处理相关知识,填写表15-5(空白处没有内容的填无)。

信息表 表15-5

一般地基处理方法	地基处理原理	适用范围	施工注意事项	其他
换土垫层法				
挤密压实法				
排水固结法				
深层搅拌法				

二、考核评价

评价表参见附录一。

练习

1.什么是换土垫层法、排水固结法、挤密压实法、深层搅拌法、加筋法?

2.地基处理的目的和意义是什么?

3.换土垫层法、排水固结法、挤密压实法、深层搅拌法的适用范围是什么?施工中有哪些注意事项?除此之外,还有哪些地基处理方法?

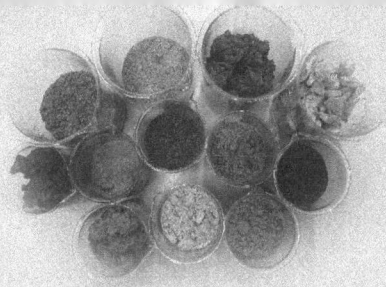

任务十六

特殊地基的处理

||| 任务描述 |||

通过本任务相关知识的学习并结合在线课程资源及相关资料，完成特殊地基的处理工单。通过线上线下学习，完成本任务技能训练工单及练习，遇到困难学习小组互相帮助。

||| 任务要求 |||

（1）根据班级人数分组，一般6~8人/组；

（2）以组为单位，各组员按分工完成任务，组长负责检查并统计各成员的调查结果，做好记录以供集体讨论；

（3）全组共同完成所有任务，组长负责成果的记录与整理，按任务要求上交报告，以供教师批阅。

||| 学习目标 |||

知识目标：

掌握软土地基的特征及工程处理措施；

熟悉湿陷性黄土地基的特征及工程处理措施；

了解冻土的工程特性；

掌握地震区的地基基础问题。

能力目标：

通过特殊地基的处理知识点学习，培养分析和解决特殊地基加固处理工程问题的能力。

||| 学习重点 |||

软土地基的特征及工程处理措施；湿陷性黄土地基的特征及工程处理措施；冻土的工程特性；地震区的地基基础问题。

||| 学习难点 |||

软土地基的工程处理措施；黄土地基湿陷性判断方法；冻土的工程特性；地震区的地基基础问题。

一、软土地基

软土泛指淤泥及淤泥质土,是地质年代中第四纪后期形成的滨海相、潟湖相、三角洲相、溺谷相和湖沼相等黏性土沉积物。这种土是在静水或缓慢流水环境中沉积,并经生物化学作用形成的饱和软黏性土。

软土富含有机质,天然含水率高于液限,孔隙比大于或等于1。其中 $e > 1.5$ 时,称淤泥;$1.0 < e < 1.5$ 时,称淤泥质土,是淤泥与一般黏性土的过渡类型。淤泥和淤泥质土在工程上统称为软土。

引导问题 在一些不良地质的案例中,我们都能看到软土地基的存在。什么是软土?软土有哪些特性呢?软土地基的处理方法有哪些呢?

(一)软土的物理力学性质

1. 含水率高和孔隙比高

软土的天然含水率总是大于液限。软土的天然含水率一般都大于30%,有的达70%,甚至达200%,多呈软塑或流动状态。天然孔隙比在1~2范围内,最大达3~4。软土如此高的含水率和高孔隙比,使其一经扰动,其结构很容易被破坏而导致流动。

2. 渗透性弱

由于大部分软土底层中夹有数量不等的薄层或极薄层粉、细砂、粉土等,因此水平方向的渗透性较垂直方向要大得多。一般垂直方向的渗透系数 k 值为 $10^{-8} \sim 10^{-6}$ cm/s,几乎是不透水的。该类土渗透系数小,含水率大且呈饱和状态,这不但延缓了其土体的固结过程,而且在加荷初期,地基中常出现较高的孔隙水压力,影响地基土的强度。

3. 压缩性高

软土的压缩系数 a_{1-2} 一般在 0.5MPa^{-1} 以上,最大可达 3MPa^{-1} 以上。软土均属高压缩性土,而且压缩性随天然含水率及液限的增加而增大。

软土在荷载作用下的变形具有如下特征:

(1)变形大而不均匀。实践表明,在相同条件下,软土地基的变形量比一般黏性土地基要大几倍甚至十几倍,而且上部荷载的差异和复杂的体形都会引起严重的差异沉降和倾斜。

(2)变形稳定历时长。由于软土的渗透性很弱,孔隙中的水不易排出,故地基沉降稳定所需时间较长。例如,我国东南沿海地区,这种软黏土地基在加荷5年后,仍保持着每年1cm左右的沉降速率。甚至,有些建筑物每年下沉3~4cm。

(3)抗剪强度低。软土的抗剪强度低且与加荷速率及排水固结条件密切相关。软土剪切试验表明,其内摩擦角 φ 小于或等于10°,最大也不超过20°,有的甚至接近0°。黏聚力 c 值一般为5~15kPa,很少超过20kPa,有的趋近0,故其抗剪强度很低。经排水固结后,软土的抗剪强度虽有所提高,但由于软土孔隙水排出很慢,其强度增长也很缓慢。因此,要提高软土地基的强度,必须控制施工和使用时的加荷速率,特别是在开始阶段加荷不能过大,以便每增加的一级荷载与土体在新的受荷条件下强度的提高相适应,否则土中水分来不及排出,不但土体强度来不及提高,反而会由于土中孔隙水压力急剧增大,有效应力降低,而产生土体的挤出破坏。

(4)较显著的触变性和蠕变性。软土是"海绵状"结构性沉积物,当原状土的结构未受到破坏时,常具有一定的结构强度,可一经扰动,结构强度便被破坏。在含水率不变的条件下,静置不动又可恢复原来的强度,软土的这种特性,称为软土的触变性。

我国东南沿海地区的三角洲相、滨海相及潟湖相软土的灵敏度一般在 4 ~ 10 范围内,个别达到 13 ~ 15,属中高灵敏度土。灵敏度高的土,其触变性也大,所以,软土地基受动荷载后,易产生侧向滑动、沉降或基底面向两侧挤出等现象。

蠕变性是指在一定荷载的持续作用下,土的变形随时间而增长的特性。软土是一种具有典型蠕变性的土,在长期恒定应力作用下,软土将产生缓慢的剪切变形,并导致抗剪强度的衰减。在固结沉降完成后,软土还可能继续产生可观的次固结沉降。上海等地许多工程的现场实测结果表明:在土中孔隙水压力完全消失后,地基还继续沉降。这对建筑物、边坡和堤岸等的稳定性极为不利。因此,用一般剪切试验求得的抗剪强度值,应加上适当的安全系数。

综上所述,软土具有强度低、压缩性高、渗透性弱,以及灵敏度高和蠕变性高等特点。软土地基上的建(构)筑物等沉降量大,沉降稳定时间长。因此,在软土地基上建造建(构)筑物,往往要对地基进行加固处理。

(二)软土地基的工程处理措施

软土地基的主要问题就是变形。

在软弱地基或软土上修建建(构)筑物时,应对建筑体型、荷载的大小与分布、结构类型和地质条件等进行综合分析,以确定应采取的建筑措施、结构措施和地基处理方法,这样就可以减小软土地基上建(构)筑物的沉降或不均匀沉降。

软弱地基概述

软土地基设计经常采取以下措施:

(1)利用表土层。软土较厚的地区,由于表层经受长期气候的影响,含水率减小,土体固结收缩,表面形成较硬的壳。这一处于地下水以上的非饱和的"壳",承载力较下层软土高,压缩性也较低,常可用来作为浅基础的持力层。

(2)减小基底压力。减小建(构)筑物作用于地基的附加压力,可减少地基的沉降量或减缓不均匀沉降,如采用轻型结构。

(3)采用刚度大的上部结构和基础。

(4)施工控制。当软土地基加载过大、过快时,容易发生地基土塑流挤出的现象。常用的施工措施如下:

①控制施工速度,不使加载速率太快。可在施工现场进行加载试验,通过沉降情况的观察来控制加载速率,掌握加载的间隔时间,使地基土逐渐固结,强度逐渐增加,不使地基土发生塑流挤出现象。

②在建(构)筑物的四周打板桩围墙,可防止地基软土的塑流挤出。但此法用料较多,成本高,因而应用不广泛。

③用反压法防止地基土塑流挤出。软土是否会发生塑流挤出,主要取决于作用在基底平面处土体上的压力差大小,压力差小,发生塑流挤出的可能性也就小。如在基础两侧堆土反压,就可减小压力差,增强地基的稳定性。这种方法不需要特殊的施工机具,也不需控制

填土速率,施工简易。但土方量、占地面积、后期沉降均较大,因此,该方法只适用于非耕作区和取土不困难的地区。

二、黄土地基

黄土是第四纪干旱和半干旱气候条件下,形成的一种呈褐黄色或灰黄色、具有针状孔隙及垂直节理的特殊土。

在我国,黄土分布的面积约有 64 万 km^2,其中具有湿陷性的约 27 万 km^2。主要分布在秦岭以北的黄河中游地区,如甘、陕的大部分和晋南、豫西等地,在我国大的地貌分区图上,称为黄土高原。河北、山东、内蒙古和东北南部以及青海、新疆等地也有所分布。黄土地区沟壑纵横,常发育成为许多独特的地貌形状,常见的有黄土塬、黄土梁、黄土峁、黄土陷穴等地貌。

天然含水率的黄土,若未受水浸湿,呈坚硬或硬塑状态,具有较高的强度和较低的压缩性。但有的黄土遇水浸湿后,土的结构迅速破坏,强度也随之迅速降低,称为湿陷性黄土。有些地区的黄土却并不发生湿陷。可见,同样是黄土,遇水浸湿后的反应却有很大的差别。湿陷性黄土可分为自重湿陷性黄土和非自重湿陷性黄土两种。在上覆土自重压力下受水浸湿发生湿陷的湿陷性黄土称为自重湿陷性黄土;在上覆土自重压力下受水浸湿不发生湿陷,需要在自重压力和外荷载引起的附加应力共同作用下,受水浸湿后才会发生湿陷的黄土称为非自重湿陷性黄土。

黄土是第四纪的产物,从早更新世(Q_1)开始堆积,经历了整个第四纪,直至目前还没有结束,黄土地层的划分见表16-1。

> **引导问题** 什么是黄土?黄土主要分布在我国哪些区域?湿陷性黄土地基处理的方法有哪些?

黄土地层的划分 表16-1

时代		地层的划分	说明
全新世(Q_4)黄土	新黄土	黄土状土	一般都具有湿陷性
晚更新世(Q_3)黄土		马兰黄土	
中更新世(Q_2)黄土	老黄土	离石黄土	上部部分土层具有湿陷性
早更新世(Q_1)黄土		午城黄土	不具有湿陷性

(一)湿陷性黄土的物理性质

(1)颗粒组成以粉粒为主。粉粒占 60% ~70%,粒度大小均匀,黏粒含量较少,一般仅占 10% ~20%。黄土的湿陷性与黏粒含量有一定关系。

(2)孔隙比 e。湿陷性黄土的孔隙比较大,一般在 0.8 ~1.2 范围内,大多数在 0.9 ~1.1 范围内。在其他条件相同的情况下,孔隙比越大,湿陷性越强。

(3)天然含水率 w。湿陷性黄土的天然含水率较小,一般在 8% ~20% 范围内。当天然含水率低时,湿陷性强烈,但土的强度较高,随着天然含水率的增大,湿陷性逐渐变弱。一般来说,当天然含水率在 23% 以上时,湿陷性已基本消失。

(4)饱和度 S_r。湿陷性黄土饱和度在 17% ~77% 范围内,随着饱和度的增大,黄土的湿陷性减弱。

（5）可塑性。湿陷性黄土的可塑性较弱，塑限一般在 16%～20% 范围内，液限一般在 26%～32% 范围内，塑性指数为 7～13，属粉土和粉质黏土。

（6）透水性。由于大孔隙和垂直节理发育，湿陷性黄土透水性比粒度成分相似的一般黏性土要强得多，常为中等透水性。

（二）湿陷性黄土的力学性质

（1）压缩性。我国湿陷性黄土的压缩系数 a_{1-2} 一般在 0.1～1.0MPa^{-1} 范围内。在晚更新世（Q_3）早期形成的湿陷性黄土，多是低压缩性或中等偏低压缩性，而 Q_3 晚期和全新世（Q_4）期形成的多是中等偏高压缩性，甚至为高压缩性。

（2）抗剪强度。湿陷性黄土虽然孔隙比较高，但仍具有中等抗压缩能力，抗剪强度较高。但 Q_4 期黄土土质松软、强度低、压缩性高。

（三）黄土湿陷性评价

判别黄土是否属于湿陷性黄土，以及其强弱程度、湿陷类型和湿陷等级，是黄土地区勘察与评价的核心问题。

（1）湿陷性。

参考《铁路桥涵地基和基础设计规范》（TB 10093—2017），湿陷系数是指天然土样单位厚度的湿陷量，计算公式如下：

$$\delta_s = \frac{h_p - h_p'}{h_0} \tag{16-1}$$

式中：h_p——保持天然湿度和结构的土样，加压至一定压力时，下沉稳定后的高度，mm；

　　　h_p'——上述加压稳定后的土样，在浸水（饱和）作用下，附加下沉稳定后的高度，mm；

　　　h_0——土样的原始高度，mm。

按式（16-1）计算的湿陷系数 δ_s 对黄土湿陷性判定如下：

当 $\delta_s < 0.015$ 时，为非湿陷性黄土；

当 $\delta_s \geq 0.015$ 时，为湿陷性黄土。

（2）湿陷性强度。

根据湿陷系数大小，可以判断湿陷性黄土湿陷性强度，一般认为：

$0.015 \leq \delta_s \leq 0.03$ 时，湿陷性轻微；

$0.03 < \delta_s \leq 0.07$ 时，湿陷性中等；

$\delta_s > 0.07$ 时，湿陷性强烈。

（3）湿陷类型。

①黄土的湿陷类型可按室内压缩试验，在土的饱和（$S_r \geq 0.85$）自重压力下测定的自重湿陷系数来判定。自重湿陷系数按下式计算：

$$\delta_{zs} = \frac{h_z - h_z'}{h_0} \tag{16-2}$$

式中：h_z——保持天然湿度和结构的土样，加压至土的饱和自重压力时，下沉稳定后的高度，mm；

　　　h_z'——上述加压稳定后的土样，在浸水作用下，下沉稳定后的高度，mm；

h_0——土样的原始高度,mm。

黄土的湿陷类型可按式(16-2)计算的自重湿陷系数来判定:

$\delta_{zs} < 0.015$ 时,定义为非自重湿陷性黄土;

$\delta_{zs} \geq 0.015$ 时,定义为自重湿陷性黄土。

②建筑场地或地基的湿陷类型,应按现场试坑浸水试验自重湿陷量实测值 Δ'_{zs} 或按室内试验累计的自重湿陷量计算值 Δ_{zs} 判定。

自重湿陷量实测值 Δ'_{zs},应根据现场试坑浸水试验确定。

自重湿陷量计算值 Δ_{zs} 应根据不同深度土样的自重湿陷系数,按下式计算:

$$\Delta_{zs} = \beta_0 \sum_{i=1}^{n} \delta_{zsi} h_i \tag{16-3}$$

式中:δ_{zsi}——第 i 层土在上覆土的饱和($S_r \geq 0.85$)自重压力下的自重湿陷系数;

$\quad h_i$——第 i 层土的厚度,mm;

$\quad \beta_0$——因地区土质而异的修正系数。陇西地区可取 1.5,陇东—陕北—晋西地区可取 1.2,关中地区可取 0.9,其他地区取 0.5。

当自重湿陷量实测值或计算值小于或等于7cm时,定为非自重湿陷性黄土场地。

当自重湿陷量实测值或计算值大于7cm时,定为自重湿陷性黄土场地。

当自重湿陷量实测值和计算值出现矛盾时,应按自重湿陷量实测值判定。

湿陷性黄土地基受水浸润饱和时,总湿陷量计算值 Δ_s 可按式(16-4)计算:

$$\Delta_s = \sum_{i=1}^{n} \beta \delta_{si} h_i \tag{16-4}$$

式中:δ_{si}——第 i 层土的湿陷系数;

$\quad h_i$——第 i 层土的厚度,mm;

$\quad \beta$——考虑基底下地基土的侧向挤出和浸水概率等因素的修正系数。基底下 5m(或压缩层)深度内取 1.5;基底下 5~10m(或压缩层)深度内取 1.0;基底下 10m 以下至非自重湿陷性黄土层顶面,在自重湿陷性黄土场地,可取工程所在地区的 β_0 值。

(4)湿陷等级。

参考《铁路桥涵地基和基础设计规范》(TB 10093—2017),湿陷性黄土地基的湿陷等级,应根据自重湿陷量和基底以下地基湿陷量的数值按表16-2判定。

湿陷性黄土地基的湿陷等级[摘自《铁路桥涵地基和基础设计规范》(TB 10093—2017)]

表16-2

湿陷性类型		非自重湿陷性场地	自重湿陷性场地	
自重湿陷量 Δ_{zs}(mm)		$\Delta_{zs} \leq 70$	$70 < \Delta_{zs} \leq 350$	$\Delta_{zs} > 350$
基底以下地基的湿陷量 Δ_s(mm)	$\Delta_s \leq 300$	Ⅰ(轻微)	Ⅱ(中等)	—
	$300 < \Delta_s \leq 700$	Ⅱ(中等)	Ⅱ(中等)或Ⅲ(严重)	Ⅲ(严重)
	$\Delta_s > 700$	Ⅱ(中等)	Ⅲ(严重)	Ⅳ(很严重)

注:当 Δ_s 计算值大于600mm、Δ_{zs} 计算值大于300mm时,可判定为Ⅲ级,其他情况可判定为Ⅱ级。

（四）湿陷性黄土地基的工程处理措施

对湿陷性黄土地基进行处理的目的,主要是改善土的性质和结构,减少地基因浸水而引起的湿陷性变形。同时,湿陷性黄土地基经过处理后,承载力也会提高。

湿陷性黄土地基

湿陷性黄土地基的处理措施,包括下列几项:

1. 防水措施

如果确保湿陷性黄土地基不受水浸湿,一般情况下地基强度高、压缩性小,地基即使不处理,湿陷也无从发生。因此,在进行工程设计时,采取一定的防水措施是十分必要的。防水措施包括以下几个方面:

（1）整平地面,保持排水畅通;

（2）在建筑物周围修筑散水坡;

（3）将地基表层黄土扒松后再夯实,以增强防渗性能。

在湿陷性黄土场地,既要放眼于整个建筑物场地的排水、防水措施,又要考虑单体建筑的防水措施;不但要保证在建筑物长期使用过程中地基不被浸湿,也要做好施工阶段临时性排水、防水工作。

2. 加固措施

1）灰土或素土换填法

先挖出基础底下一定厚度的湿陷土层,然后用体积比为3:7的石灰与土(黏土)回填,分层夯实。这种方法施工简易,效果显著。但施工时要求保证施工质量,对回填的灰土或素土,应通过室内击实试验,控制最佳含水率和最大干重度,否则达不到预期效果。

2）重锤夯实法及强夯法

重锤夯实法能消除浅层的湿陷性,如用 1.5～4t 的重锤,落高 2.5～4.5m,在最佳含水率情况下,可消除 1.0～1.6m 深度内土层的湿陷性。强夯法根据国内使用记录,锤重 10～20t,自由下落高度 10～20m 锤击两遍,可消除 4～6m 范围内土层的湿陷性。

两种方法均应事先在现场进行夯击试验,确定达到预期处理效果所必需的夯点、锤击数、夯沉量等,以指导施工,确保质量。

3）石灰土或二灰(石灰与粉煤灰)挤密桩

用打入桩、冲钻或爆扩等方法在土中成孔,然后用石灰土将石灰与粉煤灰混合分层夯填桩孔而成(少数也用素土),用挤密的方法破坏黄土地基的松散、大孔结构,达到减轻或消除地基湿陷性的目的。此方法适用于消除 5～10m 深度内地基土的湿陷性。

4）预浸水处理法

利用自重湿陷性黄土地基的自重湿陷性,在结构物修筑之前,将地基充分浸水,使其在自重作用下发生湿陷,然后修筑建筑物。这样可以消除地表以下数米黄土的自重湿陷性,更深的土层需另外处理。但这种方法需水量大,可能使附近地表开裂、下沉。

3. 结构措施

结构物的结构形式尽量采用简支梁等对不均匀沉降不敏感的结构;加大基础刚度,使受力均匀。对于长度较大、形体复杂的结构物,可采用沉降缝等将其分为若干独立单元等。

三、冻土地区基础工程

引导问题 什么是冻土?冻土的危害有哪些?如何防治季节性冻土危害?

凡是温度为0℃或0℃以下,含有冰且与土颗粒呈胶结状态的土称为冻土。冻土根据冻结延续时间可以分为多年冻土和季节性冻土两大类。冻结状态保持3年或3年以上的称为多年冻土,多年冻土常存于地面下一定深度。土层冬季冻结,夏季全部融化,冻结延续时间一般不超过一个季节的是季节性冻土。季节性冻土的下边界线,称为冻深线或冻结线。

膨胀土、冻土、地震区的基础工程

季节性冻土在我国分布很广,东北、华北、西北是季节性冻土分布的主要地区。多年冻土分布在严寒地区,这些地区冰冻期长达7个月,基本上集中在两大区域:纬度较高的内蒙古和黑龙江大、小兴安岭一带;海拔较高的青藏高原部分地区和甘肃、新疆的高山区。

冻土是由土颗粒、水、冰、气体等组成的多相复杂体系。冻土与未冻土的物理力学性质有着共同性,但因冻结时水相变化及其对结构和物理力学性质的影响,冻土含有若干不同于未冻土的特点,如冻结过程中水的迁移,冰的析出、冻胀和融沉等。这些特点会使多年冻土和季节性冻土给结构物带来不同的危害,因而对冻土区基础工程除按一般地区的要求进行设计和施工外,还要考虑季节性冻土或多年冻土的特殊要求。

(一)季节性冻土地区基础工程

1.季节性冻土按冻胀性分类

季节性冻土地区结构物破坏很多是由地基土冻胀造成的。由于水冻结成冰后,体积约增大9%,加上水分的转移,冻土的膨胀量更大。由于冻土的侧面和底面都有约束,因此多表现为向上的隆胀。

季节性冻土按冻胀性分为不冻胀、弱冻胀、冻胀、强冻胀、特强冻胀和极强冻胀。

2.墩、台和基础(含条形基础)抗冻拔稳定性验算

确定基础埋置深度后,基底法向冻胀力基本消失。季节性冻土地基墩、台、基础抗冻拔稳定性按下式计算:

$$F_k + G_k + Q_{sk} \geq kT_k \tag{16-5}$$
$$T_k = z_d \tau_{sk} u \tag{16-6}$$
$$z_d = z_0 \psi_{zs} \psi_{zw} \psi_{ze} \psi_{zg} \psi_{zf} \tag{16-7}$$

式中:F_k——作用在基础上的结构自重力,kN;

G_k——基础自重力及襟边上的土重力,kN;

Q_{sk}——基础周边融化层的摩阻力标准值,kN,按公式$Q_{sk}=q_{sk}A_s$计算,其中A_s为融化层中基础的侧面面积,m^2,q_{sk}为基础侧面与融化层的摩阻力标准值,kPa;无实测资料时,黏性土可采用20~30kPa,砂土及碎石土可采用30~40kPa;

k——冻胀力修正系数,砌筑或架设上部结构之前,k取1.1;砌筑或架设上部结构之后,静定结构k值取1.2,超静定结构k值取1.3;

T_k——基础的切向冻胀力标准值,kN;

z_d——设计冻深,m,当基础埋置深度 h 小于 z_d 时,z_d 采用 h 值;

z_0——标准冻深,m;

τ_{sk}——季节性冻土切向冻胀力标准值,kPa,按表16-3选用;

u——在季节性冻土层中基础和墩身的平均周长,m;

ψ_{zs}——土的类别对冻深的影响系数,取值见表16-4;

ψ_{zw}——土的冻胀性对冻深的影响系数,取值见表16-5;

ψ_{ze}——环境对冻深的影响系数,取值见表16-6;

ψ_{zg}——地形坡向对冻深的影响系数,取值见表16-7;

ψ_{zf}——基础对冻深的影响系数,取 $\psi_{zf}=1.1$。

季节性冻土切向冻胀力标准值 τ_{sk}(单位:kPa)　　　　表16-3

基础形式	冻胀类别					
	不冻胀	弱冻胀	冻胀	强冻胀	特强冻胀	极强冻胀
墩、台、柱、桩基础	0~15	15~80	80~120	120~160	160~180	180~200
条形基础	0~10	10~40	40~60	60~80	80~90	90~100

注:1.条形基础是指基础长宽比等于或大于10的基础;

2.对表面光滑的预制桩,τ_{sk}须乘0.8。

土的类别对冻深的影响系数 ψ_{zs}　　　　表16-4

土的类别	ψ_{zs}	土的类别	ψ_{zs}
黏性土	1.00	中砂、粗砂、砾砂	1.30
细砂、粉砂、粉土	1.20	碎石土	1.40

土的冻胀性对冻深的影响系数 ψ_{zw}　　　　表16-5

冻胀性	ψ_{zw}	冻胀性	ψ_{zw}
不冻胀	1.00	强冻胀	0.85
弱冻胀	0.95	特强冻胀	0.80
冻胀	0.90	极强冻胀	0.75

环境对冻深的影响系数 ψ_{ze}　　　　表16-6

周围环境	ψ_{ze}	周围环境	ψ_{ze}
村、镇、旷野	1.00	城市市区	0.90
城市近郊	0.95	—	—

地形坡向对冻深的影响系数 ψ_{zg}　　　　表16-7

地形坡向	平坦	阳坡	阴坡
ψ_{zg}	1.0	0.9	1.1

(二)多年冻土地区基础工程

1. 多年冻土按融沉性的等级划分

多年冻土的融沉性是评价其工程性质的重要指标,按含水率和平均融沉系数分为不融沉、弱融沉、融沉、强融沉和融陷 5 类。

平均融沉系数按下列公式计算:

$$\delta_0 = \frac{h_1 - h_2}{h_1} \times 100\% \tag{16-8}$$

式中:h_1——冻土试样融化前的厚度,mm;

h_2——冻土试样融化后的厚度,mm。

2. 多年冻土地基设计原则

1)保持冻结原则

保持基础底部多年冻土在施工和营运过程中处于冻结状态,适用于多年冻土较厚、地温较低和冻土比较稳定的地基或地基土为融沉、强融沉冻土。采用本设计原则时应考虑技术的可行性和经济的合理性。

2)容许融化原则

容许基底下的多年冻土在施工和使用过程中融化。

(1)自然融化。宜用于冻土厚度不大、地温较高的不稳定状态冻土及地基土为不融沉或弱融沉冻土。

(2)人工融化。砌筑基础前采用人工融化冻土或挖出换填,宜用于较薄弱的、不稳定状态的融沉和强融沉冻土地基。

基础类型的选择应与冻土地基设计原则协调。当采用保持冻结原则时,应首先考虑桩基,因桩基施工对冻结土暴露面小,有利于保持冻结。施工方法宜以钻孔灌注桩、挖孔灌注桩等为主,小桥涵基础埋置深度不大时可用扩大基础。采用容许融化原则时,要取用融化土的物理力学指标进行强度和沉降计算,上部结构形式以静定结构为宜,小桥涵可采用整体性较好的基础形式或箱形涵等。

根据我国多年冻土的特点,凡常年流水的较大河流沿岸,由于洪水渗透和冲刷,多年冻土多退化呈不稳定状态,在这些地带,地基基础设计一般不宜采用保持冻结原则。

3. 多年冻土地区基础抗冻拔计算

如图 16-1 所示,多年冻土地基墩、台和基础(含条形基础)抗冻拔稳定性按下列公式计算:

$$F_k + G_k + Q_{sk} + Q_{pk} \geq kT_k \tag{16-9}$$

$$Q_{sk} = q_{sk}A_s \tag{16-10}$$

$$Q_{pk} = q_{pk}A_p \tag{16-11}$$

式中:Q_{sk}——基础周边融化层的摩阻力标准值,kN,当季节性冻土层与多年冻土层衔接时,$Q_{sk}=0$;当季节性冻土层与多年冻土层不衔接时,按式(16-10)计算;

A_s——融化层中基础的侧面面积,m²;

q_{sk}——基础侧面与融化层的摩阻力标准值,kPa,无实测资料时,对黏性土可采用20 ～

30kPa,对砂土及碎石土可采用 30 ~ 40kPa;

Q_{pk}——基础周边与多年冻土的冻结力标准值,kN,按式(16-11)计算;

A_p——在多年冻土内的基础侧面面积,m^2;

q_{pk}——多年冻土与基础侧面的冻结力标准值,kPa,可按表 16-8 选用;

其余符号意义同前。

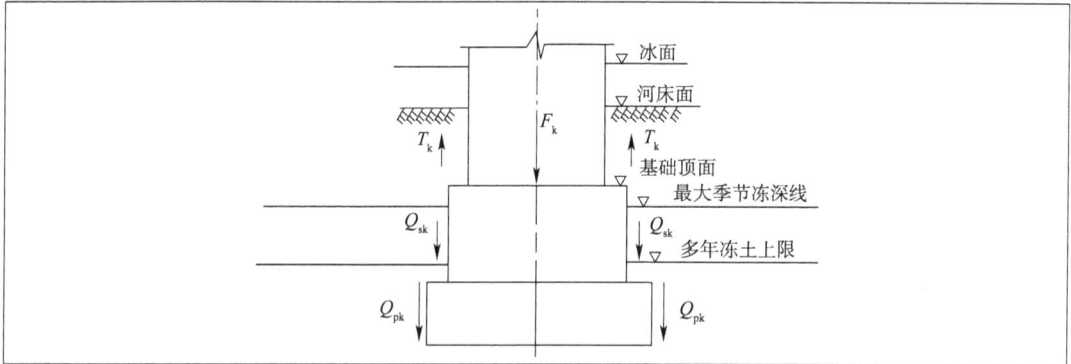

图 16-1　多年冻土地基冻胀图

多年冻土与基础侧面的冻结力标准值 q_{pk}(单位:kPa)　　　　　表 16-8

土类及融沉等级		温度(℃)						
		− 0.2	− 0.5	− 1.0	− 1.5	− 2.0	− 2.5	− 3.0
粉土、黏性土	Ⅲ	35	50	85	115	145	170	200
	Ⅱ	30	40	60	80	100	120	140
	Ⅰ、Ⅳ	20	30	40	60	70	85	100
	Ⅴ	15	20	30	40	50	55	65
砂土	Ⅲ	40	60	100	130	165	200	230
	Ⅱ	30	50	80	100	130	155	180
	Ⅰ、Ⅳ	25	35	50	70	85	100	115
	Ⅴ	10	20	30	35	40	50	60
砾石土(粒径小于 0.075mm 的颗粒含量小于或等于 10%)	Ⅲ	40	55	80	100	130	155	180
	Ⅱ	30	40	60	80	100	120	135
	Ⅰ、Ⅳ	25	35	50	60	70	85	95
	Ⅴ	15	20	30	40	45	55	65
砾石土(粒径小于 0.075mm 的颗粒含量大于 10%)	Ⅲ	35	55	85	115	150	170	200
	Ⅱ	30	40	70	90	115	140	160
	Ⅰ、Ⅳ	25	35	50	70	85	95	115
	Ⅴ	15	20	30	35	45	55	60

注:1.预制混凝土、木质、金属的冻结力标准值,应为表列数值分别乘 1.0、0.9、0.66 的系数;

　　2.多年冻土与沉桩的冻结力标准值按融沉等级Ⅳ类取值。

(三)冻胀、融沉防止措施

1.冻胀防止措施

(1)改善基础侧面平滑度,基础必须浇筑密实,具有平滑表面。基础侧面在冻土范围内还可用工业凡士林、渣油等涂刷以减少切向冻胀力。对桩基础也可用混凝土套管来消除切向冻胀力。

(2)选用抗冻胀性基础改变基础断面形状,利用冻胀反力的自锚作用提高基础抗冻拔的能力。

2.融沉防止措施

(1)换填基底土。对采用容许融化原则的基底土可换填碎、卵、砾石或粗砂等,换填深度可到季节融化深度或受压层深度。

(2)选择好施工季节。采用保持冻结原则的基础宜在冬季施工,采用容许融化原则的基础宜在夏季施工。

(3)选择好基础形式。对融沉、强融沉土基础宜用轻型墩台,适当增大基底面积,减少压应力,或结合具体情况,加大基础埋置深度。

(4)注意隔热措施。采取保持冻结原则施工时,注意保护地表上覆盖植被,或以保温性能较好的材料铺盖地表,减少热渗入量。施工和养护中,保证建筑物周围排水通畅,防止地表水灌入基坑内。

如抗冻胀稳定性不够,可在季节融化层范围内,按前面介绍的第(1)、第(2)条防冻胀措施处理。

四、基础震害与基础抗震设计

我国地处环太平洋地震带和地中海南亚地震带之间,是个地震频发的国家。建筑物结构在地震遭到破坏的相当多,其中有很多是因为地基与基础被震坏。因此,要重视对地基与基础震害的研究,采取有效措施减轻或避免地震的损害。

> **引导问题** 什么是地震液化?液化的危害形式有哪些?液化地基的处理方式有哪些?

(一)地基与基础的震害与防震措施

地基与基础的震害主要有地基土震动液化、地裂、震沉和边坡坍塌,因而导致基础沉陷、位移、倾斜、开裂等。

1.地基土的液化

地震时地基土的液化是指地面以下一定深度内(一般指20m)的饱和粉质细砂土、粉质砂土层,在地震过程中出现软化、稀释,失去承载能力而形成类似液体性状的现象。砂土液化是震害的重要原因之一。

饱和砂土地基在地震作用下,结构被破坏,颗粒间产生相对位移,有增密的趋势。而细砂、粉砂的透水性较小,导致孔隙水压力暂时显著增大,当孔隙水压力上升到等于土的竖向总应力时,有效应力降低至零,抗剪强度完全丧失,处于没有抵抗外力荷载能力的悬浮状态,发生砂土的液化。砂土在地震作用下液化,主要与土的性质、土的初始应力状态、震动的特性有关。

1）土的性质

地震时砂土的液化主要发生在松散的粉、细砂和粉质砂土之中。均匀的砂土比级配良好的砂土易发生液化。另外，比重也是影响液化的主要因素。比重小于 0.65 的松散砂土，7度烈度的地震即发生液化；比重大于 0.75 的砂土，即使 8 度烈度的地震也不会发生液化。试验研究表明，砂土颗粒的排列、土粒间的胶结物等也有影响。

2）土的初始应力状态

试验表明，对于相同条件的土样，发生液化所需要的动应力将随着固结应力的增加而增大。地震时砂土的埋藏深度，就成了影响液化的因素。中国科学院工程力学研究所在《海城地震砂土液化考察报告》中指出，有效覆盖压力小于 0.5kPa 的地区，砂土的液化严重；有效应力介于 0.5～1.0kPa 的地区，液化较轻；有效应力大于 1.0kPa 的地区，没有液化。调查资料还表明埋藏深度大于 20m 的地区，松砂发生液化的也很少。

3）震动的特性

各种条件相同的砂土，地震时是否发生液化还取决于地震的强度大小和地震持续时间的长短。在松软地基、可液化土地基及严重不均匀的地基上，不宜修筑大跨度的超静定结构物。建造其他类型的结构物也应根据具体情况采取下列措施：

（1）改善土的物理力学性质，提高地基抗震性能。对位置较浅、厚度不大的松软可液化土层可采用挖除换土，用砂垫层等浅层处理，此法较适用于小型建筑物；否则应考虑采用砂桩、碎石桩、振冲碎石桩、深层搅拌桩等将地基加固，地基加固范围应适当扩大到基础之外。

（2）采用桩基础、沉井基础等各种形式的深基础，穿越松软或可液化土层，并伸入稳定土层足够深度。

（3）减轻荷载、加大基础底面积。减轻结构物重力，加大基础底面积以减少地基压力，对松软地基抗震是有利的。增加基础及上部结构刚度也是防震的有效措施。

2. 地基与基础的震沉、边坡的坍塌以及地裂

软弱黏土地基与松散砂土地基在地震作用下，结构被扰动，强度降低，并产生附加震沉，且往往是不均匀的沉陷，会使结构物遭到破坏。我国沿海地区及较大河流下游的软土地区，震沉往往是主要的地基震害。地基土级配情况差、含水率高、孔隙比大，震沉也大；一般情况下，震沉随基础埋置深度加大而减少；地震烈度越高，震沉也越大；荷载越大，震沉也越大。

陡峻山区土坡，层理倾斜或有软弱夹层等不稳定边坡、岸坡等，在地震时因水平附加应力的作用或土层强度的降低而发生滑动，会导致其上或邻近的基础、结构物遭到破坏。

地震发生时，地面常出现与地下裂带走向一致的呈带状的地裂带。地裂带一般在土质松软的地区、河道、河堤岸边、陡坡、半填半挖处较易出现，大小不一，有时长达几十千米，对工程建筑常造成破坏和损害。

在此类地段修筑大、中桥墩台时应适当增加桥长，注意桥跨布置等，将基础置于稳定土层上并避开河岸的滑动影响。在小桥墩台基础间设置支撑梁或用片、块石满床铺砌，以提高基础抗位移能力。挡墙也应将基础置于稳定地层上，并在计算中考虑失稳土体的侧压力。

(二)基础工程抗震设计

1.建筑物场地的选择

宜选择对建筑抗震有利的地段,如开阔平坦的坚硬场地土等地段;宜避开对建筑物不利的地段,如软弱场地土、易液化土等,如无法避开,应采取相应的抗震措施。

2.地基和基础抗震措施

当建筑物地基的主要受力层范围存在承载力特征值f_a分别小于80kPa(7度)和100kPa(8度)以及120kPa(9度)的软黏性土、可液化层、不均匀地基时,应结合具体情况,采取适当的抗震措施。

3.天然地基抗震计算

考虑地震荷载属于特殊荷载,作用时间短,天然地基的抗震承载力应符合下列各式:

$$p \leqslant f_{aE} \tag{16-12}$$

$$p_{max} \leqslant 1.2 f_{aE} \tag{16-13}$$

$$f_{aE} = \zeta_a f_a \tag{16-14}$$

式中:p——地震作用效应标准组合的基础底面平均压力,kPa;

p_{max}——地震作用效应标准组合的基础底面边缘最大压力,kPa;

f_{aE}——调整后的地基抗震承载力,kPa;

ζ_a——地基土抗震承载力调整系数,按表16-9采用;

f_a——经过深度修正后的地基承载力特征值,kPa。

地基土抗震承载力调整系数

表16-9

岩土名称和性状	ζ_a
岩石,密实的碎石土,密实的砾、粗、中砂,$f_{ak} \geqslant 300$kPa的黏性土和粉土	1.5
中密、稍密的碎石土,中密和稍密的砾、粗、中砂,密实和中密的细、粉砂,150kPa$\leqslant f_{ak} <$300kPa的黏性土和粉土,坚硬黄土	1.3
稍密的细、粉砂,100kPa$\leqslant f_{ak} <$150kPa的黏性土和粉土,可塑黄土	1.1
淤泥、淤泥质土、松散的砂、杂填土、新近堆积黄土及流塑黄土	1.0

高宽比大于4的建筑,在地震作用下基础底面不宜出现拉应力;其他建筑,基础底面与地基土之间零应力区面积不应超过基础底面面积的15%。

4.液化土判定的试验方法

参考《铁路工程抗震设计规范》(GB 50111—2006)附录B,液化土判定试验方法如下。

(1)标准贯入试验法。

当实测标准贯入锤击数N值小于液化临界标准贯入锤击数N_{cr}时,应判为液化土。N_{cr}值应按下列公式计算:

$$N_{cr} = N_0 \alpha_1 \alpha_2 \alpha_3 \alpha_4 \tag{16-15}$$

$$\alpha_1 = 1 - 0.065(d_w - 2) \tag{16-16}$$

$$\alpha_2 = 0.52 + 0.175 d_3 - 0.005 d_3^2 \tag{16-17}$$

$$\alpha_3 = 1 - 0.05(d_u - 2) \tag{16-18}$$

$$\alpha_4 = 1 - 0.17\sqrt{P_c} \tag{16-19}$$

式中：N_0——当 d_3 为 3m，d_w 和 d_u 为 2m，α_4 为 1 时土层的液化临界标准贯入锤击数，应按表 16-10 取值；

α_1——地下水埋深 d_w(m) 修正系数，应按式(16-16)计算，当地面常年有水且与地下水有水力联系时，d_w 为零；

α_2——标准贯入试验点的深度 d_3(m) 修正系数，应按式(16-17)计算；

α_3——上覆非液化土层厚度 d_u(m) 修正系数，应按式(16-18)计算，对于深基础取 α_3 为 1；

α_4——黏粒重量百分比 P_c 修正系数，应按式(16-19)计算，也可按表 16-11 取值。

临界锤击数 N_0 值　　　　表 16-10

特征周期分区	地震动峰值加速度				
	0.1g	0.15g	0.2g	0.3g	0.4g
一区	6	8	10	13	16
二区、三区	8	10	12	15	18

P_c 修正系数 α_4 值　　　　表 16-11

土性	砂土	粉土	
		塑性指数 $I_p \leq 7$	塑性指数 $7 < I_p \leq 10$
α_4 值	1.0	0.6	0.45

（2）单桥头静力触探试验法。

当实测的计算贯入阻力 P_{sca} 值小于液化临界贯入阻力 P_s' 值时，应判为液化土。

① P_s' 值应按下列公式计算：

$$P_s' = P_{so}\alpha_1\alpha_3 \tag{16-20}$$

式中：P_{so}——当 d_w 为 2m，d_u 为 2m 时，砂土的液化临界贯入阻力 P_{so}(MPa) 值应按表 16-12 取值。

临界贯入阻力 P_{so} 值　　　　表 16-12

A_g	0.1g	0.15g	0.2g	0.3g	0.4g
P_{so}(MPa)	5	6	11.5	13	18

② P_{sca} 的确定应符合下列规定：

砂层厚度大于 1m 时，应取该层贯入阻力 P_s' 的平均值作为该层的 P_{sca} 值。当砂层厚度大于 1m，且上、下层为贯入阻力 P_s' 值较小的土层时，应取较大值作为该层的 P_{sca} 值。

砂层厚度较大，力学性质和 P_s' 值可明显分层时，应分别计算分层的平均 P_{sca} 值。

5.桩基础抗震计算

1）非液化土中低承台桩基抗震计算的主要规定

（1）单桩竖向和水平承载力特征值，可比非抗震设计时提高 25%。

(2)当承台周围的回填土的压实系数 $\lambda_c \geqslant 0.94$ 时,可由承台侧面的填土与桩共同承担水平地震作用,但不应计入承台底面与地基土之间的摩擦力。

2)存在液化土层的低承台桩基抗震计算的主要规定

(1)当桩承台底面上、下分别有厚度不小于 1.5m、1.0m 的非液化土层或非软弱土层时,可按下列两种情况中的不利情况进行桩的抗震计算。

①桩承受全部地震作用,桩的承载力按上述非液化土中低承台桩基抗震计算情况取用,但液化土的桩周摩阻力及桩水平抗力均应乘表 16-13 的折减系数。

土层液化影响折减系数   表 16-13

实际标准贯入锤击数/临界标准贯入锤击数	深度 d_s(m)	折减系数
≤0.6	$d_s \leqslant 10$	0
	$10 < d_s \leqslant 20$	1/3
>0.6~0.8	$d_s \leqslant 10$	0
	$10 < d_s \leqslant 20$	2/3
>0.8~1.0	$d_s \leqslant 10$	2/3
	$10 < d_s \leqslant 20$	1

②地震作用按水平地震影响系数最大值的 10% 采用,桩承载力仍按上述非液化土中低承台桩基抗震计算的规定(1)采用,但应扣除液化土层的全部摩阻力及桩承台下 2m 深度范围内并非液化土的桩周摩阻力。

(2)一般不宜计入承台周围土的抗力或刚性地坪对水平地震力的分担作用。

(3)液化土中桩的纵筋,应自桩顶至液化深度以下,达到符合全部消除液化沉陷要求的深度全长设置,箍筋应加密。

◀ **技能训练工单及练习** ✦

✿ **工作任务单**

一、工作任务

1. 预习特殊地基的处理相关内容;

2. 根据以下练习内容,归纳总结特殊地基的处理相关知识,填写表16-14(空白处没有内容的填无)。

信息表 表16-14

特殊地基类型	处理原理	适用范围	施工注意事项	其他
软土地基				
黄土地基				
冻土地基				

二、考核评价

评价表参见附录一。

✿ **练习**

1. 什么是湿陷性黄土?试述湿陷性黄土的工程特征。

2. 如何根据湿陷性系数判定黄土的湿陷性?

3. 如何划分湿陷性黄土地基的等级?

4. 怎样防止湿陷性黄土地基产生湿陷?有哪些地基处理方法?

5. 什么是多年冻土地基、季节性冻土地基?

6. 工程上如何处理多年冻土地基和季节性冻土地基?

7. 在多年冻土地区,如何防止融沉和冻胀?

8. 地基和基础的震害有哪些?一般有哪些防震措施?

参 考 文 献

[1] 刘成宇. 土力学[M]. 2 版. 北京:中国铁道出版社,2002.

[2] 高大钊,袁聚云. 土质学与土力学[M]. 4 版. 北京:人民交通出版社,2009.

[3] 张力霆,梁金国. 土力学与地基基础[M]. 3 版. 北京:高等教育出版社,2014.

[4] 孙维东. 土力学与地基基础[M]. 北京:机械工业出版社,2003.

[5] 李波. 土力学与地基[M]. 北京:人民交通出版社,2011.

[6] 钱建固,袁聚云,赵春风,等. 土质学与土力学[M]. 5 版. 北京:人民交通出版社股份有限公司,2015.

[7] 胡雪梅,吕玉梅. 土力学地基与基础[M]. 北京:中国电力出版社,2009.

[8] 务新超,魏明. 土力学与基础工程[M]. 2 版. 北京:机械工业出版社,2018.

[9] 国家铁路局. 铁路工程地质勘察规范:TB 10012—2019[S]. 北京:中国铁道出版社,2019.

[10] 国家铁路局. 铁路桥涵地基和基础设计规范:TB 10093—2017[S]. 北京:中国铁道出版社,2017.

[11] 国家铁路局. 铁路工程岩土分类标准:TB 10077—2019[S]. 北京:中国铁道出版社,2019.

[12] 国家铁路局. 铁路工程土工试验规程:TB 10102—2023[S]. 北京:中国铁道出版社,2023.

[13] 中华人民共和国住房和城乡建设部,国家市场监督管理总局. 土工试验方法标准:GB/T 50123—2019[S]. 北京:中国计划出版社,2019.

[14] 中华人民共和国住房和城乡建设部,中华人民共和国国家质量监督检验检疫总局. 城市轨道交通岩土工程勘察规范:GB 50307—2012[S]. 北京:中国计划出版社,2012.

附录一

技能训练工单评价表

各学习情境学习任务参考技能训练工单完成相关内容和考核评价。

(1)学生自评:教师根据学生知识掌握情况出 5 ~ 10 个测试题目,由学生完成自我测试并填写本任务的自评表。

(2)小组评价:

①主讲教师根据班级人数、学生学习情况等因素合理分组,然后以学习小组为单位完成分组讨论题目,做答案演示,并完成小组测评表。

②以小组为单位完成任务,每个组员分别提交任务单,指导教师根据任务的完成过程和任务单给出评价,并计入总评价体系内。

(3)教师评价:由教师综合学生自评、小组评价以及任务完成情况对学生进行评价。

(4)附表 1-1 ~ 附表 1-3 中评价标准:"优"按照 100% × 每个评价项目得分,"良"按照 80% × 每个评价项目得分,"中"按照 70% × 每个评价项目得分,"差"按照 50% × 每个评价项目得分。

附表 1-4 ~ 附表 1-7 可参考选用。

教师综合评价(教师用表)　　　　　　　　　　附表 1-1

项目名称:_____　　　学生姓名:_____　　　组别:_____

评价项目	评价标准			
	优	良	中	差
1.学习目标是否明确(5分)				
2.学习效果是否有增强趋势,是否不断进步(10分)				
3.是否能独立获取信息,资料收集是否完整(10分)				
4.是否独立制订、实施、评价项目工作方案(20分)				
5.是否清晰地表达自己的观点和思路,及时解决问题(10分)				
6.项目实施操作的表现(20分)				
7.职业整体素养的确立与表现(5分)				
8.是否能认真总结、正确评价完成项目情况(5分)				
9.工作环境是否整洁有序及团队合作精神表现(10分)				
10.每一项任务是否及时、认真完成(5分)				
总评				
改进方法				

学习档案评价表(教师用表)　　　　　　　　　　附表 1-2

项目名称:_____　　　学生姓名:_____　　　组别:_____

评价要点	评价标准			
	优	良	中	差
1.与完成项目相关的材料是否齐全(20分)				
2.制订项目工作方案是否及时,质量如何(20分)				
3.项目工作方案是否完善,完善情况如何(10分)				

续上表

评价要点	评价标准			
	优	良	中	差
4.项目实施过程中的原始记录是否符合要求(10分)				
5.有关分析任务的实施报告是否符合要求(10分)				
6.出具的分析检测报告是否符合要求(10分)				
7.课堂汇报情况如何(10分)				
8.归档文件的条理性、整齐性、美观性(10分)				
总计				
改进意见				

学生自我评价表(学生用表)　　　　　　　　　　附表1-3

项目名称:_____　　　　学生姓名:_____　　　　　组别:_____

评价项目	评价标准			
	优	良	中	差
1.学习是否主动,是否能及时完成教师布置的各项任务(15分)				
2.是否完整地记录探究活动的过程,收集的有关学习信息和资料是否完善(10分)				
3.能否根据学习资料对项目进行合理分析,对所制订的方案进行可行性分析(10分)				
4.是否能够完全领会教师的授课内容,并迅速地掌握技能(10分)				
5.是否积极参与各种讨论与演讲,并能清晰地表达自己的观点(10分)				
6.能否按照项目工作方案独立完成项目(10分)				
7.对项目过程中出现的问题能否主动思考,并及时解决(10分)				
8.能否通过项目训练达到所要求的能力目标(10分)				
9.是否确立了安全、环保的意识与团队合作精神(10分)				
10.工作过程中是否保持整洁、有序、规范的工作作风(5分)				
总评				
改进方法				

项目工作方案评分表（教师用表）　　　　　　　附表 1-4

项目名称：_____　　　　　学生姓名：_____　　　　　组别：_____

要求	格式正确、项目全面、条目清楚	内容连贯、见解独到、全面详尽	选用方法贴合实际、正确可行	语言精练、条理清晰、表述明确	讨论热烈、勇敢提问、针对性强	总评
分值	10	20	30	20	20	
得分（分）						

课堂汇报评分表（教师用表）　　　　　　　附表 1-5

项目名称：_____　　　　　学生姓名：_____　　　　　组别：_____

要求	语言精练	条理清晰	内容有见地	表述自然流畅	回答问题正确	幻灯片效果好	在限时内完成	总评
分值	15	15	20	10	10	20	10	
得分（分）								

学习活动记录表（学生用表）　　　　　　　附表 1-6

项目名称：_____　　　　　学生姓名：_____　　　　　组别：_____

日期	任务名称	工作内容	难度	执行人	执行情况	备注

课程总评分表　　　　　　　附表 1-7

项目名称：_____　　　　　学生姓名：_____　　　　　组别：_____

项目	评价内容	得分	权重	总比例	总评
终结性评价	知识考核		30%	30%	
	综合考核		70%		
过程性评价	教师评价（40%）				
	学习档案评价（30%）		100%	70%	
	小组评价（15%）				
	自我评价（15%）				

附录二

土工试验手册

前　　言

　　土工试验课是学习土力学基本理论的一个重要教学环节。它不仅起着巩固课堂知识,增强对土的物理、力学性质理解的作用,还是学习科学试验方法和培养实践技能的重要途径。根据高职交通运输大类专业人才培养方案及课程标准的要求,安排了土的基本物理性质指标测定、液塑限联合测定、击实试验、土的压缩及直接剪切等试验。各项试验应参考《土工试验方法标准》(GB/T 50123—2019)的规定进行。通过动手试验,要求学生掌握以下目标:

📋 学习目标

※ 知识目标

(1)掌握土的试验室指标、物理特性指标、压实性、压缩性、抗剪性能等试验的方法。

(2)掌握与试验相关的土样制备、仪器的操作方法、试验数据处理方法。

(3)了解与试验相关的理论。

※ 能力目标

(1)能够制备各种试验要求的土样,并按照规范对土样的各种指标进行试验。

(2)能够对试验数据进行处理,独自出具试验报告。

※ 素养目标

(1)养成所有试验均依据相应的规范标准进行的习惯。

(2)养成试验前检查设备、试验中规范操作、试验后认真总结的好习惯。

(3)培养工匠精神,对操作过程与数据精益求精。

(4)培养热爱劳动、勤俭节约、爱护环境等品质。

✏️ 学习重点

　　土的三相组成、试验室指标、土的物理特性指标、压实指标、压缩性指标、剪切指标的仪器准备和试验方法。

💡 学习难点

　　试验土样的制备,试验数据的处理,出具试验报告。

　　工作任务:使用相关的试验仪器,通过学生小组分工协作,按试验步骤进行操作,完成土的含水率、密度、比重、界限含水率等试验的测定任务,并写出相应的试验报告。

　　实训方式:教师先示范,学生认真听取教师讲解试验目的、方法、步骤,然后开始试验。

　　实训内容和要求:进行土的基本物理性质指标测定、液塑限联合测定、击实试验、土的压缩及直接剪切等试验,掌握试验目的、仪器设备、试验步骤、结果整理等。土工试验方法参考《土工试验方法标准》(GB/T 50123—2019)。

　　实训成果:试验完成后,将试验数据填入试验记录表,并写出试验过程。各小组间交流成果,进行分析讨论,由指导教师讲评,以提高学生的实际动手能力。

试验室规则

试验课是整个教学的重要环节,通过试验课,既要巩固和加深课堂所学的理论,又要培养科学试验的实际工作能力和科学态度。为此,学生必须遵守下列规则:

1. 预习及补做试验

(1)做试验前必须预习试验讲义(包括课堂理论的有关部分及试验目的、原理和基本操作要点等),由教师抽查,凡没有预习的学生不得参加本次试验课。

(2)因未预习或请假未做试验的学生,应尽快向试验室提出补做该试验的申请,由试验室统筹安排,学期结束,缺试验者不给该课程考核成绩。

2. 试验及报告

(1)试验进行中要独立操作,认真按操作规程进行,并细致观察和思考试验中出现的各种问题,做好观测记录。试验完毕交教师审核后,方准带回整理,编写试验报告。

(2)试验报告要求数据准确清楚,字迹工整,图表整洁。

3. 试验室秩序

(1)学生必须按指定的小组桌号仪器进行试验,不得任意改动。对仪器首先要清点检查(是否完好齐全,如有缺损要立即通知试验室教师),试验进行中要轻拿轻放,爱护仪器。试验后清理打扫,按原样放置,由试验室教师检查后方可离开,若有丢损必须立即向试验室教师报告登记,按制度赔偿。

(2)注意试验室安全及卫生工作:凡不是试验必需品不得任意摆在试验桌上,其他书籍物品放在指定地点。不乱动电闸、电钮,不任意摆弄其他仪器,不得在试验室大声喧哗。严禁打闹、吸烟、吐痰。

一、含水率试验

(一)烘干法

1.目的和适用范围

(1)目的:测量土的含水率。

(2)本试验方法适用于测定黏质土、粉质土、砂类土、砂砾石、有机质土和冻土类的含水率。

2.仪器设备

(1)烘箱(附图2-1):可采用电热烘箱或温度能保持在105~110℃之间的其他能源烘箱,也可用红外线烘箱。

(2)天平:称量200g,分度值0.01g。

(3)其他:干燥器、土工铝盒(如附图2-2所示,定期调整为恒质量)等。

附图2-1 烘箱

附图2-2 土工铝盒

3.试验步骤

(1)取有代表性试样:细粒土15~30g,砂类土50~100g,砂砾石2~5kg。将试样放入土工铝盒内,立即盖好盒盖,称量,细粒土、砂类土称量应准确至0.01g,砂砾石称量应准确至1g。当使用恒质量盒时,可先将其放置在电子天平或电子台秤上清零,再称量装有试样的恒质量盒,称量结果即为湿土质量m。

(2)揭开盒盖,将试样和盒放入烘箱,在105~110℃下烘到恒量。烘干时间,对黏质土,不得少于8h;对砂类土,不得少于6h。对有机质含量为5%~10%的土,应将烘干温度控制在65~70℃的恒温下烘至恒量。

(3)将烘干后的试样和盒取出,盖好盒盖放入干燥器内冷却至室温,称干土质量m_s。

4.结果整理

按下式进行含水率计算:

$$w = \frac{m - m_s}{m_s} \times 100\%$$

式中：w——含水率，％，精确至 0.1；

m——湿土质量，g；

m_s——干土质量，g。

5. 试验结果记录

将试验结果记录在附表 2-1 中。

含水率试验记录表（烘干法）　　　　　　　附表 2-1

任务单号			试验者	
试验日期			计算者	
天平编号			校核者	
烘箱编号				

试样编号	试样说明	盒号	盒质量(g)	盒加湿土质量(g)	盒加干土质量(g)	水分质量(g)	干土质量(g)	含水率(％)	平均含水率(％)
			(1)	(2)	(3)	(4)＝(2)－(3)	(5)＝(3)－(1)	(6)＝$\frac{(4)}{(5)}\times100$	(7)

6. 允许偏差

本试验须进行两次平行测定，取两次平行试验的平均值作为含水率，最大允许平行差值应符合规定。附表 2-2 为含水率测定的最大允许平行差值。

含水率测定的最大允许平行差值　　　　　　　附表 2-2

含水率	最大允许平行差值
＜10％	±0.5％
10％~40％	±1.0％
＞40％	±2.0％

（二）酒精燃烧法

1. 目的和适用范围

(1) 目的：测量土的含水率。

(2) 本试验方法适用于快速简易测定细粒土（含有机质的土除外）中水的含量。

2. 仪器设备

(1) 称量盒（定期调整为恒质量）。

(2)酒精:纯度不得小于95%。

(3)天平:分度值0.01g。

(4)滴管、火柴、调土刀等。

3. 试验步骤

(1)取代表性试样(黏质土5~10g,砂类土20~30g),放入称量盒内,称湿土质量 m,精确至0.01g。

(2)用滴管将酒精注入放有试样的称量盒中,直至盒中出现自由液面为止。为使酒精在试样中充分混合均匀,可将盒底在桌面上轻轻敲击。

(3)点燃盒中酒精,烧至火焰熄灭。

(4)将试样冷却数分钟,按步骤(3)和(4)再重新燃烧两次。

(5)待第三次火焰熄灭后,盖好盒盖,立即称干土质量 m_s,精确至0.01g。

4. 结果整理

按下式计算含水率:

$$w = \frac{m - m_s}{m_s} \times 100\%$$

式中:w——含水率,%,精确至0.1;

m——湿土质量,g;

m_s——干土质量,g。

5. 试验结果记录

将试验结果记录在附表2-3中。

含水率试验记录表(酒精燃烧法)　　附表2-3

任务单号		试验者	
试验日期		计算者	
天平编号		校核者	
烘箱编号			

试样编号	试样说明	盒号	盒质量(g)	盒加湿土质量(g)	盒加干土质量(g)	水分质量(g)	干土质量(g)	含水率 w (%)	平均含水率(%)
			(1)	(2)	(3)	(4) = (2) − (3)	(5) = (3) − (1)	(6) = $\frac{(4)}{(5)} \times 100$	(7)

6. 允许偏差

本试验须进行两次平行测定,取其算术平均值作为含水率,最大允许平行差值应符合规定。附表 2-2 为含水率测定的最大允许平行差值。

二、密度试验

1. 试验目的

测定土的密度,以便了解土的疏密状态,供换算土的其他物理力学指标和工程设计之用。

2. 试验方法

环刀法、水银排开法、蜡封法、密度湿度计法和灌砂法。本试验介绍环刀法。

3. 仪器设备

(1)环刀(附图 2-3):尺寸参数应符合《土工试验方法标准》(GB/T 50123—2019)的规定。

(2)天平:称量 500g(分度值 0.1g)。

(3)其他:凡士林、修土刀、钢丝锯、玻璃板及圆玻璃片等。

4. 试验步骤

(1)按工程需要取原状土或人工制备所需状态的扰动土样,其直径和高度应大于环刀的尺寸,整平其两端并放在玻璃板上,在天平上称取环刀质量 m_1。

(2)环刀内壁涂抹凡士林,将刀口向下放在土面上,然后将环刀垂直下压,边压边切削,至土样上端伸出环刀为止。削去两端余土修平,两端盖上平滑的圆玻璃片,以免水分蒸发。

附图 2-3 环刀

(3)擦净环刀外壁,称取环刀加土的质量 m_2,精确至 0.1g。

(4)计算密度,精确至 0.01g/cm^3。

$$\rho_d = \frac{m}{V} = \frac{m_2 - m_1}{V}$$

式中:m——湿土质量,g;

m_2——环刀加试样质量,g;

m_1——环刀质量,g;

V——环刀容积,cm^3。

5. 试验结果记录

将试验结果记录在附表 2-4 中。

密度试验记录表(环刀法)　　　　　　　　　　　附表 2-4

任务单号			试验者	
试验日期			计算者	
天平编号			校核者	
烘箱编号				

试样编号	环刀号	环刀容积 $V(cm^3)$	湿土质量 $m(g)$	湿密度 $\rho(g/cm^3)$	含水率 $w(\%)$	干密度 $\rho_d(g/cm^3)$	平均干密度 $\bar{\rho}_d(g/cm^3)$

6. 允许偏差

本试验需进行两次平行测定,取其平均值,其最大允许平行差值应为 ±0.03g/cm³。

三、土粒比重试验

1. 目的和适用范围

(1)土的比重是指土在 105～110℃下烘至恒量时的质量与同体积 4℃蒸馏水质量的比值。

(2)本试验的目的是测定土的颗粒比重,它是土的基本物理性质指标之一。

(3)本试验法适用于粒径小于 5mm 的土。

附图 2-4　比重瓶

2. 仪器设备

(1)比重瓶(附图 2-4):容量 100mL 或 50mL。

(2)天平:称量 200g,分度值 0.001g。

(3)恒温水槽:最大允许误差 ±1℃。

(4)温度计:测量范围 0～50℃,分度值 0.5℃。

(5)砂浴。

(6)真空抽气设备。

(7)其他:烘箱、蒸馏水、中性液体(如煤油)、孔径 5mm 筛、漏斗、滴管等。

3. 试验步骤

(1)将比重瓶烘干,将 15g 烘干土装入 100mL 比重瓶内(若用 50mL 比重瓶,装烘干土约 12g),称量。

(2)为排出土中空气,向已装有干土的比重瓶中注入蒸馏水至瓶的一半处,摇动比重瓶,将土样浸泡 20h 以上,再将瓶在砂浴中煮沸,煮沸时间自悬液沸腾时算起,砂及低液限黏土应不少于 30min,高液限黏土应不少于 1h,使土粒分散。沸腾后注意调节砂浴温度,以不使土液溢出瓶外。

（3）如果是长颈比重瓶,用滴管调整液面恰好至刻度处(以弯月面下缘为准),擦干瓶外及瓶内壁刻度以上部分的水,称取瓶、水、土总质量。如果是短颈比重瓶,用纯蒸馏水注满,使多余水分自瓶塞毛细管中溢出,将瓶外水分擦干后,称取瓶、水、土总质量,称量后立即测出瓶内水的温度,精确至 $0.5℃$ 。

（4）根据测得的温度,从已绘制的温度与瓶、水总质量关系曲线中查得瓶、水总质量。若比重瓶体积事先未经温度校正,则立即倒去悬液,洗净比重瓶,注入事先煮沸过且与试验时同温度的蒸馏水至同一体积刻度处,短颈比重瓶则注水至满,按本试验步骤(3)调整液面后,将瓶外水分擦干,称瓶、水总质量。

（5）如果是砂土,煮沸时砂粒易跳出,允许用真空抽气法代替煮沸法排出土中空气,其余步骤与本试验步骤(3)、(4)相同。

（6）对含有一定量可溶盐、不同亲水性胶体或有机质的土,必须用中性液体(如煤油)测定,并用真空抽气法排出土中气体。真空压力表读数宜为 100kPa,抽气时间 1～2h(直至悬液内无气泡为止),其余步骤与本试验步骤(3)、(4)相同。

（7）本试验称量应精确至 0.001g。

4. 结果整理

（1）用蒸馏水测定时,按下式计算比重。

$$G_s = \frac{m_s}{m_1 + m_s - m_2} \times G_{wt}$$

式中: G_s ——土的比重;

　　　m_s ——干土质量,g;

　　　m_1 ——瓶、水总质量,g;

　　　m_2 ——瓶、水、土总质量,g;

　　　G_{wt} —— $t℃$ 时蒸馏水的比重,精确至 0.001,可由附表2-5查得。

不同温度时水的比重　　　　　　　　　　　　　　　　　　附表2-5

水温(℃)	4.0～12.5	12.5～19	19～23.5	23.5～27.5	27.5～30.5	30.5～33.0
水的比重	1.000	0.999	0.998	0.997	0.996	0.995

（2）用中性液体测定时,按下式计算比重。

$$G_s = \frac{m_s}{m_1' + m_s - m_2'} \times G_{kt}$$

式中: m_1' ——瓶、中性液体总质量,g;

　　　m_2' ——瓶、土、中性液体总质量,g;

　　　G_{kt} —— $t℃$ 时中性液体的比重,精确至 0.001。

5. 试验结果记录

将试验结果记录在附表2-6中。

比重试验记录表(比重瓶法)

任务单号			试验环境		
试验日期			试验者		
试验标准			校核者		
烘箱编号			天平编号		

试样编号	比重瓶号	温度 (℃)	液体比重 G_{kt}	干土质量 (g)	比重瓶、 液体 总质量 (g)	比重瓶、 液体、 土总质量 (g)	与干土同 体积的 液体质量 (g)	比重	平均比重	备注
		(1)	(2)	(3)	(4)	(5)	$(6)=(3)+$ $(4)-(5)$	$(7)=$ $\dfrac{(3)}{(6)}\times(2)$		

6. 精密度和允许偏差

本试验必须进行两次平行测定,取其算术平均值,精确至两位小数,其允许平行差值不得大于 0.02。

四、界限含水率试验

1. 目的和适用范围

本试验的目的是测定细粒土的液限和塑限含水率,用于计算土的塑性指数和液性指数,以划分土的工程类别和确定土的状态。

本试验法适用于土的粒径小于 0.5mm,有机质含量不大于干土质量的 5% 的细粒土。

2. 仪器设备

(1)液塑限联合测定仪(附图 2-5)应包括带标尺的圆锥仪、电磁铁、显示屏、控制开关和试样杯,圆锥仪质量为 76g,锥角为 30°;读数显示宜采用光电式、游标式和百分表式。

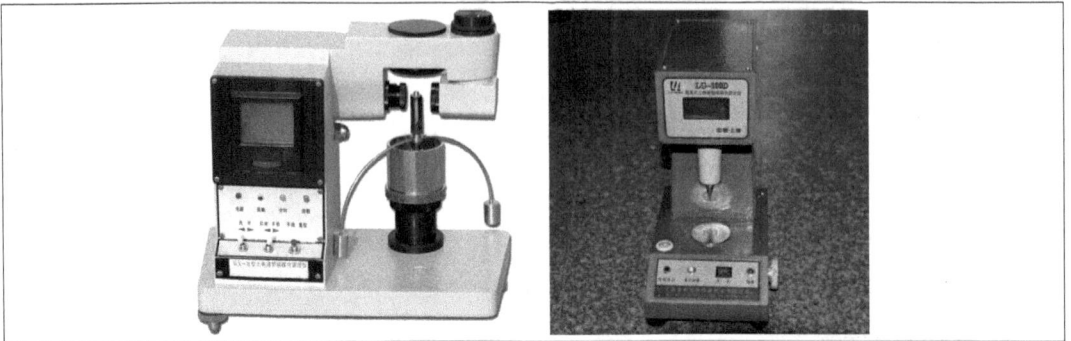

附图 2-5 液塑限联合测定仪

（2）天平：称量200g，分度值0.01g。

（3）其他：烘箱、铝盒、调土刀、刮土刀、蒸馏水、滴瓶、凡士林等。

3. 试验步骤

（1）本次试验原则上应采用天然含水率的土样进行，也允许用风干土制备土样，土样过0.5mm筛后，喷洒水配制成一定含水率的土样，然后装入密闭玻璃广口瓶内，润湿一昼夜备用（土样制备工作由试验室预先做好）。

（2）将已制备好的土样取出，放在搪瓷碗中加水或用电吹风吹干并调匀后，密实地装入试样杯中（土中不能有孔洞），高出试样杯口的余土，用刮土刀刮平。

（3）将装好土样的烧杯放在液塑限联合测定仪的升降座上，转动升降旋钮，待锥尖与土样表面刚好接触时停止升降，扭动锥下降旋钮，同时开动秒表，经5s时，松开旋钮，锥体停止下落，读出h_1；改变锥尖与土接触位置，得h。

（4）把升降座降下，细心取出试样杯，剔除锥尖处含有凡士林的土，取出锥体附近的试样不少于10g放入铝盒内，称量得质量m_1，并记下盒号，测定含水率。

（5）将称量过的铝盒放入烘箱；在105～110℃的温度下烘至恒量，取出土样盒放入玻璃干燥皿内冷却，称干土的质量m_2。

（6）重复步骤（2）～（4），测试另两种含水率土样的圆锥下沉深度和含水率。

（7）若锥体下沉深度超过或小于规定深度，表示试样的含水率高于或低于要求含水率，应该用小刀挖去沾有凡士林的土，然后将试样全部取出，放在橡皮板或磨砂玻璃板上，根据试样的干、湿情况，适当加纯水或边调拌边风干重新拌和，然后重复步骤（2）～（4）。

4. 结果整理

（1）含水率计算。

$$w = \frac{m_1 - m_2}{m_2 - m_0} \times 100\%$$

式中：w——圆锥入土任意深度下试样的含水率，%，精确至0.1%；

m_1——湿土样及铝盒质量，g；

m_2——烘干后土样及铝盒质量，g；

m_0——铝盒质量，g。

（2）液塑限的确定方法。

以含水率w为横坐标，以圆锥下沉深度h为纵坐标在双对数坐标纸上绘制含水率与相应的圆锥下沉深度关系曲线，如附图2-6所示。三点应在一条直线上，如图中A线。如果三点不在同一直线上，通过高含水率的一点与其余两点连成两条直线，在圆锥下沉深度为h_p处查得相应的两个含水率，如果两个含水率的差值小于2%，用这两个含水率的平均值的点与高含水率的测点作直线，如附图2-6中的B线；若两个含水率差值大于或等于2%，则应补点或重做试验。

通过圆锥下沉深度与含水率关系图，查得下沉深度为17mm所对应的含水率为液限，下沉深度为10mm所对应的含水率为液限；查得下沉深度为2mm所对应的含水率为塑限，以百分数表示，精确至0.1%。

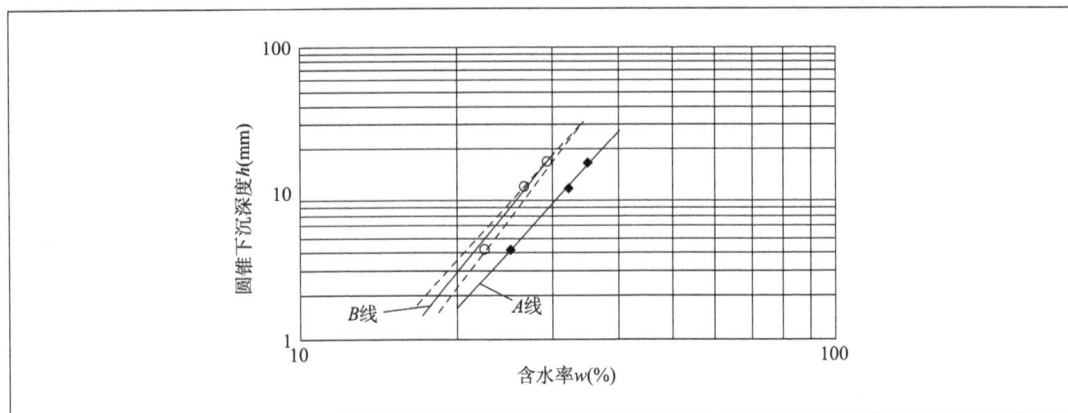

附图2-6 含水率与圆锥下沉深度关系曲线[摘自《土工试验方法标准》(GB/T 50123—2019)]

5.试验结果记录

将试验结果记录在附表2-7中。

液塑限联合试验记录表 附表2-7

任务单号				试验者				
试验日期				计算者				
天平编号				校核者				
烘箱编号				液塑限联合测定仪编号				
试样编号	圆锥下沉深度 h（mm）	盒号	湿土质量 m(g)	干土质量 m_d(g)	含水率 w（%）	液限 w_L（%）	塑限 w_P（%）	塑性指数 I_P
	—		(1)	(2)	$(3)=\left[\dfrac{(1)}{(2)}-1\right]\times100$	(4)	(5)	$(6)=$ $(4)-(5)$

五、击实试验

该试验可采用轻型击实和重型击实两种方法。轻型击实试验适用于粒径小于5mm 的黏性土,其单位体积击实功为 592.2kJ/m³;重型击实试验适用于粒径小于20mm 的土,其单位体积击实功为 2684.9kJ/m³。附表 2-8 为击实试验标准技术参数。

击实试验标准技术参数   附表 2-8

试验方法	锤底直径（mm）	锤质量（kg）	落高（mm）	层数	每层击数	击实筒			护筒高度（mm）	备注
						内径（mm）	筒高（mm）	容积（cm³）		
轻型	51	2.5	305	3	25	102	116	947.4	≥50	
				3	56	152	116	2103.9	≥50	
重型		4.5	457	3	42	102	116	947.4	≥50	
				3	94	152	116	2103.9	≥50	
				5	56					

1. 仪器设备

（1）电动击实仪（附图 2-7）：由击实筒、击锤和护筒组成。

（2）天平：称量 200g，分度值 0.1g。

（3）台秤：称量 10kg，分度值 1g。

（4）标准筛：孔径为 20mm 和 5mm 圆孔筛各一个。

（5）试样推出器：宜用螺旋式千斤顶或液压式千斤顶，如无此类装置，也可用刮刀和修土刀从击实筒中取出试样。

（6）其他：烘箱、喷水设备、碾土设备、盛土器、电动脱模器（附图 2-8）、修土刀和保湿设备等。

2. 试样制备

试样制备采用干法。取一定量的代表性风干土样（轻型约为 20kg，重型约为 50kg），放在橡皮板上用木碾碾散，分别按下列方法备样。

附图 2-7 电动击实仪

（1）轻型击实试验过 5mm 筛，将筛下土样拌匀，并测定土样的风干含水率。根据土的塑限预估最优含水率，按依次相差约 2% 的含水率制备一组（不少于 5 个）试样，其中，应有 2 个含水率大于塑限，2 个含水率小于塑限，1 个含水率接近塑限。加水量可用下式计算：

$$m_w' = \frac{m_0}{1 + w_0}(w' - w_0)$$

式中：m_w'——所需加水量，g；

m_0——风干试样质量，g；

w_0——风干试样含水率，%；

w'——要求达到的含水率，%。

附图 2-8 电动脱模器

（2）重型击实试验过 20mm 筛，将筛下土样拌匀，并测定土样的风干含水率。按依次相差约 2% 的含水率制备一组（不少于 5 个）试样，其中至少有 3 个含水率小于塑限，然后按照上式计算加水量。

（3）将一定量土样平铺于不吸水的盛土器内，其中小型击实筒所需土样约为 2.5kg，大型击实筒所需土样约为 5kg，按预定含水率用喷水设备往土样上均匀喷洒所需加水量，拌匀并装入塑料袋内或密封于盛土器内静置备用。静置时间分别为：高液限黏土不得少于 24h，低液限黏土可酌情缩短,但应不少于12h。

3.试样击实

(1)将击实仪平稳置于刚性基础上,击实筒内壁和底板涂一薄层润滑油,连接好击实筒与底板,安装好护筒。检查仪器各部件及配套设备的性能是否正常,并做好记录。

(2)将击实筒、护筒装好,从制备好的一份试样中称取一定量土料,分3层或5层倒入击实筒内并将土样面整平,分层击实。手工击实时,应保证击锤自由铅直下落,锤击点必须均匀分布于土面上;机械击实时,可将定数器拨到所需的击数处,击数可按附表2-9确定。按动电钮进行击实。击实后的每层试样高度应大致相等,两层交接面的土面应刨毛。击实完成后,超出击实筒顶的试样高度应小于6mm。

(3)用修土刀沿护筒内壁削挖后,扭动并取下护筒,测出超高,应多次测量取平均值精确至0.1mm。沿击实筒顶细心修平试样,拆除底板。试样底面超出筒外时,应修平。擦净筒外壁,称量,精确至1g。

(4)用推土器从击实筒内推出试样,从试样中心处取2个一定量的土样,细粒土为15~30g,粗粒土为50~100g。平行测定土的含水率,称量精确至0.01g,两个含水率的最大允许差值应为±1%。

(5)应按步骤(1)~(4)对其他含水率的试样进行击实。一般不重复使用土样。

4.数据填写

将数据填写在附表2-9中。

击实试验记录表　　　　　　　　　　　　　　　　　　附表2-9

任务单号			试验者							
试验日期			计算者							
击实仪编号			校核者							
台秤编号			天平编号							
击实筒体积(cm³)			烘箱编号							
落距(mm)			击锤质量(kg)							
每层击数			击实方法							
试样编号	试验序号	干密度				含水率				超高(mm)
		筒加土质量(g)	筒质量(g)	湿土质量 m_0(g)	湿密度 ρ(g/cm³)	干密度 ρ_d(g/cm³)	盒号	湿土质量 m_0(g)	干土质量 m_d(g)	含水率 $w(\%)$	平均含水率 $\overline{w}(\%)$	
最大干密度 =			(g/cm³)			最优含水率 =			(%)	

5. 结果整理

（1）击实后试样的干密度：

$$\rho_{d} = \frac{\rho}{1 + 0.01w}$$

式中：ρ_{d}——击实后试样的干密度，g/cm^{3}，精确至 $0.01g/cm^{3}$；

w——含水率，%。

以干密度为纵坐标，含水率为横坐标，绘制干密度与含水率的关系曲线（附图 2-9）。曲线上峰值点的纵、横坐标分别代表土的最大干密度和最佳含水率。如果曲线不能给出峰值点，应进行补点试验。

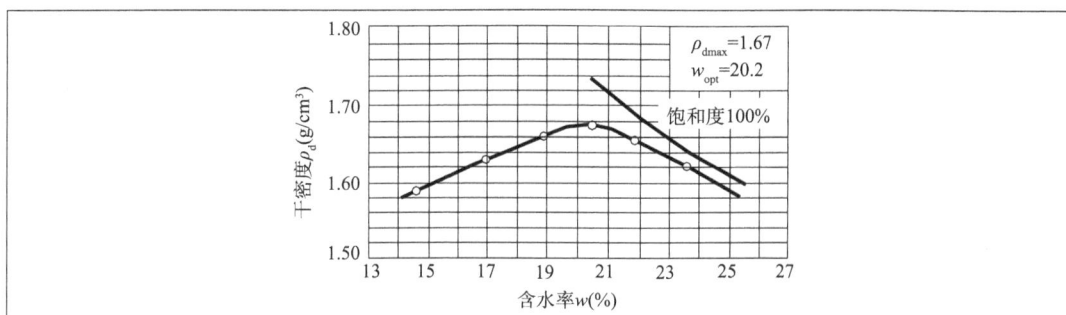

附图 2-9　ρ_{d}-w 关系曲线

（2）按下式计算土样的饱和含水率，并绘制饱和含水率和干密度的关系曲线。

$$w_{sat} = \left(\frac{\rho_{w}}{\rho_{d}} - \frac{1}{G_{s}} \right) \times 100$$

式中：w_{sat}——饱和含水率，%，精确至 0.1%；

ρ_{w}——4℃时水的密度，g/cm^{3}；

G_{s}——土粒比重。

（3）数据修正。

当试样中粒径大于各方法相应最大粒径 5mm、20mm 或 40mm 的颗粒质量占总质量的 $5\% \sim 30\%$ 时，其最大干密度和最佳含水率应进行校正，试验所得的最大干密度和最佳含水率需校正时，应按以下公式进行：

①校正后试样的最大干密度：

$$\rho'_{dmax} = \frac{1}{\dfrac{1 - P_{s}}{\rho_{dmax}} + \dfrac{P_{s}}{\rho_{a}}}$$

式中：ρ'_{dmax}——校正后试样的最大干密度，g/cm^{3}，精确至 $0.01g/cm^{3}$；

ρ_{dmax}——粒径小于 5mm、20mm 或 40mm 的试样经试验所得的最大干密度，g/cm^{3}；

P_{s}——试样中粒径大于 5mm、20mm 或 40mm 的颗粒的质量分数；

ρ_{a}——粒径大于 5mm、20mm 或 40mm 的颗粒毛体积密度，g/cm^{3}。

②校正后试样的最佳含水率:

$$w'_{opt} = w_{opt}(1 - P_s) + P_s w_x$$

式中: w'_{opt}——校正后试样的最佳含水率,%,精确至0.01%;

w_{opt}——粒径小于5mm、20mm或40mm的试样经试验所得的最佳含水率,%;

w_x——粒径大于5mm、20mm或40mm颗粒吸着含水率,%。

六、固结试验

1.目的

本试验的目的在于测定土的沉降变形,了解土体在侧限条件下的变形与时间-压力的关系,结合其他试验指标配合计算土的压缩系数、压缩模量,确定土压缩性的高低。

2.仪器设备

(1)固结容器:由环刀、护环、透水板、水槽、加压上盖等组成。

环刀高20mm,面积为30cm² 或50cm²。

(2)加压设备:应能垂直地在瞬间施加各级规定的压力,且没有冲击力,最大允许误差应符合国家标准的规定。

(3)变形量测设备:量程10mm,分度值为0.01mm 的百分表或最大允许误差为全量程0.2%的位移传感器;

(4)其他:刮土刀、过滤纸、固结仪(附图2-10)等。

附图2-10 固结仪

3.试验步骤

(1)试样制备:按密度试验要求取原状土或制备扰动土土样,并测定试样的含水率和密度,取切下的余土测定土粒比重。试样需要饱和时,应按规定进行抽气饱和。

(2)安装:在压密容器中放置好透水板和过滤纸,将带有环刀的试样和环刀一起刃口向下小心放入护环,再在试样上放置过滤纸和透水板,最后放上传压活塞,安装加压设备和百分表。

(3)调零:施加预压力1.0kPa,使试样与仪器上下各部件之间接触,将百分表或传感器调整到零位或测读初读数。

(4)加载:去掉预压荷载,立即加第一级荷载。加砝码时应避免冲击和摇晃,荷载等级宜为12.5kPa、25kPa、50kPa、100kPa、200kPa、300kPa 和400kPa 等。第一级压力的大小应视土的软硬程度而定。

(5)沉降记录:施加每级压力后24h 测定试样高度变化作为稳定标准,每间隔1h 变形小于0.01mm 时,作为稳定读数。

测定沉降速率时,施加每一级压力后宜按下列时间顺序测记试样的高度变化:0s、15s、1min、2min、4min、6min、9min、12min、16min、20min、25min、30min、35min、45min、60min,至稳定为止。

（6）加第二级荷载：记下稳定读数后，施加第二级荷载。依次逐级加荷，至试验结束。

（7）试验结束：最后一级荷载稳定后，先卸除百分表，然后卸除砝码，升起加压框，拆除仪器各部件，取出试样，测定含水率。

4．数据填写

将试验数据填写在附表 2-10 中。

固结试验记录表

附表 2-10

任务单号			试验者		
试样编号			计算者		
试验日期			校核者		
仪器名称及编号					

经过时间	试样在不同上覆压力下变形							
	（　）（kPa）		（　）（kPa）		（　）（kPa）		（　）（kPa）	
	时间	量表读数（0.01mm）	时间	量表读数（0.01mm）	时间	量表读数（0.01mm）	时间	量表读数（0.01mm）
0								
6″								
15″								
1′								
2′15″								
4′								
6′15″								
9′								
12′15″								
16′								
20′15″								
25′								
30′15″								
36′								
42′15″								
49′								
64′								
100′								
200′								
400′								
23h								
24h								
总变形量（mm）								

经过时间	试样在不同上覆压力下变形							
	( )(kPa)		( )(kPa)		( )(kPa)		( )(kPa)	
	时间	量表读数 (0.01mm)	时间	量表读数 (0.01mm)	时间	量表读数 (0.01mm)	时间	量表读数 (0.01mm)
仪器变形量 (mm)								
试样总变形量 (mm)								

5.结果整理

(1)按下式计算试验开始时的孔隙比:

$$e_0 = \frac{\rho_s(1+0.01w_0)}{\rho_0} - 1$$

(2)按下式计算单位沉降量:

$$S_i = \frac{\sum \Delta h_i}{h_0} \times 1000$$

(3)按下式计算各级荷载下变形稳定后的孔隙比:

$$e_i = e_0 - (1+e_0) \times \frac{S_i}{1000}$$

(4)按下式计算某一荷载范围内的压缩系数:

$$a_v = \frac{e_i - e_{i+1}}{p_{i+1} - p_i}$$

(5)按下式计算某一荷载范围内的压缩模量:

$$E_s = \frac{1+e_0}{a_v}$$

式中:E_s——压缩模量,MPa,精确到0.1MPa;

a_v——压缩系数,MPa^{-1},精确到$0.01MPa^{-1}$;

e_0——试验开始时试样的孔隙比,精确到0.01;

ρ_s——土粒颗粒密度,g/cm^3;

w_0——试验开始时试样的含水率,%;

ρ_0——试验开始时试样的密度,g/cm^3;

S_i——某一级荷载下的沉降量,mm/m;

$\sum \Delta h_i$——某一级荷载下的总变形量,等于该荷载下百分表读数(即试样和仪器的变形量减去该荷载下的仪器变形量),mm;

h_0——试样起始时的高度,mm;

e_i——某一级荷载下压缩稳定后的孔隙比,精确到0.01;

p_i——某一级荷载值,kPa。

6.结论

以孔隙比 e 为纵坐标,压力 p 为横坐标,绘制孔隙比与压力的 e-p 关系曲线(附图2-11)。

一般建筑物的上覆压力在 100 ~ 200kPa 范围内,故取 a_{1-2} 来表示土的压缩系数,继而可以求得土体压缩模量 E_s。

七、直接剪切试验

1. 试验目的

测定土的抗剪强度指标 c 和 φ,为计算地基承载力、挡土墙土压力,验算地基及土坡稳定性提供基本参数。

2. 试验方法

快剪:在试样上施加垂直压力后立即快速施加水平剪应力。

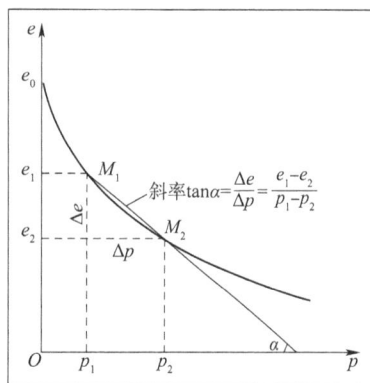

附图 2-11 孔隙比与压力的 e-p 关系曲线

固结快剪:在试样上施加垂直压力,待试样排水固结稳定后,快速施加水平剪应力。

慢剪:在试样上施加垂直压力及水平剪应力的过程中,均使试样排水固结。

本次试验内容只进行快剪试验。

3. 试验设备

(1)应变控制式直剪仪(附图2-12):主要包括剪切盒(水槽、上剪切盒、下剪切盒),垂直加压框架,测力计,推动机构,台板,杠杆。

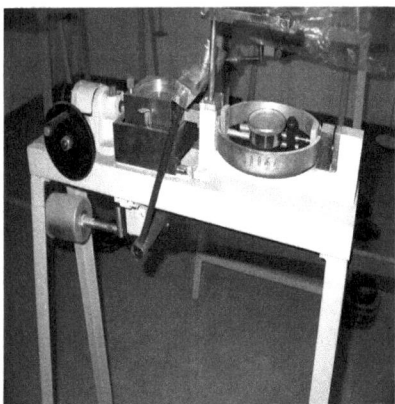

附图 2-12 直剪仪

(2)垂直位移计或百分表:量程 5 ~ 10mm,分度值 0.01mm。

(3)环刀:与直剪仪配套的至少 3 个,内径为 61.8mm,高度为 20mm。

(4)其他:削土刀、秒表、玻璃板、推土器、蜡纸或塑料膜。

4. 试验步骤

(1)制备土样:制备给定干密度和含水率范围的扰动土样,土样为直径约 200mm、高约 100mm 的土柱(实际工程中,切取原状土样)。

(2)切取土样:用与直剪仪配套的环刀切取土样。环刀刃口向下对准圆柱土样中心,慢慢垂直下压,边压边削切土样使土样成锥台形,直至土样伸出环刀顶面为止,将环刀两边余土削去修平,擦净环刀外壁。

(3)安装土样:对准上、下剪切盒,插入固定插销。在下剪切盒内放不透水板,再放入带土样的环刀,然后用推土器将试样徐徐推入剪切盒内,移去环刀。再顺次放入另一张同直径的蜡纸或塑料膜、上透水板、加压盖板与钢珠。

(4)调试仪器:安装加压框架,转动手轮,使上剪切盒前端钢珠刚好与测力计接触。调整测力计百分表读数为零。对需要测记垂直变形量的,安装垂直位移计或百分表。

(5)施加垂直压力:转动手轮,使上剪切盒前端钢珠刚好与测力计接触,调整测力计中的量表读数为零。顺次加上盖板、垂直加压框架。每组四个试样,分别在四种不同的垂直压力下进行剪切。在教学上,可取四个垂直压力分别为 100kPa、200kPa、300kPa、400kPa。

(6)剪切:施加垂直压力后,立即拔出固定插销,开动秒表,以 4~6r/min 的均匀速率旋转手轮,使试样在 3~5min 内剪破。如测力计中的量表指针不再前进,或有显著后退,表示试样已经被剪破。但一般宜剪至剪切变形达 4mm。若量表指针继续增加,则应使剪切变形达 6mm 为止。手轮每转一圈,同时测记测力计量表读数,直到试样被剪破为止。(注:手轮每转一圈推进下剪切盒 0.2mm。)

(7)拆卸试样:剪切结束后,吸去剪切盒中的积水,倒转手轮,尽快移去垂直加压框架、上盖板,取出试样。

5. 数据处理

(1)剪切位移按下式计算

$$\Delta l = 20n - R$$

式中:Δl——剪切位移,mm,精确至 0.01mm;

    n——手轮转数;

    R——百分表读数。

(2)按下式计算各级垂直压力下所测的剪应力:

$$\tau_f = \frac{CR}{A_0} \times 10$$

式中:τ_f——土的剪应力,kPa;

    C——测力计率定系数,N/0.01mm;

    R——测力计读数,精确至 0.01mm;

    A_0——试样初始面积,cm²。

(3)绘制 τ-Δl 曲线(附图 2-13)和 τ_f-σ 曲线(附图 2-14)。以剪应力 τ 为纵坐标,剪切位移 Δl 为横坐标,绘制 τ-Δl 的关系曲线,在 τ-Δl 曲线上取各峰值点作为剪应力 τ_f,再以 τ_f 为纵坐标,垂直压力 σ 为横坐标,绘制剪应力 τ_f 与垂直压力 σ 的关系曲线。根据图上各点,绘制一条尽量接近各点的直线,则直线的倾角为土的内摩擦角 φ,直线在纵坐标轴上的截距为土的黏聚力 c。

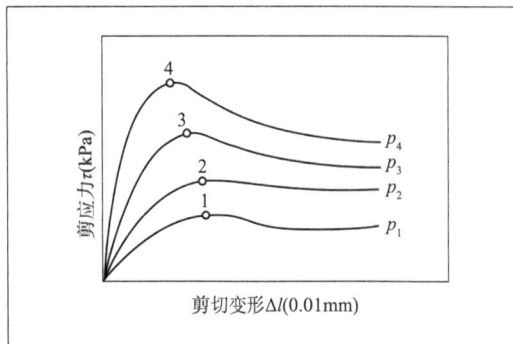

附图 2-13 剪应力 τ 与剪切位移 Δl 关系曲线　　附图 2-14 剪应力 τ_f 与垂直压力 σ 关系曲线

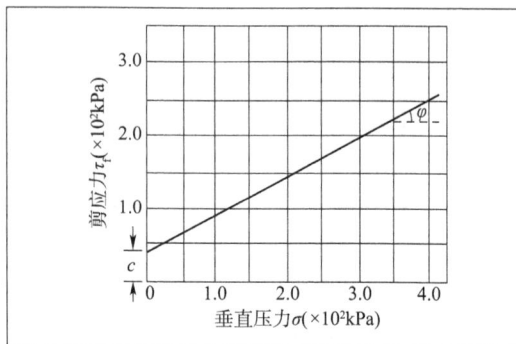

6. 结果记录

将剪切试验结果记录在附表 2-11 中。

直接剪切试样记录表 附表 2-11

任务单号			试验者	
试样编号			计算者	
试样说明			校核者	
试验日期			仪器名称及编号	

试样编号			1			2			3			4		
			起始	饱和后	剪后	起始	饱和后	剪后	起始	饱和后	剪后	起始	饱和后	剪后
湿密度 ρ （g/cm³）	（1）	（1）												
含水率 w(%)	（2）	（2）												
干密度 ρ_d(g/cm³)	（3）	$\dfrac{(1)}{1+0.01\times(2)}$												
孔隙比 e	（4）	$\dfrac{G_s}{(3)}-1$												
饱和度 S_r(%)	（5）	$\dfrac{G_s\times(2)}{(4)}$												

⊛ 小结

（1）土的含水率表示土中含水的百分比,为土体中水的质量与固体矿物质量的比值,用百分数表示。利用烘干法或酒精燃烧法测得。

（2）土的密度是单位体积土的质量,利用环刀法,可以测出试样土的总体积和质量。

（3）土的比重是土中固体矿物的质量与同体积 4℃ 时的蒸馏水质量的比值,利用比重瓶法测得。

（4）细粒土呈液态与塑态之间的分界含水率称为液限,利用液塑限联合测定仪测得,细粒土呈塑态与半固态之间的分界含水率称为塑限,可用搓条法测得。

（5）土的压实质量是施工质量管理最重要的内在指标之一,击实试验是用锤击土样以了解土的压实特性的一种方法。这个方法是用不同的击实功(锤质量×落距×锤击次数)分别锤击不同含水率的土样,并测定相应的干密度,从而求得最大干密度、最佳含水率,为填土工程的设计、施工提供依据。

（6）土的压缩试验是在侧限条件下进行的。侧限条件是指侧向限制土样不能变形,只有竖向单位压缩的条件,可用固结仪测得。

（7）直接剪切试验原理是使用应变控制式直剪仪,采用手轮连续加荷,用弹性量力环上的测微计(百分表)量测位移,换算剪应力。

练习

1. 测定含水率的目的是什么?

2. 常见的测定含水率的方法有哪几种?

3. 密度和干密度的区别是什么?

4. 标准小环刀体积是多少?

5. 进行土的液塑限联合测定时,锥尖未涂抹凡士林,会对结果造成什么影响?

6. 如何确定压缩系数? 如何评价土的压缩性?

7. 什么是土的抗剪强度? 什么是土的抗剪强度指标? 试说明土的抗剪强度的来源。对一定的土类,其抗剪强度指标是否为一个定值? 为什么?

8. 土的抗剪强度指标 c、φ 值是否为常数? 与哪些因素有关? 剪切试验方法有哪几种? 其试验结果有何区别? 造成这些区别的主要原因是什么?